普通高等教育"十一五"国家级规划教材

基础化学实验

（第二版）

（下册）

主　编　周井炎

副主编　李德忠　张正波

华中科技大学出版社

中国·武汉

内 容 提 要

　　本书是在 2004 年出版的《基础化学实验》基础上修改而成的,分为上、下两册,上册内容为无机化学实验、分析化学实验及仪器分析实验;下册内容为物理化学实验、有机化学实验及综合化学实验。本书将基本实验、设计实验、综合实验互相配合,大量采用了机、电、光、磁等现代实验仪器。为方便读者使用,书末附有化学实验的基本知识、温度测量、电学测量、光学测量、常用基础有机化学实验和有机合成实验技术、常用有机合成仪器的使用方法,还提供了一些基础化学实验常用数据表供读者查阅。

　　本书可作为高等院校化学、医学、环境、材料等相关专业的本科教材,也可供相关技术人员参考。

第一版前言

化学在国民经济及现代化建设中占有十分重要的地位,信息、生命、能源、材料、空间、环境等无不与化学有紧密的联系。化学是实验性很强的学科,基础化学实验课程是高等学校化学教育中培养学生科学思维与方法、创新意识与能力,加强素质教育的基本教学形式,它对培养学生具有扎实的化学实验基本功和实验操作技能、熟练运用现代测试仪器和测试技术、开展科学研究和生产实践活动的能力具有重要的作用。华中科技大学化学系的"面向 21 世纪化学实验课程教学综合改革与研究"教改项目对现行化学实验课程从教学内容、方法、手段、课程体系与设置到实验资源配置、实验室管理等实施全面综合改革,实施分阶段、多层次的新的化学实验课程体系,实现实验内容从低水平重复向高层次循环的转变,以玻璃仪器实验为主向以机、电、光、磁等实验为主的转变;以验证性实验为主向综合性、设计性、专业特色性实验为主的转变。实验内容包括化学基本操作、基本物理量与物化参数的测定、重要单质及化合物的性质、无机及有机制备、定量分析分离及仪器分析、综合化学实验等。考虑到课程的基础性、完整性及使用的方便性,本书以附录的方式对化学实验的基本知识、合成化学实验技术、光电等各种测定技术、基本有机化学实验及常用仪器、常用分析仪器操作方法以及实验误差和数据处理的基本要求等进行介绍,还提供了基础化学实验常用数据表。

本教材分上、下两册,由周井炎担任主编,上册副主编为李德忠,主要编者有李海玲、莫婉玲、朱大建、王宏、梅付名,下册副主编为王宏、张正波、顾小曼,主要编者有朱丽华、聂进、赵丽华、郭兴蓬、杨济活、徐绍芳。教材的编写以本校实施新的基础化学实验课程体系使用的系列实验讲义为基础,同时参阅了本校曾使用的实验讲义,兄弟院校已出版的教材、有关著作、交流讲义,一些中外文期刊上的研究性文献,在此一并表示衷心的感谢。

本书的出版得到华中科技大学出版社、教务处的大力支持。

由于编者水平与经验有限,难免有不当乃至错误之处,请有关专家和读者不吝批评指正。

编 者

2004 年 4 月

于华中科技大学

第二版前言

化学在国民经济及现代化建设中占有十分重要的地位,信息、生命、能源、材料、环境等学科与化学密切相关。化学是实验性很强的学科,基础化学实验课程是高等学校化学教育中培养学生科学思维与方法、创新意识与能力的基本教学形式,它对培养学生扎实的化学实验基本功和实验操作技能、熟练运用现代测试手段开展科学研究与生产实践活动的能力具有重要的作用。

本书依据"一体化、多层次、开放式"的实验教学体系,在第一版的基础上按照实验基本知识和实验技能要求,将基础化学实验内容进行整合、优化与更新,增加了设计性、研究性实验项目。通过让学生自行设计实验方案、实施实验过程,培养学生进行多学科化学实验的综合能力。

本书分为上、下两册,由周井炎担任主编。上册主要涵盖无机化学实验、分析化学实验及仪器分析实验,上册副主编为刘红梅、王宏、陈芳,参加编写的有李海玲、陈志飞、赵丽华、顾小曼、朱丽华;下册主要涵盖物理化学实验、有机化学实验及综合化学实验,副主编为李德忠、张正波,参加编写的有梅付民、莫婉玲、朱大建、聂进、徐绍芳、郭兴蓬、杨济活等。

在编写过程中,参考了国内多种相关教材及一些研究性文献,在此一并表示衷心的感谢。

由于编者水平和经验有限,书中难免存在不妥之处,恳请有关专家和读者批评指正。

编　者
2008 年 6 月
于华中科技大学

目　　录

第五部分　有机化学实验 …………………………………………… (135)

第四部分

物理化学实验

植物生态学实验

实验 90　恒温槽的装配与性能测试

实验目的

了解恒温槽的构造及其工作原理;熟悉水浴恒温槽的装配和调节;学会测绘恒温槽的灵敏度曲线;掌握贝克曼温度计的调节技术和正确的使用方法。

实验原理

物质的许多物理化学性质,如黏度、电导、折射率、表面张力、饱和蒸气压等,都与温度有关,大多数物理化学性质的测量都需在恒温下进行。

恒温槽是实验室中常用的一种以液体为介质的恒温装置。用液体作介质的优点是热容量大、导热性好、温度控制稳定、灵敏度较高。根据控温范围不同,可采用不同的液体介质:0~90 ℃多采用水,90~160 ℃可采用甘油,100~200 ℃可采用液体石蜡或者硅油。

恒温槽是通过恒温控制器来自动调节其热平衡,从而达到恒温目的。当恒温槽因对外界散热而使介质温度降低时,恒温控制器就使恒温槽内的加热器工作,待加热到所需的温度时,它又停止加热,这样周而复始就可使液体介质的温度在一定范围内保持恒定。

恒温槽一般由温度控制器、感温元件、电加热器、贝克曼温度计、搅拌器、浴槽等组成。图 90-1 所示的为恒温槽的简单装置图。

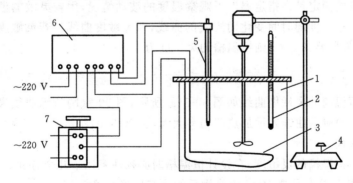

图 90-1　恒温槽

1—浴槽;2—贝克曼温度计;3—电加热器;4—搅拌器;5—感温元件;6—温度控制器;7—调节变压器

(1) 浴槽。控制室温附近温度的浴槽一般用玻璃制作,以便观察实验现象。浴槽的大小和形状根据需要而定,在化学实验中常用 20 L 圆形玻璃缸作浴槽。

(2) 电加热器。选择电加热器的原则是热容量小、功率适当、导热性好。电加热器功率的大小应视浴槽大小和恒温温度的实际需要而定。一般容量为 20 L、恒温在

20～30 ℃的恒温槽,可选 200 W 的电加热器。

(3) 搅拌器。搅拌器用电动机带动,搅拌电动机的大小和功率视恒温槽的大小而定,一般选用的电动机功率为 40～60 W,要求电动机带有调节变压器,可调节搅拌速率,同时要求电动机振动小、噪音低,长时间连续工作而不过热。

(4) 温度计。恒温槽中常用一只 1/10 ℃温度计测量温度,测量恒温的精确度则采用贝克曼温度计。

(5) 温度控制器。温度控制器是恒温槽的感觉中枢,是决定恒温槽精度的关键。以往多采用水银接触温度计,图90-2所示为接触温度计的结构图。图中主要部分如同普通温度计,只是在水银柱上面有一根可以上下移动的金属丝,金属丝上端接在一个标铁上,标铁安在一支螺杆上,通过转动顶端的永久磁铁,使螺杆转动,同时带动标铁上下移动,从而改变金属丝的位置,即可改变温度设定值。从接触温度计水银槽及螺杆上各引出一根导线,当温度升高时,水银沿毛细管上升,与金属丝接触,两根引出导线形成"通路",温度控制器接通;反之为"断开"。

目前实验室的温度控制器多采用温度传感器连接电子继电器的结构,在电子继电器面板上可设定温度,当温度传感器测得浴槽温度达到设定值时,电子继电器自动断开电加热器电源,"保温"指示灯亮,指示浴槽处于保温状态。当温度传感器测得浴槽温度低于设定值时,电子继电器自动开启电加热器电源,"加热"指示灯亮,指示浴槽处于加热状态。

恒温槽控制的温度是有一个波动范围的,而不是控制在某一固定不变的温度上,并且恒温槽内各处的温度也会因搅拌效果的优劣而不同。恒温是相对的,不是绝对的。灵敏度是衡量恒温槽优劣的主要标志,所以使用前应先测定恒温槽的灵敏度。恒温槽灵敏度的测定是在指定温度下观察温度的波动情况,用较灵敏的温度计如贝克曼温度计记录温度随时间变化而改变的曲线,即灵敏度曲线。若灵敏度曲线的最高温度为 t_1,最低温度为 t_2,则恒温槽的灵敏度为

$$t=\pm\frac{t_1-t_2}{2}$$

良好的恒温槽的灵敏度曲线如图 90-3(a)所示,图 90-3(b)所示曲线表示灵敏度较低,图 90-3(c)所示曲线表示加热器功率太大,图 90-3(d)所示曲线表示加热器功率太小或散热太快。

为了提高恒温槽的灵敏度,在设计恒温槽时必须注意以下几个方面。

① 恒温槽的热容量要大些,传热物质的热容量越大越好。

② 尽可能加快电加热器与接触温度计间传热的速率。因此,感温元件的热容应尽可能小,搅拌效率应尽可能高,感温元件与电加热器间距离应近一些。

③ 调节温度用的电加热器功率要小一些。

仪器、试剂和材料

恒温槽;加热器;搅拌器;温度控制器;贝克曼温度计;1/10 ℃温度计;秒表。

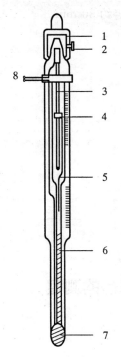

图 90-2　接触温度计

1—磁铁；2—固定螺钉；3—螺杆；
4—标铁；5—金属丝；6—水银柱；
7—水银槽；8—接触点引线

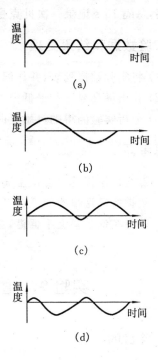

图 90-3　温度-时间曲线

实验内容

（1）将蒸馏水注入浴槽（玻璃缸）至其 2/3 容积处，按图 90-1 所示安装装置。先开动一下搅拌器，观察水流方向，顺着水流方向依次将电加热器、温度传感器及 1/10 ℃温度计安装好。

（2）电加热器、温度传感器分别与继电器上的接头接好。注意，必须先经指导教师检查后，方可接通电源。

（3）将事先调好的贝克曼温度计（在教师的指导下进行）小心安放到恒温槽中。根据贝克曼温度计标签上指示的温度设定温度控制器上的温度，然后开始加热，此时温度控制器上的"加热"指示灯亮，表示电加热器自动开始加热升温。

（4）开启搅拌器，选择合适的转速，注意搅拌器叶片不能碰到温度计和电加热器。

（5）加热时，观察 1/10 ℃温度计读数，当所测得的浴槽温度与设定温度接近时（相差约0.5 ℃），观察贝克曼温度计的水银是否上升到刻度线的中间位置，当温度达到设定温度时，温度控制器上的"保温"指示灯亮，表示电加热器自动断电，浴槽在设定温度下恒温。

（6）待恒温槽温度在设定温度下恒温约 5 min 后，观察贝克曼温度计的读数，利用停表,每隔 15 s 记录一次贝克曼温度计的读数,测定约 30 min。

实验数据和结果处理

(1) 将实验数据列表,并作温度-时间曲线。
(2) 找出最高温度和最低温度,求出灵敏度。
(3) 分析实验测得的灵敏度曲线。

思考题

1. 影响恒温槽灵敏度的主要因素有哪些?
2. 欲提高恒温槽的控温精确度,应采取哪些措施?
3. 若要在低于室温下恒温,应如何实现?

实验 91　固体和液体燃烧热的测定

实验目的

用氧弹卡计测定含碳可燃物质的燃烧热,明确恒压燃烧热与恒容燃烧热的差别;了解氧弹卡计中主要部件的作用;掌握用氧弹卡计测量燃烧热的实验技术。

实验原理

量热法是热力学实验的一个基本方法。直接测得恒容燃烧热 Q_V(即 ΔU)和恒压燃烧热 Q_p(即 ΔH)中任一个数据,应用以下热力学关系式就可计算出另一个数据。

$$\Delta H = \Delta U + \Delta(pV) \tag{91-1}$$

本实验在氧弹卡计(恒容)中测定恒容燃烧热,根据上述关系式可以将测得的恒容燃烧热换算为恒压燃烧热。

热化学中定义,1 mol 物质在 $p^{\ominus}$ 时完全燃烧所放出的热量称为该物质的燃烧焓($\Delta_c H_m^{\ominus}$),通常也称燃烧热。通过燃烧热的测定,可以求算化合物的生成热,评价工业用的固体或液体燃料的质量。

由于恒容燃烧热 Q_V 等于热力学能变化 ΔU,恒压燃烧热 Q_p 等于焓变 ΔH,因此,两者有下面的关系:

$$Q_p = Q_V + \Delta nRT \tag{91-2}$$

式中:Δn 为反应前后的生成物和反应物中气体的物质的量之差;R 为气体常数;T 为反应的绝对温度。

测量热效应的仪器称为量热计(卡计)。量热计的种类很多,本实验用氧弹卡计(图 91-1)测量燃烧热。测量的基本原理是能量守恒原理,样品完全燃烧放出的热量促使卡计本身及其周围的介质(本实验用水)温度升高,测量出介质燃烧前后温度的变化,就可以求算出该样品的恒容燃烧热。其关系式如下:

$$-Q_V \frac{m - m'}{M} = (3\ 000\rho c + C_卡)\Delta T - 2.9(l - l') - 16\ 736\ m' \qquad (91\text{-}3)$$

式中:m 为样品和助燃用棉线的总质量(g);m' 为棉线的质量(g);M 为样品的摩尔质量(g·mol^{-1});ρ 为水的密度(g·mL^{-1});c 为水的比热容(J·g^{-1}·K^{-1});$C_卡$ 为氧弹卡计的热容(J·K^{-1});ΔT 为样品燃烧前后体系温度的变化值(K);l、l' 分别为点火用铁丝和燃烧后剩余铁丝的长度(cm)。

氧弹卡计的热容 $C_卡$ 一般通过燃烧一定量的纯净苯甲酸来标定。苯甲酸的 $Q_V = -26\ 460$ J·g^{-1}。已知氧弹卡计的热容,就可以利用式(91-3)通过实验测定其他物质的燃烧热。

为了保证样品完全燃烧,氧弹中必须充足高压氧气(或者其他氧化剂)。因此,氧弹必须密封,耐高压,耐腐蚀,同时,粉末样品必须压成片状,以免充气时冲散样品,使燃烧不完全而引起实验误差。完全燃烧是实验成功的第一步。第二步还必须使燃烧后放出的热量不散失,不与周围环境发生热交换,全部传递给氧弹卡计本身和其中盛放的水,促使氧弹卡计和周围的水的温度升高。为了减少氧弹卡计与环境的热交换,氧弹卡计放在一恒温的套壳中,这种氧弹卡计称环境恒温氧弹卡计或外套恒温氧弹卡计(图91-2)。

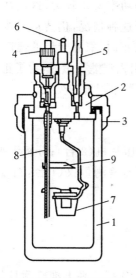

图 91-1 氧弹的构造

1—厚壁圆筒;2—氧弹盖;3—螺母;
4—进气孔;5—放气孔;6—电极;
7—燃烧皿;8—进气管;9—火焰遮板

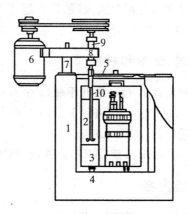

图 91-2 燃烧热测定装置

1—外壳;2—水桶壁;3—水桶;4—热绝缘垫片;
5—热绝缘胶板;6—电动机;7—支撑杆;8—支架;
9—搅拌垫片;10—搅拌器

即使采取了上述措施,热量的散失(热漏)仍然无法完全避免,因此燃烧前后温度的变化值不能直接测量准确,而必须经过雷诺法作图进行校正。其校正方法如下。

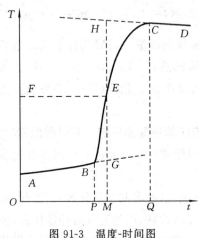

图 91-3　温度-时间图

称取适量待测物质,使其燃烧后,氧弹卡计中的水温升高 1.5～2.0 ℃。预先调节水温低于室温 0.5～1.0 ℃,然后将燃烧前后历次观察的水温对时间作图,连成 $ABECD$ 折线(图 91-3)。在前期(自开启电源到点火),相当于图中 AB 部分,每分钟读取温度一次,5 min 后点火,此时温度上升很快,所以须每隔半分钟读取温度一次,直至温度达到最高点进入末期,相当于图中 BC 部分,再改为每分钟读取温度一次,5 min 后停止读取温度。图中 B 相当于开始燃烧的点,C 为观察到的最高温度读数点。由于氧弹卡计和外界的热量交换,曲线 AB 及 CD 常常发生倾斜。作相当于室温的水平线交折线于 E 处,过 E 点作垂线 EM,然后将 AB 线和 DC 线外延交 EM 线于 G、H 两点,H 点与 G 点所表示的温度差即为欲求温度升高值 ΔT,经过这样校正后的温度差表示了由于样品燃烧使氧弹卡计温度升高的数值。

有时氧弹卡计的绝热情况良好,热漏小,而搅拌器功率又比较大,这样往往不断引进少量热量,使得燃烧后的温度最高点不明显,对于这种情况,仍然可以按照上述同样的方法校正 ΔT。值得注意的是,用作图法进行校正时,氧弹卡计的温度与外界环境的温度不宜相差太大(最好不超过 3 ℃),否则会引入误差。最后,为了正确测定燃烧热,必须准确测量温度,本实验用数字温差测量仪测量温度的变化。

仪器、试剂和材料

氧弹卡计(1 台);氧气钢瓶(1 个);氧气表(1 个);压片机(2 台);分析天平(精度 0.000 1 g)和托盘天平(各 1 台);万用表(1 个);数字温差测量仪(1 台,精度 0.001 ℃);容量瓶(1 000 mL)。

苯甲酸(AR);萘(AR);细铁丝;棉线;直尺。

实验内容

(1) 取一根细铁丝,其长度记为 l;取一根棉线,在分析天平上准确称量其质量,记为 m'。

(2) 在托盘天平上称取约 1 g(不要超过 1.1 g)苯甲酸,在压片机上压成片状,将片上沾附的粉末轻轻敲去。用棉线紧缚样片,在分析天平上准确称量样片与棉线的总质量,记为 m。

（3）将铁丝轻轻穿入棉线和样片之间，将样片放在燃烧皿中，通过铁丝缚在氧弹的两电极上，用万用表检查是否短路或断路。在氧弹内加入 0.5 mL 蒸馏水，然后旋紧弹盖，通入氧气（在教师指导下进行），使压力达到 1.0 MPa，再次检查是否通路，将氧弹轻轻放入水桶中。

（4）用容量瓶准确量取已被调节到低于室温 0.5～1.0 ℃的自来水 3 000 mL，倒入水桶内。装好搅拌器，氧弹两电极用电线接在点火控制器上，盖上盖子，将温度传感器插入水中。

（5）开启控制器电源，开动搅拌器，时间置于"一分钟"挡，每隔 1 min 读取一次数字温差测量仪的读数，读 5 min，即读 5 次温度。

（6）按下控制器上"点火"按钮，同时时间切换到"半分钟"挡，温度读数改为每隔半分钟读一次，1 min 内温度迅速上升。若不见温度迅速上升，则表明点火没有成功，此时必须打开氧弹检查原因。

（7）当温度升到最高点后，时间切换到"一分钟"挡，每隔 1 min 读取一次数字温差测量仪的读数，读 5 min，即读 5 次温度，方可停止实验。

（8）实验停止后，关闭搅拌器，取出温度传感器，拿出氧弹，打开氧弹放气孔放出余气（注意放气时不要对着自己或者旁人），最后旋开氧弹盖，检查样品燃烧的结果。若氧弹中没有未燃尽的残渣，表示燃烧完全；反之，则表示燃烧不完全，实验失败。燃烧后剩余的铁丝必须测量其长度，记为 l'。最后倒去水桶内的水，擦干水桶内壁和氧弹外表面以待下次实验用。

（9）重复上述步骤（1）～（8），测量萘的燃烧热，注意在称取萘时不超过 0.7 g。

实验数据和结果处理

（1）作苯甲酸燃烧的雷诺校正图，求出苯甲酸燃烧的 ΔT，计算 $C_卡$。

（2）作萘燃烧的雷诺校正图，求出萘燃烧的 ΔT，根据上述测定的 $C_卡$，计算 Q_V 和 Q_p。

实验说明

（1）实验中铁丝的燃烧热为 2.9 J·cm^{-1}，棉线的恒容燃烧热为 16 736 J·g^{-1}。

（2）如果不进行雷诺法校正，则测得的 ΔT 会有误差。实验中应创造条件，尽量采用雷诺法校正 ΔT。

（3）可以自行设计测液体可燃物燃烧热的测定方法，特别是盛装液体可燃物且通电点火燃烧的方法，使实验顺利进行。

思考题

1. 指出 $Q_p = Q_V + \Delta nRT$ 公式中各项的物理意义。

2. 使用氧气钢瓶应注意哪些问题?
3. 你认为影响燃烧热测定准确度的主要因素是什么? 为什么?
4. 燃烧不完全的原因可能有哪些?

实验 92　　积分溶解热的测定

实验目的

用量热法测定 KNO_3 的积分溶解热;掌握量热法的基本测量方法。

实验原理

物质溶解时常伴随有热效应发生,此热效应称为该物质的溶解热。

物质的溶解通常包括溶质晶格的破坏和溶质分子或离子的溶剂化。其中,晶格的破坏常为吸热过程,溶剂化常为放热过程。溶解热即为这两个过程的热量的总和,而最终是吸热还是放热,则由这两个过程的热量的相对大小所决定。

温度、压力,以及溶质和溶剂的性质、用量是影响溶解热的显著因素。根据物质在溶解过程中溶液浓度的变化,溶解热分为变浓溶解热和定浓溶解热。变浓溶解热又称积分溶解热,为等温定压条件下 1 mol 物质溶于一定量的溶剂形成某浓度的溶液时吸收或放出的热量。定浓溶解热又称微分溶解热,为等温定压条件下 1 mol 物质溶于大量某浓度的溶液时产生的热量。两者的单位都是 $J \cdot mol^{-1}$,但在溶解过程中,前者的溶液浓度持续变化,而后者的溶液浓度只有微小的变化甚至可视为不变。

积分溶解热可用量热法直接测得,微分溶解热可由积分溶解热间接求得。方法是:先求出在定量溶剂中加入不同溶质时的积分溶解热,然后以热效应为纵坐标、以溶质物质的量为横坐标绘成曲线,曲线上任一点的斜率即为该浓度时的微分溶解热。

用量热法测定积分溶解热通常在被认为是绝热的量热计中进行。首先标定该量热系统的热容,然后通过精确测量物质溶解前后因吸热或放热引起量热系统温度的变化,计算溶解过程的热效应,并据此计算物质在该溶液温度、浓度下的积分溶解热。

1. 量热系统热容的标定

用一已知积分溶解热的标准物质在量热计中进行溶解,测出溶解前后量热系统的温度变化值 $\Delta T_{标}$,则量热系统的热容为

$$C = \frac{m_{标} \cdot \Delta H_{标}}{M_{标} \cdot \Delta T_{标}} \tag{92-1}$$

式中:$m_标$、$M_标$分别为标准物质的质量(g)和摩尔质量;$\Delta H_标$为标准物质在某溶液温度及浓度下的积分溶解热,此值可从手册上查得;$\Delta T_标$为标准物质溶解前后量热系统的温度变化值;C为量热系统(包括量热计装置和溶液)的热容。

2. 积分溶解热的测定

将式(92-1)用于待测物质即得

$$\Delta H_{溶解} = \frac{CM\Delta T}{m} \tag{92-2}$$

式中:m、M分别为待测物质的质量(g)和摩尔质量;ΔT为待测物质溶解前后量热系统的温度变化值;C为已标定的量热系统的热容,这里假设各种水溶液的热容都相同。

式(92-1)及式(92-2)都忽略了热传导对$\Delta T_标$及ΔT的影响。因此本实验要求量热系统与室温的温差应尽可能小,量热计的绝热应良好,并要求搅拌缓慢、匀速,避免引入较大的搅拌热。

仪器、试剂和材料

溶解热测定装置(图 92-1);数字式温度测量仪(1 台);秒表;干燥器;量筒(500 mL);称量瓶(20 mL,2 个)。

KCl(AR);KNO$_3$(AR)。

实验内容

1. 安装实验装置

按图 92-1 所示安装实验装置。1 为 500 mL 杜瓦瓶,可用一只内盛保温物质的木箱作其支架(图上未画出);2 为短颈小玻璃漏斗,外径约 2 cm,溶质由此加入,不加溶质时则取去漏斗,用一橡皮塞

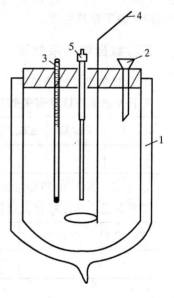

图 92-1　溶解热测定装置
1—杜瓦瓶;2—漏斗;3—温度计;
4—搅拌器;5—温度传感器

塞严加样孔;3 为水银温度计,用以测量溶液的温度;4 为一只玻璃或塑料的搅拌器,要求有很好的化学稳定性和良好的绝热性;5 为数字式温度测量仪的温度传感器,用以测量量热系统的温度变化。整个装置要求洁净、干燥。

2. 测定量热系统的热容

本实验采用已知溶解热的 KCl 作为标准物质来标定量热系统的热容。不同温度下 1 mol KCl 溶于 200 mol 水中的积分溶解热数据可从有关手册中查到。

(1) 量热系统初始温度 $T'_始$ 的测量。用 500 mL 量筒准确量取 360 mL 蒸馏水,加入杜瓦瓶中,盖严杜瓦瓶瓶塞及加样孔的孔塞。用搅拌器缓慢、均匀地搅拌,使蒸馏水与量热系统的温度达到平衡,每分钟读取数字式温度测量仪上的温度一次,读准

至 0.001 ℃,连续 5 min 温度读数不变时可认为已达平衡,此温度即为 $T'_{始}$。

(2)测量溶解终止时量热系统的温度 $T'_{终}$。打开加样孔的孔塞,换上洁净、干燥的短颈小玻璃漏斗,把预先称好并置于干燥器中保存的(7.50±0.01) g 分析纯 KCl,经漏斗迅速、全部地倒入杜瓦瓶中。加完试样取下漏斗,换上加样孔塞,用搅拌器缓慢、均匀地搅拌。因 KCl 的溶解为吸热过程,溶解时温度将下降,每分钟读取温度一次,直至连续 5 min 内温度不变,此温度即为 $T'_{终}$。倒出量热计中液体,并洗净、晾干量热装置待用。

3. KNO₃ 积分溶解热的测定

用 KNO₃ 代替 KCl 重复上述测定,即重复操作步骤2,测出 $T_{始}$、$T_{终}$。KNO₃ 的用量按1 mol KNO₃:400 mol H₂O 计算,其量约 5.1 g,蒸馏水仍为 360 mL。实验结束,洗净、晾干量热装置。

实验数据和结果处理

1. 计算量热系统的热容

按下表记录并计算有关数据:

$T'_{始}$/℃	$T'_{终}$/℃	$\Delta T_{标}$/℃	$\Delta H_{标}$/(kJ·mol⁻¹)	溶液温度/℃	C/(kJ·℃⁻¹)

2. 计算 KNO₃ 的积分溶解热

按下表记录并计算有关数据:

$T_{始}$/℃	$T_{终}$/℃	ΔT/℃	溶液温度/℃	$\Delta H_{溶解}$/(kJ·mol⁻¹)

实验说明

本实验用标准物质(溶解热已知)来校正(测定)仪器的热容。事实上,本实验还可用电热补偿法来完成,即通入一定电能,使系统的 ΔT 等于样品溶解时的 ΔT,显然,样品的溶解热可求。

思考题

1. 试讨论蒸馏水与杜瓦瓶温度不平衡时对测量有何影响。

2. 试分析实验中影响温差 ΔT 的各种因素。

3. 有何理论根据能证实在溶液状态下可以利用溶解热数据求算其他化学反应热?

4. 实验有哪些可改进的地方?

实验 93　液体饱和蒸气压的测定

实验目的

明确液体饱和蒸气压的定义及气-液两相平衡的概念；了解纯液体饱和蒸气压与温度的关系，即克劳修斯-克拉贝龙方程式的意义；用纯液体蒸气压测定装置测不同温度下乙醇的饱和蒸气压，并求其平均摩尔气化焓和正常沸点。

实验原理

在一定温度（距临界温度较远）下，纯液体与其气相达成平衡时的压力称为该温度下液体的饱和蒸气压。饱和蒸气压与温度的关系可用克劳修斯-克拉贝龙方程式表示：

$$\frac{\mathrm{d}\ln p}{\mathrm{d}T} = \frac{\Delta_{\mathrm{vap}}H_{\mathrm{m}}}{RT^2} \tag{93-1}$$

积分式(93-1)得

$$\ln p = -\frac{\Delta_{\mathrm{vap}}H_{\mathrm{m}}}{R} \cdot \frac{1}{T} + C \tag{93-2}$$

式中：p 为液体在温度 T(K)时的饱和蒸气压；$\Delta_{\mathrm{vap}}H_{\mathrm{m}}$ 为液体的平均摩尔气化焓，在一定的实验温度范围内，其值可视为常数；R 为气体常数；C 为积分常数。

通过实验测得各温度下的饱和蒸气压，以 $\ln p$ 对 $\frac{1}{T}$ 作图，得一直线，其斜率 k 为

$$k = -\frac{\Delta_{\mathrm{vap}}H_{\mathrm{m}}}{R} \tag{93-3}$$

由 k 可求出 $\Delta_{\mathrm{vap}}H_{\mathrm{m}}$，令 $p = p^{\ominus}$，依式(93-2)可求得乙醇的正常沸点。由于乙醇的蒸气压比较大，实验采用控制一定温度、直接测量饱和蒸气压的方法——静态法。

仪器、试剂和材料

纯液体饱和蒸气压测定装置(1 套，图 93-1)；气压计；真空泵(1 台)。

无水乙醇(AR)或乙酸乙酯(AR)。

实验内容

(1) 按图 93-1 安装实验装置，所有接口处应密封，防止漏气。

(2) 如图 93-1 所示，注入适量无水乙醇于平衡管中。方法如下：先直接注入少量无水乙醇于平衡管的 BC 段，然后小心加热试样球，使 AB 段的空气排出，随即迅速冷却试样球(如用电吹风对试样球吹冷风即可)，BC 段的乙醇即被吸入试样球内，如此重复操作几次，直到试样球内有2/3体积乙醇为止，并将平衡管与冷凝管连接好。

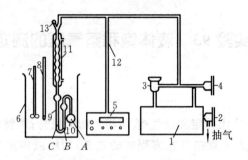

图 93-1　蒸气压测定装置

1—不锈钢真空包；2—抽气阀；3—真空包抽气阀；4—进气阀；5—DP-A 数字压力表；
6—玻璃恒温水浴槽；7—搅拌器；8—温度计；9—等压计；10—试样球；
11—冷凝管；12—真空橡皮管；13—加样口

(3) 接通冷却水，通电 5 min，开启搅拌器，按压差计"采零"，显示"－000.0"后，打开阀 2 和阀 3，关闭阀 4，启动真空泵抽气至 13 kPa，关闭阀 2 和阀 3，停止抽气。若压差计数显值变化小于 $0.1\ kPa \cdot min^{-1}$，则系统气密性正常。

(4) 实验按升温方向做，用导电表调控温度，当水温达到设定温度时，调节进气阀 4，放入适量空气，使平衡管内 BC 段两液面等高，记下压差计读数(kPa)。继续升温，分别在 40 ℃、45 ℃、50 ℃、55 ℃、60 ℃、65 ℃下重复上述操作。

实验数据和结果处理

(1) 计算饱和蒸气压，用当天的大气压减去实验时压差计的读数，即为乙醇的饱和蒸气压 p，将数据处理结果列成下表。

室温：　　　　　　　　　　　　　　　　　大气压：

温　　度			压差计读数	乙醇的饱和蒸气压	
$t/℃$	T/K	$(1/T) \times 10^3$		p	$\ln p$
35	308	3.25			
40	313	3.19			
45	318	3.14			
50	323	3.10			
55	328	3.05			
60	333	3.00			
65	338	2.96			

(2) 根据表中数据以 $\ln p$ 对 $1/T$ 作图，应得一直线，由直线的斜率计算乙醇的 $\Delta_{vap} H_m$，并求其正常沸点。

思考题

1. 说明饱和蒸气压、正常沸点和沸腾温度的含义,本实验用什么方法测定乙醇的饱和蒸气压?

2. 何时读取压差计的读数? 所获取的读数是否就是乙醇的饱和蒸气压?

3. 实验过程中为什么要防止空气倒灌?

4. 试依最小二乘法原理,用线性回归方法通过计算机找出 $\ln p$-$(1/T)$ 的回归方程,从而求出 $\Delta_{vap}H_m$ 和正常沸点。

实验 94　双液系的气-液平衡 T-x 相图

实验目的

学会绘制环己烷-乙醇双液系的气-液平衡 T-x 相图;了解相图和相律的基本概念;掌握测定双组分液体的沸点的方法;掌握用折光率确定二元液体组成的方法。

实验原理

1. 气-液相图

两种液态物质混合而成的二组分体系称为双液系。两个组分若能按任意比例互相溶解,则称为完全互溶双液系。液体的沸点是指液体的蒸气压与外界压力相等时的温度,在一定的外压下,纯液体的沸点有其确定值。但双液系的沸点不仅与外压有关,而且还与两种液体的相对含量有关。根据相律(自由度=独立组分数-相数+2)可知,以气-液共存的二组分体系,其自由度为 2,只要任意再确定一个变量,整个体系的存在状态就可以用二维图来描述。通常,在恒压条件下,作出体系的沸点与组成的关系图,即为 T-x 相图。

在恒压下完全互溶双液系的沸点与组成的关系图有下列三种情况。

(1) 溶液沸点介于两纯组分沸点之间,如苯与甲苯。

(2) 溶液有最高恒沸点,如丙酮与氯仿。

(3) 溶液有最低恒沸点,如苯与乙醇、环己烷与乙醇。

图 94-1 所示的是具有最低恒沸点体系的 T-x 相图。$A'VB'$ 代表气相线,$A'LB'$ 代表液相线。等温的水平线段和气、液相线交点的横坐标表示在该温度时互成平衡的两相的组成。相图中的 L 点为恒沸点,该点组成的双液系在蒸馏时气相组成和液相组成完全一样,在整个蒸馏过程中沸点也恒定不变,对应于该点组成的溶液称为恒沸混合物。压力不同时,同一双液系的相图也不尽相同,所以恒沸点和恒沸混合物的组成与外压有关。

绘制 T-x 图的简单原理如下:若溶液的组成为 x,加热到 T_1 时开始沸腾,此时共存气相的组成为 y,若气相量很少,x、y 即代表互成平衡的液、气两相成分;继续蒸馏,气相量逐渐增多,温度到达 T_2,平衡的液、气两相成分变为 x'、y',而两相的相对量按杠杆原理分配。

根据相律,对二组分体系,当压力一定时,在气、液两相共存区域中自由度为 1,若温度一定,则气、液两相成分也就确定了,当总成分一定时,由杠杆原理可知,两相的相对量也一定。通常在实验中,利用回流的方法保持气、液两相的相对量一定,则体系的温度也恒定,待两相平衡后,分析气、液相的成分,就得到相图上该温度下的一组气、液两相平衡成分的坐标点。改变体系的总成分,依上述相同方法可找到另一对坐标点,这样测得一系列不同配比溶液的沸点及气、液两相的组成,就可绘制出气-液体系的 T-x 相图。压力不同时,双液系相图略有差异。

2. 沸点测定仪

各种沸点测定仪的具体结构虽各有特点,但其设计思想都集中于如何正确测定沸点、便于取样分析、防止过热及避免分馏等方面。本实验所用沸点测定仪如图94-2所示。

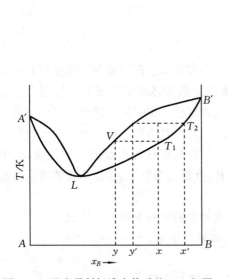

图94-1　具有最低恒沸点体系的 T-x 相图

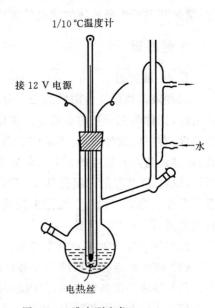

图94-2　沸点测定仪

这是一支带回流冷凝管的长颈圆底烧瓶,冷凝管底部有一半球形小室,用以收集冷凝下来的气相样品。电流经变压器和粗导线通过浸于溶液中的电热丝,这样既可减少溶液沸腾时的过热现象,还能防止暴沸。

3. 组成分析

本实验选用的环己烷和乙醇,两者折光率相差颇大,而折光率测定又只需少量样品,所以,可用折光率-组成工作曲线来测得平衡体系的两相组成。折光率用阿贝折射仪测定。

仪器、试剂和材料

沸点测定仪；阿贝折射仪；超级恒温槽；调节变压器；温度计(50~100 ℃，最小分度0.1 ℃)；量筒(50 mL)；长滴管；洗耳球；移液管(10 mL、5 mL)；竹镊子；丙酮棉球；擦镜纸。

无水乙醇(AR)；环己烷(AR)。

实验内容

(1) 工作曲线的绘制。

① 配制环己烷的摩尔分数为 0.10、0.20、0.30、0.40、0.50、0.60、0.70、0.80 和 0.90的环己烷-乙醇溶液各 10 mL。计算所需环己烷和乙醇的质量，并用分析天平准确称取，为避免样品挥发带来的误差，称量应尽可能迅速，各个溶液的确切组成可按实际称样结果准确计算。

② 调节超级恒温槽水浴温度，使阿贝折射仪的温度计读数保持在某一定值，测量上述 9 份溶液以及乙醇和环己烷的折光率。

③ 用较大的坐标纸绘制若干条不同温度下的折光率-组成工作曲线。

(2) 安装沸点测定仪。如图 94-2 所示地将干燥的沸点测定仪安装好，电热丝要靠近烧瓶底部的中心，温度计的水银球位置应在支管之下，但至少要高于电热丝 2 cm。

(3) 取环己烷 40 mL 置于沸点测定仪中，接通冷却水，加热(电压约 12 V)，使液体沸腾时能自小玻璃管向外喷溢，且蒸气能在冷凝管中完全冷凝，蒸气的回流高度以冷凝管高度的 1/3 为宜。如此沸腾一段时间，直到温度计上的读数稳定为止(一般达到平衡需 5~8 min)，记录温度计的读数。

切断电源，停止加热，用两只细长的干燥滴管，分别对气、液相取样，然后立即在阿贝折射仪上测定其折光率。在这一测量前应详细了解阿贝折射仪的工作原理及操作。

(4) 步骤(3)完成后，分别向沸点测定仪中加入无水乙醇 0.6 mL、0.7 mL、0.8 mL、1.5 mL、3.5 mL、6.5 mL 和 10.0 mL，重复上述步骤，测定各溶液的沸点和平衡时气相与液相组成。

(5) 上述实验结束后，将沸点测定仪中液体倒掉，然后用无水乙醇清洗沸点测定仪三次，再取 40.0 mL 无水乙醇置于其中，测定其沸点，接着依次加入环己烷 3.0 mL、5.0 mL、6.0 mL 和 10.0 mL，分别测定其沸点及气、液两相样品的折光率。

实验数据和结果处理

(1) 由气相和液相样品的折光率从折光率-组成的工作曲线上查得相应组成。

(2) 将由工作曲线查得的溶液组成及测得的沸点列表,并绘制环己烷-乙醇的气液平衡相图,由图确定最低恒沸点及恒沸混合物的组成。

思考题

1. 在测定沸点时,溶液过热或出现分馏现象,将使绘制的相图图形发生什么变化?

2. 为什么工业上常生产95%乙醇?只用精馏含水乙醇的方法是否可能获得无水乙醇?

3. 沸点测定仪中冷凝管底部的小球体积过大或过小,对测量有何影响?

4. 按所得相图,讨论此溶液蒸馏时的分离情况。

5. 依实验结果,讨论影响双液系 T-x 相图形状的各种因素。

实验 95　旋转黏度计的使用

实验目的

掌握用旋转黏度计测量液体黏度的方法。

实验原理

黏度(η)为黏滞系数(或内摩擦系数)的惯用名称,它由液体内部的黏滞力产生,是液体内部阻碍其相对流动的一种特性,它与液体的组成及温度有关,所以黏度的测量必须在严格的恒温条件下进行。当液体受到外力作用产生流动时,在流动着的液体层之间存在着切向的内部摩擦力。液体通过管子时,必须消耗一部分功来克服这种流动的阻力。在流速低的管子中的液体沿着与管壁平行的直线方向前进,最靠近管壁的液体实际上是静止的,与管壁距离愈远,流动的速率也愈大。流层之间的切向力 f 与两层间的接触面积 A 和速率差 Δv 成正比,而与两层间的距离 Δx 成反比,即

$$f = \eta A \frac{\Delta v}{\Delta x} \tag{95-1}$$

式中:η 是比例系数,称为液体的黏度系数,简称黏度。黏度系数在国际单位制中用 Pa·s 表示。

液体黏度的测量方法有毛细管法、落球法、转筒法。毛细管法可用于液体绝对黏度和相对黏度测量,适合于测量高温熔体的黏度。落球法可用于 $1 \sim 10^3$ Pa·s 的液体黏度的测量。转筒法也称旋转柱体法,该法测量黏度的范围很广,为 $10^{-2} \sim 10^7$ Pa·s。

化学实验室经常使用旋转黏度计测量液体的黏滞阻力与液体的绝对黏度,旋转

黏度计广泛适用于测定油脂、油漆、食品、药物、胶黏剂等各种流体的黏度,其结构原理如图 95-1 所示。黏度计工作时,同步电动机以稳定的速率旋转,连接刻度圆盘,再通过游丝和转轴带动转子旋转。如果转子未受到液体的阻力,指针在刻度圆盘上指示的读数为"0";反之,如果转子受到液体的黏滞阻力,则游丝产生扭矩,与黏滞阻力抗衡最后达到平衡,这时与游丝连接的指针在刻度圆盘上指示一定的读数(即游丝的偏转角度)。将读数乘上特定的系数就得到液体的黏度(mPa·s),即

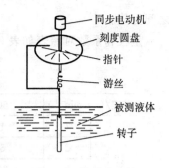

图 95-1　旋转黏度计

$$\eta = K\alpha \tag{95-2}$$

式中:η 为绝对黏度;K 为系数;α 为指针所指读数(偏转角度)。

由于温度 T 对液体黏度的影响特别大,本实验中用恒温水浴对被测量体系进行恒温控制。

仪器、试剂和材料

NDJ-1A 型旋转黏度计(1 台);恒温槽;烧杯。

蒸馏水;甘油(AR);三乙醇胺(AR)。

实验内容

(1) 准备被测液体。将被测液体置于直径不小于 70 mm 的烧杯或直筒形容器中,准确地控制被测液体温度。

(2) 将保护架装在仪器中(向右旋入装上,向左旋出卸下)。

(3) 先大约估计被测液体的黏度范围,然后根据量程表选择适当的转子和转速。当估计不出被测液体的大致黏度时,应假定为较高的黏度,试用由小到大的转子和由慢到快的转速。原则是高黏度的液体选用小的转子和慢的转速,低黏度的液体选用大的转子和快的转速。

(4) 将选配好的转子旋入连接螺杆(向左旋入装上,向右旋出卸下),旋转升降旋钮,使仪器缓慢地下降,转子逐渐浸入被测液体中,直至转子液面标志和液面相平为止,调整仪器水平。按下指针控制杆,开启电动机开关,转动变速旋钮,使所需转速数向上,对准速率指示点,放松指针控制杆,使转子在液体中旋转,经过多次旋转(一般3~4 min)待指针趋于稳定(或按规定时间进行读数)。按下指针控制杆(注意:不得用力过猛,转速慢时可不利用控制杆,直接读数)使读数固定下来,再关闭电动机,使指针停在读数窗内,读取读数。当电动机关闭后如指针不处于读数窗内,则可继续按住指针控制杆,反复开启和关闭电动机,经几次练习即能熟练掌握,使指针停于读数窗内,读取读数。

(5) 当指针所指的数值过高或过低时,要变换转子和转速,使读数在 30~90 格

之间为佳。

量程和系数对照表如表 95-1 所示。

表 95-1　量程和系数对照表

单位：mPa·s

转速/(r·min⁻¹)	60	30	12	6
转子 1	1	2	5	10
转子 2	5	10	25	50
转子 3	20	40	100	200
转子 4	100	200	500	1 000

实验数据和结果处理

测量实验时的室温，计算所测液体的黏度，与文献值比较并讨论。

实验说明

温度对黏度的影响很大，同种液体在不同实验温度下黏度不同。

思考题

1. 影响旋转法测定黏度的因素有哪些？
2. 如何选取适当的转子和转速？

实验 96　热分析及其应用

实验目的

用热分析法研究 $CaC_2O_4 \cdot H_2O$ 的热分解过程，测定热分解反应的反应级数和活化能；掌握热重分析和差热分析的基本原理和实验方法；了解示差精密热天平的主要构造和操作技术；初步掌握热重分析（TG）曲线谱图和差热分析（DTA）谱图的解析及应用。

实验原理

热分析法就是测量物质的物性参数对温度的依赖关系的一类相关方法的统称，是研究物质在加热（或冷却）过程中，所发生的物理或化学的变化的一种既简便又直观的研究方法。热重分析和差热分析是热分析中两种主要的分析技术。

热重分析是将试样在一定的加热（或冷却）速率下，同时对试样连续称重，记录质量随温度变化的一种实验技术。由实验所得的质量变化及化学反应的计量关系可以推测和论证产物的组成及热分解反应的机制,并可以计算热分解反应的动力学参数。

热重分析仪常称为热天平,其基本测量原理如图 96-1 所示。

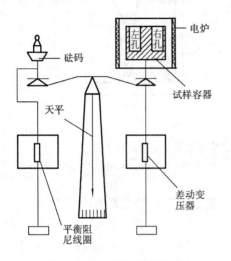
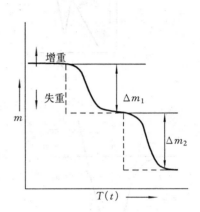

图 96-1　热天平测量原理图　　　　　图 96-2　TG 曲线

如果将已装有被测试样和参比试样(在实验温度范围内不发生化学和物理变化)的两个小坩埚分别放入位于天平右臂的试样容器的左、右孔内,然后在天平左臂的砝码盘中加减砝码使天平平衡。在升温过程中,若试样不发生质量变化,则该天平继续保持平衡;若试样在加热过程中热分解而出现质量变化,那么天平就会失去原有的平衡。此时,位于试样容器下方的差动变压器就会将失衡信号放大后送到测重系统,以使天平恢复平衡。平衡阻尼线圈内的电流变化量与试样的质量变化成正比,将电流信号的变化情况自动记录下来,就得到质量 m 随温度 T(或时间 t)的变化曲线,即 TG 曲线(图 96-2)。

示差精密热天平采用了热重分析与差热分析联用的技术,能同时进行热重分析和差热分析,同步记录下 T、TG、DTA 三条曲线,提供了对复杂的热过程进行综合分析的可能性。在图 96-3(a)所示的过程中有一吸热反应但无质量变化,据此可判断是由相变、多晶转变、组成之间化合产生新相等情况所致。在图 96-3(b)所示的过程中有一吸热反应且伴随失重,这种情况可判断有无气体产物挥发,或有无升华或蒸发等过程发生。

热重分析和差热分析是研究均相尤其是多相反应动力学的重要方法,由 DTA、TG 曲线可以计算反应的动力学参数(反应级数、活化能)。

DTA 曲线峰的对称性与反应级数存在函数关系,反应级数减小,相应的 DTA 峰的对称性高,所以可用 DTA 峰的对称程度求反应级数。Kissinger 在 1957 年提出了“形状指数”S 的概念,定义 S 为差热峰两翼拐点的正切斜率的比值(图 96-4)。

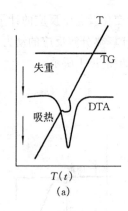 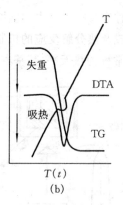

图 96-3　PCT-1A 型差式精密热天平记录的热谱图

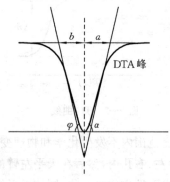

图 96-4　Kissinger"形状指数"法

$$S = \frac{\tan\varphi}{\tan\alpha} = \frac{a}{b} \tag{96-1}$$

反应级数 n 与 S 的关系为

$$S = 0.63n^2 \tag{96-2}$$

所以

$$n = 1.26S^{\frac{1}{2}} \tag{96-3}$$

常用 Coats-Redfern 法计算反应活化能 E_a,基本原理如下。

对于反应　　A(s) ⟶ B(s) + C(s)

A 减少的速率方程为

$$\frac{dw_A}{dt} = k(1 - w_A)^n \tag{96-4}$$

式中:k 为速率常数;n 为反应级数;w_A 为 t 时刻物质 A 分解的质量分数,亦即 t 时刻因热分解而失去的质量与物质 A 全部分解时的总失重之比值。根据

$$k = Ae^{-E_a/(RT)} \tag{96-5}$$

加热速率

$$v = \frac{dT}{dt} \tag{96-6}$$

对式(96-4)、式(96-5)、式(96-6)进行积分和数学变换,得

$n \neq 1$ 时

$$\lg\left[\frac{1 - (1 - w_A)^{1-n}}{T^2(1-n)}\right] = \lg\frac{AR}{vE_a}\left(1 - \frac{2RT}{E_a}\right) - \frac{E_a}{2.303R} \cdot \frac{1}{T} \tag{96-7}$$

$n = 1$ 时

$$\lg\left[-\frac{\lg(1 - w_A)}{T^2}\right] = \lg\frac{AR}{vE_a}\left(1 - \frac{2RT}{E_a}\right) - \frac{E_a}{2.303R} \cdot \frac{1}{T} \tag{96-8}$$

将 $\lg\left[\dfrac{1 - (1 - w_A)^{1-n}}{T^2(1-n)}\right]$ 对 $\dfrac{1}{T}$ 作图得一直线,斜率为 b,则

$$E_a = -2.303 Rb \ (J \cdot mol^{-1}) \tag{96-9}$$

Piloyan 等人利用 DTA 曲线计算反应活化能的方法更为简便。假设反应初级阶段 DTA 的峰高 ΔT 与 A 物质的消耗速率 $\dfrac{dw_A}{dt}$ 的关系为

$$\frac{\Delta T}{B} = \frac{\mathrm{d}w_A}{\mathrm{d}t} \tag{96-10}$$

式中:B 为峰面积。将式(96-4)、式(96-5)代入式(96-10),两边取对数,整理后得

$$\ln \frac{\Delta T}{B} = \ln C - \frac{E_a}{RT} + n\ln(1 - w_A) \tag{96-11}$$

式中:$\ln C$ 为常数。若 $w_A = 0.05 \sim 0.8$,则上式中 $n\ln(1 - w_A)$ 可忽略,近似为

$$\ln \frac{\Delta T}{B} = \ln C - \frac{E_a}{RT} \tag{96-12}$$

这样,从 DTA 谱图上得到各温度所对应的峰高值 ΔT,然后作 $\ln \dfrac{\Delta T}{B}$ - $\dfrac{1}{T}$ 图,从直线斜率可以算出反应活化能。

仪器、试剂和材料

PCT-1A 型示差精密热天平或 WCT-1 型热分析仪(1 套,可以同时记录 T、DTA、TG 三条曲线,并配套扩散泵等真空及充气设备)。

$CaC_2O_4 \cdot H_2O$(AR);Al_2O_3(AR);$CuSO_4 \cdot 5H_2O$(AR)。

实验内容

以 PCT-1A 型示差精密热天平为例。

(1) 先了解天平结构,预热天平。

(2) 接通冷却水(不要开得太大)。

(3) 称取试样 10 mg 左右。

(4) 抬起炉体,将试样连同坩埚放入热电偶板上,左边放空坩埚(Al_2O_3)参比池,右边或靠前放置样品坩埚(图 96-5),放下炉体(注意操作时动作要轻而稳)。

(5) TG 量程选 10 mg 按钮,指示灯亮,调零。

(6) DTA 量程选 100 μV(笔头在中间),按"Zero"键使指示灯灭。

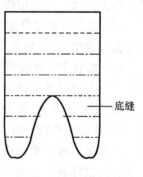
—— 底缝

图 96-5　样品坩埚

(7) 升温速率选 20 ℃ · min^{-1},按升温键,偏差表指针应指向左或零后,再按加热键。注意:偏差表指针向右偏转时不要按加热键,此时,可按"功能"中的"Zero"键,稍等一会儿,一般不会出现偏差表指向右边的情况。

(8) 调记录笔,将 1 号红色温度笔开关断开,向前扳向"Zero",旋转调零(position)旋钮,使 1 号笔处于最右端线上,然后再打开"Zero",即将开关推向"MEAS"。

(9) 分别调"position",使 2 号差热笔处于中间(第五条线),使 3 号热重笔在最左边。选走纸速率为 20 cm · h^{-1}。调好后同时放下三支笔,实验开始。

(10) 实验结束时抬起三支笔(使用"pen up"),再次按加热键使加热停止(灯灭)。冷却后关水、断电。

实验数据和结果处理

(1) 对实验测得的 DTA、TG 曲线进行分析、判断,从而确立各步热分解反应方程式,并根据反应方程式计算理论失重与实际失重之间的偏差。

(2) 由差热峰的形状指数计算各级反应的反应级数,用 Coats-Redfern 法由 TG 曲线计算各级反应的活化能 E_a。

实验说明

(1) 由于 DTA、TG 曲线受实验条件影响很大,故每次的实验条件要尽可能相同,包括升温速率、试样质量、装样松紧程度、样品颗粒度等等。特别应该指出的是,对于一般热分解反应,装样紧实一些有利于热传导,使峰形及相变温度接近实验情况,但对于有气体产物产生的反应,装样太紧会影响气体的扩散,从而影响峰形。所以在做 $CaC_2O_4 \cdot H_2O$ 热分解时,样品要填满底缝,但不要压得太实,一般装一勺样品,把坩埚在桌面上敲 2~3 下即可。

(2) 在实验中,装样的小坩埚是放在热天平的试样容器中的(图 96-1),当温度升至某一温度经冷却后取出小坩埚时,往往取不出来,这是由于沾在小坩埚外壁上的残留物与试样容器烧结在一起的原因。因此,用力不当就会把小坩埚连同试样容器一起从热电偶中拔出。这样整个仪器就要重新拆装,而且很可能造成仪器不稳定,所以切忌用力过大! 应先用镊子使小坩埚能左右转动后再往外取出小坩埚。

(3) 热天平程序升温操作必须严格按照实验室规定的操作规程按步进行。在整个升温过程中,一定要密切注意温控单元面板上的"调上偏差"指"零"。

(4) 影响 TG 曲线的主要因素基本上包括以下几个方面:

实验条件如升温速率、气氛、走纸速率等;试样的影响如试样质量、粒度等;其他因素如浮力、试样盘、挥发物冷凝等。

① 升温速率的影响。

升温速率对热重曲线影响比较大,升温速率越大,热滞后现象越严重,往往导致所测得的试样的分解温度偏高,一般情况下升温速率以 $0.5 \sim 6$ K·min^{-1} 为宜。另外,如果升温速率太快,还会引起相邻反应之间的相互重叠,所以升温速率慢些,有利于中间产物的检出。

② 试样周围气氛的影响。

气氛对热重曲线的影响与反应类型、分解产物的性质和所通气体的类型有关,有的试样在升温过程中会与气氛中的氧发生氧化反应而在热重曲线上表现出增重或失重。如果所通气氛的组成与试样热分解的气体产物组成一致,则会明显影响分解温度,例如在 CO_2 气氛中进行 $CaCO_3$ 的热分解温度为 900 ℃,而在 N_2 气氛中 $CaCO_3$ 的热分解温度降到 400 ℃。

③ 试样质量和粒度的影响。

试样质量从以下三个方面影响 TG 曲线。

a. 试样的吸热或放热会使试样偏离原定的线性程序升温,从而改变 TG 曲线的位置。

b. 热分解的气体产物的扩散速率直接与试样量和样品层厚度有关。

c. 试样内的温度梯度随着样品量的增大而增大。所以试样量少时,易分辨出中间产物。

试样的粒度不同,对气体产物扩散的影响也不同,因而可改变热分解反应速率。试样粒度越小,达到温度平衡越快。

因此,在热分析仪灵敏度允许的情况下,应尽量少取试样,并事先研成细粉末。

④ 空气浮力的影响。

温度升高,处在炉膛内的试样容器所受到的浮力也会改变,在热重曲线上表现出增重(图 96-6)。因此在精密测量时,应先做空白实验,以扣除浮力的影响。

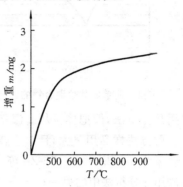

图 96-6　空气浮力对失重的影响

⑤ 其他影响。

还有很多因素应在实验过程中加以注意,例如炉膛的上口不应有缝隙,否则炉内产生对流从而影响质量,另外分解产生的气相产物不应在样品上冷凝等等。

(5) 参考数据如下表所示。

草酸钙热分解方程	$E_a/(kJ \cdot mol^{-1})$	n
$CaC_2O_4 \cdot H_2O \Longrightarrow CaC_2O_4 + H_2O$	92.1	1.0
$CaC_2O_4 \Longrightarrow CaCO_3 + CO$	309	0.7
$CaCO_3 \Longrightarrow CaO + CO_2$	163	0.4

思考题

1. 在空气和氮气气氛中,$CaC_2O_4 \cdot H_2O$ 热分解的 DTA 曲线是否一样?

2. 讨论影响 TG 和 DTA 曲线的主要因素。通过实验,你有哪些具体体会?

实验 97　DTA 法绘制二组分体系相图

实验目的

学会应用 DTA 法绘制二组分体系相图;掌握差热分析仪的基本原理和使用方法。

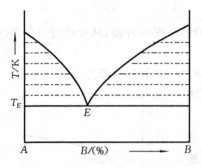

图 97-1　简单低共熔混合物的二元相图

实验原理

图 97-1 所示的是一种简单的低共熔混合物的二组分体系相图,阴影区域以上是单相的液相区,阴影区域以下是单相的固相区,阴影区域内液、固两相共存。T_E是 A、B 两者混合物在一定压力下的固相析出的最低温度,称最低共熔温度。

绘制相图的实验方法有很多,实验室常用热分析法,即把体系从高温逐渐冷却,作温度对时间的变化曲线,亦称步冷曲线法。此方法样品用量大,且对金属易挥发体系的测定十分困难。目前实验所用的简单体系为 Cd-Bi、Bi-Sn、Pb-Zn 等,它们挥发产生的蒸气对人体健康有危害性,故本实验改用热分析法中的另一种——差热分析(DTA)法或差示扫描(DSC)法,即在程序控制的一定升温速率下,测量样品与参比物(α-Al$_2$O$_3$)之间的温度差与温度之间的关系的一种技术。DTA 曲线是描述样品与参比物之间温差(ΔT)随温度或时间变化的关系,这种方法样品用量少,操作简便易行,并且具有较高的精确度,若配备适当的实验装置,测试还可以在高温(或低温)高压下进行。纯样品在受热熔化时要释放或吸收热量,在差热分析仪的记录仪上就出现一特征放热峰或吸热峰,并有一对应的相变温度。若在一组分中加入另一组分,其混合物熔化温度下降,并随着样品组分的变化,放热峰或吸热峰的温度也随之相应变化,如图 97-2 和图 97-3 所示,若以各组分对相应组分的熔化温度作图可得二元体系低共熔混合物相图。本实验采用了两种不同体系,一种是萘-苯甲酸固液简单低共熔混合物,另一种是二苯甲酮-二苯胺二元体系。

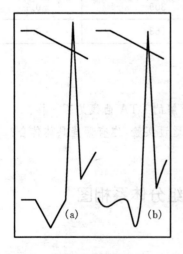

图 97-2　差热峰

(a)苯甲酸;(b)萘

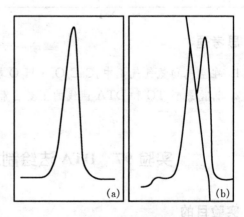

图 97-3　差热峰

(a)二苯胺;(b) 二苯甲酮($x_{二苯甲酮}=0.900$)

仪器、试剂和材料

差热分析仪；3066 记录仪。

萘(AR)；苯甲酸(AR)；二苯甲酮(AR)；二苯胺(AR)。

实验内容

1. 萘-苯甲酸体系

(1) 将纯萘和纯苯甲酸分别放入两个干燥器中干燥 24 h。

(2) 配制不同质量分数的萘、苯甲酸混合物各 1 g，混合后充分混匀，装入磨口称量瓶中。

(3) 称取约 25 mg 等量的萘和苯甲酸混合物以及基准物 α-Al_2O_3，分别放入差热分析仪样品池和参比池中，加上盖子。

(4) 按差热分析仪或差示扫描仪说明书进行测试操作。

(5) 测试条件：升温速率为 5 ℃·min^{-1}，走纸速率为 120 mm·h^{-1}。

(6) 在上述条件下分别测定纯萘、纯苯甲酸的 DTA 图或 DSC 图。

2. 二苯甲酮-二苯胺体系

(1) 将市售分析纯的二苯甲酮和二苯胺重结晶一次。

(2) 配制不同摩尔分数的二苯甲酮、二苯胺混合物。

(3) 称取一定量的混合物、基准物 α-Al_2O_3，分别放入差热分析仪的样品池和参比池中，按差热分析仪说明进行操作。

(4) 测试条件：升温速率为 2 ℃·min^{-1}，走纸速率为 6 mm·min^{-1} 或 20 cm·h^{-1}。

(5) 在上述条件下分别测定纯二苯甲酮、纯二苯胺样品的 DTA 图。

实验数据和结果处理

(1) 温度的确定以曲线的陡峭部分的切线和基线的交点的温度为准，如图 97-4 所示。

(2) 以温度对质量分数作图即得萘和苯甲酸低共熔混合物的二元相图，如图 97-5 所示。图 97-6 为二苯甲酮和二苯胺的二元体系的固液平衡相图。

(3) 由图 97-5 可知，萘和苯甲酸形成的低共熔混合物的最低共熔点温度为 68 ℃，组成为 49.5%（萘的质量分数）。由图 97-6 可知，二苯甲酮和二苯胺形成等物质的量的化合物，该稳定化合物熔点为 39.5 ℃。在化合物与二苯胺

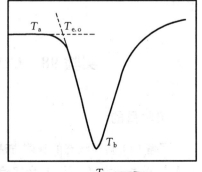

图 97-4　DTA 转变温度示意图

之间生成简单的低共熔点相,最低共熔点温度为 34.0 ℃,组成为 $x_{二苯甲酮}=0.3$。在化合物与二苯甲酮之间也生成简单的低共熔点相,最低共熔点温度为 31.9 ℃,组成为 $x_{二苯甲酮}=0.75$。

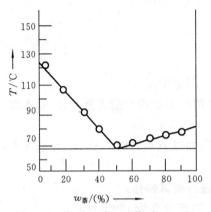

图 97-5　萘-苯甲酸二元体系 T-w 图　　　图 97-6　二苯甲酮-二苯胺二元体系 T-x 图

实验说明

(1) DTA 曲线转变点的确定方法很多,如图 97-4 所示,一般可取下列任一温度:曲线偏离基线之点的温度 T_a;曲线的峰值温度 T_b;曲线陡峭部分切线和基线交点(外推始点,extra-polated-onset)的温度 $T_{e.o.}$。

(2) 由于影响 DTA 的因素很多,要使实验结果的重现性较好必须尽量保持每次测量条件的一致性。

思考题

1. 试分析影响本实验的主要因素。

2. 测试样品时,在样品池和参比池上若不加盖子,对本实验的结果会产生什么影响?

实验 98　CO_2 临界和超临界性质测定

实验目的

了解 CO_2 临界状态的观测方法,增加对临界状态概念的认识和理解;掌握 CO_2 的 p-V-T 关系的测定方法,学会实验测定实际气体状态变化规律的方法和技术;学会活塞式压力计的正确使用方法。

实验原理

临界和超临界性质是热力学体系的重要性质,这方面的研究不仅具有理论意义,而且具有重要的实际应用价值。对于简单可压缩热力学体系,当物质处于平衡状态时,其状态参数 p、V、T 之间有

$$F(p, V, T) = 0 \qquad (98\text{-}1)$$

本实验就是根据式(98-1),采用定温方法测定 CO_2 的 p-V 之间的关系,从而找出 CO_2 的 p-V-T 关系。

整个实验装置由压力台、恒温器和实验台本体及其防护罩等三大部分组成(图98-1)。其中实验台本体如图98-2所示。

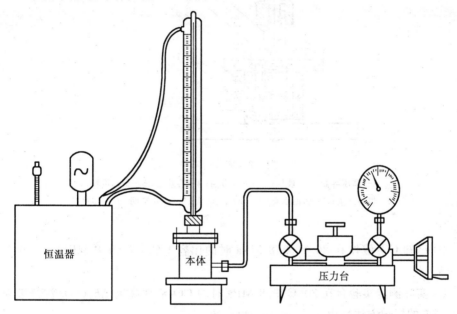

图 98-1 CO$_2$临界性质测定系统

实验中,由压力台送来的压力油进入高压容器和玻璃杯上半部,迫使水银进入预先装了 CO_2 气体的承压玻璃管,CO_2 被压缩,其压力和容积通过压力台上的活塞杆的进、退来调节,温度由恒温槽供给的水套里的水温来调节。实验物质 CO_2 的压力由装在压力台上的压力表读出(如要提高精度,可由加在活塞转盘上的平衡砝码读出,并考虑水银柱高度的修正),温度由插在恒温水套中的温度计读出。比容首先由承压玻璃管内 CO_2 的高度来测量,而后再根据承压玻璃管内径均匀、截面不变等条件换算得出。

实验中必须测定承压玻璃管内的 CO_2 的质面比常数 K 值。由于充进承压玻璃管内的 CO_2 质量不便测量,而玻璃管内径或截面积(A)又不易测准,因而实验中采用间接办法来确定 CO_2 的比容,认为 CO_2 的比容 V 与其高度是一种线性关系。具体方

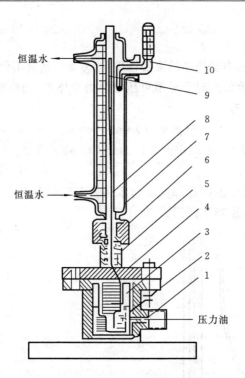

恒温水 →

10
9
8
7
6
5
4
3
2
1

恒温水 →

→ 压力油

图 98-2　实验台本体

1—高压容器；2—玻璃杯；3—压力油；4—容器盖；5—密封填料；

6—填料压盖；7—恒温水套；8—承压玻璃管；9—CO₂ 空间；10—温度计

法如下。

① 已知 CO_2 液体在 20 ℃、9.8 MPa 时的比容 $V(20 ℃、9.8 MPa) = 0.001\ 17$ $m^3 \cdot kg^{-1}$。

② 实际测定实验台在 20 ℃、9.8 MPa 时的 CO_2 液柱高度 $\Delta h_0(m)$(注意玻璃水套上刻度的标记方法)，由

$$V(20℃、9.8\ MPa) = (\Delta h_0 \cdot A)/m = 0.001\ 17\ m^3 \cdot kg^{-1} \tag{98-2}$$

得

$$\frac{m}{A} = \frac{\Delta h_0}{0.001\ 17\ m^3 \cdot kg^{-1}} = K \tag{98-3}$$

式中：K 即为玻璃管内 CO_2 的质面比常数($kg \cdot m^{-2}$)。因此，任意温度、压力下 CO_2 的比容为

$$V = \frac{\Delta h}{m/A} = \frac{\Delta h}{K} \tag{98-4}$$

式中：$\Delta h = h - h_0$。

仪器、试剂和材料

CO_2 临界性质测试系统(1 套)；CO_2 钢瓶(1 个)；压力油；水银。

实验内容

1. 加压前的准备

因为压力台的油缸的主容器容量小,需要多次从油杯里抽油,再向主容器充油,才能在压力表上显示压力读数。压力台抽油、充油的操作过程非常重要,若操作失误,不但加不上压力,还会损坏实验设备。其步骤如下。

① 关压力表及其进入本体油路的两个阀门,开启压力台上油杯的进油阀。

② 摇退压力台上的活塞螺杆,直至螺杆全部退出,这时,压力台油缸内充满了油。

③ 先关闭油杯阀门,然后开启压力表和进入本体油路的两个阀门。

④ 摇进活塞螺杆,使本体充油。如此反复,直至压力表上有压力读数为止。

⑤ 再次检查油杯阀门是否关好,压力表及本体油路阀门是否开启。若均已调定后,即可进行实验。

2. 测定低于临界温度时的等温线($t = 20$ ℃)

① 将恒温槽调定在 $t = 20$ ℃,并保持恒温。

② 压力从 4.4 MPa 开始,当玻璃管内水银升起来后,应足够缓慢地摇进活塞螺杆,以保证恒温条件。否则,系统来不及平衡,从而使读数不准。

③ 按照适当的压力间隔取 h 值,直至压力 $p = 9.8$ MPa。

④ 注意加压后 CO_2 的变化,特别要注意压力和温度之间的对应关系以及液化、汽化等现象。将测得的实验数据及观察到的现象一并填入表98-1。

⑤ 测定 20 ℃、23 ℃、25 ℃、27 ℃、29 ℃、31.1 ℃、35 ℃、40 ℃、45 ℃时其温度和压力的对应关系。

3. 测定临界等温线和临界参数,并观察临界现象($t = 31.1$ ℃)

① 按上述方法和步骤测出临界等温线,并在该曲线的拐点处找出临界压力 p_c 和临界比容 V_c,并将数据填入表98-1中。

② 观察临界现象。

a. 观察临界乳光现象。保持临界温度不变,摇进活塞螺杆使压力升至 p_c 附近,然后突然摇退活塞螺杆(注意勿使实验台本体晃动)降压。在此瞬间玻璃管内将出现圆锥状的乳白色的闪光现象,这就是临界乳光现象。这是由 CO_2 分子受重力场作用后高度分布不均匀和光的散射所造成的。可以反复几次,来观察这一现象。

b. 整体相变现象。由于临界点时,汽化潜热等于零,饱和气线和饱和液线合于一点,所以这时气、液的相互转变不像临界温度以下时那样逐渐积累,需要一定的时间,表现为渐变过程,而是压力稍有变化时,气、液以突变的形式相互转化。

c. 气、液两相模糊不清现象。处于临界点的 CO_2 具有共同参数(p-V-T),因而不能区别此时 CO_2 是气态还是液态。如果说它是气体,那么,这个气体是接近液态的气体;如果说它是液体,那么,这个液体又是接近气态的液体。因为这时是处于临界温度,如果按等温线过程来进行,使 CO_2 压缩或膨胀,那么,管内是什么也看不到的。现在,我们按绝热过程来进行,首先在压力等于 7.64 MPa 附近突然降压,CO_2 状态点由等温线沿绝热线降到液区,管内 CO_2 出现了明显的液面。

4. 测定高于临界温度时的等温线($t=50$ ℃)

将数据填入表 98-1 中。

表 98-1　CO_2 等温实验原始记录

$t=20$ ℃				$t=31.1$ ℃				$t=50$ ℃			
p/MPa	$\Delta h/m$	$V=\dfrac{\Delta h}{K}$ /($m^3 \cdot kg^{-1}$)	现象	p/MPa	$\Delta h/m$	$V=\dfrac{\Delta h}{K}$ /($m^3 \cdot kg^{-1}$)	现象	p/MPa	$\Delta h/m$	$V=\dfrac{\Delta h}{K}$ /($m^3 \cdot kg^{-1}$)	现象

实验数据和结果处理

(1) 按表 98-1 所示的数据在 p-V 坐标系中画出 3 条等温线。

(2) 将实验测得的等温线与标准等温线比较,并分析它们之间的差异及其原因。

(3) 将实验测得的饱和温度与饱和压力的对应值画在用文献数据画出的 t_s-p_s 曲线上,并作比较,分析产生误差的原因。

(4) 将实验测定的临界比容 V_c 及按理想气体状态方程和范德华方程计算的理论值一并填入表 98-2 中,并分析它们之间的差异及其原因。

表 98-2　临界比容 V_c

单位:$m^3 \cdot kg^{-1}$

标准值	实验值	$V_c=RT_c/p_c$	$V_c=3RT_c/(8p_c)$
0.002 16			

实验说明

(1) CO_2 的饱和蒸气压数据如表 98-3 所示。

(2) 以 CO_2 作为超临界流体的超临界流体萃取(Super-Critical Fluid Extraction,SCFE)被认为是 21 世纪化学提取和分离领域的革命。实验者可多查阅有关文献资料,不断丰富本实验的有关知识,加深对实验原理及 SCFE 高新技术重要性的认识。

表 98-3　CO_2 饱和蒸气压

温度/℃	20.0	22.0	24.0	25.0	26.0	27.0	28.5	29.4	30.0	30.5	31.0
饱和压力/MPa	5.730	6.001	6.285	6.432	6.581	6.734	6.945	7.113	7.271	7.294	7.376

思考题

1. CO_2 临界性质的测定有什么理论及实际意义?

2. 做完本实验后你有哪些收获和体会? 实验有哪些可改进的地方?

实验 99　色谱法测无限稀溶液的活度系数

实验目的

了解气相色谱仪的基本原理及构造,并初步掌握其使用方法;应用气液色谱法测定无限稀溶液中溶质的比保留体积和活度系数,并了解它们与热力学函数的关系。

实验原理

1. 活度系数 γ^0 和比保留体积 V_g 的计算

图 99-1 所示为典型的色谱图。样品经过色谱柱的分离,在出口处出现一个对称的样品峰。从进样开始历经保留时间 t_R 恰好出现峰顶,这时正好有一半的溶质成为蒸气通过了色谱柱,另一半还留在柱中。留柱部分分布于柱的气相空隙,即死体积 V_R^0 和液相 V_1 中。这三部分溶质存在如下关系式:

$$V_R c_g = V_R^0 c_g + V_1 c_1 \tag{99-1}$$

式中:V_R 为柱温下的保留体积;V_R^0 为死体积;V_1 为固定液体积;c_g 为气相中溶质的浓度;c_1 为液相中溶质的浓度。令 $K = c_1/c_g$,K 为溶质在液、气两相中的分配系数,则式(99-1)变为

$$K = \frac{V_R - V_R^0}{V_1} \tag{99-2}$$

设 x_1 和 x_g 分别为液相和气相中溶质的摩尔分数,气相总压力为 p,则溶质的分压即为 $x_g \cdot p$。如果液相为非理想溶液,那么气液平衡时便有

$$x_g \cdot p = \gamma x_1 \cdot p_s \tag{99-3}$$

$$\gamma = \frac{x_g \cdot p}{x_1 \cdot p_s} \tag{99-4}$$

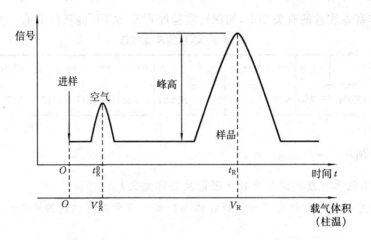

图 99-1　典型色谱图

式中:p_s是溶质在柱温下的饱和蒸气压;γ 是该溶液中溶质的活度系数。根据定义,有

$$K = \frac{c_1}{c_g} = \left(\frac{n_1^s}{V_1}\right)\Big/\left(\frac{n_g^s}{V_R^0}\right) = \frac{x_1}{x_g} \cdot \frac{n_1 \cdot V_R^0}{n_g \cdot V_1} \tag{99-5}$$

$$\frac{x_g}{x_1} = \frac{1}{K} \cdot \frac{n_1}{V_1} \cdot \frac{V_R^0}{n_g} \tag{99-6}$$

式中:n_1^s 和 n_g^s 分别代表液相和气相中溶质的物质的量;n_1 和 n_g 分别代表液相和气相中各组分的总物质的量。

根据理想气体方程,在柱温为 T_c 时,式(99-6)可变为

$$\frac{x_g}{x_1} = \frac{1}{K} \cdot \frac{n_1}{V_1} \cdot \frac{RT_c}{p} \tag{99-7}$$

将式(99-2)和式(99-7)代入式(99-4),得

$$\gamma = \frac{RT_c}{\dfrac{V_R - V_R^0}{n_1} \cdot p_s} \tag{99-8}$$

若溶质在固定液的浓度可视为无限稀,即 $n_1^s \to 0$,可以认为液相中只有固定液一个组分,若其相对分子质量为 M,质量为 m,那么某溶质在无限稀时的活度系数 γ^0 可表示为

$$\gamma^0 = \frac{RT_c}{\dfrac{V_R - V_R^0}{m} \cdot M \cdot p_s} = \frac{R \times 273.2}{\dfrac{V_R - V_R^0}{m} \cdot \dfrac{273.2}{T_c} \cdot M \cdot p_s} \tag{99-9}$$

$$= \frac{R \times 273.2}{V_g \cdot M \cdot p_s}$$

这里的 V_g 就是样品的比保留体积,其测定结果按下式计算:

$$V_g = \frac{273.2}{T_r} \cdot \frac{p_o - p_w}{p_o} \cdot j \cdot F'c_o \cdot \frac{t_R - t_R^0}{m} \tag{99-10}$$

式中：T_r 为皂膜流速计温度（K）；p_o 为色谱柱出口压力；p_w 为温度是 T_r 时水的饱和蒸气压；j 为压力校正值，$j = \dfrac{3}{2}\left[\dfrac{(p_i/p_o)^2 - 1}{(p_i/p_o)^3 - 1}\right]$，$p_i$ 为色谱柱进口压力；$F'c_o$ 为皂膜流速计测得的色谱柱出口载气流速；t_R^o 为死时间；t_R 为溶质保留时间；m 为样品的质量。

2. V_g 和 γ^0 与热力学函数的关系

将式(99-9)取对数，得

$$\ln V_g = \ln \frac{R \times 273.2}{M} - \ln p_s - \ln \gamma^0$$

再对 $1/T$ 求微分

$$\frac{\mathrm{d}\ln V_g}{\mathrm{d}\left(\dfrac{1}{T}\right)} = -\frac{\mathrm{d}\ln p_s}{\mathrm{d}\left(\dfrac{1}{T}\right)} - \frac{\mathrm{d}\ln \gamma^0}{\mathrm{d}\left(\dfrac{1}{T}\right)} = -\frac{\Delta_{vap}H_m}{R} - \frac{\overline{H}_s - \widetilde{H}_s}{R} \tag{99-11}$$

式中：$\Delta_{vap}H_m$ 为温度 T 时的摩尔气化焓；$\overline{H}_s$ 为纯溶质的摩尔焓；$\widetilde{H}_s$ 为溶液中溶质的偏摩尔焓；$\overline{H}_s - \widetilde{H}_s$ 为溶质的偏摩尔混合焓。

若体系是理想气体，$\gamma = 1$，$\ln V_g$ 与 $\dfrac{1}{T}$ 呈线性关系，其斜率只与摩尔气化焓有关；若体系为非理想气体，根据斜率和某溶质的摩尔气化焓，可以计算 $\overline{H}_s - \widetilde{H}_s$。

仪器、试剂和材料

气相色谱仪（1 套，图 99-2）；气压计；真空泵；微型注射器（10 μL）；停表；红外灯。

环丁砜（色谱纯）；氯仿（AR）；丙酮（AR）；苯（色谱纯）；甲苯（色谱纯）；正己烷（色谱纯）；正庚烷（色谱纯）；环己烷（色谱纯）；甲基环己烷（色谱纯）；101 白色担体或 101 硅烷化白色担体。

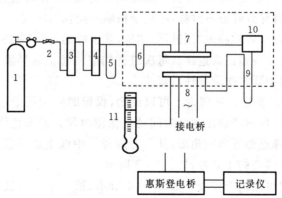

图 99-2　气相色谱装置

1—氢气钢瓶；2—针形阀；3—干燥器；4—转子流量计；5—水银压差计；6—预饱和器；

7—参考池；8—鉴定池；9—色谱柱；10—进样口；11—皂膜流速计(虚线内表示恒温系统)

实验内容

(1) 配制以环丁砜为固定液的色谱柱,称取一定量的环丁砜,在蒸发皿中加入适量氯仿(或丙酮)以稀释环丁砜,按环丁砜与担体的质量比为1∶4的比例称取担体,倒入蒸发皿,在红外灯下缓慢加热,使溶剂蒸发,在蒸发过程中要严防固定液和担体损失。

(2) 装填色谱柱,将上述已蒸干的担体装入洁净、干燥的色谱柱中,色谱柱长一般为1~1.5 m,柱管直径3~5 mm,装柱前先在柱管一端塞以少量玻璃棉,接上真空泵抽空系统,不断从柱另一端加入担体,同时不断振动柱管,以减小死体积,填满后同样塞以少量玻璃棉,准确记录装入色谱固定液的质量。以同样的方法装填预饱和柱,预饱和柱的作用是减少实验时色谱柱中固定液的流失。

(3) 按图99-2所示装配仪器,气路连接完毕后首先检查系统是否漏气,方法如下:打开气源钢瓶,利用减压阀和针形阀调节流速至30~60 mL·min^{-1},然后堵死柱的出口,观察柱前流量计是否指示流速为零的位置,若流量计指示为零,表示气路气密性良好;否则,表示有漏气,必须仔细用肥皂水检查各接头处,直至不漏气为止。

(4) 在气源接通色谱仪气路后,开启电源开关,调节热导电流,一般用氢气作载气时电流可选180 mA,柱温控制在(60±0.1) ℃,待记录仪基线稳定后便可开始进样。

(5) 用微型注射器分别注射空气、苯、甲苯、正己烷、正庚烷、环己烷、甲基环己烷。

每种样品都要先确定最合适的进样量。进样量大小与保留时间长短、鉴定器检出量以及色谱装置灵敏度等因素有关。保留时间愈短,进样量宜愈小。在一定条件下,过多的进样量将导致峰形不对称,不利于精确测定保留时间。

在操作中,常可对各样品做"预进样"实验,观察峰的形状,并逐次减少进样量,直到峰形接近对称后才开始正式进样。每次进样均应注意记录皂膜流速计的温度、柱前压、大气压,实验中要多次测量柱后流速。

(6) 保留时间的测定。从理论上可以证明,保留时间应等于色谱峰重心出现的时间。峰形对称时,色谱峰顶出现的时间就是保留时间。然而色谱峰往往不完全对称,这时可把色谱峰近似看做三角形,其重心应位于中线上距离底边1/3处,因此色谱峰的重心也约在峰高的1/3处,如图99-3所示。

测定保留时间可用两个停表。如图99-4所示,第一个表从进样开始记时,到A点停止,时间为t_{OA};第二个表从A点开始记时,到B点停止,时间为t_{AB},保留时间为

$$t_R = t_{OA} + \frac{1}{2}t_{AB}$$

所选A点,以接近峰高的1/3处为宜,这样可以消除峰形略微不对称所引起的误差。每个样品重复两次,保留时间误差不超过1%,取所测得值的平均值进行计算。

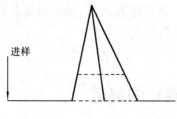

图 99-3　不对称色谱的重心

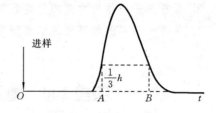

图 99-4　保留时间的测定

（7）升高柱温。测不同柱温下的 V_g，以计算 $\overline{H}_s - \widetilde{H}_s$，柱温可以 5 ℃ 间隔变化，共测试五个温度。

（8）为检查实验过程中固定液是否流失，可在实验结束后从色谱柱中倒出担体称量，然后置于马福炉灼烧，根据灼烧前后质量求出担体中所含固定液质量与原装填量比较。

实验数据和结果处理

（1）将所测数据列表（固定液质量_____克;固定液相对分子质量_____）

组分	柱温 /℃	柱进口压力 p_i/mmHg	柱出口压力 p_o/mmHg	出口流速 $F'c_o$/(mL·s^{-1})	出口温度 /℃	死时间 t_R^0/s	样品保留时间 t_R/s

（2）根据公式计算苯、甲苯、正己烷、正庚烷、环己烷、甲基环己烷于不同温度时在环丁砜中的 V_g 和 γ^0。

（3）作各组分的 $\ln V_g$ - $\dfrac{1}{T}$ 图，求 $\overline{H}_s - \widetilde{H}_s$。

实验说明

（1）在进行色谱实验时，必须按照实验规程操作。实验开始时，首先通入载气，后开启电源开关。实验结束时，先关闭电源，待层析室和检测室温度降至室温时，再关闭载气，以防烧坏热导电池元件。

（2）微量注射器使用要谨慎，切忌把针芯拉出筒外;取样时，用待测液洗涤三次;取样后，用滤纸吸去针头外的余样，使用完毕用丙酮洗净;注入样品时，动作要迅速。

思考题

1. 各种实验条件（如柱温、流速、室温、大气压）对本实验所测的 V_g 和 γ^0 有何影响？

2. 从实验装置及进样量与固定液量的关系讨论如何尽可能使溶质在固定液中的含量 $n_i^s \rightarrow 0$。

3. 根据分子间作用力简单讨论各溶质在环丁砜中的 $\overline{H}_s - \widetilde{H}_s$ 为何会有差别?

4. 是否一切溶液均可用色谱法测定溶质的无限稀 V_g 和 γ^0?

实验 100　葡萄糖变旋性的测定

实验目的

加深对葡萄糖变旋性的理解,学会测定葡萄糖变旋性的实验方法;初步掌握旋光仪的使用方法。

实验原理

葡萄糖广泛存在于自然界中,以游离状态存在于蜂蜜和多种水果中,以化合状态存在于淀粉、各种糖和植物纤维中。葡萄糖在血液中占 $0.08\% \sim 0.15\%$,是正常血液的必要组成,若含量偏离此数值,过高或过低,都会患病。葡萄糖在溶液中显现旋光性,即当一束偏振光透过溶液时便发生了旋转。表 100-1 中列出了一些糖在水溶液中的比旋光度。

表 100-1　某些糖在水溶液中的比旋光度

糖	$[\alpha]_D^{20}$	糖	$[\alpha]_D^{20}$
半乳糖	$+83.9°$	乳糖	$+52.4°$
葡萄糖	$+52.5°$	麦芽糖	$+136.0°$
甘露糖	$+14.1°$	蔗糖	$+66.5°$

葡萄糖这一名称只用于 2,3,4,5,6-五羟基己醛的一对非对映立体异构体。只有葡萄糖的(+)-旋光形式存在于生物体中时,(+)-旋光葡萄糖将平面偏振光向右旋转,其比旋光度为 $[\alpha]_D^{20} = +52.5°$。

葡萄糖表现出醛基和羟基的典型反应,同时也表现出其特有的性质,这是由于同一分子中存在着两种类型的官能团的缘故。葡萄糖分子自身能互相反应,这种现象对于研究碳水化合物是很重要的。醛和醇反应生成半缩醛或缩醛,其主反应是

$$\underset{H}{\overset{O}{RC}} + R'OH \rightleftharpoons \underset{H}{\overset{OR'}{RC-OH}}$$

醇 $R'OH$ 加到醛的羰基上,葡萄糖分子中含有羟基和醛基,其键角以及其围绕碳-碳键的旋转使第 4 号和第 5 号碳原子上的羟基与羰基非常靠近。这样,在葡萄糖分子内部,就为生成半缩醛提供了极好的机会。如果是 5-碳原子上的羟基加在羰基

上，便形成了一个由五个碳原子和一个氧原子组成的六元环。这样，产品半缩醛中就出现了与氧相距很远的、与实际不符的"长键"。

$$
\begin{array}{c}
\text{H}\,\text{C}^1\!\!=\!\!\text{O} \\
\text{H}-{}^2\text{C}^*-\text{OH} \\
\text{HO}-{}^3\text{C}^*-\text{H} \\
\text{H}-{}^4\text{C}^*-\text{OH} \\
\text{H}-{}^5\text{C}^*-\text{OH} \\
{}^6\text{CH}_2\text{OH}
\end{array}
$$

葡萄糖

与碳原子相同，氧原子也能以大致为正四面体角度形成共价键，因此氧取代环中的碳并不会引起结构的严重变形。上述反应中形成的六元环，其形状和大小都与环己烷的环大致相同。因此，可以假定葡萄糖环有两种形体，即船形体和椅形体，其中椅形体更为稳定。当葡萄糖关闭成为环状半缩醛时，一种是1-碳上的氢处于水平位置，相对于环的平面来说称为 α-型（图 100-1），另一种构型如图 100-2 所示，1-碳上的氢处于垂直位置，羟基处于水平位置，称为 β-型。任何环状形式的葡萄糖样品都同时存在 α-型和 β-型。

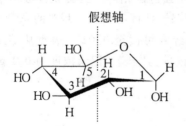 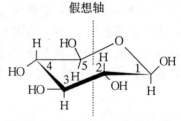

图 100-1　葡萄糖的环形式（α-型）　　　图 100-2　葡萄糖的环形式（β-型）

因为醛转化成半缩醛是可逆的，故葡萄糖溶液中分子的开链形式和环状形式之间存在着动态平衡，即

$$
\begin{array}{ccc}
\text{环} & \text{开链} & \text{环} \\
\longleftarrow \beta\text{-型} \longleftrightarrow & \text{醛形式} & \longleftrightarrow \alpha\text{-型} \longrightarrow \\
\longleftarrow 64\% & \text{浓度极低} & 36\% \longrightarrow
\end{array}
$$

室温时平衡浓度如上所示。在酸或碱的催化下，平衡可以快速达到。单独的 α-型或 β-型都可以用结晶的方法以纯固体形式从适当的溶剂中分离出来。

碳水化合物的 α-型或 β-型之间的平衡称为变旋作用。之所以如此称呼，是因为由任一种纯旋光形式配成的溶液都会转化成具有两种旋光形式的平衡组成。因此，原来的旋光性质发生了改变。

α-葡萄糖的水溶液变旋作用进行得相当缓慢，加入酸或碱能够加快达到平衡的速率。能买到的大多数葡萄糖固体样品(特别是结晶状样品)中,α-型在其中总是占多数,被 β-型"玷污"的量则多少不一。

仪器、试剂和材料

旋光仪(1 台)。

葡萄糖;果糖;蔗糖。

实验内容

(1) 取 100 mL 蒸馏水置于锥形瓶中,加入 10.0 g α-葡萄糖,摇荡至全部溶解。

(2) 按下列操作进行旋光度的测定。

① 取 10 cm 旋光仪液槽,充满蒸馏水后放至仪器中。

② 调节标尺旋转读数为零。大多数仪器的目镜视野都分为两半,测量时转动检偏器至视野两半亮度相等,便可读下读数。为熟练掌握两半亮度相等的技术,可多练习几次。将视野分为两半便于从仪器上得到重复的读数,因为眼睛对并排的光强比对单一光束强度的改变更易于鉴别。

③ 用少量的 0.1 g·mL^{-1} 糖溶液涮洗旋光仪液槽两次,然后盛满,擦干液槽的外部,放入仪器中。

④ 转动检偏器棱镜表盘至视野的两半光强再次相等。当旋光仪液槽中装有旋光性物质时,检偏器棱镜一定要向右或向左旋转,才能得到两半相等的光强。廉价旋光仪的读数可读至 0.1°,性能较好的仪器则经常可读至 0.01°。表盘从零点向右转动(顺时针)读数为"＋",向左转动(逆时针)读数为"－"。记录浓度为 0.1 g·mL^{-1} 的糖溶液的转动方向和转动度数。且有

$$[\alpha]_D^{20} = \frac{\alpha}{cl}$$

实验时长度 l 的值为 1 dm(液槽厚度)。

(3) 计算溶液的比旋光度,将测得值与纯 α-葡萄糖的值 $[\alpha]_D^{20}=+113°$ 进行比较。注意,实验是在室温下进行的,而查得的值是在 20 ℃时测定的,而且样品中也可能含有一些 β-葡萄糖,其 $[\alpha]_D^{20}=+19.7°$。

(4) 将旋光仪液槽中的溶液倒回原来的溶液中,加入 2～3 滴浓氨水,搅匀,再次进行测量。旋光度是否发生了变化? 变化了多少度?

(5) 将溶液保留在旋光仪中。如果变化极快,可每隔 2～3 min 测量一次旋光度;如果变化不快,则可每隔 15～20 min 测量一次。在旋光度数值稳定下来以后,读取最后的读数。

(6) 由最后的旋光度数值计算比旋光度,并将所得比旋光度数值与表 100-1 所列的 α-葡萄糖和 β-葡萄糖平衡值相比较。

实验数据和结果处理

(1) 将上述测量结果列成表。

(2) 讨论葡萄糖的变旋性。

实验说明

果糖是另一种单糖,以自由态和结合态两种形式广泛存在于自然界中。与葡萄糖及其有关的甘露糖和半乳糖不同,果糖除了五个羟基外,还含有位于 2-碳原子上的一个酮羰基。注意,果糖其实是葡萄糖的结构异构体,又是其官能异构体。

果糖表现出很强的左旋性,其比旋光度的平衡值为 $[\alpha]_D^{20} = -92°$。长久以来果糖一直被称为左旋糖,与葡萄糖被称为右旋糖相对应。

通过分子中的一个羟基加至酮羰基上而生成环的方法,可以使果糖出现变旋性。这是因为生成了半缩酮,半缩酮有两种形式,取决于加成发生在羰基的哪一侧。但是果糖比葡萄糖的情况要复杂得多,因为果糖根据用于加至羰基上的羟基是 5-碳原子的还是 6-碳原子的,既可生成五元环,也可生成六元环。

思考题

1. 什么叫做变旋性? 如何测定葡萄糖的变旋性?

2. 旋光仪测定旋光度的原理是什么?

3. 测量葡萄糖的变旋性有什么实际意义?

实验 101　　电导法测定弱电解质电离平衡常数

实验目的

了解溶液电导的基本概念;掌握用电桥法测量溶液电导的实验方法和技术;用电导法测定乙酸的电离平衡常数。

实验原理

乙酸在溶液中电离达到平衡时,其电离平衡常数 K_c 与物质的量浓度 c 和电离度 α 有以下关系:

$$K_c = \frac{c\,\alpha^2}{1-\alpha} \tag{101-1}$$

在一定温度下 K_c 是一个常数,因此可以通过测定乙酸在不同物质的量浓度下的电离度,然后代入式(101-1)计算得到 K_c 的值。

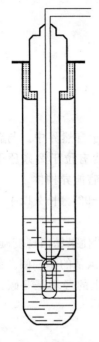

图 101-1　浸入电导池

乙酸溶液的电离度可以用电导法来测定，图 101-1 所示的是用来测定溶液电导的电导池。电导的物理意义是，当导体两端的电势差为 1 V 时所通过的电流，即

$$电导 = \frac{电流}{电势差}$$

因此电导是电阻的倒数。在电导池中，电导 G 的大小与两电极之间的距离 l 成反比，与电极的面积 A 成正比，即

$$G = \kappa \frac{A}{l} \tag{101-2}$$

式中：κ 称为电导率或比电导，即 l 为 1 cm、A 为 1 cm² 时溶液的电导。因此电导率这个量值与电导池的结构无关。

电解质溶液的电导率不仅与温度有关，而且还与溶液的浓度有关，因此通常用摩尔电导这个量值来衡量电解质溶液的导电能力。

摩尔电导的定义如下：1 mol·L⁻¹ 的电解质溶液，全部置于相距为 1 cm 的两个电极之间，在这样的实验条件下，两电极之间的电导率称为摩尔电导 Λ_m。摩尔电导与电导率之间有如下关系：

$$\Lambda_m = \frac{\kappa \times 1\,000}{c} \tag{101-3}$$

式中：c 为溶液的物质的量浓度。

根据电离理论，弱电解质的电离度 α 随溶液的稀释而增大，当溶液无限稀释时，则弱电解质全部电离，$\alpha \rightarrow 1$。在一定温度下，溶液的摩尔电导与离子真实的物质的量浓度成正比，因而也与电离度 α 成正比，所以弱电解质的电离度 α 应等于溶液在物质的量浓度为 c 时的摩尔电导 Λ_m 和溶液在无限稀释时的摩尔电导 Λ_m^∞ 之比，即

$$\alpha = \frac{\Lambda_m}{\Lambda_m^\infty} \tag{101-4}$$

将式（101-4）代入式（101-1），得

$$K_c = \frac{c\Lambda_m^2}{\Lambda_m^\infty(\Lambda_m^\infty - \Lambda_m)} \tag{101-5}$$

K_c 值即可通过式（101-5）由实验测得。

由电导的物理意义可知，电导是电阻的倒数。对电导的测量就是对电阻的测量，但测定电解质溶液的电阻时有其特殊性，当直流电流通过电极时会引起电极的极化，因此必须采用较高的交流电，其频率一般应取在 1 000 Hz 以上。另外，构成电导池的两个电极应是惰性的，一般用铂电极，以保证电极与溶液之间不发生电化学反应。

精密的电阻测量通常均采用电桥法，其精度一般可达0.000 1以上。图 101-2 所示的是常用的交流平衡电桥的电路图，其中 R_x 为电导池两电极间的电阻，R_1、R_2、R_3

在精密测量中均为交流电阻箱（或高频电阻箱），在简单的情况下，R_2、R_3 可用均匀的滑线电阻代替。显然，当电桥被调整到平衡点时，桥路中的电阻就符合下列关系：

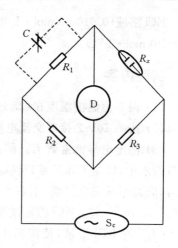

$$\frac{R_1}{R_x} = \frac{R_2}{R_3} \qquad (101\text{-}6)$$

当 R_2、R_3 换为均匀的滑线电阻时，R_2/R_3 变换为长度之比，并直接从与滑线电阻固定在一起的长度标尺上读出。从误差分析可看出，R_2/R_3 应调节在接近于 1 处，此时测量误差较小。

严格来说，交流电桥的平衡，应该是四个臂上阻抗的平衡，对交流电来说电导池的两个电极相当于一个电容器，因此须在 R_1 上并联一个可变电容器 C，以实现阻抗平衡。

图 101-2　交流电桥电路图

在交流平衡电桥内，示零器 D 通常用示波器或灵敏的耳机，如用放大器放大，则可用 6E5 一类的调谐指示管示零，电源 S_c 通常用音频振荡器或蜂鸣器。

由式（101-7）可求得溶液的电导 G，即

$$G = \frac{1}{R_x} = \frac{R_2}{R_1 \cdot R_3} \qquad (101\text{-}7)$$

但 G 值必须换算成电导率 κ，才能通过式（101-3）求得摩尔电导 Λ_m。由式（101-2）可知

$$\kappa = \frac{l}{A} G = KG \qquad (101\text{-}8)$$

式中：K 称为电导池常数，它是电导池两个电极间的距离与电极表面积之比。为了防止极化，通常将铂电极镀上一层铂黑，因此真实面积 A 无法直接测量，通常可将已知电导率的电解质溶液（如 KCl 溶液）注入电导池中，然后测定其电导 G，即可从式（101-8）算得该电导池的常数 K。

当电导池常数 K 确定后，就可用该电导池测定某一浓度 c 的乙酸溶液的电导 G，再用式（101-8）算出 κ。如 c 为已知，则将 c、κ 值代入式（101-3）算得该浓度下乙酸溶液的摩尔电导 Λ_m。因此只要知道无限稀释时乙酸溶液的摩尔电导 Λ_m^∞，就可应用式（101-5）最后算得乙酸的电离平衡常数 K_c。

在这里 Λ_m^∞ 的求得是一个重要问题，对于强电解质溶液，可测定其在不同浓度下的摩尔电导再外推而求得，但对于弱电解质溶液则不能用外推法，通常是将该弱电解质正、负两种离子的摩尔电导相加而得，即 $\Lambda_m^\infty = \Lambda_{m,+}^\infty + \Lambda_{m,-}^\infty$。在 25 ℃ 时，乙酸的 Λ_m^∞ 为 390.8 $\Omega^{-1} \cdot cm^2 \cdot mol^{-1}$。

仪器、试剂和材料

交流电桥（1 套）；电导池；恒温槽。

KCl 溶液(0.010 00 mol · L⁻¹);乙酸溶液(0.100 0 mol · L⁻¹、0.050 0 mol · L⁻¹、0.025 0 mol · L⁻¹)。

实验内容

(1) 调节恒温槽温度在(25±0.1) ℃。

(2) 按图 101-2 接好交流电桥线路,频率选择在 1 000 Hz。

(3) 测定电导池常数 K。倒出电导池中的蒸馏水(电导池在不使用时,应把它浸在蒸馏水中,以免干燥后难以洗除被铂黑所吸附的杂质,并且避免干燥的电极浸入溶液时,表面不易完全浸润,引起小气泡,使表面积发生改变,影响测量结果),用少量 0.010 00 mol · L⁻¹ KCl 溶液洗涤电导池和铂电极,一般洗三次,然后倒入 0.010 00 mol · L⁻¹ 的 KCl 溶液,使液面超过电极 1~2 cm,再将电导池置于 25 ℃的恒温槽中,恒温 5~10 min 后,进行测量。将交流电桥的 R_2、R_3 两个桥臂调节在相同数值,调整 R_1 至指零器显示零值,记下 R_1 值,重复测定三次。

(4) 测定乙酸溶液的电导。倒出电导池中的 KCl 溶液,将电导池和铂电极用蒸馏水洗涤,再用少量的被测乙酸溶液洗涤三次,然后注入被测乙酸溶液,使溶液超过电极 1~2 cm,再将电导池置于 25 ℃恒温槽中,恒温 5~10 min,进行测量。同法测定另两种浓度乙酸溶液的电导。

(5) 乙酸溶液的电导测量完毕后,再次测定电导池常数 K,以鉴定实验过程中电导池常数是否改变。

实验数据和结果处理

1. 电导池常数 K

0.010 00 mol · L⁻¹ KCl 溶液的电导率 $\kappa = 0.001\ 410\ 6\ \Omega^{-1} \cdot cm^{-1}$(在 25 ℃时)。将原始数据及处理结果填入下表:

实 验 次 数		R_x/Ω		G/Ω^{-1}	K/cm^{-1}
		测量值	平均值		
实验开始	1				
	2				
	3				
实验结束	1				
	2				
	3				

2. 乙酸溶液的电离常数

将原始数据及处理结果填入下表:

$c/(\text{mol} \cdot \text{L}^{-1})$	R_x/Ω	$\bar{R}_x/\Omega$	G/Ω^{-1}	$\kappa/(\Omega^{-1} \cdot \text{cm}^{-1})$	$\Lambda_m/(\Omega^{-1} \cdot \text{cm}^2 \cdot \text{mol}^{-1})$	α	K_c

实验说明

(1) 温度对电导的影响很大,故本实验必须严格恒温。

(2) 本实验可用电导率仪取代交流电桥测量溶液的电导。

思考题

为什么电桥的交流电源频率通常选择为 1 000 Hz? 如为防止极化,频率更高一点不是更好吗? 试权衡其利弊。

实验 102　金属在海水中阴极极化曲线的测定

实验目的

掌握三电极测定极化曲线的原理和方法;了解根据极化曲线分析金属在海水中极化电势随极化电流变化的规律及其在阴极保护中的意义;熟悉计算机测控系统测量电化学实验的技术。

实验原理

测量电池电动势时若构成电池的各电极均处于平衡状态(电荷与物质的同时平衡),则电极的电极电势称为平衡电势。但是当电流通过电极时,电极原来的平衡状态就被破坏了,电极电势向着偏离平衡电势的方向移动,即发生了电极的极化。实验表明:电极上通过的电流密度越大,电极电势偏离平衡电势的绝对值也越大。

通过实验可测定出极化电势与极化电流两个变量之间的对应数据,然后便可绘出极化曲线。如果所研究电极为阴极,则所得曲线称为阴极极化曲线,其形状依研究电极、介质及实验条件的不同而异。从极化曲线的形状可以分析电极极化的程度,从而判断电极反应过程的难易。故极化曲线的测定对于电解、电镀及金属腐蚀的研究都有实际意义。

仪器、试剂和材料

研究电极;辅助电极(铂电极);饱和甘汞电极;人造海水;计算机测控系统(图102-1)。

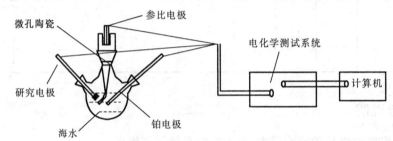

图 102-1　电化学实验计算机测控系统示意图

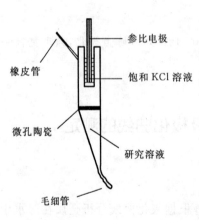

图 102-2　毛细管的结构

研究电极表面均匀涂上环氧树脂,待环氧树脂固化后,用金相砂纸将电极空出的表面磨成镜面,然后用蘸有丙酮或乙醇的棉球擦净镜面,经自然干燥或用电吹风吹干后将电极置于干燥器中备用。

本实验采用计算机测控系统(由华中科技大学化学系研制)测量金属在海水中的阴极极化曲线,该系统由样品系统、电化学测试系统及计算机三部分组成。样品系统是一个四口(磨口)烧瓶,一个口中插入研究电极,一个口中插入毛细管,一个口中插入辅助电极(铂电极),另一个口中插入一根玻璃管,用于通入惰性气体(氮气或氩气),以驱赶溶解于溶液中的氧气。为了消除电化学实验测量中液接电势的影响,对毛细管进行了巧妙的设计,结构如图102-2所示。

实验内容

(1) 将配好的人造海水(也可采用3%NaCl溶液代替)倒入四口烧瓶中(体积约为容积的1/2);将研究电极表面打磨光亮并擦净后插入海水中;用洗耳球将饱和KCl溶液吸入毛细管中;将参比电极插入毛细管中,然后将毛细管插入海水中,注意毛细管的下端对着研究电极表面并尽量接近研究电极,但不要接触电极表面;将铂电极插入海水中,注意也要正对研究电极表面。

（2）按系统要求将研究电极、参比电极、辅助电极接入计算机测控系统。

（3）开启测控系统电源,打开计算机,进入 Windows 界面,打开 CorrTest 电化学测试系统。

（4）打开"系统设置"菜单,选择"电解池"菜单,在"电极参数"菜单下,设置"电极面积"、"材料密度"、"材料化学当量"等参数,在"电解池"菜单下,设置"参比电极"、"温度"以及"SternB"值,一般取 20～28 V 即可。

（5）打开"测试方法"菜单,选择"稳态测试"下的"动电势扫描"菜单,分别设置"文件名"、"初始电势"、"终止电势"、"扫描速率"、"扫描周期"以及"测试结束方式",根据"初始电势"、"终止电势"以及"扫描速率"计算"周期"。

（6）点击"开始"按钮,出现"CorrTest 扫描延迟"提示,待 60 s 后,即开始进行动电势扫描,出现"多通道实时图形"界面,在"图形"菜单下,可选择不同的选项,分别可以出现"电势-时间"、"电流-时间"、"电势-电流"、"电势-log 电流"图形。

（7）扫描结束后,可单击鼠标右键选择"在光标之间 Tafel 拟合",结果就会示于图上(图 102-3)。

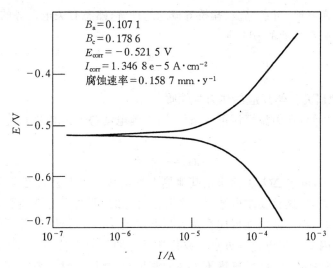

图 102-3　极化曲线图

实验数据和结果处理

如图 102-3 所示,分析极化曲线可以得出如下结论。

（1）随阴极电流密度的增大,研究电极的电极电势不断向负方向移动。

（2）电势-电流极化曲线可分为三段:第一段为极化过渡区,电势随阳极电流密度的增大变化缓慢;第二段电势随电流密度的增大而急剧变负,此时阴极上积累了大量电子,阴极极化加强,金属可能得到保护;第三段尽管电势随阴极电流密度的增大继续向负方向移动,但变化速率明显减慢。

(3) 若对实验钢材进行阴极保护(介质为海水),曲线第二段所对应的电流和电势为最小保护电流和电势区间。

思考题

1. 什么叫做电极的极化?产生极化的主要原因及影响因素有哪些?

2. 平衡电势、稳定电势(静止电势)、极化电势三者的联系和区别是什么?

3. 举例说明电极的极化理论和极化曲线的测定在电解、电镀及金属腐蚀与防腐中的应用。

实验 103　　电动势的测定及其应用

实验目的

加深对可逆电池、可逆电极、盐桥等概念的理解;熟悉有关电动势的基本计算,学会用电动势法测定溶液的 pH 值。

实验原理

1. 用电池研究化学反应的热力学性质

由热力学可知,在恒温恒压可逆条件下,电池电动势 E 和电池反应的 ΔG 有如下关系:

$$\Delta G = -nFE \tag{103-1}$$

因此测定 E,可求 ΔG,进而求出其他热力学函数。以上公式必须在恒温恒压可逆条件下才能成立,这就要求电池反应本身是可逆的,即两个电极必须是可逆的。测量电池电动势时,必须使电池反应在热力学可逆条件下进行,即只限于有无限小的电流通过电池。因此应用电化学方法研究化学反应的热力学性质时,所设计的电池应尽量避免产生液接电势(在精确度不太高的测量中,常用"盐桥"来减少双液电池的液接电势)。为了使测量在接近热力学可逆条件下进行,应采用按补偿法原理设计的电势差计,而不能用伏特计来直接测量。

在无液接电势时,电池的电动势是两个电极的电极电势的代数和。又由于氢电极使用不大方便,所以常用一些次标准电极(如甘汞电极、银-氯化银电极等)作为参比电极。只要测出由参比电极与待测电极所构成的电池的电动势,就可求得待测电极的电极电势。例如 Cu-Zn 电池符号为

$$Zn|ZnSO_4(1 \text{ mol} \cdot L^{-1}) \parallel CuSO_4(1 \text{ mol} \cdot L^{-1})|Cu$$

电池总反应为

$$Zn + Cu^{2+} \longrightarrow Zn^{2+} + Cu$$

电动势为

$$E = E^{\ominus} - \frac{RT}{2F} \ln \frac{a(Zn^{2+})}{a(Cu^{2+})} \tag{103-2}$$

本实验内容之一就是分别制备 Cu、Zn 半电池,并组成原电池,测其电动势。

2. 用醌氢醌电极测定溶液的 pH 值

电动势法是利用各种不同的氢离子指示电极与参比电极组成电池测量其电动势,由此得溶液的 pH 值。一般作为氢离子指示电极的有氢电极、醌氢醌电极及玻璃电极等。本实验采用醌氢醌电极作氢离子指示电极。醌氢醌电极的制法是将待测 pH 值的溶液用醌氢醌饱和,并以一光亮铂片浸入此溶液。醌氢醌为醌(Q)和氢醌(QH_2)的等分子化合物:

$$C_6H_4O_2 \cdot C_6H_4(OH)_2 \Longleftrightarrow C_6H_4O_2 + C_6H_4(OH)_2$$
$$\text{醌氢醌} \qquad\qquad\qquad \text{醌} \qquad \text{氢醌}$$

氢醌为一弱酸,它在溶液中形成如下的电离平衡:

$$C_6H_4(OH)_2 \Longleftrightarrow C_6H_4O_2^{2-} + 2H^+$$

氢醌的离子也可以被氧化成醌:

$$C_6H_4O_2^{2-} \longrightarrow C_6H_4O_2 + 2e^-$$

若在化学电池中醌氢醌作为正极,则电极反应为

$$C_6H_4O_2 + 2H^+ + 2e^- \longrightarrow C_6H_4(OH)_2$$

氢醌的氧化电极电势为

$$\varphi(QH_2) = \varphi^{\ominus}(QH_2) + \frac{RT}{2F} \ln \frac{a^2(H^+) \cdot a(Q)}{a(QH_2)}$$
$$= \varphi^{\ominus}(QH_2) + \frac{RT}{2F} \ln \frac{a(Q)}{a(QH_2)} + \frac{RT}{F} \ln a(H^+) \tag{103-3}$$

在水溶液里,氢醌的电离度很小,醌和氢醌的活度可认为相等,因此有

$$\varphi(QH_2) = \varphi^{\ominus}(QH_2) + \frac{RT}{F} \ln a(H^+) \tag{103-4}$$

已知 25 ℃时,$\varphi^{\ominus}(QH_2) = 0.699\ 4$ V,如果把醌氢醌电极和甘汞电极组成电池,在 pH $= 7.67$ 以下醌氢醌电极为还原电极,且知 25 ℃时饱和甘汞电极电势 $\varphi_c = 0.245\ 8$ V,因此这个电池的电动势 E 如下:

$$E = \varphi(QH_2) - \varphi_c = \left[0.699\ 4 + \frac{RT}{F} \ln a(H^+) \right] - 0.245\ 8$$
$$= 0.453\ 6 - 0.059\ 1\ \text{pH} \tag{103-5}$$

$$\text{pH} = \frac{0.453\ 6 - E}{0.059\ 1} \tag{103-6}$$

在 pH $= 7.67$ 以上,醌氢醌电极为氧化电极,饱和甘汞电极为还原电极。

值得注意的是,醌氢醌电极仅能用于弱酸或碱性溶液,在氧化剂或还原剂存在

时,会产生误差。

仪器、试剂和材料

电势差计(包括检流计、标准电池、工作电池等各 1 套);饱和甘汞电极;锌电极;铜电极;玻璃电极;铂电极;盐桥(内装饱和 KCl 琼脂);万用表;酸度计。

$ZnSO_4(1\ mol \cdot L^{-1})$;$CuSO_4(1\ mol \cdot L^{-1})$;$HAc(0.05\ mol \cdot L^{-1}、0.1\ mol \cdot L^{-1})$;醌氢醌(AR);pH 标准溶液。

实验内容

(1) 熟悉仪器,特别是电势差计的使用方法,接好测量线路。

(2) 分别将 Zn、Cu 电极抛光(使用金相砂纸),用蒸馏水洗净,干燥后浸入相应的盐溶液中。

(3) 按图 103-1 安装好电池,接好电势差计,测定电池的电动势。

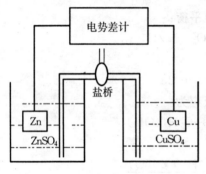

图 103-1　电动势测定示意图

(4) 用饱和甘汞电极作参比电极,分别与 Zn、Cu 组成电池,并测定其电动势。

$$Zn \mid ZnSO_4 \parallel KCl(饱和) \parallel Hg_2Cl_2 \mid Hg$$
$$Hg \mid Hg_2Cl_2 \parallel KCl(饱和) \parallel CuSO_4 \mid Cu$$

(5) 取两个小烧杯分别注入适量待测 pH 值的 HAc 溶液(浓度分别为 $0.05\ mol \cdot L^{-1}$ 和 $0.1\ mol \cdot L^{-1}$)。用醌氢醌饱和(分别加入少量醌氢醌,用玻璃棒搅拌约 10 min),然后插入饱和甘汞电极和铂电极组成电池,并测定其电动势。

(6) 用 pH 计测量上述两个溶液的 pH 值,并与用电动势法测量的结果比较。

实验数据和结果处理

(1) 根据测量结果计算 Zn、Cu 的电极电势,从理论上计算 Zn-Cu 电池的电动势,并将实测值与文献数据比较。

(2) 依测量结果计算两种不同浓度 HAc 溶液的 pH 值,并与用 pH 计直接测量的结果进行比较。

实验说明

电动势的测量不仅可计算化学反应的热力学函数,如 $\Delta_r G_m$、$\Delta_r S_m$ 及 $\Delta_r H_m$ 等,还有许多实际应用,如测溶度积 K_{sp}、溶解度等。教学中可依实际情况,改变和增加新的实验内容。

思考题

1. 电势差计、标准电池、检流计和工作电池各有什么作用？操作要领是什么？
2. 测量过程中,如果检流计的光标总是朝一个方向偏转,可能是什么问题？

实验 104 设计实验测定不同浓度 CuSO$_4$溶液中铜的电极电势

实验目的

了解浓度对电极电势及电动势的影响。

设计要求

(1) 用实验室配制好的 1 mol・L^{-1} CuSO$_4$ 溶液配制 0.1 mol・L^{-1}、0.01 mol・L^{-1} CuSO$_4$ 溶液。
(2) 拟出所需仪器名称、规格和数量。
(3) 写出实验操作步骤。
(4) 测出 1.0 mol・L^{-1}、0.1 mol・L^{-1}、0.01 mol・L^{-1} 的 CuSO$_4$ 溶液的电极电势。

实验 105 希托夫法测定离子迁移数

实验目的

用希托夫法测定 NO$_3^-$、Ag$^+$ 等离子的迁移数;掌握测定离子迁移数的原理和方法及库仑计的使用。

实验原理

当电流通过电解池的电解质溶液时,两极发生化学变化,溶液中阳离子和阴离子分别向阴极与阳极迁移。假若两种离子传递的电量分别为 q_+ 和 q_-,通过的总电量为

$$Q = q_+ + q_- \tag{105-1}$$

每种离子传递的电量与总电量之比,称为离子迁移数。

阴离子的迁移数

$$t_- = \frac{q_-}{Q} \tag{105-2}$$

阳离子的迁移数　　　　　　　　　　$t_+ = \dfrac{q_+}{Q}$　　　　　　　　　　　(105-3)

$$t = t_- + t_+ \tag{105-4}$$

在包含数种阴、阳离子的混合电解质溶液中，t_- 和 t_+ 各为所有阴、阳离子迁移数的总和，一般增加某种离子的浓度，则该离子传递电量的百分数增加，离子迁移数也相应增加。但对仅含一种电解质的溶液来说，浓度改变使离子间的引力场改变，离子迁移数也会改变，但变化的大小与正负因不同物质而异。

温度改变，迁移数也会发生变化，一般温度升高时，t_- 和 t_+ 的差别减少。

电解某电解质溶液时，由于两种离子运动速率不同，它们分别向两极迁移的物质的量就不同，因而输送的电量也不同，同时两极附近溶液浓度的改变也不同。

例如两个金属电极 M，浸在含电解质 MA 的溶液中。设 M^+ 和 A^- 的迁移数分别为 t_+ 和 t_-，并设想两极间可以分成三个区域，即阳极区、阴极区和中间区，如图 105-1 所示。

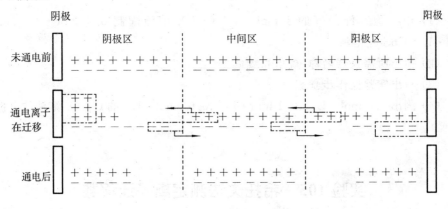

图 105-1　离子迁移图示

为了简便起见，假定电解质为 1-1 价的，并假设阳离子的淌度为阴离子的淌度的 2 倍。若电极上发生氧化还原反应，反应的物质的量可用法拉第定律计算。在溶液中，阴、阳离子传递电荷的数量因它们的淌度不同而不同，如图 105-1 所示。由图可见，通电电解后，阴、阳两极区浓度都减小，中间区不变。阴极区浓度减小的数值等于迁移出的阴离子的物质的量，即等于阴离子传递的电量的法拉第数。同样，阳极区浓度的减小在数值上也等于迁出的阳离子的物质的量，即阳离子传递的电量的法拉第数。

根据定义，某离子的迁移数就是该离子传递的电量与通过的总电量之比。而离子传递的电量的法拉第数又等于同名电极区浓度减小的物质的量，通过的总电量的法拉第数又等于库仑计中沉积物质的物质的量。因此，迁移数即可通过下式算出：

$$t_+ = \frac{\text{阳极区 MA 减少的物质的量}}{\text{库仑计中沉积物的物质的量}}$$

$$t_- = \frac{\text{阴极区 MA 减少的物质的量}}{\text{库仑计中沉积物的物质的量}}$$

如果电极反应只是离子放电,在中间区浓度不变的条件下,分析通电前原始溶液及通电后的阳极区溶液的质量摩尔浓度,比较通电前后同等质量溶剂中所含的 MA 的物质的量,其差值即为阳极区 MA 减少的物质的量,而总电量可由串联在电路中的电流计或库仑计求出,阴、阳离子迁移数即可由此求出。

必须注意希托夫法测定迁移数至少包含两个假定:①电的传递者只是电解质的离子,而溶液(水)不导电,这和实际情况较接近;②离子不水化,否则,离子带水一起运动,而阴、阳离子带水不一定相同,则极区浓度改变部分是由水分子迁移所致,这种不考虑水合现象测得的迁移数称为希托夫迁移数。本实验是用希托夫法测 NO_3^- 及 Ag^+ 的迁移数(图 105-2)。

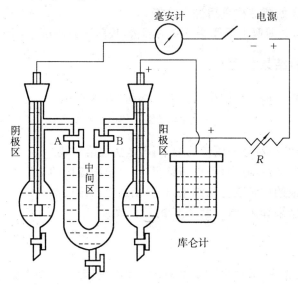

图 105-2　希托夫法测离子迁移数

仪器、试剂和材料

希托夫测定仪;铜库仑计;晶体管直流稳压电源(10~50 V,2.5 A);毫安计;电阻箱。

金相砂纸(0♯);锥形瓶(250 mL、50 mL);$CuSO_4 \cdot 5H_2O$ 固体(AR);$AgNO_3$ (0.1 mol·L^{-1});HNO_3(AR);硫酸铁铵饱和溶液;KSCN 溶液。

实验内容

准备好铜库仑计。为使铜在阴极上沉积牢固,阴极先镀上一层铜。方法是把铜阴极用水洗净,放入电解质溶液(100 mL 水中含 15 g $CuSO_4 \cdot 5H_2O$,5 mL 浓硫酸、

5 mL 乙醇)中,用电流密度为 $10\sim15$ mA·cm^{-2} 的电流,电镀 1 h。取出用蒸馏水洗后,再用乙醇洗。在热空气中吹干,温度不能太高,以免铜氧化。然后在分析天平上称重得 m_1 g,仍放回库仑计中。

用少量 0.1 mol·L^{-1} $AgNO_3$ 溶液荡洗迁移管两次后,将迁移管中充满 0.1 mol·L^{-1} $AgNO_3$ 溶液。注意,切勿让气泡留在管中。按图 105-2 接好线路,通电。

调节电阻 R,使线路中电流保持在 $10\sim15$ mA 之间。通电 1 h 后,停止通电。立即关上活塞 A 和 B(防止扩散)。将阴、阳两区溶液放入已知质量的 50 mL 锥形瓶中称重(准确至0.01 g)。先取 25 mL 中间区 $AgNO_3$ 溶液,分析其浓度。若与原来浓度相差很大,实验要重做。

将两极区溶液分别移入 250 mL 锥形瓶中,加入 5 mL 6 mol·L^{-1} HNO_3 溶液和 1 mL 硫酸铁铵饱和溶液,用 KSCN 溶液滴定,至溶液呈浅红色,用力摇荡不褪色为止,再取 25 mL 原始溶液称重后进行分析。

停止通电后,立即取出铜库仑计中的阴极,按前述方法洗净,干燥后称重得 m_2 g。

实验数据和结果处理

(1) 由库仑计中铜阴极的增重计算总电量,公式如下:

$$Q = \frac{m_2 - m_1}{31.77}F$$

式中:31.77 是铜的相对分子质量的一半;F 是法拉第常数。

(2) 由阳极区溶液的质量及分析结果,计算出阳极区的 $AgNO_3$ 量。

(3) 由原溶液的质量及分析结果,计算出通电前阳极部分的 $AgNO_3$ 量。

(4) 由上面结果算出 NO_3^- 及 Ag^+ 的迁移数。

思考题

1. 在希托夫法中,若通电前后中间区浓度改变,为什么要重做实验?

2. 测定离子迁移数有多种方法,试比较各种方法的优缺点。

实验 106　微机控制循环伏安曲线的测定

实验目的

了解计算机控制电极极化的基本方法;作 $[Fe(CN)_6]^{3-}/[Fe(CN)_6]^{4-}$ 体系循环伏安曲线图。

实验原理

对某一组电极,外加极化电势按一定扫描速率变化到某一确定值后,再反向扫描,便得到极化电势与极化电流的关系,其相应的曲线称为循环伏安图(图 106-1)。

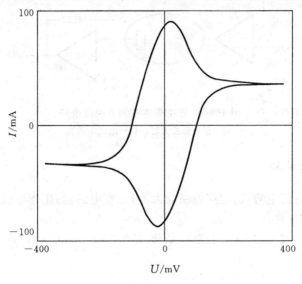

图 106-1　循环伏安图

电化学反应适合于用计算机控制,因为信息的传输均为电信号,只要解决彼此间的信号匹配问题,即可对实验进行控制。图 106-2 是计算机控制极化实验的接口电路原理图(W 为工作电极,R 为参比电极,C 为辅助电极)。计算机、接口电路、电化学实验装置组成控制系统的硬件部分,微机控制程序操纵实验装置。

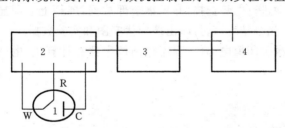

图 106-2　循环伏安实验接口电路示意图

1—电解池;2—恒电势仪;3—标准接口;

4—计算机(W 为工作电极,R 为参比电极,C 为辅助电极)

极化实验采用三电极体系(图 106-3)。工作电极和辅助电极均采用 Pt 电极,极化电流随加在工作电极和参比电极间的极化电势而变化,极化电势由 D/A 转换器提供。辅助电极的信号由电流跟随器变成电压信号,再送入 A/D 转换器。由于电信号很小,故在输入/输出端各加一级放大器,将信号放大至 A/D(或 D/A)转换器(或数模转换器)能够接受的范围。图 106-3 中恒电势放大器和电流跟随器可由恒电势仪代替。

最后对实验数据进行处理,打印并显示循环伏安图(图 106-1)。

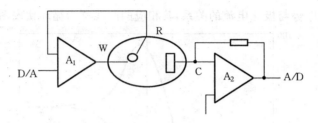

图 106-3　三电极体系测量响应电路

A_1—恒电势放大器；A_2—电流跟随器

仪器、试剂和材料

微型计算机；恒电势仪；程序控制放大器；三室电解池；工作电极 Pt 丝；饱和甘汞电极；辅助电极 Pt 片。

铁氰化钾(0.05 mol · L^{-1})；亚铁氰化钾(0.05 mol · L^{-1})和 KCl(2 mol · L^{-1})。

实验内容

(1) 系统测试。首先检查各电极连线是否正确。应特别注意的是当恒电势仪工作时不能将电极连线开路，以免烧坏仪器。确定线路和装置无误后，依次打开计算机、恒电势仪、程序控制放大器的电源。恒电势仪上的电流挡设定为 1 mA，将程序调入计算机内并开始运行。

(2) 实际测量。按显示器上提示的"菜单"，分别输入各种实验条件。根据实验条件，控制系统自动进行电势扫描，并采集全部数据，屏幕上立即显示极化电势与极化电流相关曲线。扫描结束后，打印出循环伏安图和实验数据。

实验完毕，依次关闭恒电势仪、程序控制放大器和计算机，电极洗净后用蒸馏水浸泡。

思考题

1. 简述该实验控制系统的基本原理和主要控制步骤。

2. 如果极化电流较大时，放大器应采取什么措施？

3. 循环伏安法是电化学研究中的重要实验技术，试举例说明循环伏安法在电解、电镀、电池、金属腐蚀与防护等领域的应用。

实验 107　固体电池性能测定

实验目的

通过固体电池在不同温度下电动势值的测定，掌握求得电池反应的一系列热力学函数的方法。

实验原理

对于化学反应 $2Ag + Se \longrightarrow Ag_2Se$，设计固体电池 $Pt|Ag|AgI \parallel Ag_2Se|Se|C$。在恒温恒压可逆条件下，电池反应的自由能改变为

$$\Delta G = -nFE \tag{107-1}$$

根据吉布斯-亥姆霍茨公式有

$$\Delta G = \Delta H - T\Delta S \tag{107-2}$$

$$\Delta S = -\left(\frac{\partial \Delta G}{\partial T}\right)_p = nF\left(\frac{\partial E}{\partial T}\right)_p \tag{107-3}$$

将式(107-1)、式(107-3)代入式(107-2)，即得

$$\Delta H = -nFE + nFT\left(\frac{\partial E}{\partial T}\right)_p = nF\left[T\left(\frac{\partial E}{\partial T}\right)_p - E\right] \tag{107-4}$$

本实验用对消法测定这一固体电池在不同温度下的电动势 E，并以 E 对 T 作图，从曲线斜率再求得任一温度下 $\left(\frac{\partial E}{\partial T}\right)_p$ 的值，根据式(107-1)、式(107-3)、式(107-4)便可求得该反应的热力学函数 ΔG、ΔS、ΔH。

仪器、试剂和材料

固体电池系统；NiCr-Ni 热电偶；氮气钢瓶；电炉；气泡计。
Ag_2Se；Pt；Ag；AgI；Se；C。

实验内容

利用样品压片技术，首先将 AgI、Ag_2Se、C 等做成圆柱片状，然后在测定固体电池电动势装置内放好电池 $Ag|AgI \parallel Ag_2Se|C$。

如图 107-1 所示，实验装置片与片之间靠弹簧压力做到接触良好。开启氮气钢瓶，控制氮气在气泡计中气泡以一个一个冒出为好。打开加热电炉，把系统升温到 150 ℃（系统的温度测量可用热电偶温度计，建议用 NiCr-Ni 热电偶，使温差电动势值在 11 mV 内。加热时要注意温度不能太高，因为当温度高于 260 ℃时硒蒸气浓度太大，须谨慎测定）。这样电池中固体电解质 AgI 和 Ag_2Se 就都处于 α 相。然后用电解的方法，在电池内电解 Ag_2Se 制备纯硒。具体步骤如下。把碳的一端作为正极，靠近 AgI 的一端作为负极。用 1 mA 的电流电解 30 s，这样就使得在 Ag_2Se 与 C 层之间有少量的硒。电解完毕进行测定，从 150 ℃ 到 260 ℃，每升高 10 ℃用对消法测定一次电池电动势值。电解之后在恒温下测定电池电动势，如果电池电动势值下降，则有可能电解硒不够。同样在测定过程中，如果恒定温度下读不出稳定的电池电动势，则有可能是 $Ag_2Se|C$ 界面上硒不够，须重新电解。

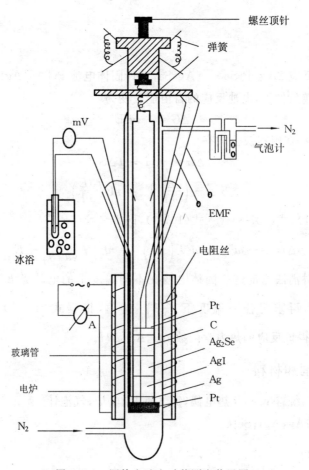

图 107-1　固体电池电动势测定装置图

实验数据和结果处理

根据公式,求出各不同温度下的 ΔG、ΔS、ΔH 和它们的平均值,填写下表:

温差电动势 $\Delta E/V$						
温度 T/K						
电池电动势 E/V						
$(\partial E/\partial T)_p$						
$\Delta H/(\mathrm{kJ \cdot mol^{-1}})$						
$\Delta G/(\mathrm{kJ \cdot mol^{-1}})$						
$\Delta S/(\mathrm{kJ \cdot mol^{-1}})$						

思考题

1. 为什么在测定电池电动势时,不用毫伏表直接测定,而用检流计采用对消法来进行测定?

2. 本实验在测定电动势的过程中,若检流计的光标总是向一个方向偏转,则可能是什么原因?

实验 108　一级反应——蔗糖的转化

实验目的

测定蔗糖转化的反应速率常数和半衰期;了解该反应的反应物浓度与旋光度之间的关系;了解旋光仪的基本原理;掌握旋光仪的正确操作技术。

实验原理

蔗糖转化反应方程式如下:

$$C_{12}H_{22}O_{11} + H_2O \xrightarrow{H^+} C_6H_{12}O_6 + C_6H_{12}O_6 \qquad (108\text{-}1)$$
$$\text{蔗糖} \qquad\qquad\qquad \text{葡萄糖} \quad\quad \text{果糖}$$

该反应是一个二级反应,在纯水中此反应的速率极慢,通常需在 H^+ 的催化作用下进行。由于反应时水是大量存在的,尽管有部分水分子参加了反应,但可近似认为整个反应过程中水浓度是恒定的。而且,H^+ 是催化剂,其浓度也保持不变,因此蔗糖转化反应可看做一级反应,一级反应速率方程可由下式表示:

$$-\frac{dc_A}{dt} = kc_A \qquad (108\text{-}2)$$

式中:k 为反应速率常数;c_A 为时间 t 时的反应物浓度。

对式(108-2)积分得

$$\ln c_A = -kt + \ln c_A^0 \qquad (108\text{-}3)$$

式中:c_A^0 为反应开始时蔗糖的浓度。

当 $c_A = \dfrac{1}{2}c_A^0$ 时,t 可用 $t_{1/2}$ 表示,即为反应的半衰期:

$$t_{1/2} = \frac{\ln 2}{k} = \frac{0.693}{k} \qquad (108\text{-}4)$$

蔗糖及其转化产物都含有不对称的碳原子,它们都具有旋光性,但是它们的旋光能力不同,故可以利用体系在反应过程中旋光度的变化来度量反应的进程。

测量物质旋光度所用的仪器称为旋光仪,溶液的旋光度与溶液中所含旋光物质的旋光能力、溶剂性质、溶液的浓度、样品管长度、光源波长及温度均有关系。当其他

条件均固定时,旋光度 α 与反应物浓度 c 呈线性关系,即

$$\alpha = Kc \tag{108-5}$$

式中:比例常数 K 与物质的旋光能力、溶剂性质、样品管长度、温度等有关。

物质的旋光能力用比旋光度来度量,比旋光度可用下式表示:

$$[\alpha]_D^{20} = \frac{\alpha \cdot 100}{l \cdot c} \tag{108-6}$$

式中:20 表示实验时温度为 20 ℃;D 是指所用钠灯光源 D 线,波长为 589×10^{-9} m;α 为测得的旋光度(°);l 为样品管的长度(cm);c 为浓度(g · (100 mL)$^{-1}$)。

作为反应物的蔗糖是右旋性的物质,其比旋光度 $[\alpha]_D^{20} = 66.6$ °。生成物中葡萄糖也是右旋性的物质,其比旋光度 $[\alpha]_D^{20} = 52.5$ °,但果糖是左旋性的物质,其比旋光度 $[\alpha]_D^{20} = -91.9$ °,由于生成物中果糖的左旋性比葡萄糖右旋性大,所以生成物呈现左旋性质,因此,随着反应的进行,体系的右旋角不断减小,反应至某一瞬间,体系的旋光度可恰好等于零,而后就变成左旋,直到蔗糖完全转化,这时左旋角达到最大值 α_∞。

设最初体系的旋光度为

$$\alpha_0 = K_反 \, c_A^0 \qquad (t = 0 \text{ 时蔗糖尚未转化}) \tag{108-7}$$

最终体系的旋光度为

$$\alpha_\infty = K_生 \, c_A^0 \qquad (t = \infty \text{ 时蔗糖完全转化}) \tag{108-8}$$

式(108-7)、式(108-8)中 $K_反$ 和 $K_生$ 分别为反应物与生成物的比例常数。

设时间为 t 时蔗糖浓度为 c_A,此时旋光度 α_t 为

$$\alpha_t = K_反 \, c_A + K_生 (c_A^0 - c_A) \tag{108-9}$$

由式(108-7)、式(108-8)、式(108-9)联立可以解得

$$c_A^0 = \frac{\alpha_0 - \alpha_\infty}{K_反 - K_生} = K(\alpha_0 - \alpha_\infty) \tag{108-10}$$

$$c_A = \frac{\alpha_t - \alpha_\infty}{K_反 - K_生} = K(\alpha_t - \alpha_\infty) \tag{108-11}$$

将式(108-10)、式(108-11)代入式(108-3)可得

$$\ln(\alpha_t - \alpha_\infty) = -kt + \ln(\alpha_0 - \alpha_\infty) \tag{108-12}$$

若以 $\ln(\alpha_t - \alpha_\infty)$ 对 t 作图则为一直线,从直线的斜率可求得反应速率常数 k,将 k 代入式(108-4)可求出半衰期 $t_{1/2}$。

仪器、试剂和材料

旋光仪;恒温槽;锥形瓶(150 mL,3 只);移液管(25 mL,2 支);移液管(50 mL);天平。

葡萄糖(AR);蔗糖(AR);HCl 溶液(4.000 mol · L^{-1})。

实验内容

1. 用蒸馏水校正旋光仪的零点

蒸馏水为非旋光物质,可用来校正仪器的零点(即 $\alpha=0$ 时仪器对应的刻度)。校正时,先洗净样品管,将管一端加上盖子,并向管内灌满蒸馏水。使液体形成一凸出液面,然后在样品管另一端盖上玻璃片,此时管内不应有空气泡存在,再旋上套盖,使玻璃片紧贴于旋光管,勿使漏水,但必须注意旋紧套盖时不能用力过猛,以免压碎玻璃片。用滤纸将样品管擦干,再用擦镜纸将样品管两端的玻璃片擦净,将样品管放入旋光仪内。打开光源,调整目镜聚焦,使视野清楚,然后旋转检偏镜旋钮至观察到三分视野暗度相等为止。记下检偏镜的旋角 α,重复测量数次取其平均值,此平均值即为零点,用来校正仪器的系统误差。

2. 室温下蔗糖转化反应及反应过程中旋光度的测定

在锥形瓶内称取 10 g 蔗糖,并加蒸馏水 50 mL,使蔗糖溶解,若溶液混浊则需要过滤,用移液管吸取蔗糖溶液 25 mL,置于干燥锥形瓶内。用移液管吸取 25 mL HCl 溶液($4.000 \text{ mol} \cdot \text{L}^{-1}$)加到蔗糖溶液内,并使之均匀混合。注意应从 HCl 溶液由移液管内流出一半时开始计时,迅速用少量反应液荡洗样品管两次,然后将反应液装满样品管,盖好盖子并擦净,立刻放进旋光仪内,测量各时间的旋光度。第一个数据要求距反应起始时间 2~3 min,测量时将三分视野调节暗度相等后,先记录时间,再读取旋光度。

为了多读一些数据,反应开始 15 min 内每分钟测量一次,以后由于反应物浓度降低使速率变慢,每次测量的时间间隔可以适当放长,从反应开始大约需连续测量 1 h。

3. α_∞ 的测量

反应完毕后,将样品管内的溶液与在锥形瓶内剩余的反应混合液合并,放置 48 h,然后在相同温度下恒温后测量其旋光度,即为 α_∞ 值。

为了缩短时间,可以将合并后的混合液置于 50~60 ℃水浴内加热 30 min,加热时用橡皮塞盖住锥形瓶以免溶液蒸发影响浓度,然后冷却至室温,测其旋光度即为 α_∞ 值。但必须注意水浴温度不要过高,否则产生副反应,颜色变黄。

由于反应混合液的酸度很大,因此样品管一定要擦净后才能放入旋光仪,以免管外黏附的反应液腐蚀旋光仪,实验结束后必须洗净样品管。

实验数据和结果处理

(1)将反应过程所测得的旋光度 α_t 和时间 t 列表,并作出 α_t-t 的曲线图。

(2)从 α_t-t 曲线图上等时间间隔取 8 个 α_t 数值,并算出相应的 $\alpha_t-\alpha_\infty$ 和 $\ln(\alpha_t-\alpha_\infty)$ 的数值。

(3)以 $\ln(\alpha_t-\alpha_\infty)$ 对 t 作图,由直线斜率求出反应速率常数 k,并计算反应的半

衰期 $t_{1/2}$。

思考题

1. 实验中,我们用蒸馏水来校正旋光仪的零点,问蔗糖转化反应过程中所测的旋光度 α_t 是否需要零点校正?为什么?

2. 混合蔗糖溶液和 HCl 溶液时,我们将 HCl 溶液加到蔗糖溶液中,可否把蔗糖溶液加到 HCl 溶液中?为什么?

实验 109　过氧化氢催化分解

实验目的

用静态法测定 H_2O_2 分解反应的速率常数;学会用图解法计算一级反应的反应速率常数;了解反应物浓度、温度和催化剂等因素对反应速率的影响。

实验原理

过氧化氢在水溶液中分解反应如下:

$$2H_2O_2 \longrightarrow 2H_2O + O_2 \qquad (109-1)$$

上述反应在没有催化剂时进行得很慢,加入催化剂后 H_2O_2 的分解速率加快,例如加入催化剂 KI,其分解按下列步骤进行:

$$KI + H_2O_2 \longrightarrow KIO + H_2O \qquad (慢) \qquad (109-2)$$

$$KIO \longrightarrow KI + \frac{1}{2}O_2 \qquad (快) \qquad (109-3)$$

由于反应(109-2)较反应(109-3)慢得多,所以整个反应速率由反应(109-2)决定,因而反应速率方程式可写成

$$-\frac{dc(H_2O_2)}{dt} = k_2 c(KI) c(H_2O_2) \qquad (109-4)$$

而催化剂在反应前后浓度不变,故上式可写成

$$-\frac{dc(H_2O_2)}{dt} = kc(H_2O_2) \qquad (109-5)$$

k 无疑会随 $c(KI)$ 的不同而异,但对 H_2O_2 的分解本身来说,仍然是一级反应。积分上式得

$$k = \frac{1}{t} \ln \frac{c_0}{c} \qquad (109-6)$$

或

$$k = \frac{1}{t} \ln \frac{c_0}{c_0 - x} \qquad (109-7)$$

式中: k 为 H_2O_2 分解的反应速率常数; c_0 为 H_2O_2 的初始浓度 $(mol \cdot L^{-1})$; c 为 t 时刻 H_2O_2 的浓度; x 为 t 时刻每升中 H_2O_2 已分解的物质的量。

分解过程中,放出的氧气体积与分解了的 H_2O_2 的物质的量成正比,其比例常数为定值,所以 H_2O_2 催化分解中, t 时刻 H_2O_2 的浓度 c 可以通过测定相应的时间 t 内分解放出的氧气体积得到。

令 V_∞ 表示 H_2O_2 全部分解放出的氧气体积, V 表示在 t 时刻分解放出的氧气体积。则

$$c_0 \propto V_\infty, \qquad c \propto (V_\infty - V_t)$$

将上式代入式(109-6)得

$$k = \frac{1}{t} \ln \frac{V_\infty}{V_\infty - V_t} \tag{109-8}$$

或

$$\ln(V_\infty - V_t) = \ln V_\infty - kt \tag{109-9}$$

以 $\ln(V_\infty - V_t)$ 对 t 作图得一直线,由直线的斜率可求得反应速率常数 k。

V_∞ 可用下面方法之一求出。

① 外推法。$\frac{1}{t}$ 对 V 作图,将直线外推至 $\frac{1}{t} = 0$,其截距即为 V_∞。

② 加热法。在测定若干个数据后,将 H_2O_2 溶液加热至 $50 \sim 60$ ℃约 15 min,则可认为 H_2O_2 已分解完全,待冷却后,记下量气管读数,即为 V_∞。

③ 可由 H_2O_2 溶液的初始浓度及体积算出:

$$V_\infty = \frac{c(H_2O_2) \cdot V(H_2O_2)}{4} \cdot \frac{RT}{p} \tag{109-10}$$

式中: $c(H_2O_2)$ 是 H_2O_2 的初始浓度,是用 $KMnO_4$ 标准溶液标定后计算得到的; $V(H_2O_2)$ 为所用 H_2O_2 溶液的体积(mL); p 为氧气的分压,即外界大气压减去实验温度下水的饱和蒸气压; T 为实验温度(K); R 为气体常数。

仪器、试剂和材料

仪器装置如图 109-1 所示;秒表;滴定管;容量瓶(100 mL);锥形瓶(250 mL)。H_2O_2 溶液(1 mol $\cdot$ L^{-1});KI 溶液;H_2SO_4 溶液;$KMnO_4$ 溶液。

实验内容

(1) 先在水位瓶中装入有红色染料的水溶液,其量要使水位瓶提起时量气管和水位瓶中的水面能同时到量气管的最高读数处。

(2) 移取 25 mL 0.05 mol $\cdot$ L^{-1} KI 溶液于干净的锥形瓶中,旋转三通活塞与大气相通,使量气管和水位瓶中的水面在量气管的最高读数刻度处,再将水位瓶下面的橡皮管用夹子夹好。然后旋转三通活塞,使其处于三不通的位置。

(3) 将 H_2O_2 溶液移取 10 mL 于锥形瓶中,立即塞紧瓶塞,并将活塞旋至与量气管相通的位置(但不能与外界大气相通),同时记录量气管读数和时间。整个反应过

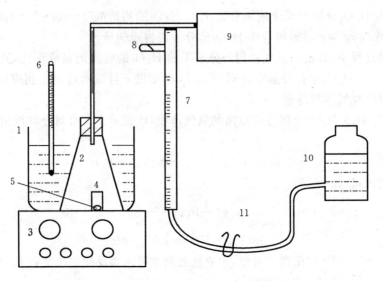

图 109-1　过氧化氢分解速率测定装置图

1—水浴槽；2—锥形瓶；3—电磁搅拌器；4—小塑料瓶；5—搅拌子；

6—温度计；7—量气管；8—放气活塞；9—压力计；10—水位瓶；11—夹子

程中要将锥形瓶不断均匀摇动(或用电磁搅拌器搅拌)。量气管液面每降低 5 mL 记录一次时间 t,直至量气管液面降至约 50 mL 为止,在整个测量过程中应尽量保持量气管与水位瓶两者液面在同一水平面上。

(4) 更换试剂浓度和用量后,重复上述操作。

① 25 mL(0.1 mol·L^{-1})KI＋10 mL(约 1 mol·L^{-1})H$_2$O$_2$。

② 25 mL(0.1 mol·L^{-1})KI＋5 mL(约 1 mol·L^{-1})H$_2$O$_2$。

(5) 标定 H$_2$O$_2$ 的初始浓度。移取实验用的约 1 mol·L^{-1}H$_2$O$_2$ 溶液 10 mL 放入 100 mL 容量瓶中,加水稀释至刻度,摇匀后,移取 25 mL 放入锥形瓶内,加 10 mL 3 mol·L^{-1}H$_2$SO$_4$,然后用 0.1 mol·L^{-1}KMnO$_4$ 标准溶液滴定至显淡红色为止,其反应如下：

$$5\ H_2O_2 + 2\ MnO_4^- + 6H^+ \longrightarrow 2Mn^{2+} + 5O_2 + 8\ H_2O$$

实验数据和结果处理

(1) 计算 H$_2$O$_2$ 溶液的初始浓度及 V_∞。

(2) 以 $\ln(V_\infty - V_t)$ 为纵坐标、t 为横坐标作图,从所得直线的斜率求得反应速率常数 k。

(3) 计算半衰期 $t_{1/2}$。

思考题

1. 本实验中气体逸出是否均匀？为什么？

2. 为什么可用 $\ln(V_\infty - V_t)\text{-}t$ 代替 $\ln c_A\text{-}t$ 作图？

3. 讨论反应物浓度和催化剂浓度对反应速率的影响。H_2O_2 要求在实验时（或稍前或稍后）标定，为什么？

4. 讨论 KI 浓度对反应速率的影响。

5. 实验系统不能漏气，但又必须使反应体系均匀，这就要搅拌，你认为如何才能实现这两方面的要求。

实验 110　反应速率常数及活化能的测定

实验目的

在不同温度下测定碘化钾与过氧化氢反应的反应速率常数，并计算反应的活化能。

实验原理

在化学反应动力学中，反应速率常数 k、活化能 E_a、温度 T 之间满足阿累尼乌斯公式：

$$k = A e^{-\frac{E_a}{RT}} \tag{110-1}$$

式中：A 为指前因子；R 为气体常数。

当温度变化范围不大时，反应速率常数与温度的关系式如下：

$$\ln \frac{k_2}{k_1} = \frac{E_a}{R} \cdot \frac{T_2 - T_1}{T_2 T_1} \tag{110-2}$$

式中：k_1、k_2 为温度 T_1、T_2 时的反应速率常数；E_a 为反应的活化能。若测定了两个温度下的反应速率常数，便可由式(110-2)计算出反应的活化能 E_a。

本实验化学反应为

$$H_2O_2 + 2I^- + 2H^+ \longrightarrow I_2 + 2H_2O \tag{110-3}$$

测定的方法是：在 KI 的酸性溶液中，加入一定量的淀粉溶液和已知浓度的 $Na_2S_2O_3$ 溶液，然后一次加入一定量的 H_2O_2 溶液。溶液中进行以下反应：

$$I^- + H_2O_2 \longrightarrow IO^- + H_2O \tag{110-4}$$

$$IO^- + I^- + 2H^+ \longrightarrow I_2 + H_2O \tag{110-5}$$

$$I_2 + 2S_2O_3^{2-} \longrightarrow 2I^- + S_4O_6^{2-} \tag{110-6}$$

当溶液中的 $Na_2S_2O_3$ 未消耗完时，溶液是无色的，溶液中的 $Na_2S_2O_3$ 一经消耗完全，反应(110-5)所产生的 I_2 和溶液中的淀粉作用，溶液立即变蓝色，这时如果在溶液中继续加入一定量的 $Na_2S_2O_3$，则溶液又变成无色，记下各次蓝色出现的时间，就可得到各次蓝色出现时溶液中 H_2O_2 的浓度。因为反应(110-4)进行得很慢,反应(110-5)、反应(110-6)及碘与淀粉作用使溶液变为蓝色的反应进行得很快,所以反应速率方程可以写成

$$-\frac{dc}{dt} = kc(I^-)c(H_2O_2) \qquad\qquad (110-7)$$

式中:$c(I^-)$ 为碘离子的浓度;$c(H_2O_2)$ 为过氧化氢的浓度;k 为反应速率常数。

当蓝色未出现时,溶液中 I^- 浓度保持不变,故 $c(I^-)$ 是一常数。因此,原来的二级反应就成为一级反应,在式(110-7)中,令 $kc(I^-) = k'$,则 $\qquad\qquad (110-8)$

$$-\frac{dc}{dt} = k'c(H_2O_2) \qquad\qquad (110-9)$$

积分后得 $\qquad\qquad -\ln c_t = k't + C \qquad\qquad (110-10)$

式中:c_t 为 t 秒时溶液中 H_2O_2 的浓度;C 为积分常数。

因此,只要测出不同时间 t 时 H_2O_2 的浓度 c_t(c_t 可以通过记录各次蓝色出现的时间而求得)。以 $\ln c_t$ 对 t 作图,就可以求出直线的斜率。

$$斜率 = -k' = -kc(I^-) \qquad\qquad (110-11)$$

从而可以求出在该温度下的反应速率常数 k。

仪器、试剂和材料

移液管(10 mL,2 支);量筒(10 mL);容量瓶(250 mL,2 只);烧杯(500 mL,2 只);橡皮球;温度计;集热式恒温磁力搅拌器;酸式滴定管(25 mL);秒表。

淀粉溶液(0.5%);H_2O_2 标准溶液;KI 溶液(0.4 mol·L^{-1});$Na_2S_2O_3$ 标准溶液;H_2SO_4(3 mol·L^{-1})。

实验内容

(1) 用移液管取 10 mL 0.4 mol·L^{-1} KI 溶液,加到 250 mL 容量瓶中,用水稀释到体积约为容量瓶体积的 2/3。

(2) 用量筒量取 2 mL 3 mol·L^{-1} 的 H_2SO_4,加蒸馏水稀释至 10 mL,然后倒入装有 KI 的容量瓶中,并滴加 10 滴淀粉溶液,再用蒸馏水稀释到容量瓶刻度,摇匀此溶液后,倒入 500 mL 烧杯内,放在集热式恒温磁力搅拌器上搅拌。

(3) 调节集热式恒温磁力搅拌器的温度控制,使得反应溶液温度达到 30 ℃,待温度平衡后,从滴定管中滴下 2 mL $Na_2S_2O_3$ 标准溶液,记下温度,随即从移液管加入 10 mL H_2O_2 标准溶液,与此同时,打开秒表,当溶液出现蓝色时,记下秒表的时间 t。

(4) 一边记下蓝色出现的时间,同时一边迅速从滴定管中加入 2 mL $Na_2S_2O_3$ 溶液,此后每当烧杯中反应溶液出现蓝色时记下时间,并加入 2 mL $Na_2S_2O_3$ 溶液,直到所加入的 $Na_2S_2O_3$ 溶液总量达 16 mL 时,停止实验。

(5) 如前所述配制溶液,使反应溶液在 40 ℃的条件下,以同样的方法重复实验(此时反应进行较快,要注意加 $Na_2S_2O_3$ 溶液与记时间的配合)。

实验数据和结果处理

(1) 根据 $H_2O_2 + 2H^+ + 2S_2O_3^{2-} \Longrightarrow S_4O_6^{2-} + 2H_2O$ 求出与 10 mL H_2O_2 溶液完全反应所需的 $Na_2S_2O_3$ 标准溶液的体积 V_0。

(2) 加入溶液中的 $Na_2S_2O_3$ 总体积为 V_t(V_t 为变数),若以 $\ln(V_0-V_t)$ 为纵坐标,以 $t(s)$ 为横坐标,得一直线,由其斜率即可求得反应速率常数,理由如下。

在此反应中,任一时刻所消耗的 H_2O_2 的量是不能直接读出的,而是以用去 $Na_2S_2O_3$ 的量求得的,所以,在任一时刻 t 出现蓝色时溶液中含 H_2O_2 的物质的量为 $\frac{1}{2}c(Na_2S_2O_3)(V_0-V_t)$,则

$$c_t = \frac{\frac{1}{2}c(Na_2S_2O_3)(V_0-V_t)}{V_{总}} = \frac{c(Na_2S_2O_3)(V_0-V_t)}{2V_{总}} \tag{110-12}$$

而
$$-\frac{dc}{dt} = kc(I^-) \cdot c(H_2O_2) = k'c(H_2O_2) \tag{110-13}$$

积分得
$$\ln\frac{c_0}{c_t} = k't \tag{110-14}$$

$$\ln c_t + k't - \ln c_0 = 0 \tag{110-15}$$

把式(110-12)中的 c_t 代入式(110-15)中,得

$$\ln(V_0-V_t) + \ln\frac{c(Na_2S_2O_3)}{2V_{总}} + k't - \ln c_0 = 0 \tag{110-16}$$

令
$$\ln\frac{c(Na_2S_2O_3)}{2V_{总}} - \ln c_0 = -B \tag{110-17}$$

则
$$\ln(V_0-V_t) = -k't + B \tag{110-18}$$

以 $\ln(V_0-V_t)$ 为纵坐标,以 $t(s)$ 为横坐标,作图得一直线,其斜率 m 为

$$m = -k' = -kc(I^-) \tag{110-19}$$

则
$$k = -\frac{m}{c(I^-)} \tag{110-20}$$

式中:$c(I^-)$ 为 KI 浓度。$c(I^-)$ 可由下式计算:

$$c(I^-) = \frac{c(KI)V(KI)}{V_{总}} \tag{110-21}$$

$$V_{总} = 250 + 10 + 加入的 Na_2S_2O_3 溶液总体积的一半 \tag{110-22}$$

即溶液的总体积实际上是一个平均值。

(3) 求得两个不同温度下的反应速率常数 k 值后,代入式(110-2),便可求得此反应的活化能。

实验说明

(1) 配好溶液后,先加入 2 mL $Na_2S_2O_3$ 溶液,再加入 10 mL H_2O_2 溶液(同时打开秒表),在任一时刻,溶液出现蓝色时,若加入的 $Na_2S_2O_3$ 溶液的体积为 V_t,则说明在 t 时刻内,溶液中反应了的 H_2O_2 的物质的量为 $\frac{1}{2}c(Na_2S_2O_3)V_t$,这样所消耗的 H_2O_2 可用反应了的 $Na_2S_2O_3$ 溶液的体积来表示。

(2) 由于实验过程中 V_t 是个变数,因而 $c(I^-)$ 也是个变数,即在不同时间间隔时 I^- 浓度不相同(但在同一时间间隔内 $c(I^-)$ 是个常数)。这样在作图时就要把每次的 $c(I^-)$ 求出,这较为麻烦。为了简便起见,我们采取平均值进行计算,即在实验过程中视溶液总体积为一常数来近似进行处理。

实验数据可按下表记录。

温度 $T=$ _____ ℃,与 10 mL H_2O_2 溶液完全反应所需 $Na_2S_2O_3$ 标准溶液的体积 $V_0=$ _____ mL。

实验次数	出现蓝色时间/s	每次加 $Na_2S_2O_3$ 溶液体积/mL	共加入 $Na_2S_2O_3$ 溶液体积 V_t/mL	V_0-V_t /mL	$\ln(V_0-V_t)$
1					
2					
3					
4					
5					
6					
7					
8					

思考题

实验中每次加入的 $Na_2S_2O_3$ 溶液太多,会给实验带来什么影响?

实验 111　乙酸乙酯皂化反应动力学参数的测定

实验目的

掌握电导率法测量反应速率常数和活化能的基本原理;掌握计算机在线测量乙

酸乙酯皂化反应动力学参数的方法和技术。

实验原理

初始时物质的量相等的乙酸乙酯和氢氧化钠发生皂化反应,反应时间为 t 时两者均消耗了 x mol。反应过程中各反应物和产物的浓度关系为

$$CH_3COOC_2H_5 + NaOH \longrightarrow CH_3COONa + C_2H_5OH$$

$t=0$	a	a	0	0
$t=t$	$a-x$	$a-x$	x	x
$t \to \infty$	0	0	$x \to a$	$x \to a$

若反应为二级反应,则速率方程为

$$v = \frac{dx}{dt} = k(a-x)^2$$

积分后为
$$kt = x/[a(a-x)] \tag{111-1}$$

已知 a,测得不同反应时间 t 及对应 x,速率常数 k 可由上式计算。

本实验用测定不同反应时间体系的电导来"跟踪"反应。体系的电导与 x 的关系由以下分析可知。反应体系中起导电作用的是 Na^+、OH^-、CH_3COO^-。Na^+ 在反应前后浓度不变,OH^- 浓度随反应进行不断减小,CH_3COO^- 浓度则不断增加。由于 OH^- 的电导率比 CH_3COO^- 大得多,反应体系的电导率将随反应进行而不断下降。在稀溶液中,离子的电导率与其浓度成正比,且溶液的总电导率为组成该溶液各离子电导率之和。设 G_0 为起始电导率,G_t 为 t 时的电导率,G_∞ 为 $t \to \infty$ 时的电导率,则有

$t=t$ 时	$x = K(G_0 - G_t)$	(111-2)
$t \to \infty$ 时	$a = K(G_0 - G_\infty)$	(111-3)

式(111-3)-式(111-2)得　　　$a-x = K(G_t - G_\infty)$ 　　　　　　　(111-4)

式中:K 为比例常数。

将式(111-2)、式(111-4)代入式(111-1)得

$$kt = \frac{G_0 - G_t}{a(G_t - G_\infty)} \quad 或 \quad G_t = \frac{1}{ka} \times \frac{(G_0 - G_t)}{t} + G_\infty$$

作 G_t-$\frac{G_0 - G_t}{t}$ 图,求得斜率 $m = \frac{1}{ka}$,从而求出反应速率常数 $k = \frac{1}{am}$,测定两个不同温度下反应的 k 值,即可求出活化能

$$E_a = \frac{\ln(k_2/k_1)RT_1T_2}{T_2 - T_1}$$

仪器、试剂和材料

DDS-12A 型电导率仪(附电导电极);计算机;玻璃恒温水浴;双管反应器;电吹风;试剂瓶;移液管。

NaOH 溶液$(0.020\ 0\ mol \cdot L^{-1})$；$CH_3COOC_2H_5$溶液$(0.020\ 0\ mol \cdot L^{-1})$。

实验内容

(1) 了解电导率仪的使用方法。

(2) 熟悉计算机在线测量乙酸乙酯皂化反应的基本原理和使用方法。

① 原理简介。

计算机在线电导率测量仪(图 111-1)主要是由电导率接口仪和相应的软件组成。电导率接口仪除了具有一般电导率仪的功能外，还在其内部加装有 CPU 单片机、高精度 A/D 转换器、高精度放大器和高精度定时器，可以定时通过串行口(com 2 或 com 1)向计算机发送所测的电导率数据。在计算机中通过相应的软件，就可以把数字显示出来，并进行有关的运算，把数据结果、图形实时地显示出来，数据图形可以存盘、查询、打印。

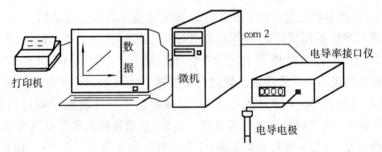

图 111-1　计算机在线电导率测量装置示意图

② 使用说明。

当程序运行时，会出现一个窗口，该窗口主要是为了测量乙酸乙酯皂化反应动力学而设计的，它由快捷键、图形窗、数据窗等组成。快捷键可用来快速执行各种命令，数据窗可显示即时所测量的电导率及时间和经过复杂运算的另一些相关的数据，图形窗可显示有关数据作图的结果。

当点击快捷键的“读 G_0”键时，仪器会每秒读一个电导率值，连续读 7 个数，取平均后显示于 G_0 值窗。当乙酸乙酯与氢氧化钠溶液混合后，点击“开始测量”键，仪器开始计时，每分钟都会把测得的时间 t、电导率 G_t 及运算后的 $(G_0-G_t)\times 1\ 000/t$ 数值放于数据窗，同时以 G_t 为纵坐标、$(G_0-G_t)\times 1\ 000/t$ 为横坐标作图，在图形窗上画一圆点，实验数据的好坏在图形窗上一目了然，皂化反应的数据结果在此图上应为直线。在“终止时间”框填上反应终止时间(以秒为单位)，程序执行到此时会自动停止，但未到此时间也可点击“停止”键提前结束。

当运行停止后，数据可以存盘、打印，点击“数据读出”即可把存盘后的数据重新读出、作图、打印。

③ G_0 的测量。

将洁净、干燥的双管反应器固定于恒温水浴中。取 10 mL 0.020 0 mol·L^{-1} 的 NaOH 溶液及 10 mL 蒸馏水于双管反应器(图 111-2)的 b 管中,恒温 5 min,直接测量电导率,测量值为 G_0。

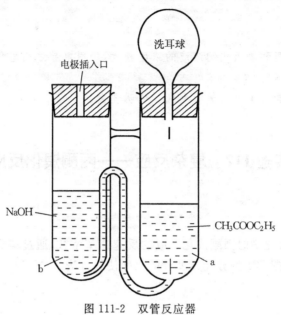

图 111-2 双管反应器

④ G_t 的测量。

用移液管取 10 mL 0.020 0 mol·L^{-1} 乙酸乙酯溶液于双管反应器的 a 管中,用另一支移液管取 10 mL 0.020 0 mol·L^{-1} NaOH 溶液于 b 管中,恒温 5 min。用洗耳球将 a 管中的乙酸乙酯液全部压入 b 中,再迅速用洗耳球采用压吸方式使 a、b 管中的溶液来回混合三次,将混合液压入 b 管中,混合时将电极拿出来。混合完毕后,将电极放入 b 管中,同时开始读数,实验时间为 30 min。

⑤ 在另一温度下重复③、④步骤。

⑥ 实验结束后将电极浸入蒸馏水中,将双管反应器洗净后吹干,以便下次实验使用。

实验数据和结果处理

本实验的数据由计算机记录,用 Origin 作图软件对实验数据进行处理,作 G_t-$(G_0 - G_t) \times 1\ 000/t$ 直线,直线的斜率可直接读出,然后由斜率求出反应速率常数和活化能。直线图由打印机打印。

实验说明

有的人认为皂化反应在碱性介质中可以进行到底。本实验显然不满足此条件。随着反应时间的延长,反应的可逆性对总反应的影响逐渐变得明显。由此可见,要保证反应的单方向性,应该使碱过量。

皂化反应为吸热反应,混合后体系温度降低,使得 G_t-$(G_0-G_t)\times1\,000/t$ 图形为一抛物线,不是直线。因此最好在混合 4~6 min 后记录数据。

思考题

1. 若乙酸乙酯和氢氧化钠溶液的浓度较大,仍用电导法测皂化反应的速率常数是否妥当?

2. 皂化反应能否单方向进行到底?说明理由。

实验 112　复杂反应——丙酮溴化反应

实验目的

测定用酸作催化剂时丙酮溴化反应的反应速率常数;通过本实验加深对复杂反应特征的理解;掌握 721 型分光光度计的正确使用方法。

实验原理

只有少数化学反应是由一个基元反应组成的简单反应,大多数化学反应并不是简单反应,而是由若干个基元反应组成的复杂反应。大多数复杂反应的反应速率和反应物浓度(严格说是活度)间的关系不能用质量作用定律表示,用实验测定反应速率和反应物浓度间的计量关系,是研究反应动力学很重要的一步。对复杂反应,当知道反应速率方程的形式后,就可能对反应机理进行某些推测,如该反应究竟由哪些步骤完成,各个步骤的特征和相互联系如何等。

丙酮溴化反应是一个复杂反应,其反应式为

$$
\underset{\substack{\| \\ O}}{CH_3\!-\!C\!-\!CH_3} + Br_2 \rightleftharpoons \underset{\substack{\| \\ O}}{CH_3\!-\!C\!-\!CH_2Br} + Br^- + H^+ \qquad (112\text{-}1)
$$

实验测定表明,反应速率在酸性溶液中随 H^+ 浓度增大而增大。由于反应式中包含产物 H^+,故在非缓冲溶液中,若保持反应物浓度不变,则反应速率将随反应的进行而增大。实验还表明,除非在很高酸度下,丙酮卤化反应的反应速率与卤素的浓度无关,并且反应速率随卤素 Cl、Br、I 的不同而异(在百分之几误差范围内)。实验测得丙酮溴化反应的速率方程为

$$
\frac{dc_E}{dt} = k_总\, c_A \cdot c(H^+) \qquad (112\text{-}2)
$$

式中:c_E 为溴丙酮浓度;c_A 为丙酮浓度;$c(H^+)$ 为 H^+ 浓度;$k_总$ 为反应速率常数。由以上实验事实,可对丙酮溴化反应的机理作如下推测:

$$
\underset{\text{A}}{CH_3-\overset{\overset{\displaystyle O}{\|}}{C}-CH_3} + H^+ \xrightleftharpoons{k} \left[\; \underset{\text{B}}{CH_3-\overset{\overset{\displaystyle OH}{\|}}{C}-CH_3} \;\right]^+ \tag{112-3}
$$

$$
\left[\; \underset{\text{B}}{CH_3-\overset{\overset{\displaystyle OH}{\|}}{C}-CH_3} \;\right]^+ \underset{k_{-1}}{\overset{k_1}{\rightleftharpoons}} CH_3-\overset{\overset{\displaystyle OH}{\|}}{C}=CH_2 + H^+ \tag{112-4}
$$

$$
\underset{\text{D}}{CH_3-\overset{\overset{\displaystyle OH}{|}}{C}=CH_2} + Br_2 \xrightarrow{k_2} \underset{\text{E}}{CH_3-\overset{\overset{\displaystyle O}{\|}}{C}-CH_2Br} + Br^- + H^+ \tag{112-5}
$$

因为丙酮是很弱的碱,所以反应(112-3)的中间物 B 是很少的,故有

$$
c_B = kc_A \cdot c(H^+) \tag{112-6}
$$

烯醇式 D 和产物 E 的反应速率方程是

$$
\frac{dc_D}{dt} = k_1 c_B - \left[k_{-1}c(H^+) + k_2 c(Br_2)\right] \cdot c_D \tag{112-7}
$$

$$
\frac{dc_E}{dt} = k_2 c(Br_2) \cdot c_D \tag{112-8}
$$

合并式(112-6)、式(112-7)、式(112-8),并应用稳定态条件,即令$\dfrac{dc_D}{dt}=0$,得到

$$
\frac{dc_E}{dt} = \frac{k_1 k_2 k c_A \cdot c(H^+) \cdot c(Br_2)}{k_{-1}c(H^+) + k_2 c(Br_2)} \tag{112-9}
$$

若烯醇式 D 与卤素的反应速率比烯醇式 D 与 H^+ 的反应速率大得多,即 $k_2 c(Br_2) \gg k_{-1}c(H^+)$,则式(112-9)取以下简单的形式:

$$
\frac{dc_E}{dt} = k_1 k c_A \cdot c(H^+) = k_{\text{总}} c_A \cdot c(H^+) \tag{112-10}
$$

式(112-10)与实验测定结果式(112-2)完全一致。因此上述推测的反应机理可能是正确的。

　　本实验用光学方法测定丙酮溴化反应的反应速率常数,由于反应并不停留在一元卤化丙酮上,而要继续进行下去,故应测量开始一段时间的反应速率。

　　由反应式(112-5)可知$\dfrac{dc_E}{dt}=-\dfrac{dc(Br_2)}{dt}$。如果测得反应过程中各时间溴的浓度,就可以求出$\dfrac{dc_E}{dt}$。而溴在可见区中有一个很宽的吸收带。因此可以方便地用分光光度计来测丙酮溴化反应的反应速率常数。

　　若在反应过程中,丙酮的浓度($0.1 \sim 0.6$ mol · L^{-1})和酸的浓度($0.05 \sim 0.5$ mol · L^{-1})比溴的浓度($0.001 \sim 0.01$ mol · L^{-1})大得多,则丙酮和酸的浓度可以看做常数,由式(112-10)积分可得

$$c_{E_2} - c_{E_1} = k_总\, c_A \cdot c(H^+) \cdot (t_2 - t_1) \tag{112-11}$$

或
$$c_1(Br_2) - c_2(Br_2) = k_总\, c_A \cdot c(H^+) \cdot (t_2 - t_1) \tag{112-12}$$

而按比耳定律,即某指定波长的光线通过溴溶液后的光强 I 与通过蒸馏水后的光强 I_0 及溴浓度间有下列关系:

$$T = \frac{I}{I_0} \tag{112-13}$$

$$\lg T = -k'l\,c(Br_2) \tag{112-14}$$

式中: T 为透光率; l 是比色皿光径长度; k' 是取 10 为底的对数时的吸光系数。将式(112-14)代入式(112-12),并整理后得

$$\lg T_2 - \lg T_1 = k_总 \cdot k'l \cdot c_A \cdot c(H^+)(t_2 - t_1) \tag{112-15}$$

$$k_总 = \frac{\lg T_2 - \lg T_1}{t_2 - t_1} \cdot \frac{1}{k'l} \cdot \frac{1}{c_A \cdot c(H^+)} \tag{112-16}$$

因此,实验时只要求得丙酮浓度、酸浓度及反应混合溶液在不同时间 t 时对指定波长光的透光率,就可以从式(112-16)求出丙酮溴化反应的反应速率常数 $k_总$。

本实验光波长取在 460 nm 处,可用已知浓度的 Br_2 溶液求出 $k'l$。

仪器、试剂和材料

721 型分光光度计;超级恒温槽;外有保温套的比色皿(依实验要求决定);容量瓶(100 mL,2 只);容量瓶(50 mL,3 只);移液管(10 mL,3 支);量筒(50 mL);停表。

丙酮溶液:将分析纯丙酮用蒸馏水稀释 5 倍,得约 2.5 mol·L^{-1} 丙酮溶液备用。丙酮溶液的浓度可由丙酮与蒸馏水的密度及两者混合体积算出。

盐酸溶液:用分析纯盐酸,以蒸馏水稀释 6 倍,得约 2 mol·L^{-1} 盐酸溶液。用硼砂(含 10 个结晶水)标定此盐酸溶液浓度。

溴溶液:向 66.4 mL 溴水中加 100 g KBr 和 1 L 蒸馏水,得约 1 mol·L^{-1} 溴储备液,实验前将此溴储备液冲稀 10 倍,得约 0.1 mol·L^{-1} 溴溶液备用。此溴溶液先与过量 KI 作用,然后用已知浓度的硫代硫酸钠溶液进行标定。

实验内容

(1) 熟悉 721 型分光光度计的原理和使用。

(2) 测定 $k'l$ 值。

在洗净的 100 mL 容量瓶中,用洗净干燥的移液管移入 10 mL 约 0.1 mol·L^{-1} 的溴储备液(溴储备液浓度事先标定)。再用蒸馏水稀释至刻度,混合均匀后,将此溶液盛入一比色皿(比色皿应事先洗净干燥)中。将盛放溴溶液的比色皿放入单色光器入口狭缝前的光路中。测定光通过已知溴浓度的比色皿后光强 I,并重复测定三次。每次测定 I 前,都要将溴溶液的比色皿换成另一盛蒸馏水的比色皿,并使 I_0 准确调至其光强度为 100 处(通过调节光量调节器)。将各次测定的光强 I 取平均值,代入下

式中就可求出 $k'l$。

$$\lg T = \lg \frac{I}{100} = -k'lc(\mathrm{Br_2})$$

（3）测定丙酮溴化反应的反应速率常数 $k_{总}$。

将测定过 $k'l$ 值的比色皿中的溴溶液倒入回收瓶,再用蒸馏水洗涤比色皿并干燥,把此比色皿置于入口狭缝前的光路中,接通超级恒温槽的恒温水,使比色皿外保温套内通过指定温度的恒温（25 ℃）水。

在一洗净的 50 mL 容量瓶中,用洁净、干燥的移液管移入 5 mL 上述丙酮溶液,盖上瓶塞,置于 25 ℃的恒温槽中恒温。接着在一只洗净的 50 mL 容量瓶中,用移液管移入 50 mL 溴储备液,置于 25 ℃的恒温槽中恒温。再在一只洗净的 50 mL 容量瓶中,用另一只洗净、干燥的移液管移入 5 mL 用硼砂标定过的 HCl 溶液,盖上瓶塞,亦放置于 25 ℃的恒温槽中恒温。

待达到恒温要求（约 10 min）后,将 50 mL 容量瓶从恒温槽中取出,小心将其中已盛 5 mL 用硼砂标定过的 HCl 溶液倒入已盛 5 mL 丙酮溶液的 50 mL 容量瓶中,再用已恒温的溴储备液将 50 mL 的 HCl 容量瓶洗涤 3 次。洗涤液均倒入丙酮和盐酸的混合液中,再用已恒温的溴储备液定容至恰为 50 mL,将瓶中混合反应液振摇均匀后,迅速地小心倒入比色皿中。此时可读取光通过反应液后的光强 I,并同时开启停表作为反应的时间起点,以后每隔半分钟读数一次,读数接近 100 时为止。反应完毕后,再将反应液比色皿换为内盛蒸馏水的比色皿,重新测定 I_0 值,此时标尺读数应为 100 ± 1 范围内,否则上述测定数据无效,必须重测。然后将超级恒温槽温度调至 35 ℃,重复上述测定。

实验数据和结果处理

（1）由已知浓度溴溶液的 $\lg T$ 算出 $k'l$ 值。

（2）由每一时间测得的反应液 $\lg T$ 对时间 t 作图,应得一直线,求此直线斜率。

（3）将直线斜率除以 $k'l$ 及丙酮、盐酸浓度,即得反应速率常数 $k_{总}$。

（4）将 $k_{总}$（25 ℃）和 $k_{总}$（35 ℃）代入阿累尼乌斯公式,则

$$活化能 = 2.303R\,\frac{T_1 T_2}{T_2 - T_1}\lg\frac{k_{总}(35\ ℃)}{k_{总}(25\ ℃)}$$

由上式可计算出丙酮溴化反应的表观活化能。

实验说明

通过实验确定反应速率的方法很多,大体可分为化学分析法和物理化学分析法。化学分析法是在一定反应时间后,取出部分试样,用骤冷或稀释的方法停止反应,然后进行分析,直接求出浓度。该方法设备简单,但时间长,要中断反应,比较麻烦。物理化学分析法有旋光、折光、电导、分光光度等方法,根据反应体系的不同情况可用不

同仪器。此方法的优点是快速,可不中断反应,实验时间短,还可以采用自动化的装置。缺点是需要一定的仪器设备,并只能得到与浓度有关的间接数据。

思考题

1. 动力学实验中,正确计量时间是实验的关键。本实验中,将反应物开始混合,到开始记录反应时间,中间有一段不算很短的操作时间,这对实验结果有无影响? 为什么?

2. 在实验过程中,若钨丝灯光源强度不稳定,对实验结果有何影响?

3. 本实验可否提出新的反应机理,而推得丙酮溴化反应的动力学方程不变?

实验 113　　BZ 振荡反应

实验目的

了解 Belousov-Zhabotinski 反应(简称 BZ 反应)的基本原理;初步理解自然界中普遍存在的非平衡非线性问题。

实验原理

非平衡非线性问题是自然科学领域中普遍存在的问题,大量的研究工作正在进行。研究的主要问题是,体系在远离平衡态下,由于本身的非线性动力学机制而产生宏观时空有序结构,称为耗散结构。最典型的耗散结构是 BZ 体系的时空有序结构,所谓 BZ 体系是指由溴酸盐、有机物在酸性介质中,在有(或无)金属离子催化剂存在下构成的体系。它是由苏联科学家 Belousov 发现,后经 Zhabotinski 发展而得名的。1972 年,R. J. Fiela、E. Koros、R. Noyes 等人通过实验对 BZ 振荡反应作出了解释,被称为 FKN 机理。FKN 机理认为,反应由三个主过程(过程 A、过程 B、过程 C)组成,过程 A 和过程 B 受溴离子浓度控制。

当 $c(Br^-)$ 足够高时,发生过程 A:

$$BrO_3^- + Br^- + 2H^+ \longrightarrow HBrO_2 + HOBr \tag{113-1}$$

$$HBrO_2 + Br^- + H^+ \longrightarrow 2\ HOBr \tag{113-2}$$

其中式(113-1)是速率控制步。

当 $c(Br^-)$ 低时,发生过程 B:

$$BrO_3^- + HBrO_2 + H^+ \longrightarrow 2BrO_2 + H_2O \tag{113-3}$$

$$BrO_2 + Ce^{3+} + H^+ \longrightarrow HBrO_2 + Ce^{4+} \tag{113-4}$$

$$2HBrO_2 \longrightarrow BrO_3^- + HOBr + H^+ \tag{113-5}$$

其中式(113-3)是速率控制步。

过程 C 如下：

$$4Ce^{4+} + BrCH(COOH)_2 + H_2O + HOBr \longrightarrow 2Br^- + 4Ce^{3+} + 3CO_2 + 6H^+$$

过程 A 是消耗 Br^-、产生能进一步反应的 $HBrO_2$，$HOBr$ 为中间产物。过程 B 是一个自催化过程，在 Br^- 消耗到一定程度后，$HBrO_2$ 才按式(113-3)、式(113-4)进行反应，并使反应不断加速，与此同时，Ce^{3+} 被氧化为 Ce^{4+}，$HBrO_2$ 的累积还受到式(113-5)的制约。

过程 C 为丙二酸被溴化为 $BrCH(COOH)_2$，反应生成的 Br^- 使 Ce^{4+} 还原为 Ce^{3+}。过程 C 对化学振荡非常重要，如果只有过程 A 和过程 B，就是一般的自催化反应，进行一次就完成了，正是过程 C 的存在，以丙二酸的消耗为代价重新得到 Br^- 和 Ce^{3+}，反应得以启动形成周期性的振荡。该体系的总反应为

$$3H^+ + 3BrO_3^- + 5CH_2(COOH)_2 \longrightarrow 3BrCH(COOH)_2 + 4CO_2 + 5H_2O + 2HCOOH$$

振荡的控制离子是 Br^-。

仪器、试剂和材料

微型计算机及接口；反应器(100 mL)；超级恒温槽；电磁搅拌器；记录仪；数字电压表。

丙二酸(AR)；溴酸钾(GR)；硫酸铈铵(AR)；溴化钠(AR)；浓硫酸(AR)；试亚铁灵溶液。

实验内容

1. $KBrO_3$-MA-H_2SO_4-Ce^{4+}/Ce^{3+} 体系 E-t 振荡波形及表观活化能的测定

(1) 按图 113-1 将 BZ 反应实验系统连好。

(2) 打开 BZ 数据采集接口及计算机的电源开关。

(3) 运行 BZ 振荡反应实验软件，进入主菜单。主菜单中有"参数校正"、"参数设置"、"开始实验"、"数据处理"四个子菜单和"退出"功能键。

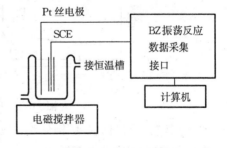

图 113-1 BZ 反应实验系统

(4) 进入参数设置菜单。参数设置菜单中有"横坐标设置"、"纵坐标极值"、"纵坐标零点"、"起波阈值"、"目标温度"五个子菜单项和"确定"、"退出"两个功能按钮。

① "横坐标设置"用于设置实验绘图区的横坐标，单位为 s。一般设置为 300 s。

② "纵坐标极值"用于设置实验绘图区的纵坐标最大值，单位为 mV。一般设置为 1 200 mV。

③ "纵坐标零点"用于设置实验绘图区的纵坐标零点，单位为 mV。一般设置为 500 mV。

设置纵坐标极值和纵坐标零点这两项参数,须根据实验中 BZ 反应波形的经验值来调整。

④ "起波阈值"设定为 6 mV。

⑤ "目标温度"用于设定实验的反应温度,设置完成后,程序即自动进行控温至目标温度。

⑥ 设定完上述参数后,按下"确定"键,操作者即可看到设定参数后的效果。

⑦ 按退出按钮退出此菜单。

(5) 进入"开始实验"菜单。开始实验菜单中有"开始实验"、"修改目标温度"、"查看峰谷值"、"读入实验波形"、"打印"五个子菜单项和"退出"功能按钮。

(6) 用移液管分别取丙二酸($0.45\ mol \cdot L^{-1}$)、溴酸钾($0.25\ mol \cdot L^{-1}$)、硫酸溶液($3.00\ mol \cdot L^{-1}$)各 10 mL 加入反应器中,打开电磁搅拌器搅拌,打开超级恒温槽电源及控温开关。当温度达到目标温度后,再稳定 5 min,加入 10 mL 硫酸铈铵($4 \times 10^{-3}\ mol \cdot L^{-1}$)后,点击"开始实验",输入文件名,保存实验波形及数据。注意观察溶液颜色的变化及信号电压值的变化。观察反应曲线,待反应完成后,按"查看峰谷值"键可观察各波的峰、谷值。

(7) 如果需要打印此次实验波形,按下"打印"键,选择打印比例,程序根据操作者选择的打印比例打印实验波形(图 113-2)和数据。如果需要查看和打印以前的实验波形,请先按"读入实验波形"键,出现对话框后输入需读入实验波形的文件名,查看完以前的实验波形后,按"返回"键后再按"打印"键,即可打印刚才所见到的实验波形。

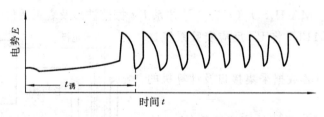

图 113-2　BZ 振荡 E-t 波形图

(8) 按"修改目标温度"键修改反应温度,分别在 25 ℃、30 ℃、35 ℃、40 ℃、45 ℃下重复上述(6)、(7)步的实验内容。

(9) 实验完成后按"退出"键退出,此时会有提示"是否保存实验数据",按"是"即出现对话框"请输入保存实验数据文件名",输入保存实验数据文件名后再按"是"即将此实验的不同反应温度下的起波时间保存入文件。

(10) 进入数据处理。

数据处理菜单中有"使用当前实验数据进行数据处理"、"从数据文件中读取数据"、"打印"三个子菜单项和"退出"功能按钮。

① 按"使用当前实验数据进行数据处理"键即可将操作者所见到的列于界面上

的数据进行处理,计算机自动画出 $\ln(1/t_{诱})$-$1/T$ 图并求出表观活化能,再按"打印"键即可打印图形和数据。

② 按"从数据文件中读取数据"键后,操作者则根据提示输入需读取数据的文件名,读入数据后再按上面①操作即可。

2. 观察 $NaBr$-$NaBrO_3$-H_2SO_4 体系加入试亚铁灵溶液后的颜色变化及时空有序现象

(1) 配制如下 a、b、c 三种溶液。

a. 取 3 mL 浓硫酸稀释在 134 mL 水中,加入 10 g 溴酸钠溶解。

b. 取 1 g 溴化钠溶解在 10 mL 水中。

c. 取丙二酸 2 g 溶解在 20 mL 水中。

(2) 在一个小烧杯中,先加入 6 mL 的 a 溶液,接着加 0.5 mL 的 b 溶液和 1 mL 的 c 溶液,几分钟后,溶液成无色,再加 1 mL 0.025 $mol \cdot L^{-1}$ 的试亚铁灵溶液充分混合。

(3) 把溶液注入一个直径为 9 cm 的培养皿(清洁、干净)中,加上盖,此时溶液呈均匀红色。几分钟后,溶液出现蓝色,并呈环状向外扩展,形成各种同心圆状花纹。

实验数据和结果处理

根据 $t_{诱}$ 与温度数据作 $\ln(1/t_{诱})$-$1/T$ 图,求出表观活化能。

实验说明

(1) 实验中溴酸钾试剂纯度要求高。

(2) 217 型甘汞电极用 1 $mol \cdot L^{-1} H_2SO_4$ 作液接。

(3) 配 0.004 $mol \cdot L^{-1}$ 的硫酸铈铵溶液时,一定要在 0.20 $mol \cdot L^{-1}$ 硫酸介质中配制。防止发生水解呈混浊。

(4) 所使用的反应容器一定要冲洗干净,转子位置及速率都必须加以控制。

近年来,与生理现象有关的化学振荡行为引起人们的广泛兴趣,以糖类为底物的 BZ 反应体系的研究尤为引人注目。例如对于蔗糖-BrO_3-Mn^{2+}-H^+-丙酮体系振荡行为的研究发现,该体系为变频振荡,其中蔗糖的水解情况起主要作用。

思考题

1. 影响诱导期的主要因素有哪些?

2. 本实验记录的电势主要代表什么意思? 与 Nernst 方程求得的电势有何不同?

实验 114　荧光猝灭反应速率常数的测定

实验目的

了解物质发光及猝灭的机理;测定猝灭反应的速率常数;掌握荧光分光光度计的使用方法。

实验原理

当紫外光照射到某些物质时,这些物质会发出各种颜色和不同强度的可见光,而当紫外光停止照射时,这些光线也随之很快地消失,这些光线称为荧光。

荧光物质发生荧光必须具备以下两个条件。

① 该物质的分子必须具有与所照射的光线相同的频率,因此首先应有一个吸光结构。

② 吸收了与其本身特征频率相同的能量之后的分子,必须具有较高的荧光效率,否则也无法观察到荧光。

芳香族化合物因具有共轭的不饱和体系,易于吸光,其中分子庞大而结构复杂的化合物在紫外光照射下具有较高的光量子效率,因此能观察到荧光。但是,大多数这类化合物的荧光可被卤代烃,如 CCl_4 或 $CHCl_3$ 等有效地猝灭。

当紫外光照射蒽的乙醇溶液时,一些蒽分子可以吸收光,成为激发态蒽分子 A^*:

$$A + h\nu \longrightarrow A^* \tag{114-1}$$

这些吸收光子而变成激发态的分子可以通过各种途径使其去活化。大多数分子在吸收了光而被激发到第一或第二电子激发态的各个振动能级后,通常急剧地($10^{-13} \sim 10^{-12}$ s)降落到第一电子激发态的最低振动能级。在这一过程中,它们和同类分子或其他分子撞击而消耗了相当于这些能级的能量,因而不发光。而由第一激发态最低振动能级继续降落到基态的各个不同振动能级时,则以光的形式释放能量,这些光就是荧光:

$$A^* \xrightarrow{k_{nr}} A + 热 \tag{114-2}$$

$$-\frac{dc_{A^*}}{dt} = k_{nr} c_{A^*} \tag{114-3}$$

$$A^* \xrightarrow{k_f} A + h\nu \tag{114-4}$$

$$-\frac{dc_{A^*}}{dt} = k_f c_{A^*} \tag{114-5}$$

因此,在没有猝灭剂情况下,激发态分子的去活化速率为

$$-\frac{dc_{A^*}}{dt} = k_f c_{A^*} + k_{nr} c_{A^*} = (k_f + k_{nr}) c_{A^*} \tag{114-6}$$

在猝灭剂存在时,除了以上两种去活化方式外,猝灭剂分子与激发态分子间发生光化学反应:

$$A^* + Q \xrightarrow{k_q} A + Q^* \qquad (114\text{-}7)$$

此反应速率为

$$-\frac{dc_{A^*}}{dt} = k_q c_{A^*} c_Q \qquad (114\text{-}8)$$

因此,在猝灭剂存在时,去活化的总速率为

$$-\frac{dc_{A^*}}{dt} = (k_f + k_{nr} + k_q c_Q)c_{A^*} \qquad (114\text{-}9)$$

荧光强度取决于每秒激发态荧光分子发射的光子数目,亦即与荧光的总量子产率成正比:

$$\Phi_0 = \frac{k_f c_{A^*}}{(k_f + k_{nr})c_{A^*}} = \frac{k_f}{k_f + k_{nr}} \qquad (114\text{-}10)$$

$$\Phi = \frac{k_f c_{A^*}}{k_f c_{A^*} + k_{nr} c_{A^*} + k_q c_Q c_{A^*}} = \frac{k_f}{k_f + k_{nr} + k_q c_Q} \cdot \qquad (114\text{-}11)$$

Φ_0、Φ分别表示不加和加猝灭剂时的光量子产率。而

$$\frac{I_0}{I} = \frac{\Phi_0}{\Phi} = \frac{k_f/(k_f + k_{nr})}{k_f/(k_f + k_{nr} + k_q c_Q)}$$
$$= \frac{k_f + k_{nr} + k_q c_Q}{k_f + k_{nr}} = 1 + \frac{k_q}{k_f + k_{nr}}c_Q \qquad (114\text{-}12)$$

此式为 Stern-Volmer 方程,$k_q/(k_f + k_{nr})$为猝灭常数,c_Q为猝灭剂的浓度,单位为 mol·L^{-1}。设 A^* 分子的平均寿命为 τ_0,则

$$\tau_0 = \frac{1}{k_f + k_{nr}} \qquad (114\text{-}13)$$

因此,式(114-12)可改写为

$$\frac{I_0}{I} = 1 + k_q \tau_0 c_Q \qquad (114\text{-}14)$$

如以上所述反应机理是正确的,则以 I_0/I 对 c_Q 作图,应是截距为 1、斜率为 $k_q\tau_0$ 的直线,如果已知 k_q,则可求出 τ_0,反之亦然。若为直线,则说明猝灭反应可能只是一种激发态引起的结果,若非直线,则表明是由不同寿命的多种激发态引起的。

为了测定猝灭反应的速率常数 k_q,必须求出 A^* 分子的平均寿命 τ_0,在不含猝灭剂时,激发态蒽消失的速率为式(114-6),积分时左边从 c_{A^*} 到 $c_{A^*,t}$,右边从 0 到 t,得

$$\lg c_{A^*,t} = \lg c_{A^*,0} - \frac{k_f + k_{nr}}{2.303}t \qquad (114\text{-}15)$$

荧光强度正比于激发态蒽分子的浓度,而荧光的寿命可用 Dr. Arthur Hatpen 用单光子计数技术测定的数据(表 114-1)。

表 114-1　蒽的荧光寿命数据

寿命 t/ns	强度 I_t (单位时间光子数)	寿命 t/ns	强度 I_t (单位时间光子数)
0	62 620	6	17 708
1	50 408	7	14 247
2	41 250	8	11 352
3	32 472	9	9 193
4	27 218	10	7 569
5	21 556		

以 $\lg I_t\text{-}t$ 作图得一直线,由直线的斜率及截距可分别求出 $k_f + k_{nr}$ 及 τ_0。

仪器、试剂和材料

荧光分光光度计。

蒽(AR);乙醇(AR);CCl_4(AR)。

实验内容

(1) 制备两种储备液。

① 浓度为 4×10^{-3} mol · L^{-1} 的蒽的乙醇溶液 50 mL。

② 浓度为 0.05 mol · L^{-1} 的 CCl_4 的乙醇溶液 50 mL。

(2) 按表 114-2 配制待测溶液,各溶液用无水乙醇稀释至刻度 10 mL,蒽的浓度为 8×10^{-4} mol · L^{-1}。

(3) 测定各溶液的荧光强度 I。

表 114-2　待测溶液

编　　号	1	2	3	4	5	6	7	8	9	10
蒽储备液体积/mL	2	2	2	2	2	2	2	2	2	2
CCl_4储备液体积/mL	0	0.4	0.8	1.2	1.6	2.0	2.4	2.8	3.2	4

实验数据和结果处理

(1) 把各个实验溶液的浓度及所测荧光强度 I_t、相对强度 I_0/I_t 的值列成表格。

(2) 作 $\dfrac{I_0}{I_t}\text{-}c(CCl_4)$ 关系图,由截距及斜率求 $k_f + k_{nr}$ 及 τ_0。

实验说明

本实验所用的发光物质蒽在紫外光照射下会产生光解,因此在进行猝灭实验时,蒽的浓度应比较高,且所用的试剂都应按纯物质的制备方法加以处理。在光源稳定情况下,应该用不加猝灭剂的同浓度蒽溶液加以校正,只有在相对同一浓度蒽-乙醇溶液的光强度下,测定各个组成的光强度,以这样得到的 $\frac{I_0}{I_t}$ 对 $c(CCl_4)$ 作图,才能得到较满意的结果。

实验 115 臭氧分解反应动力学及应用

实验目的

了解臭氧在现代工业和环境科学中的应用;学习臭氧发生器及 721 型分光光度计的操作技术。

实验原理

臭氧具有很强的氧化能力,其氧化能力仅次于氟。在酸性介质中其 $E^{\ominus}_{O_3/O_2} = +2.07 \text{ V}$,因此在脱色、除臭、消毒以及氧化无机物和有机物等方面均十分有效。臭氧氧化法作为水处理的一种技术,具有如下优点:杀菌,防腐;脱色,脱臭;降低 COD,分解氰基、酚基等;除去铁、锰及其他易被氧化的重金属;不会给环境带来二次污染,并可增加水体溶解氧,改善水质等。

臭氧的另一个特性是不稳定性,在常温下可自行分解:

$$2O_3 \longrightarrow 3O_2$$

这种分解反应的速率在液相中特别快。可用测定水中 O_3 的浓度随时间的变化来确定分解反应的反应级数。

仪器、试剂和材料

SY-78 型臭氧发生器;721 型分光光度计;821 型数字显示 pH 计;湿式气体流量计(或用自制 U 形管流速计及量气瓶代替);玻璃反应器(直径 45 mm、高 320 mm、底部熔接一块微孔玻璃砂)。

$Na_2S_2O_3$(AR);KI(CP)。

实验内容

(1) 臭氧化气体中臭氧浓度的测定。

从臭氧发生器出来的臭氧化气体,其臭氧的含量为 1%~2%(以空气为原料)或 1.7%~3%(以氧气为原料),且与电压、气体流量等因素有关,必须事先测定其浓度。

测定步骤:将 2 L 臭氧化气体通入装有 200 mL 浓度为 2% 的 KI 溶液的反应管

中;待反应结束后准确取出一部分(或全部)溶液,用 0.1 mol·L^{-1} 的 $Na_2S_2O_3$ 标准溶液滴定。计算公式如下:

$$c(O_3) = \frac{cV \times 48 \text{ g} \cdot \text{mol}^{-1}}{2 \times 2 \text{ L}}$$

式中:c 为 $Na_2S_2O_3$ 溶液的物质的量浓度;V 为滴定时消耗 $Na_2S_2O_3$ 溶液的体积(mL);2 为得电子数。

实验条件及参考数据:电压 10 kV,气体表压 294 Pa,气体流速 12.5 mL·min^{-1},通气时间 16 min。

(2)臭氧在蒸馏水中自分解反应的反应级数测定。

在室温下于反应管内装入约 350 mL 蒸馏水,通臭氧化气体,使之饱和或接近饱和状态。准确取出相同体积(如 50 mL)的水样几份,从第一份水样开始计时,每隔一段时间用碘量法测定各份水样中 O_3 的浓度,然后作图求出其反应级数。

实验条件及参考数据:蒸馏水约 350 mL,通入臭氧化气体约 5 min,水样 pH=6.80,室温 18 ℃,浓度 0.010 00 mol·L^{-1},每份水样体积为 50.00 mL。

实验仪器装置如图 115-1 所示,实验参考结果如图 115-2、图 115-3 所示。

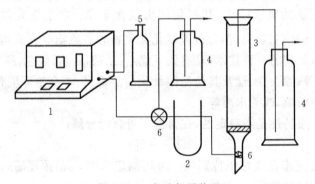

图 115-1　实验仪器装置
1—臭氧发生器;2—U形管流速计;3—玻璃反应器;4—气体洗瓶;
5—氧气或空气钢瓶;6—玻璃三通活塞

由图 115-2 和图 115-3 可见,只有 $\ln(c_0/c)$-t 为直线关系,臭氧在室温下于蒸馏水中的自分解反应为一级反应。

(3)臭氧对有机染料的脱色效应。

由于臭氧的强氧化性,它能使许多有机物质褪色,这是有机物质中发色基团被破坏的缘故。

实验条件及参考数据:臭氧化气体中 O_3 浓度 12.2 mg·L^{-1},臭氧发生量 15 mg·min^{-1},染料浓度 50 mg·L^{-1},溶液体积 600 mL。

(4)印染工业废水的凝沉——臭氧氧化处理。

印染工业排放的废水除含有有色物质之外,还含有某些有机酸、表面活性剂、无机盐和浆料等。若单用臭氧处理,其耗量大,成本高。如果配合其他方法,如凝沉法、

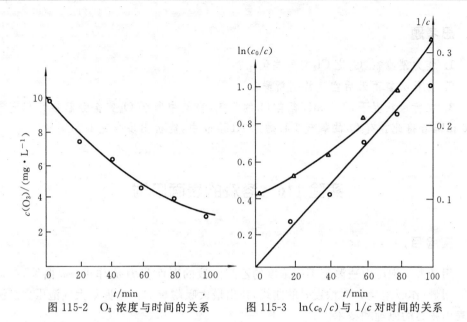

图 115-2　O₃ 浓度与时间的关系　　　图 115-3　$\ln(c_0/c)$ 与 $1/c$ 对时间的关系

活性炭吸附法等,则效果显著,且成本也较低。

取 600 mL 印染工业废水,用 6 mol·L⁻¹ 盐酸调至中性或偏酸性后,加工业用碱式氯化铝适量(以观察到有明显沉淀物生成为准),静置片刻,将上清液倾出,分别测其未通臭氧和通臭氧之后的吸光度和 COD 值(表 115-1)。

表 115-1　印染废水的臭氧处理结果

水样号	1		2		3		4	
测定项目	吸光度	COD_{Cr}	吸光度	COD_{Cr}	吸光度	COD_{Cr}	光密度	COD_{Cr}
原水平测定值	0.760	535	0.770	197	0.780	187	1.50	449
水样加碱式氯化铝后的上清液	0.110	374	0.174	103	0.132	84	1.189	149
上清液通 O₃ 之后	0.050	301	0.085	66	0.035	75	0.069	103
通 O₃ 后降低率	93%	44%	89%	66%	96%	60%	95%	77%

　　注:水样体积 600 mL;臭氧发生量 15 mg;通 O₃ 时间以肉眼观察至近无色为准(一般经 1～3 min);
COD_{Cr} 单位为 mg·L⁻¹。

实验数据和结果处理

参考图 115-2、图 115-3 及表 115-1,对实验结果进行处理,并加以讨论。

实验说明

本实验与 O₃ 接触管道均用聚氯乙烯管,橡皮塞必须经石蜡煮过方可使用。完成本实验需 2～3 个单元时间,实验可取其中一部分内容。

思考题

1. 作为消毒剂，O_3 比 Cl_2 有哪些优点？

2. 为什么雷雨天后空气特别新鲜？

3. 在标准状况下，750 mL 含有 O_3 的氧气，当其中所含 O_3 完全分解后体积变为 780 mL，若将此含有 O_3 的氧气 1 L 通入 KI 溶液中，能析出多少克 I_2？

实验 116　溶液的表面吸附

实验目的

用最大气泡压力法测定不同浓度的乙醇溶液的表面张力 σ，作出 σ-c 曲线，并计算吸附量；作吸附量 Γ 对浓度 c 的曲线，找出最大吸附量 Γ_∞；掌握最大气泡压力法测定表面张力的原理和技术。

实验原理

当在液体中加入溶质时，液体表面张力发生变化，且随着溶液的浓度变化不同，表面张力发生的变化也不相同。因此本实验采用最大气泡压力法测定不同浓度的乙醇溶液的表面张力(图 116-1)。

将乙醇溶液注入带有支管的试管 5 中，使毛细管 6 的尖端与液面相切，液面即沿毛细管上升。打开分液漏斗 2 的活塞缓慢地进行抽气，毛细管内液面上受到一个比试管 5 中液面上大的压力。当此压力差在毛细管端面上产生的作用力稍大于毛细管口液体的表面张力时，气泡就从毛细管口被压出(图 116-2)，这个最大的压力差可由数字式压差计 3 读出。

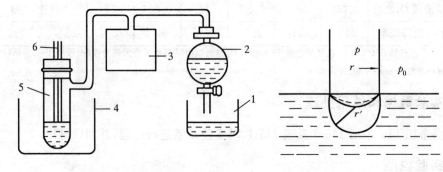

图 116-1　最大气泡压力法测定表面张力的装置图　　图 116-2　毛细管口气泡示意图

1—烧杯；2—分液漏斗；3—数字式压差计；

4—恒温装置；5—带有支管的试管；6—毛细管

设毛细管半径为 r,气泡由毛细管口被压出时受到的向下的总压力为 $\pi r^2 p_{最大}$,则

$$p_{最大} = p_{大气} - p_{系统} = -\Delta p \tag{116-1}$$

式中:Δp 为数字式压差计的读数。

气泡在毛细管口受到的表面张力所引起的作用力为 $2\pi r\sigma$,当有气泡被压出时,上述两个压力相等,即

$$\pi r^2 p_{最大} = -\pi r^2 \Delta p = 2\pi r\sigma \tag{116-2}$$

$$\sigma = -\frac{r}{2}\Delta p \tag{116-3}$$

若用同一支毛细管和压差计对具有表面张力 σ_1 和 σ_2 的液体进行测定,则有

$$\sigma_1 = -\frac{r}{2}\Delta p_1 \tag{116-4}$$

$$\sigma_2 = -\frac{r}{2}\Delta p_2 \tag{116-5}$$

若 σ_2 已知,则

$$\frac{\sigma_1}{\sigma_2} = \frac{\Delta p_1}{\Delta p_2} \tag{116-6}$$

$$\sigma_1 = \frac{\sigma_2}{\Delta p_2}\Delta p_1 = K\Delta p_1 \tag{116-7}$$

K 值对同一支毛细管是常数。若用已知表面张力的液体作标准,则由式(116-7)就可求其他液体的表面张力 σ_1。

吉布斯以热力学方法导出溶液吸附量与表面张力对浓度变化关系的吸附公式:

$$\Gamma = -\frac{c}{RT}\cdot\frac{\mathrm{d}\sigma}{\mathrm{d}c} \tag{116-8}$$

式中:Γ 为吸附量(mol·cm^{-2});σ 为表面张力(10^{-7}J·cm^{-2});T 为绝对温度(K);c 为溶液浓度(物质的量浓度或质量分数均可);R 为气体常数(8.314 J·mol^{-1}·K^{-1})。当

$$\frac{\mathrm{d}\sigma}{\mathrm{d}c} < 0 \qquad \Gamma > 0 \text{ 为正吸附}$$

$$\frac{\mathrm{d}\sigma}{\mathrm{d}c} > 0 \qquad \Gamma < 0 \text{ 为负吸附}$$

前者表示溶质使液体的表面张力下降,这种物质称为表面活性物质;后者表示溶质使液体的表面张力升高,这种物质称为表面非活性物质。

如果作出 $\sigma = f(c)$ 的等温曲线(图 116-3),在 $\sigma = f(c)$ 曲线上取 a 点作切线交纵轴于 b 点,求得切线的斜率 $m = -z/c_1$。而

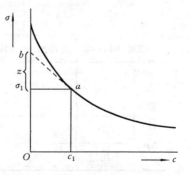

图 116-3 表面张力和浓度关系图

$$-z/c_1 = \mathrm{d}\sigma/\mathrm{d}c$$

则

$$z = -c_1\mathrm{d}\sigma/\mathrm{d}c$$

故有 $$\Gamma = z/(RT)$$

因此可求出在平衡浓度 c_1 时的表面吸附量。依此法在 $\sigma = f(c)$ 曲线上取几个不同的点，求出相应的 Γ，从而作出 $\Gamma\text{-}c$ 曲线，在该曲线上可找出最大吸附量 Γ_∞。

仪器、试剂和材料

夹套式表面张力测量管；数字式压差计；分液漏斗；烧杯(500 mL)。

不同浓度的乙醇溶液(6%、10%、15%、20%、25%、30%、50%)。

实验内容

(1) 按装置图安装好实验装置(图 116-1)。

(2) 把蒸馏水盛入夹套测量管中，将用蒸馏水洗净的毛细管插入测量管中，使其尖端刚好与液面接触，且保持毛细管竖直。如果此时液面沿毛细管上升，且在压差计上显示出很小的压差，则可判断装置不漏气；否则，表示装置漏气，要重新检查。

(3) 检查装置不漏气后，打开分液漏斗活塞，使其中的水一滴一滴地滴下，管内逐步减压，毛细管中的液面下降，当毛细管内外的压力差($p_{大气} - p_{系统}$)恰好能克服蒸馏水的表面张力时，毛细管尖端便有气泡逸出，此时压差计读数出现负的最大值。当气泡形成的频率稳定时，记录压差计读数三次，求出其平均值，得 Δp，再查得该温度下水的 σ 数值，可求得仪器常数 $K = \dfrac{\sigma_水}{\Delta p_水}$。

(4) 同测量蒸馏水的 Δp 一样，顺次从稀到浓测出不同浓度的乙醇溶液的表面张力，废液倒入指定的废液瓶。

实验数据和结果处理

(1) 实验数据列表(表 116-1)(1 mmH$_2$O=9.81 Pa)。

表 116-1　实验数据列表

单位：mmH$_2$O

浓度/(%)		蒸馏水	6%	10%	15%	20%	25%	30%	50%
压差计 Δp	1								
	2								
	3								
	平均值								

由 $K = \sigma_水/\Delta p_水$ 求出仪器常数 K，记录室温。

(2) 在坐标纸上作 $\sigma\text{-}c$ 曲线。

(3) 在 $\sigma\text{-}c$ 曲线上取 8~10 个点作切线，分别求出 Γ 值。

（4）由 $\Gamma = \dfrac{z}{RT}$ 计算出不同浓度下的 Γ 值，作 Γ-c 曲线，从图上找出 Γ_∞。

实验说明

在传统的数据处理方法中，所有的工作均由手工作图完成。尤其是作切线一步，工作量比较大，而且手工作切线容易在结果中引入新的不确定性。实际数据处理中发现，作图时切线斜率的微小变化可能引起 Γ 计算值的很大变化。因此，可考虑用计算机拟合的方法，绕开求导一步，直接得到所需要的最终结果 Γ_∞。

表面张力 σ 与表面吸附量 Γ 的关系（Gibbs 公式）：

$$\Gamma = -\frac{c}{RT} \cdot \frac{\mathrm{d}\sigma}{\mathrm{d}c} \tag{116-9}$$

表面吸附的 Langmuir 等温式：

$$\Gamma = \Gamma_\infty \cdot \frac{Kc}{1+Kc} \tag{116-10}$$

以式(116-9)和式(116-10)为基础，测量不同浓度溶液的表面张力 σ，通过计算即得到最大吸附量 Γ_∞。

由式(116-9)与式(116-10)联立得到

$$\Gamma = -\frac{c}{RT} \cdot \frac{\mathrm{d}\sigma}{\mathrm{d}c} = \Gamma_\infty \cdot \frac{Kc}{1+Kc} \tag{116-11}$$

积分得到

$$\sigma = \sigma_0 - \Gamma_\infty RT \ln(1+Kc) \tag{116-12}$$

由此得到表面张力 σ 与浓度 c 的关系，其中 σ_0 为纯水的表面张力。纯水的表面张力测量值一般误差很小，可以认为是准确值，或者可以采用实验温度下的文献值。这样式(116-12)中共有两个待定参数：Γ_∞ 与 K。这两个待定参数可以通过对 σ-c 关系的拟合得到。由于式(116-12)无法线性化，所以只能进行非线性最小二乘法拟合，大多数数学软件及 Origin 等图表软件都有此功能。

思考题

1. 温度对表面张力的影响如何（表 116-2）？

表 116-2　不同温度下水的表面张力 σ

T/℃	20	23	25	30	35	40
$\sigma \times 10^7$/(J · cm^{-2})	72.75	72.28	71.97	71.18	70.38	69.56

2. 表面张力仪的清洁与否对所测数据有何影响？

实验 117　黏度法测定高聚物摩尔质量

实验目的

学习黏度法测量聚乙烯醇摩尔质量的方法；掌握毛细管流出式黏度计的使用方法和测定黏度的技术。

实验原理

大分子化合物稀溶液的黏度一般比纯液体的黏度大得多，大分子化合物的相对黏度为

$$\eta_r = \frac{\eta}{\eta_0} \tag{117-1}$$

式中：η_r 为大分子溶液的相对黏度；η 为大分子溶液的黏度；η_0 为纯溶剂的黏度。黏度增加的分数叫做增比黏度 η_{sp}，即

$$\eta_{sp} = \frac{\eta - \eta_0}{\eta_0} = \eta_r - 1 \tag{117-2}$$

单位浓度时溶液的增比黏度（η_{sp}/c）称为比浓黏度。对于线性大分子，比浓黏度随溶液浓度的改变而改变，它们之间的关系可用 Huggins 经验式表示，即当 $c \to 0$ 时，η_{sp}/c 趋近于一固定极限值$[\eta]$。

$$\lim_{c \to 0} \frac{\eta_{sp}}{c} = [\eta] \tag{117-3}$$

当浓度不大时，$\ln\eta_r/c$ 的极限值也是$[\eta]$，即

$$\lim_{c \to 0} \frac{\ln\eta_r}{c} = [\eta] \tag{117-4}$$

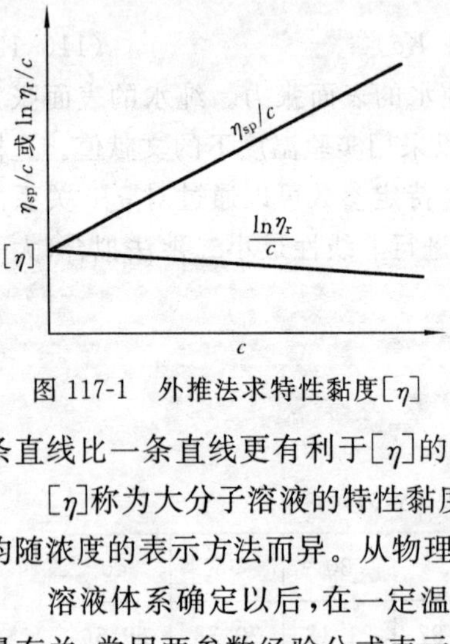

图 117-1　外推法求特性黏度$[\eta]$

这样，分别以 η_{sp}/c 及 $\ln\eta_r/c$ 对 c 作图，得两条直线，外推到 $c \to 0$（无限稀释时），它们在纵坐标上相交于一点，从此截距即可求出$[\eta]$数值。用两条直线比一条直线更有利于$[\eta]$的精确测定（图 117-1）。

$[\eta]$称为大分子溶液的特性黏度，其单位是浓度单位的倒数，所以它的数值和单位均随浓度的表示方法而异。从物理意义而言，它不是黏度，只是习惯上如此定义而已。

溶液体系确定以后，在一定温度下，大分子溶液的特性黏度只与大分子的摩尔质量有关，常用两参数经验公式表示，即

$$[\eta] = KM^a \tag{117-5}$$

式中：M 为大分子的摩尔质量；K、a 的数值随大分子-溶剂体系的性质和温度而异，a 为与溶液中大分子的分子形态有关的指数项，其值在 0.5～1 之间，在适中的摩尔质量范围，K 和 a 是两个常数，其数值可以从有关手册中查到或由其他测定大分子化

合物摩尔质量的方法求得。因此,从实验测得黏度 η,求得该体系的特性黏度$[\eta]$,由以上公式即可得该大分子的摩尔质量 M。

测定大分子溶液的黏度用毛细管流出式的黏度计最为方便,常用的有Ostwald式和Ubbelohde式两种。著名的 Poiseuille 公式是毛细管黏度计测定液体黏度的基础。

$$\eta = \frac{\pi p r^4 t}{8 l V} \qquad (117\text{-}6)$$

式中:p是毛细管两端的压力差;r是毛细管半径;l是毛细管长度;V是t秒内流出液体的体积。推导此式时,曾假定压力差 p 全部用于克服液体对流动的阻力,事实上液体流动时也得到了动能,因此需加校正,相应的校正通常称为动能校正。此外,在毛细管出入口的两端,管径大小及液体的流速分布和管子中部并不相同,这要影响液体的流出体积,相应的校正称为末端校正。考虑到动能校正与末端校正,式(117-6)就成为下述形式

$$\eta = \frac{\pi p r^4 t}{8 V(l+nr)} - \frac{m \rho V}{8\pi(l+nr)t} \qquad (117\text{-}7)$$

式中:ρ为待测液体的密度;m、n均为仪器常数。

黏度的绝对值不易测定,一般都用相对法。由于使用同一支黏度计,V、r、l 和 h(h 是等效平均液体柱高,流动时 $p=\rho g h$)皆是固定的,所以

$$\eta = A\rho t - B\rho/t \qquad (117\text{-}8)$$

式中:A、B 是黏度计常数,通常用两种黏度已知的液体进行校正而求得。流出时间 t 较大时(一般在 100 s 以上),式中右方第二项可忽略不计。

实验测量时,未知液体的黏度 η_1 用下式求得更为方便。

$$\eta_1 = \frac{\rho_1 t_1}{\rho_2 t_2} \eta_2 \qquad (117\text{-}9)$$

式中:η_2、ρ_2、t_2为已知液体(往往是纯溶剂)的黏度、密度和流经毛细管所需的时间;η_1、ρ_1、t_1为待测液体的相应值。如溶液很稀,$\rho_1 \approx \rho_2$,则

$$\eta_1 = \frac{t_1}{t_2} \eta_2 \qquad (117\text{-}10)$$

仪器、试剂和材料

恒温水浴(包括电动搅拌、加热器、继电器、水银接触温度计);Ubbelohde 式黏度计;停表;移液管(5 mL、10 mL,各 1 支);洗耳球。

聚乙烯醇;蒸馏水。

实验内容

1. 毛细管黏度计

常用的有 Ostwald 式和 Ubbelohde 式两种黏度计,其结构如图 117-2 所示。

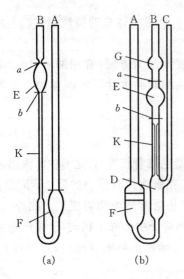

图 117-2　毛细管黏度计

(a)Ostwald 式；(b)Ubbelohde 式

Ubbelohde 式黏度计在使用中更为普遍些,它是气承悬挂式的结构,可以在黏度计中直接稀释溶液,测得不同浓度的黏度值。图中管 A 较粗,下端有球 F,作盛液体及冲稀浓度用;管 B 有 3 球,在球 E 和球 D 之间有一毛细管 K 相接,球 E 为盛放流经毛细管的液体用,在两端有刻度 a、b,作为液体流过该处时开始与终止时间的计算标准;支管 C 与管 B 在下端的球 D 处相接,这样可使毛细管下端直接与大气相通,使溶液在稀释时,增加溶剂量与球 E 中的液体流经毛细管的时间无关。

使用 Ostwald 式黏度计则要求试样液体的体积必须每次都相同,操作过程中由于黏度计位置倾斜所导致的流出时间的误差也比 Ubbelohde 式黏度计要大。

2. 安装恒温槽及控制恒温

液体的黏度必须在恒温下测定,温度的波动对实验的准确性有很大影响,因此要求合理地安装恒温槽,使温度准确到±0.05 ℃,本实验在(25±0.05) ℃条件下进行。

3. 配制溶液

配制 1% 的聚乙烯醇水溶液 25 mL,为防止毛细管被堵塞,溶液必须用玻璃砂芯漏斗过滤,以除去溶质中不溶解的微细杂质、颗粒与纤维。由于部分溶质可能在过滤时损失,所以必须重新测定浓度。方法是:吸取 10 mL 滤过的溶液于一已知准确质量的小称量瓶中,在 110 ℃烘箱烤 3 h,冷却后称重,再放置在烘箱中 110 ℃恒温 1 h,再冷却称重,直至两次质量相差不超过±0.000 2 g 为止。校准后的聚乙烯醇水溶液的浓度以 $g \cdot (100 \ mL)^{-1}$ 表示。

4. 测定流出时间

将预先洗净并经水泵抽干的 Ubbelohde 式黏度计垂直放入恒温水浴中,用移液管准确吸取 10 mL 已配好的 1% 聚乙烯醇水溶液,从管 A 中注入球 F 中,恒温 10 min 以上,在管 B 与管 C 上端分别接上乳胶管,封闭管 C;用洗耳球将溶液从管 B 经球 E 吸至刻度 a 的上面,这时放开管 C 上的乳胶管,使管 B 上下端都与大气相通,液面自 G 徐徐下落,待液面流经刻度 a 时,启动停表计时,当液面流到刻度 b 时按下停表,得到球 E 中的液体流经毛细管的时间。重复测定 3 次,每次相差不超过 0.2 s,取平均值记为 t_1。

用移液管从管 A 加入预先恒温 25 ℃的蒸馏水 2 mL,用洗耳球从管 C 压气,使与原有溶液混合均匀,并吸到管 B 冲洗毛细管及球 E、球 G 3 次。重复以上测定,对

应 c_2 浓度的时间为 t_2。同样,依次再分别加入 3 mL、5 mL、5 mL、10 mL、10 mL 的蒸馏水,使浓度变为 c_3、c_4、c_5、c_6、c_7,测定各浓度溶液的流经时间 t_3、t_4、t_5、t_6、t_7。

测定完毕后,用水泵抽气洗净毛细管,装入蒸馏水,测溶剂(纯水)的流经时间 t_0。

实验数据和结果处理

(1) 列表记录数据。

试样名称:_____;试样浓度 c:_____;纯溶剂:_____;溶剂流出时间 t_0:_____。

测定时间与数据处理列表,包括加入的溶剂量、浓度、流出时间、η_r、η_{sp}、$\ln\eta_r/c$、η_{sp}/c。

(2) 计算不同浓度时的 η_r、η_{sp}、$\ln\eta_r/c$、η_{sp}/c。

(3) 计算 $[\eta]$:用坐标纸在同一张图上,作 $(\eta_{sp}/c)\text{-}c$ 和 $(\ln\eta_r/c)\text{-}c$ 两条直线,由 $c \to 0$ 的交点求得。

(4) 由 $[\eta]=KM^a$ 求出聚乙烯醇的摩尔质量。25 ℃时聚乙烯醇水溶液的 $K=2\times10^{-4}$,$a=0.76$。

实验说明

高聚物摩尔质量的测定还可以利用脉冲核磁共振仪、红外分光光度计和电子显微镜等实验技术。由于不同方法的测定原理和计算方法不同,所以高聚物的摩尔质量因测定方法不同而异。黏度法具有设备简单、操作方便的优点,准确度可达 $\pm5\%$。

思考题

1. 影响毛细管法测定黏度的因素是什么?
2. 为什么黏度计要垂直地置于恒温槽中?

实验 118 电 泳

实验目的

用电泳法测定 $Fe(OH)_3$ 溶胶的 ζ 电势;通过实验观察并熟悉胶体的电泳现象,了解电泳法测 ζ 电势的技术。

实验原理

在胶体的分散体系中,由于胶粒本身电离或者胶粒向分散介质选择性地吸附一定量的离子,胶粒与分散介质之间可能相互摩擦生电,使胶粒的表面具有一定量的电荷。显然,在胶粒四周的分散介质中,具有电量相同而符号相反的对应离子。

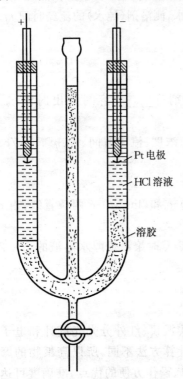

图 118-1　宏观电泳法

在外加电场的作用下,荷电的胶粒与分散介质间会发生相对运动,胶粒向正极或负极(视胶粒所荷负电或正电而定)移动的现象称为电泳。发生相对移动的界面称为切动面,切动面与液体内部的电势差称为 ζ 电势。同一胶粒在同一电场的移动速率与 ζ 电势的大小有关,故 ζ 电势也称为电动电势。

测定 ζ 电势,对解决胶体体系的稳定性具有重要的意义。在一般憎液溶胶中,ζ 电势数值愈小,则其稳定性愈差,当 ζ 电势等于零时,溶胶的聚集稳定性最差,此时可观察到聚沉的现象。因此无论制备胶体或破坏胶体,都需要了解、研究胶体的 ζ 电势。原则上,任何一种胶体的电动现象(电渗、电泳、液流电势、沉降电势)都可用来测定 ζ 电势,但最方便的则是用电泳来测定。

电泳法又分为两类,即宏观法和微观法。宏观法原理是观察溶胶与另一个不含胶粒的导电液体的界面在电场中的移动速率。微观法则是直接观察单个胶粒在电场中的移动速率。对高分散的溶胶,如 $Fe(OH)_3$ 溶胶或过浓的溶胶,不易观察个别粒子的运动,只能用宏观法。对于颜色太淡或浓度过稀的溶胶,则适宜用微观法。本实验采用宏观法。

宏观电泳法的原理如图 118-1 所示。例如测定 $Fe(OH)_3$ 溶胶的电泳,则在 U 形的电泳测定管中先注入棕红色的 $Fe(OH)_3$ 溶胶,然后在溶胶液面上小心地滴入无色的稀 HCl 溶液,使溶胶与 HCl 溶液之间有明显的界面。在 U 形管的两端各放一根电极。通电到一定时间后,即可见 $Fe(OH)_3$ 溶胶的棕红色界面向负极上升,而在正极则界面下降。这说明 $Fe(OH)_3$ 胶粒是带正电荷的。

ζ 电势的数值,可用下式计算:

$$\zeta=\frac{4\pi\eta}{\varepsilon H}u(\text{静电单位})\,;\quad \zeta=\frac{4\pi\eta}{\varepsilon H}u\times300^2(\text{V})$$

式中:H 称为电势梯度($H=E/L$),E 是外加电场的电压(V),L 是两电极间的距离(cm);η 是液体的黏度(P,1 P=0.1 Pa·s);ε 是液体的介电常数;对水而言 $\varepsilon=81$,$\eta_{20\,℃}=0.010\,05$,$\eta_{25\,℃}=0.008\,94$;u 是电泳速率(即迁移的速率,cm·s^{-1})。

仪器、试剂和材料

直流稳压电源；电泳测定管；显微镜；电导仪；Pt 电极；滴管（2 支）。

Fe(OH)$_3$ 胶体溶液、稀 HCl 溶液（0.000 4 mol · L^{-1}）。

实验内容

先将待测胶体溶液 Fe(OH)$_3$ 由小漏斗注入电泳仪的 U 形管底部至适当的地方，然后用滴管分别将等量的电导与溶液相同的稀 HCl 溶液徐徐沿着管壁加入 U 形管左右两臂（小心勿使胶体液面与溶液液面混合）约 10 cm 高度。加好后轻轻将 Pt 电极插入 HCl 液层中。注意不要搅动液面，Pt 电极应放正勿斜，并使两极浸入液面下的深度相等，记下胶体液面的高度位置。将两极接在直流电源上，打开电源，同时开始计时，至 50～60 min 时，记下胶体溶液面上升的距离，可做一记号，量取液面上升的距离。记下电压值。然后量出两极间的距离（不是水平距离，而是 U 形管的导电距离），此数值须测量 2 次，并取其平均值（L）。实验结束，回收胶体溶液，U 形管中注水浸泡 Pt 电极。

实验数据和结果处理

(1) 由实验结果，计算电泳的速率 $u(\text{cm} \cdot \text{s}^{-1}) = L/t$。

(2) 计算出 Fe(OH)$_3$ 溶胶的 ζ 电势。

实验说明

本实验可增加让实验者自己制备胶体（溶胶），并进行渗析提纯溶胶等实验内容。

思考题

1. 电泳速率的快慢与哪些因素有关？

2. 本实验中所用稀 HCl 溶液的电导为什么必须和所测溶胶的电导十分相近？

实验 119　纳米 BaTiO$_3$ 的制备及性能测定

实验目的

学习 Sol-Gel 法制备纳米 BaTiO$_3$ 的原理和方法；了解纳米材料制备及应用的重要性。

实验原理

一般认为，尺寸在 1～100 nm 范围内的粒子为纳米粒子。美国 Argonne 实验室研究人员发现:晶粒尺寸为 20 nm、含碳量为 1.8% 的铁,其断裂强度可达 5.88 GPa,比普通铁(490 MPa)高约 10 倍,并仍保持塑性;纳米金的熔点为 330 ℃,而普通金块的熔点为 1 063 ℃;纳米 Si_3N_4 具有强压电效应,是普通压电陶瓷锆钛酸铅($Pb(Ti, Zr)O_3$)的 4 倍。对于航天、火箭发动机用的结构陶瓷,纳米材料更显出其独特的优越性,如纳米结构陶瓷的烧成温度较传统的晶粒陶瓷低 300～600 ℃,在一定温度下,纳米陶瓷可以进行切削加工,连续变形而呈超塑性,因而可以做成任何形状的构件。纳米材料的化学活性也大大提高,如用纳米二氧化钛(TiO_2)从硫化氢中除硫的量较普通 TiO_2 的除硫量增加 5 倍;用光敏化的纳米结构 TiO_2 膜形成的光电化学电池,其光电转换效率达 10%。纳米固体火箭推进剂的燃烧值也较普通推进剂大大提高。最近人们发现,纳米铬(Cr)能产生独特的磁结构和性能,这一发现将对磁记录工业是一个冲击。

　　纳米材料的研究带动纳米技术(nanotechnology)的发展。纳米技术是在纳米尺度上的工程学,它对原子和分子进行"加工",使其具有特定功能的结构。例如,可以在高真空的扫描隧道电子显微镜(STM, scanning tunnel microscopy)内操纵电子束,使单晶硅表面原子激发,可以刻蚀出"中国"两个世界上最小的汉字。纳米刻蚀技术应用到微电子介质上,可以制造出高密度存储器,其记录密度是普通磁盘的 3 万倍,可以在一张邮票大小的衬底上记录 400 万页报纸刊载的内容。基于纳米技术的微型机电系统(MEMS, microelectron-mechanical systems)和专用集成微型仪器(ASIM, application specific integrated microinstrument)已从实验室探索走向工业化应用,并迅速在军事及民用领域发展,已研制出一些引人注目的器件,有许多是肉眼看不到的,如回转式电机、线性执行机构和传感器等。利用纳米驱动技术可以实现机械的超精细加工,满足航天和微电子技术发展的需要。目前,人们又提出纳米卫星(nanosatellite)的概念,利用纳米技术在半导体衬底上制成专用集成微型仪器,能用于制导、导航、控制、通信等。可以说,纳米材料和纳米技术的应用与发展把物质内部潜在的丰富结构性能发掘出来,正像核裂变和核技术把物质中潜在的能量成百万倍开发出来那样,将大大改变世界的面貌。

　　纳米粉的制备可分为气相法和液相法。其中气相法包括化学气相沉积(CVD, chemical vapor deposition)、激光气相沉积(LCVD, laser chemical vapor deposition)、真空蒸发和电子束或射频束溅射等。气相法的缺点是设备要求较高,投资较大。液相法包括溶胶-凝胶(Sol-Gel)法、水热(hydrothermal synthesis)法和共沉淀(co-precipitation)法等。其中 Sol-Gel 法得到广泛的应用,主要原因是:①操作简单,处理时间短,无需极端条件和复杂仪器设备;②各组分在溶液中实现分子级混合,可制备组分复杂但分布均匀的各种纳米粉;③适应性强,不但可以制备微粉,还可方便地用于制备纤维、薄膜、多孔载体和复合材料。

　　Sol-Gel 法是用金属有机物(如醇盐)或无机盐为原料,通过溶液中的水解、聚合等化学反应,经溶胶—凝胶—干燥—热处理过程制备纳米粉或薄膜。溶液中的过程包括金属有机物的水解及缩聚反应。

$$M(OR)_n + xH_2O \longrightarrow M(OH)_x(OR)_{n-x} + xROH$$

失水聚合：
$$HO-M- + HO-M- \longrightarrow -M-O-M- + H_2O$$

失醇聚合：
$$-M-HO + RO-M- \longrightarrow -M-O-M- + ROH$$

这样溶胶就转变为三维网络状的凝胶。凝胶经干燥,除去水分和溶剂,即形成干凝胶。干凝胶于适当的温度下热处理,反应合成所需的纳米粉。

仪器、试剂和材料

X-射线衍射仪;透射电子显微镜;马福炉。

钛酸四丁酯;冰乙酸;乙酸钡;正丁醇。

实验内容

(1) 溶胶及凝胶的制备。取 15 mL 正丁醇置于烧杯中,准确称取钛酸四丁酯 7.663 5 g(0.03 mol)溶于其中,在不断搅拌下加入 6 mL 冰乙酸,混合均匀。准确称取等物质的量的已干燥过的无水乙酸钡(0.03 mol,10.210 8 g),溶于适量去离子水中,形成 $Ba(Ac)_2$ 的水溶液,不断搅拌下将其逐滴加入到钛酸四丁酯的正丁醇溶液中。在磁力搅拌器上混合数分钟,并调节其 pH 值为 3.5,即得到无色或浅色透明澄清溶胶。用普通分析滤纸将烧杯口扎紧,室温下放置约 24 h,即可得到透明的凝胶。

(2) 干凝胶的获得。将凝胶捣碎,置于烘箱中,100 ℃温度下充分干燥(24 h 以上),除去溶剂和水分,即得干凝胶,研细备用。

(3) 干凝胶的热处理。将上述研细的干凝胶置于 Al_2O_3 坩埚中进行热处理,开始以 4 ℃·min^{-1} 的速率升温至 250 ℃,保温 1 h,以彻底除去粉料中的有机溶剂。然后再以 8 ℃·min^{-1} 的速率升温至 800 ℃,保温 2 h,然后自然降至室温,即得到白色或淡黄色固体,研细即可得到结晶态 $BaTiO_3$ 纳米粉。

(4) 纳米粉的表征。将 $BaTiO_3$ 纳米粉涂于专用样品板上,在 X-射线衍射仪上测其衍射曲线,将得到的数据进行计算机检索或与标准曲线对照,可以证实所得 $BaTiO_3$ 是否为结晶态。计算 $BaTiO_3$ 纳米粉的平均粒径。

实验数据和结果处理

将每一实验步骤的结果和图有序汇总,并进行分析和讨论。

实验讨论

$BaTiO_3$ 的熔点为 1 618 ℃,室温下为四方结构,具有压电效应和铁电效应,120 ℃以上转变为立方相。其晶胞结构如图 119-1 所示。

● Ba 离子　○ O 离子　● Ti 离子

图 119-1　BaTiO₃ 的晶体结构

$BaTiO_3$ 是重要的电子材料,可以制作陶瓷电容器、多层薄膜电容器、铁电存储器和压电换能器等,用于通信电子设备和探测器。用 La^{3+} 或 Nb^{5+} 掺杂改性的 $BaTiO_3$,具有 PTC 效应,即正温度系数(positive temperature coefficient)效应。PTC $BaTiO_3$ 在室温时具有很低的电阻率,表现为半导性,温度超过某一值时,其电阻率上升几个数量级。利用 $BaTiO_3$ 的这一特性可以制作陶瓷限流器、热敏开关和恒温器等。

$BaTiO_3$ 多以固相烧结法制备,原料为 $BaCO_3$ 和 TiO_2,两者等物质的量混合后于 1 300 ℃煅烧,发生固相反应。

$$BaCO_3 + TiO_2 \longrightarrow BaTiO_3 + CO_2 \uparrow$$

此方法简单易行,成本低,但必须依赖于机械粉碎和球磨,反应温度高,反应不完备,组分均匀性和一致性差,晶粒较大。Sol-Gel 法不但可以得到组分均匀的 $BaTiO_3$ 纳米粉,而且烧结温度大大降低,为高级电子器件的制备生产提供了前提条件。

思考题

1. 在称量钛酸四丁酯时应注意什么?当称量的钛酸四丁酯比预计的量多,而且已溶于正丁醇中时,以后的实验如何处理?

2. 如何才能保证 $Ba(Ac)_2$ 完全转移到钛酸四丁酯的正丁醇溶液中?

3. 普通的 Sol-Gel 法中,溶胶中的金属有机物是通过吸收空气中的水分而水解,而本实验的溶胶中虽已存在一定量的水分,但钛酸四丁酯并未快速水解而形成水合 TiO_2 沉淀。请考虑其中的原因。

实验 120　乳状液制备及性能测定

实验目的

加深对溶胶、乳状液体系组成、结构和性质的认识;了解乳状液、亚微乳状液的制备方法;学习测定微乳状液液珠大小的实验方法。

实验原理

乳状液是一种分散体系,它是以一种或一种以上的液体和液珠的形式均匀地分散于另一种与其不相混溶的液体中而形成的。通常将以液珠形式存在的一相称为内相(或分散相、不连续相),另一相称为外相(或分散介质、连续相)。通常乳状液的一相为水或水溶液(简称为水相),另一相是有机相(简称为油相)。外相为水相、内相为油相的乳状液称为水包油型乳状液,以 O/W 表示;反之则为油包水型乳状液,以 W/O 表示。

为使乳状液稳定,加入的第三种物质(多为表面活性剂)称为乳化剂。乳化剂的性质常能决定乳状液的类型,如碱金属皂可使 O/W 型稳定,而碱土金属皂可使 W/O 型稳定。有时将乳化剂的亲水、亲油性质用 HLB 值表示,此值越大亲水性越强。HLB 值在 3~6 间的乳化剂可使 W/O 型乳状液稳定,HLB 值在 8~18 间的乳化剂可使 O/W 型乳状液稳定。欲使某液体形成一定类型的乳状液,对乳化剂的 HLB 值有一定要求。当几种乳化剂混合使用时,混合乳化剂的 HLB 值和单个乳化剂的 HLB 值有下述关系:

$$混合乳化剂的 HLB = \frac{ax + by + cz + \cdots}{x + y + z + \cdots} \tag{120-1}$$

式中:$a,b,c,\cdots$表示各单个乳化剂的 HLB 值;$x,y,z,\cdots$表示各单个乳化剂在混合乳化剂中占的质量分数。

鉴别乳状液类型的简便方法有以下几种。

(1) 染色法。选择一种只溶于水(或只溶于油)的染料加入乳状液中,充分振荡后,观察内相和外相染色情况,再根据染料的性质判断乳状液的类型。如苏丹Ⅲ是溶于油的染料,加入乳状液中若能使内相着色,则为 O/W 型乳状液。

(2) 稀释法。乳状液易于与其外相相同的液体混合。将 1 滴乳状液滴入水,若很快混合则为 O/W 型乳状液。

(3) 电导法。O/W 型乳状液比 W/O 型乳状液导电能力强。

乳状液的界面自由能大,是热力学不稳定体系,即使加入乳化剂,也只能相对地提高乳状液的稳定性。

微乳状液颗粒较小($d<0.1\ \mu\text{m}$),可自发形成,是热力学稳定体系,它的缺点是表面活性剂用量大,而且体系用介质稀释时,微乳状液极易遭到破坏。乳状液虽然表面活性剂用量小,但颗粒较大,是热力学不稳定体系,其不稳定性表现为以下几方面。①絮凝。液滴互相接近时由于质点间范德华力作用而发生絮凝,但絮凝是可逆的,轻轻摇动,絮凝液滴可重新分散。②合并。两个或多个液滴互相接近时发生液滴合并,或已絮凝液滴合并。此过程如果继续,最后可导致体系分成油-水两层,乳状液完全被破坏。③分层。分散相和连续相由于密度不同而发生液滴下沉或上浮现象,其结果是液滴集于下层或上层,液滴在体系中分布不均匀。关于液滴合并问题,已有大量研究工作。现在解决这个问题的最好方法是采用乳化剂的复配(如用 Tween 型和 Span 型或离子型表面活性剂和高碳醇复配),在油-水界面上形成强度较大的界面膜。解决乳状液分层的关键是液滴大小,液滴越小,扩散速率越大,扩散作用增加,使质点由不均匀分布到均匀分布。因此,液滴直径变小到一定程度,由沉降作用造成体系的不均匀基本上可被扩散作用消除。正因为如此,20 世纪 80 年代初人们已对亚

微乳状液(submicronized emulsion)开始感兴趣。它的直径在 0.1~0.5 μm 之间,是介于微乳状液和一般乳状液之间的一种分散体系。这种乳状液因颗粒较小,可较长时间放置而没有明显分层现象。此体系有极大应用价值。

测定亚微乳状液的颗粒大小有多种方法,本实验中采用离心沉降方法测定其平均大小及大小分布。一个球形质点在离心力场作用下所受力是

$$F = \frac{4}{3}\pi R^3 (\rho - \rho_0)\omega^2 x \qquad (120\text{-}2)$$

式中:R 为质点半径;ρ、ρ_0 分别为质点和介质的密度;ω 为转动角速率(rad·s^{-1});x 为沉降质点离旋转中心距离。在介质中运动的质点必受到介质的黏滞阻力,在质点运动速率不大时,黏滞阻力与速率(dx/dt)成正比,即

$$F_{\text{黏}} = f\frac{dx}{dt} \qquad (120\text{-}3)$$

式中:f 为阻力系数。对于球形质点,根据 Stokes 公式,有

$$f = 6\pi\eta_0 R \qquad (120\text{-}4)$$

式中:η_0 为介质黏度。当离心力与黏滞阻力达平衡时,质点等速运动。因为质点从加速运动到等速运动的时间极短(一般在几个微秒至几个毫秒之间),故可以认为质点一开始就是作等速运动。根据以上公式,可得

$$d^2(\rho - \rho_0)\omega^2 dt = 18\eta_0 \frac{dx}{x} \qquad (120\text{-}5)$$

式中:d 为液珠直径。积分上式,最后得

$$d = \left[\frac{18\eta_0 \ln(x_2/x_1)}{(\rho - \rho_0)\omega^2 t}\right]^{\frac{1}{2}} \qquad (120\text{-}6)$$

式中:x_1、x_2 是时间为 0 和 t 时质点位置。根据上式,只需测定不同时间质点所处位置即可计算质点直径。对于实际体系,如图 120-1 所示,设体系有 3 种不同大小质点:$t=0$ 时,质点在体系中均匀分布,浓度也处处相同;$t=t_1$ 时,直径为 d_1 的质点已全部通过测量平面,测量平面处浓度下降;$t=t_2$ 和 $t=t_3$ 时,直径为 d_2 和 d_3 的质点也依次全部通过测量平面。根据测量平面浓度随时间变化即可计算质点大小。本实验是在测量平面处测定透射光强度随时间变化来计算质点大小和大小分布的(图 120-1)。从式(120-6)的推导过程可以看出,本实验所得平均直径为体均直径。

仪器、试剂和材料

CAPA-500 粒度分析测定仪;快速天平;恒温水浴;直流电源;毫安表;显微镜;离心机;搅拌器;试管;烧杯;量筒;表面皿;测生存时间用移液管;离心试管;锥形瓶;滴定管。

十二烷基硫酸钠;甲苯;Tween-20;明胶;氢氧化钠;椰子油;油酸钠;机油;丙酮;橄榄油;苏丹Ⅲ;煤油;碳酸钙(粉状);硝化纤维;乙酸戊酯;甘油;二硫化碳;硼砂;蜂蜡;液体石蜡;石油醚;Span-20;十六碳醇;硬脂酸锌;三氯化铝;氯化钡;TritonX-

100；三乙醇胺；乙醇；氯化钠；盐酸；正丁醇（或正戊醇）；Tween-80；Span-80；乙醇胺。

实验内容

1. 乳状液的制备

（1）在 20 mL 试管中加入 2％的十二烷基硫酸钠的水溶液 5 mL，逐滴加入甲苯，每加入约 0.5 mL 摇动半分钟，至加入 5 mL 为止。观察所得乳状液的外观，滴一滴在载玻片上，用显微镜（2 cm×10 cm）观察。

（2）在 20 mL 试管中加入 2％的 Tween-20 水溶液 5 mL，逐滴加入甲苯，随时摇动，至加入 5 mL 为止。在显微镜下观察乳状液状况。

（3）在 20 mL 试管中加入 1％明胶水溶液 5 mL，在水浴上加热至 40 ℃，将 5 mL 甲苯分数次加入，并激烈摇动。观察所得乳状液外观，静置 1～2 h 后再观察。

（4）瞬间成皂法。在试管中加入 0.1 mol • L^{-1} NaOH 水溶液 5 mL，逐滴加入 2 mL 椰子油，稍加摇动后观察。在另一试管中加入 0.1 mol • L^{-1} NaOH 水溶液 5 mL，逐滴加入 0.9％的油酸钠水溶液 5 mL，逐滴加入甲苯 5 mL 后观察。比较以上两种乳状液的稳定性。

（5）改换介质法。取 1％的机油-丙酮溶液 3 mL，在摇动下加入到 10 mL 的水中，观察所得的乳状液。取 1％的橄榄油-丙酮溶液 3 mL，在强烈搅拌下逐滴加入到 12 mL 的水中，观察所得的乳状液。

（6）浓乳状液的制备。在 100 mL 量筒中加入 1 mL 5％的油酸钠水溶液，从滴定管中逐滴加入用苏丹Ⅲ染色的煤油，用力摇动（或搅拌）。加煤油的速率要极慢，不使煤油积累在乳状液的表面上，直至有约 0.5 mL 煤油不再被乳化时，停止加煤油，记下被 1 mL 油酸钠溶液所乳化的煤油体积 V，按下式计算乳状液的体积浓度 c。

$$c = [V/(V+1)] \times 100\%$$

（7）透明及彩色乳状液的制备。在 20 mL 试管中加入 20％的硝化纤维-乙酸戊酯溶液 4 mL，逐滴加入 4 mL 甘油，不时激烈摇动，观察所得乳状液的颜色。再加入 2 mL CS$_2$，摇动后观察现象。然后再加入适量甘油使其变得较稠，再逐滴加入 CS$_2$ 激烈摇动，直至有颜色出现。继续加入 CS$_2$，可观察到颜色的变化。再逐渐加入乙酸戊酯，又可看到相反的颜色变化。

2. 混合乳化剂的使用

（1）在 20 mL 试管中加入 5 mL 石油醚，逐滴加入 2 mL 2％的 Tween-20 水溶液，摇动 1 min。在另一试管中加入 5 mL 石油醚，逐滴加入 0.5 mL 2％的 Tween-20 水溶液和 1.5 mL 2％的 Span-20 水溶液，摇动 1 min。比较两试管中乳状液的乳化效果和稳定性。

（2）在试管中加入 5 mL 1％的十二烷基硫酸钠水溶液，激烈摇动下逐滴加入 5 mL 甲苯，再摇动 1 min。在另一试管中加入 5 mL 1％的十二烷基硫酸钠水溶液，在激烈摇动下逐滴加入 5 mL 9％的十六醇-甲苯溶液，再摇动 1 min。比较以上两种情况的乳化效果和乳状液的稳定性。

3. 乳状液的类型鉴别

(1) 用实验内容 1 中(2)所制备的乳状液,依下述两种方法鉴别其类型。

在两小表面皿中分别加入少许水和甲苯,滴 1 滴苏丹 Ⅲ 的甲苯溶液,激烈摇动 1 min。滴一小滴此溶液在载玻片上,在显微镜下观察分散相和分散介质的着色情况,判断乳状液的类型。

(2) 将 2 g 干燥的硬脂酸锌在加热下溶于 10 mL 石油醚中,冷却后在激烈摇动下加入 10 滴(约 0.5 mL)水。用实验内容 3 中(1)的方法判断所得乳状液的类型。

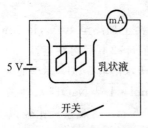

图 120-1　测定乳状液的简单导电装置

4. 乳状液的变型

(1) 由于 O/W 型乳状液导电性比 W/O 型的好,故用电导法研究乳状液的变型较为方便,其线路图如图 120-1 所示。

在试管中加入 10 mL 2% 的油酸钠水溶液,在摇动下逐滴加入 10 mL 甲苯,再加入约 0.2 g NaCl 以增加导电能力。将所得乳状液倒入图 120-1 中的烧杯中,接通线路测电流值。

将乳状液再倒回试管中,加入一滴 $AlCl_3$ 的饱和水溶液,充分摇动后倒回烧杯,接通电路测电流值,直至电流为零或最小。

(2) 取实验内容 1 中(1)所制备的乳状液,用稀释法判断其类型。向 5 mL 此乳状液中加入 2~3 滴 0.25 mol·L^{-1} 的 $BaCl_2$ 水溶液,充分摇动后再用稀释法判断其类型。

(3) 取 10 mL 0.1% 的 NaOH 水溶液,逐滴加入 10 mL 0.9% 的油酸-甲苯溶液,并不时摇动,用染色法判断所得乳状液的类型。取此乳状液 5 mL,逐滴加入 40% $AlCl_3$ 水溶液,充分摇动后再用染色法判断类型。

5. 乳状液的稳定性

(1) 离心分离法比较乳状液的稳定性。在一小烧杯中加入 5 mL 1% 油酸钠水溶液,在固定的转速下搅拌,逐滴加入 5 mL 甲苯,1 min 加完,再继续搅拌 4 min。在另一烧杯中加入 5 mL 0.5% NaOH 水溶液,用相同的条件加入 5 mL 0.5% 油酸-甲苯溶液。

(2) 根据液珠大小分布情况比较乳状液的稳定性。用显微镜法测定液珠大小分布直观方便。方法是:将乳状液用分散介质稀释至合适的浓度,取 1 mL 乳状液与 1 mL 10% 明胶液(做固定液)混合,滴 1 滴在载玻片上,用适当倍数的显微镜观察。目镜标尺事先要用标准刻度尺校正,数 300~500 个液珠,统计出 $d<1\ \mu m$, $d=1\sim2$ μm, $d=2\sim3\ \mu m$,…, $d>10\ \mu m$ 的液珠的数目。一般来说液珠越小,越均匀,体系就越稳定。

以剂在油中法、剂在水中法和瞬间成皂法三种乳化剂加入方法制备相同组成的乳状液。用离心法和显微镜测定液珠大小分布来比较它们的稳定性。

在一小烧杯中放入 17 mL 水,搅拌下将 0.5 g 三乙醇胺、0.5 g 油酸和 7.2 g 液体石蜡混合液 1 min 内加入,再搅拌 4 min(剂在油中法)。

在一小烧杯中放入 0.5 g 三乙醇胺、0.5 g 油酸和 17 mL 水,在与以上相同条件下加入7.2 g 液体石蜡(剂在水中法)。

在一小烧杯中加入 0.5 g 三乙醇胺和 17 mL 水,在与以上相同条件下加入 0.5 g 油酸和 9.2 g 液体石蜡的混合液(瞬间成皂法)。

将三种乳状液用离心机在 200 r·min⁻¹ 下离心,观察 1 min、2 min、3 min 后分层情况。

在显微镜下测定三种乳状液液珠大小分布情况,画出分布曲线,并与离心法得的结果作比较。

6. 亚微乳状液制备

将恒温水浴调至 60 ℃。在 50 mL 烧杯中用快速天平称取 0.29 g Tween-80、0.21 g Span-80、2.0 g 液体石蜡。将小烧杯放入恒温水浴中加热,用玻璃棒轻轻搅动,并向杯中滴加同温度的蒸馏水,每加一滴时搅动至体系透明,继续滴加,当体系由透明转为乳白时记下透明体系的最大加水量。再继续加入,直至水量加至 7.5 g,这时体系已成 O/W 型乳状液,记下体系在制备过程中所出现的现象。再在另一烧杯中称取 0.2 g Tween-80、0.23 g Span-20 和 2.0 g 液体石蜡,用同样方法制备 O/W 型乳状液,并记下过程所出现的现象。将恒温水浴温度降至 30 ℃,对 Tween-80＋Span-80 和 Tween-80＋Span-20 两个体系,组成不变,用同样方法再制备两种 O/W 型乳状液。

7. 液珠大小测定

用粒度分布测定仪测定液珠直径。

(1) 参数输入。首先输入条件部分各个参数,每个参数各有上下两排黑色方型按钮,按下排按钮,参数值上升,按上排按钮,参数值下降。因此,按各个参数的相应按钮,参数即可输入。然后接通电源(220 V),选择部分的"GS"处指示灯亮,说明仪器目前可做重力场中的沉降实验。如果要用离心沉降方法,可按"SELECTION",每按一次,转速从低速向高速移动一挡(如从 500 r·min⁻¹ 移至 1 000 r·min⁻¹),移至最高转速(5 000 r·min⁻¹),再按此钮,"GS"处指示灯复亮。选定所需转速后按"SET","TIME"处有完成此测定所需时间显示。若时间太长或太短,可再调整参数或转速,以求得到较合适时间。如果按"SET"后,在"DATE"处有错误信号出现,则应根据错误代号(如 E-9)从仪器说明书上找出错误并改正,再按"SET",直至错误信号消失。

(2) 空白实验。用刷子洗净两个沉降池,在两池中加满分散介质(图 120-2)。插入聚四氟乙烯方形塞,塞子下压时不要带入气泡。用擦镜纸擦干沉降池和塞外表面。按图 120-3 所示,拉样品箱开关线,掀开样品箱盖,将两个沉降池放入旋转盘上

"REFERENCE"和"SAMPLE"处(注意:透明面是上下方向),用池固定板固定。关闭样品箱盖,按"BLANK",空白实验自动完成。

图 120-2　沉降原理示意图　　　　　图 120-3　离心沉降池的固定

(3) 液珠直径测定。用滴管取前面制得的乳状液 1～4 滴("DATA"处显示光密度在 0.90 左右较合适),放入已盛有 0.2% Tween-80 水溶液(约 20 mL)的锥形瓶中,摇匀,从样品箱中取出"SAMPLE"处沉降池,倒出分散介质,用刚稀释的乳状液样品冲洗 2～3 次,加入稀释乳液样品,加塞,擦干。将沉降池放入样品箱中"SAMPLE"处,指示灯亮,说明马达已开始运转。当马达转速达到所选定转速时,时间显示处时间开始下降,时间降至零时,实验自动停止,并打印出液珠大小分布和液珠平均直径。只有当"DRIVE"处指示灯灭后(说明马达已停止转动)才能打开样品箱盖,取出沉降池,关闭电源开关,实验结束。

实验数据和结果处理

(1) 指出所制备的各种乳状液的内相、外相及乳化剂。

(2) 分析各乳状液变型的原因,说明用于判断乳状液类型的各种方法的根据。

(3) 分析本实验的结果。

(4) 亚微乳状液的实验可依表 120-1 的格式整理数据。

(5) 根据实验结果和实验现象,讨论亚微乳状液的形成条件。

表 120-1　亚微乳状液实验数据记录表

体　　系		Tween-80＋Span-80	Tween-80＋Span-20
混合表面剂组成			
液珠直径/μm	60 ℃		
	30 ℃		
实验现象			

实验说明

(1) 本实验内容可依教学需要增加或减少,如增加闪点、黏度测定等实验内容。

(2) 要达到满意的教学效果,教师在实验前必须认真试做。因为试剂、实验条件的不同,往往实验现象和结果不同。

思考题

1. 乳状液属胶体体系吗? 为什么?

2. 乳状液和亚微乳状液的主要区别是什么?

3. 影响乳状液稳定性的因素有哪些? 举例说明乳状液在科学研究和生产实践中的应用。

实验 121　偶极矩的测定

实验目的

用溶液法测定极性分子的偶极矩,了解偶极矩与分子极性的关系;掌握溶液法测定偶极矩的主要实验技术。

实验原理

分子结构可以近似地被看成是由电子和分子骨架(原子核及内层电子)所构成。由于其空间构型的不同,其正、负电荷中心可以是重合的,也可以是不重合的,前者称为非极性分子,后者称为极性分子。

分子极性的大小用偶极矩 μ 来量度,即

$$\mu = qd \tag{121-1}$$

式中:q 是正、负电荷中心所带的电量,数量级为 10^{-10} 静电单位($1\ sC \approx 3 \times 10^{-10} C$);$d$ 为正、负电荷中心之间距离,数量级为 $10^{-8}\ cm$。所以 μ 的数量级为 10^{-18} 静电单位・厘米($sC \cdot cm$),称这为"德拜",以 D 表示;其方向为从正到负。

通过偶极矩的测定可以了解分子结构中有关电子云的分布、分子的对称性,还可以判别几何异构体和分子的立体结构等。

极性分子具有永久偶极矩,但由于分子的热运动,极性分子的偶极矩指向各个方向的机会相同,它的统计值为零。若将极性分子置于均匀的电场中,则偶极矩在电场作用下趋向电场方向排列,这时我们称分子被极化了,极化的程度可用摩尔转向极化度 $P_{转}$ 来衡量,即

$$P_{转} = \frac{4}{9}\pi N_A \frac{\mu^2}{kT} \tag{121-2}$$

式中:N_A 为阿伏伽德罗常数;k 为玻耳兹曼常数;T 为绝对温度。

在外电场作用下,不论是极性分子还是非极性分子中的电荷,都对分子骨架发生相对位移,分子骨架也会发生变形,这称为诱导极化或变形极化,用摩尔诱导极化度 $P_{诱}$ 来衡量。$P_{诱}$ 可分为两项,即电子极化度 $P_{电}$ 和原子极化度 $P_{原}$,$P_{诱} = P_{电} + P_{原}$。$P_{诱}$ 与外电场强度成正比,与温度无关。

如果外电场是交变电场,极性分子的极化情况与电场的频率 f 有关。

当 $f < 10^{10}$ s^{-1} 时,极性分子所产生的摩尔极化度 P 为

$$P = P_{转} + P_{诱} = P_{转} + P_{电} + P_{原} \tag{121-3}$$

当 $f = 10^{12} \sim 10^{14}$ s^{-1} 时,极性分子的转向运动跟不上电场的变化,故

$$P_{转} = 0, \quad P = P_{诱} = P_{电} + P_{原} \tag{121-4}$$

当 $f > 10^{15}$ s^{-1}(可见光和紫外光)时

$$P_{转} = P_{原} = 0, \quad P = P_{电} \tag{121-5}$$

由于在红外频率($10^{12} \sim 10^{14}$ s^{-1})电场下难以测得 $P_{诱}$,所以通常是在低频电场下测定 P,在高频(可见光)电场下测定 $P_{电}$,忽略 $P_{原}$($P_{原}$ 为 $P_{电}$ 的 5%～15%,$P_{转}$ 又比 $P_{电}$ 大得多),两者相减求得 $P_{转}$,再代入式(121-2)算出 μ 来。

克劳修斯、莫索蒂和德拜从电磁理论得到摩尔极化度 P 与介电常数 ε 之间有如下关系:

$$P = \frac{\varepsilon - 1}{\varepsilon + 2} \cdot \frac{M}{\rho} \tag{121-6}$$

式中:M 为被测物质的相对分子质量;ρ 是该物质在 T(K)时的密度。

式(121-6)是假定分子与分子间无相互作用而推导得到的,所以它只适用于温度不太低的气相体系,然而测定气相的介电常数和密度,在实验上困难大,对某些物质甚至根本无法获得其气相状态,因此提出了一种溶液法来解决这一困难。它设想在无限稀释的非极性溶剂的溶液中,作为被测物质的溶质分子所处的状态和气相相近,于是无限稀释的溶液中溶质的摩尔极化度 P_2^{∞} 就可以看做式(121-6)中的 P。

若 ε_{12}、ρ_{12}、n_{12} 分别表示溶液的介电常数、密度和折光率;ε_1、ρ_1、n_1、M_1 分别是溶剂的介电常数、密度、折光率和相对分子质量;M_2、x_2 是溶质的相对分子质量和摩尔分数,则根据稀溶液的近似公式:

$$\varepsilon_{12} = \varepsilon_1(1 + \alpha x_2) = \varepsilon_1 + \alpha\varepsilon_1 x_2 \tag{121-7}$$

$$\rho_{12} = \rho_1(1 + \beta x_2) = \rho_1 + \beta\rho_1 x_2 \tag{121-8}$$

$$n_{12} = n_1(1 + \gamma x_2) = n_1 + \gamma n_1 x_2 \tag{121-9}$$

式中:$\alpha\varepsilon_1$、$\beta\rho_1$、γn_1 分别为 ε_{12}-x_2、ρ_{12}-x_2、n_{12}-x_2 直线的斜率。

在低频电场中,介电常数 ε 是通过测定电容计算而得的,当电容器的极板间充以待测溶液时,电容为 C,两极间处于真空时电容为 C_0,则

$$\varepsilon = C/C_0$$

在高频电场作用下,透明物质的介电常数 ε 与折光率 n 的关系为

$$\varepsilon = n^2$$

海台斯纳特根据溶液的加和性,推导出无限稀释时溶质摩尔极化度公式:

$$P = P_2^\infty = \lim_{x_2 \to 0} P_2 = \frac{3\alpha\varepsilon_1}{(\varepsilon_1 + 2)^2} \cdot \frac{M_1}{\rho_1} + \frac{\varepsilon_1 - 1}{\varepsilon_1 + 2} \cdot \frac{M_2 - \beta M_1}{\rho_1} \qquad (121\text{-}10)$$

$$P_{\text{电}} = R_2^\infty = \lim_{x_2 \to 0} R_2 = \frac{6n_1^2 M_1 \gamma}{(n_1^2 + 2)^2 \rho_1} + \frac{n_1^2 - 1}{n_1^2 + 2} \cdot \frac{M_2 - \beta M_1}{\rho_1} \qquad (121\text{-}11)$$

式中: R_2^∞ 代表在高频电场测得的极化度。再由式(121-2)求物质的偶极矩 μ:

$$P_{\text{电}} = P_2^\infty - R_2^\infty = \frac{4}{9}\pi N_A \frac{\mu^2}{kT}$$

$$\mu = 0.012\,8\,\sqrt{(P_2^\infty - R_2^\infty)T}\ (\text{D}) \qquad (121\text{-}12)$$

按国际单位制,偶极矩单位为 C・m(库・米),与 D(德拜)的换算关系为

$$1\ \text{D} = 1 \times 10^{-18}\text{静电单位・厘米} = 3.334 \times 10^{-30}\text{C・m}$$

溶液法测得的溶质偶极矩与气相测得的真实值间存在偏差,其原因是非极性溶剂与极性溶质分子之间有相互作用,这称为"溶剂效应"。

仪器、试剂和材料

分析天平(1 台);PCM-1A 型精密电容测量仪(1 台);阿贝折射仪(1 台);电吹风(1 个);容量瓶(10 mL,5 个)。

四氯化碳(AR);乙酸乙酯(AR)。

实验内容

1. 配制溶液及测定密度

将 5 个干燥的容量瓶编号,分别称取空瓶重。在 2～5 号空瓶中分别加入 0.5 mL、1.0 mL、1.5 mL、2.0 mL 的乙酸乙酯,再称重。然后在 1～5 号的 5 个瓶中加纯四氯化碳至刻度,再称重。2～5 号样品中的乙酸乙酯摩尔分数在 0～0.2 范围内。根据容量瓶的质量及样品重,可计算四氯化碳及各溶液的密度。四氯化碳的密度应与下列公式的计算值相接近。

$$\rho(\text{CCl}_4) = 1.632\,55 - 1.991\,0 \times 10^{-3} t \qquad (121\text{-}13)$$

式中: t 为室温(℃)。

2. 测定折光率

用阿贝折射仪测定四氯化碳及各溶液的折光率,以四氯化碳作为标准样品校正折射仪的零点。

$$n(\text{CCl}_4) = 1.463\,1 - 0.000\,55(t - 15) \qquad (121\text{-}14)$$

测定折光率时,各样品需加样三次,每次至少读取三个数据,读至小数点后第四位。

3. 测电容

用电吹风将电容池两极间的空隙吹干,旋上金属盖。打开电源开关,预热 20 min。将两根屏蔽线分别插至仪器的"电容池"和"电容池座"上,避免两根屏蔽线短路和接触其他导电体。按下校调按钮,数字表头指示为零。将两根屏蔽线的另一头分别插至电容池的"电容池"和"电容池座"上,此时数字表头指示的便为空气电容值,读出电容值。重复调节三次,三次读数的平均值即为空气的电容测值。

用滴管吸取 1 号容量瓶中纯四氯化碳,加入电容池两极间,使液面超过内电极,旋上带塑料的金属盖,防止四氯化碳挥发。重复上述步骤测定电容值,再用滴管吸去两极间的四氯化碳,倒入回收瓶并重新装入样品,再次测定电容值,两次测量的差值应小于 0.05 pF,其平均值即为 $C(CCl_4)$。

溶液电容的测定方法与四氯化碳相同。在更换样品时,要先用滴管吸去已测定的样品,用滤纸吸干残液,然后用电吹风或洗耳球将两极间空隙吹干,再加入待测样品,由于溶液浓度易挥发而改变,故加样时动作要迅速,加样后盖子要盖紧。

空电容池的电容约为 5 pF,四氯化碳及溶液的电容为 8~11 pF。

实验数据和结果处理

(1) 根据四氯化碳、乙酸乙酯的质量及容量瓶体积计算乙酸乙酯的摩尔分数 x_2、四氯化碳和其他溶液的密度 ρ_1、ρ_{12}。

(2) 根据式(121-14)求出 t 时 $n(CCl_4)$,得出折射仪零点校正值,从而计算 2~5 号溶液校正后的折光率。

(3) 计算四氯化碳及溶液的介电常数 ε。

在小电容测量仪上测得的电容 C',实际上是两极间的电容 C 与整个测试体系中分布电容 C_d 之和。C 随样品不同而不同,C_d 是一个恒定值,因此必须先求出 C_d 值,再计算各样品的 C 值。

本实验采用四氯化碳为标准物质,其介电常数为

$$\varepsilon(CCl_4) = 2.238 - 0.002 \times (t-20)$$

$$C'(CCl_4) = C(CCl_4) + C_d$$

$$\varepsilon(CCl_4) = \frac{C(CCl_4)}{C_0}$$

$$C'_0 = C_0 + C_d$$

式中:t 为摄氏温度;C_0 为空电容池电容值;C'_0 为空电容池测量值。故

$$C'(CCl_4) - C'_0 = C(CCl_4) - C_0 = (\varepsilon(CCl_4)-1)C_0$$

$$C_0 = \frac{C'(CCl_4) - C'_0}{\varepsilon(CCl_4) - 1}$$

因此

$$C_d = C'_0 - C_0$$

$$\varepsilon_溶 = \frac{C_溶}{C_0} = \frac{C'_溶 - C_d}{C_0}$$

（4）由式（121-7）、式（121-8）、式（121-9）采用作图法求出 α、β、γ 值，也可用计算机进行线性回归求出 α、β、γ 值。

（5）根据式（121-10）、式（121-11）计算出 P_2^∞、R_2^∞，再由式（121-12）求出 μ。

实验说明

测定偶极矩的方法还有分子射线、分子光谱、温度法以及利用微波谱的 Stoke 效应等方法。溶液法测得的溶质偶极矩和气相法测得的真空值之间存在着偏差，造成这种偏差主要是由于溶液中存在溶质分子与溶剂分子以及溶剂分子与溶剂分子间的作用。

思考题

1. 试分析本实验中误差的主要来源，如何减小或消除之？
2. 本实验中，为什么要将被测的极性物质溶于非极性的溶剂中配成稀溶液？

实验 122　磁化率法测配合物结构

实验目的

掌握古埃（Gouy）磁天平法测定物质磁化率的实验原理和技术；通过对一些配合物磁化率的测定，计算中心离子的不成对电子数，并判断 d 电子的排布情况和配体场的强弱。

实验原理

物质在磁场中会被磁化，在外磁场强度 H 的作用下，感应出一个附加磁场，该物质的磁感应强度 B 为

$$B = H + H' = H + 4\pi\chi H \qquad (122\text{-}1)$$

式中：χ 称为物质的体积磁化率，表明物质的一种宏观磁性质，是无量纲的物理量。化学上常用单位质量磁化率 χ_m 或摩尔磁化率 χ_M 来表示物质的磁性质，它们的定义是

$$\chi_m = \frac{\chi}{\rho} \qquad (122\text{-}2)$$

$$\chi_M = M \cdot \chi_m = \frac{M\chi}{\rho} \qquad (122\text{-}3)$$

式中：ρ 和 M 分别是物质的密度和摩尔质量；χ_m 和 χ_M 的单位分别是 $cm^3 \cdot g^{-1}$ 和 $cm^3 \cdot mol^{-1}$。

物质在外磁场作用下的磁化有下列三种情况。

① $\chi_M < 0$,称为逆磁性物质。

② $\chi_M > 0$,称为顺磁性物质。

③ χ_M 随外磁场的增加而剧烈地增加,往往还有剩磁现象,这类物质称为铁磁性物质。

物质的磁性与组成物质的原子、分子的性质有关。原子、分子中电子自旋已配对的物质一般是逆磁性物质,这是由于原子、分子中电子的轨道运行受外磁场作用,感应出"分子电流",从而产生与外磁场相反的附加磁场。

原子、分子中具有自旋未配对电子的物质都是顺磁性物质。这些不成对电子的自旋产生了永久磁矩 μ_m,它与不成对电子数 n 的关系为

$$\mu_m = \sqrt{n(n+2)} \ (\text{B. M.}) \tag{122-4}$$

式中:B. M. 为玻尔磁子。

在没有外磁场作用下,所有磁矩的统计值为零。在外磁场作用下,这些磁矩会顺着外磁场方向排列,使物质内部的磁场增加,因而顺磁性物质具有摩尔顺磁化率 χ_μ。另一方面顺磁性物质内部同样有电子轨道运动,因而也具有摩尔逆磁化率 χ_0。故摩尔磁化率 χ_M 是 χ_μ 和 χ_0 两者之和,即

$$\chi_M = \chi_\mu + \chi_0$$

由于 $\chi_\mu \gg |\chi_0|$,所以顺磁性物质的 $\chi_M > 0$,且可近似地认为 $\chi_M = \chi_\mu$。

摩尔磁化率 χ_M 与分子的永久磁矩 μ_m 有如下的关系:

$$\chi_M = \frac{N_A \mu_m^2}{3kT} \tag{122-5}$$

式中:N_A 为阿伏伽德罗常数;k 为玻耳兹曼常数;T 为绝对温度。通过实验可以测定物质的 χ_M,代入式(122-5)求得 μ_m。再根据式(122-4)求得不成对的电子数 n。这对于研究配合物的中心离子的电子结构是很有意义的。

根据配体场理论,过渡元素离子的 5 个简并的 d 轨道在配体场作用下产生能级分裂。例如在 6 个配体的八面体配合物中,d 轨道能级分裂为两组。能量较低的一组称为 t_{2g} 轨道,它包含 d_{xy}、d_{yz}、d_{xz} 三个 d 轨道;能量较高的一组称为 e_g 轨道,它包含 d_{z^2} 和 $d_{x^2-y^2}$ 两个轨道。t_{2g} 和 e_g 轨道能级之差称为分裂能,以 Δ 表示。d 电子的排布受到两个对立因素的影响。一方面从轨道能级分裂来看,d 电子将尽可能多地挤到能量较低的 t_{2g} 轨道上;另一方面,根据洪特规则,d 电子将尽可能分占较多的 d 轨道,保持较多未配对的自旋平行的电子,因电子自旋配对需要"电子成对能"P,使能量增高。配合物中电子的具体排布取决于这两个因素哪个占优势。

对强场配体,例如 CN^-、NO_2^-,分裂能较大,超过电子成对能的影响。对弱场配体,例如 H_2O、卤素离子,分裂能较小,抵不过电子成对能的影响,电子将尽可能分占 5 个 d 轨道,生成高自旋配合物。

Fe^{2+} 在自由离子状态下 3d 轨道的电子结构如下:

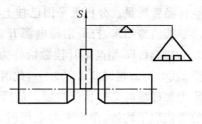

Fe^{2+} 与 6 个 H_2O 配体形成的配离子 $[Fe(H_2O)_6]^{2+}$ 是高自旋的,而与 6 个 CN^- 配体形成的配离子 $[Fe(CN)_6]^{4-}$ 则是低自旋的。

通常用古埃磁天平法测定物质的 χ_M,其实验装置如图 122-1 所示。将装有样品的平底玻璃管悬挂在天平的一端,样品的底部处于电磁铁两极的中心,此处磁场强度最强,样品的另一端应处在磁场强度可忽略不计的位置,这样样品就处于一个不均匀磁场中,沿样品轴心方向存在一个磁场强度梯度 $\partial\boldsymbol{H}/\partial S$。若忽略空气的磁化率,则作用于样品的力 f 为

图 122-1　古埃磁天平示意图

$$f = \int_{H_0}^{H} (\chi - \chi_{空})A\boldsymbol{H}\frac{\partial \boldsymbol{H}}{\partial S}\mathrm{d}S = \frac{1}{2}\chi H^2 A \tag{122-6}$$

式中:A 为样品的截面积。

设空样品管在不加与加磁场时质量为 $m_{空}$ 与 $m'_{空}$,样品管装有样品后不加与加磁场时质量为 $m_{样}$ 与 $m'_{样}$,则 $\Delta m_{空}=m'_{空}-m_{空}$,$\Delta m_{样}=m'_{样}-m_{样}$。因

$$f = (\Delta m_{样} - \Delta m_{空})g$$

故
$$\frac{1}{2}\chi H^2 A = (\Delta m_{样} - \Delta m_{空})g$$

$$\chi_M = \frac{2(\Delta m_{样} - \Delta m_{空})ghM}{mH^2} \tag{122-7}$$

式中:h 为样品的实际高度(cm);m 为样品的质量(g);M 为样品的摩尔质量(g·mol^{-1})。磁场两极中心处的磁场强度数值 H 可用莫尔氏盐进行标定,其单位质量磁化率为

$$\chi_m = \frac{9\,500}{T+1} \times 10^{-8} \quad (T\text{ 为绝对温度}) \tag{122-8}$$

另外,本实验用 CT5 型高斯计作近似测量,它测得的磁场强度数值只能供参考,式(122-7)中的 H 应采用莫尔氏盐标定所得到的磁场强度数值。

仪器、试剂和材料

古埃磁天平(1 套),包括电磁铁、分析天平、励磁电源、CT5 型高斯计、电流表、电压表等。玻璃样品管(3 支);三角尺(1 把);装样品工具(1 套),包括角匙、小漏斗、竹针、药棉等。

莫尔氏盐$(NH_4)_2SO_4 \cdot FeSO_4 \cdot 6H_2O$(AR);$FeSO_4 \cdot 7H_2O$ (AR);$K_3Fe(CN)_6 \cdot 3H_2O$ (AR)。

实验内容

(1) 测定空样品管质量。打开古埃磁天平上日光灯开关,取一支空样品管用药棉擦净内壁,套在磁场上面的橡皮塞上,使样品管底部恰好处于磁场中心。准确称取空样品管质量。分析天平因已挂上橡皮塞,无须进行零点校正。

接通冷却水,打开励磁电源开关。由小至大慢慢旋转调节器,使励磁电流升至 2 A左右,CT5 型高斯计读数恰好为 2 000 Gs。再称空样品管质量,接着将高斯计调至 2 200 Gs,再调到 2 000 Gs,此时又称空样品管一次,与上次测得的数值取平均值作为加磁场时空样品管质量。最后再称一次无磁场时的空样品管质量,与第一次称的数值取平均值,作为未加磁场时的空样品管质量。励磁电流由小至大,再由大至小,是为了抵消实验时剩磁现象的影响。

称重时,注意关好分析天平及磁场的玻璃门,避免空气流的干扰,勿使样品管与磁极接触。磁极间距离在测定中不能随意变动,每次称量后应将天平托起。特别注意调动调节器时动作要缓慢。在电源打开及关闭前,调节器都应旋至最小,避免电流突然变化而烧坏稳流器硅管。

(2) 用莫尔氏盐标定磁场强度。取下空样品管,将预先研细的莫尔氏盐通过小漏斗装入样品管。在装填时要不断将样品管底部轻击软垫,使粉末样品均匀填实。样品装至 14～15 cm 高时,测量样品高度 h(精确至毫米),然后按上述同样方法进行测量。

测定完毕,用竹针将样品松动,倒回原样品瓶,然后用药棉擦净内壁备用,记下实验时的温度。

(3) 在同一支样品管中,按同样的方法测定 $FeSO_4 \cdot 7H_2O$ 与 $K_3Fe(CN)_6 \cdot 3H_2O$ 的磁化率。

实验数据和结果处理

(1) 由莫尔氏盐的单位质量磁化率和实验数据计算磁场强度,并与 CT5 型高斯计读数相比较。

(2) 由实验数据根据式(122-7)、式(122-5)、式(122-4)计算 $FeSO_4 \cdot 7H_2O$ 与 $K_3Fe(CN)_6 \cdot 3H_2O$ 的 χ_M、μ_m 及 n。

(3) 根据未成对电子数 n 讨论这两种配合物中心离子的 d 电子结构及配体场强弱。

思考题

1. 试比较用高斯计和莫尔氏盐标定的相应励磁电流下的磁场强度数值,并分析造成两者测定结果差异的原因。

2. 不同励磁电流下测得的样品摩尔磁化率是否相同? 实验结果若有不同,应如何解释?

3. 根据式(122-7),分析各种因素对 χ_M 值的相对误差影响。

实验 123　激光诱导荧光光谱

实验目的

用激光诱导荧光的方法测定溶液的发光,了解发光与入射波长之间的关系和发光强度随时间的衰退;掌握激光诱导荧光的基本原理和激光诱导荧光光谱仪的基本结构,学会使用激光器和箱式积分器。

实验原理

1. 荧光的生成

物质在吸收一定能量的光后,被激发到电子激发态的某些振动能级上,然后通过分子内部的振动弛豫迅速降到第一电子激发态的最低振动能级上。在这一过程中,能量先由光能转变为分子的电子激发能(即分子处于第一电子激发态最低振动能级时所具有的能量),当分子进一步衰退,这一部分能量以光的形式放出时,产生荧光,如图 123-1 所示。

2. 荧光的波数

分子的荧光与分子基态和第一激发态能级有关。荧光的波数按下式计算:

$$\nu = \frac{1}{h}(E_1 - E_0)$$

式中:E_1 为分子第一激发态能量;E_0 为分子基态能量;h 为普朗克常量。

分子的荧光带宽反映了基态上的振动结构,高分辨率的激光诱导荧光光谱的振动结构是有意义的。

3. 荧光的强度

溶液的荧光强度与溶液的吸光度及溶液中荧光物质的荧光量子效率有关,即与荧光物质的种类及其浓度有关。

在低光强照射下的稀溶液中,荧光强度一般遵守 Lambert-Beer 定律(参看图 123-2):

$$I = AI_0 \times 10^{-\varepsilon cl}$$

或

$$I = AI_0 e^{-kcl}$$

式中:I 为荧光强度;I_0 为激发光强度;c 为溶液中荧光物质的浓度;l 为溶液中的光程;ε 为溶液的消光系数;k 为溶液的比吸光系数;A 为溶液吸光截面的面积。

在高强度光照射下的溶液发光强度不遵守 Lambert-Beer 定律,需要加以修正。

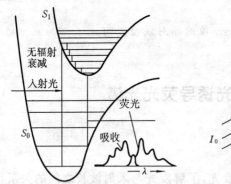

图 123-1　荧光的产生过程以及吸收光
谱和荧光光谱的镜-像关系

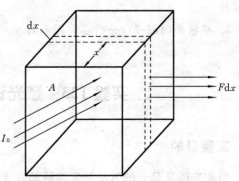

图 123-2　溶液的荧光强度

4. 荧光的量子效率

当溶液薄层 dx 的吸光为 dI、发光为 dF 时

$$dF = \phi dI$$

式中：ϕ 为荧光量子效率。荧光量子效率 ϕ 的定义为

$$\phi = \frac{荧光的爱因斯坦数}{吸收光的爱因斯坦数}$$

总荧光强度 F 为长度 l 上的积分：

$$F = 2.3\phi I \varepsilon c l$$

式中：低光强下的 $\varepsilon c l < 0.05$。

5. 激发态的寿命

处于激发态的分子当其浓度衰退到起始浓度的 $1/e$ 时所需要的时间称为激发态的寿命。假设各种不同的衰变过程都是一级反应过程，速率常数分别为 k_1、k_2、k_3、$\cdots$，则

$$-\frac{dc_{A^*}}{dt} = (k_1 + k_2 + k_3 + \cdots)c_{A^*} = \sum_i k_i c_{A^*}$$

$$c_{A^*} = c_{A_0^*}\, e^{-t\sum_i k_i}$$

式中：$c_{A_0^*}$ 为激发态分子 A 的起始浓度；c_{A^*} 为激发态分子 A 在 t 时刻的浓度。

当 $t = \dfrac{1}{\sum\limits_i k_i}$ 时　　　　　　$c_{A^*} = c_{A_0^*}/e$

所以激发态寿命为　　　　　　$\tau_t = \dfrac{1}{\sum\limits_i k_i}$

通常荧光寿命 τ_t 很小，一般芳香族有机化合物的荧光寿命为 $10^{-9} \sim 10^{-6}$ s。

仪器、试剂和材料

激光诱导荧光装置(图 123-3)，该装置可分为 4 个部分：激光光源、外光路(包括

比色皿）、分光系统和检测系统。由激光光源发出的激光被外光路系统分为两束：一路取作参比信号直接反射到光电倍增管（PMT），经射极跟随器进行检测；另一路经过聚焦后辐照在样品上，使样品产生荧光，在与辐照激光垂直的方向收集荧光，经出射荧光透镜聚焦后进入单色仪进行分光。分光后的单色光用光电倍增管放大，放大并转换后的信号送入检测系统。在高频示波器上直接观察荧光波形，计算寿命，或在记录仪上绘出激光诱导荧光光谱。

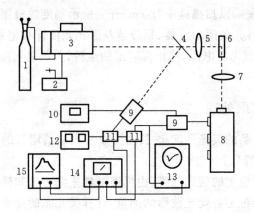

图 123-3　激光诱导荧光装置的结构示意图

1—氮气瓶；2—真空泵；3—氮分子激光器；4—透射反射镜；5—入射透镜；

6—比色皿；7—出射荧光透镜；8—单色仪；9—光电倍增管；10—高压电源；

11—射极跟随器；12—低压电源；13—高频示波器；14—激光光度计；15—记录仪

罗丹明的乙醇溶液（10^{-6} mol·L^{-1}）；硝酸铀酰水溶液（10^{-4} mol·L^{-1}）；去离子水。

实验内容

（1）配制样品。所用容量瓶均需分别用无水乙醇和去离子水清洗。

（2）操作仪器。

① 接通总电源，打开光电倍增管高压电源预热 2 min。

② 启动真空泵，抽至激光器气压指示为 -760 kPa。打开氮气瓶一次阀，调整二次阀使输出压力为 0.05 MPa 左右，气体流量计稳定在预定刻度上。

③ 启动激光器，调整电压至 8 000 V，用手动和自动触发信号使激光器有稳定的输出，频率为 $3 \sim 5$ s^{-1}。

④ 调整单色仪的入射及出射狭缝，扫描波长调至预定值。

⑤ 使室内黑暗，关闭屏蔽室门后，开光电倍增管高压电源至高压为 600 V，低压电源至15 V。

⑥ 开积分器、记录仪和示波器的电源开关，调整各仪器至信号能被正常接收。

*（3）测定荧光光谱。选择适宜时间常数及灵敏度，启动单色仪的自动扫描，用记

录仪记下诱导荧光的发射光谱,确定基线、波峰位置及强度。

(4) 观察荧光寿命。

① 将光电倍增管的输出信号接至示波器的输入端,将触发信号接至示波器的触发端。

② 调整灵敏度及时间旋钮,在荧光屏上根据 x 坐标轴上的刻度读出荧光峰高 $1/e$ 处的峰宽(单位为 cm)。

③ 将所测的峰宽乘以扫描速率"t/cm"开关所示刻度的每厘米时间值。

(5) 实验完毕,首先关闭示波器、积分器及激光光度计和记录仪。然后降低激光器的高压至零,关闭激光器电源,停止真空泵的运转,关紧氮气瓶的一次阀,打开二次阀。

实验数据和结果处理

(1) 根据所测样品的荧光强度-波长曲线以及光电倍增管的响应曲线,绘制真实荧光光谱,确定荧光峰位。

(2) 确定荧光峰位上的荧光强度,由标准试样来测定未知样品的含量。

(3) 根据不同峰位上各荧光波形的测量,计算荧光态的寿命。

实验说明

(1) 在没有关闭照明灯或有其他亮光的情况下,严禁开启光电倍增管的高压电源,否则会毁坏光电倍增管或大大降低其寿命。

(2) 在激光器和光电倍增管接通高压以后,切勿接近它们或用手触摸。在激光器高压切断但没有完全放电之前严禁开启其外壳,以防人身事故。

(3) 切勿将实验样品沾到皮肤上或进入口内,以防中毒。激光技术是 20 世纪 70 年代以来发展最迅速的一种新技术,具有单色性好、相干性强、发散角小、能量集中等特点。用激光为光源,激励荧光物质使其发出荧光,与普通光源激励产生的荧光相比,前者具有分辨率好、激发选择性强、灵敏度高等显著优点,对于基础理论研究和实际应用都有重要意义。

思考题

1. 激发态的寿命与哪些因素有关?

2. 荧光的强度与哪些因素有关?它与激发态的寿命有什么关系?

3. 有哪些因素会影响荧光的测定?怎样防止和利用它们?

实验 124 NaCl 粉末的 X-射线衍射分析

实验目的

了解 X-射线衍射仪的构造和使用方法;掌握 X-射线粉末法的原理;用 X-射线衍射仪拍摄 NaCl 的粉末图;测定其晶体的点阵型式和晶胞常数。

实验原理

X-射线是一种波长范围在 $0.001\sim10$ nm($0.01\sim100$ Å)之间的电磁波,晶体衍射用的 X-射线波长在 0.1 nm(1 Å)左右。当 X-射线通过晶体时,可以产生衍射效应,衍射方向与所用波长(λ)、晶体结构和晶体取向有关。

若以 $(h'k'l')$ 代表晶体的一族平面点阵(或晶面)的指标(h'、k'、l' 为互质的整数),$d_{(h'k'l')}$ 是该族平面点阵中相邻两平面之间的距离,入射 X-射线与该族平面点阵的夹角 $\theta_{(nh'nk'nl')}$ 满足布拉格(Bragg)公式时,就可产生衍射。

$$2\,d_{(h'k'l')}\sin\theta_{(nh'nk'nl')} = n\lambda \qquad (124\text{-}1)$$

式中:n 为整数,表示相邻两平面点阵的光程差为 n 个波,所以 n 又叫做衍射级数;$nh'nk'nl'$ 常用 hkl 表示,hkl 称为衍射指标,它和平面点阵指标是整数倍关系。

当一束 X-射线照到单晶体上,X-射线和 $(h'k'l')$ 平面点阵族的夹角 θ 满足布拉格公式时,衍射线方向与入射线方向相差 2θ,如图 124-1(a)所示。对于粉末晶体,晶粒有各种取向,同样一族平面点阵和 X-射线夹角为 θ 的方向有无数个,产生无数个衍射,分布在顶角为 4θ 的圆锥上,如图 124-1(b)所示。晶体中有许多平面点阵族,当它们符合衍射条件时,会相应地形成许多张角不同的衍射线,共同以入射的 X-射线为中心轴,分散在 $2\theta(0\sim180°)$ 的范围内。

收集记录粉末晶体衍射线,常用的方法有德拜-谢乐(Debye-Scherrer)照相法和衍射仪法。本实验采用衍射仪法。

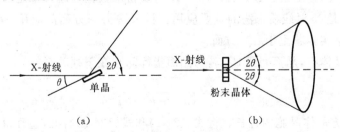

图 124-1 单晶和粉末晶体衍射示意图
(a)单晶;(b)粉末晶体

X-射线衍射主机由 3 个基本部分构成:X-光源(发射 X-射线强度高度稳定的 X-

射线发生器)、衍射角测量部分(1 台精密的测角仪)和 X-射线强度测量记录部分(X-射线检测器及与之配合的 5 套量子计数测量记录系统)。图 124-2 为衍射仪法的原理示意图。

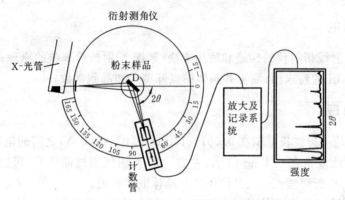

图 124-2　　X-射线衍射仪法原理示意图

实验时,将样品磨细,在样品架上压成平片,并安置在衍射仪的测角器中心底座上,计数管始终对准中心,绕中心旋转。样品每转 θ,计数管转 2θ,电子记录仪的记录纸也同步转动,逐一地把各衍射线的强度记录下来。在记录所得的衍射图中,一个坐标表示衍射角 2θ,另一坐标表示衍射强度的相对大小。

从粉末衍射图上量出每一衍射线的 2θ,根据式(124-1)求出各衍射线的 d/n 值,由衍射峰的面积求算各衍射线的强度(I),或近似地用峰的相对高度计算 I。这样即可获得"d/n-I"的数据。

由于每一种晶体都有它特定的结构,不可能有两种晶体的晶胞大小、形状、晶胞中原子的数目和位置完全一样,因此晶体的粉末图就像人的指纹一样各不相同,即每一种晶体都有它自己的"d/n-I"数据。由于衍射线的分布和强度与物质内部的结构有关,因此,根据粉末图得到的"d/n-I"数据,查对 PDF 卡片(该卡又称"X-射线粉末衍射数据资料集",它汇集了数万种晶体的 X-射线粉末数据),就可鉴定未知晶体,进行物相分析,这是 X-射线粉末法的重要应用。粉末法另一方面的应用,是测定简单晶体的结构。本实验着重于后一方面。

在立方晶体中,晶面间距 $d_{(h'k'l')}$ 与晶面指标间存在下列关系:

$$d_{(h'k'l')} = \frac{a}{(h'^2 + k'^2 + l'^2)^{1/2}} \tag{124-2}$$

式中:a 为立方晶体晶胞的边长。将式(124-1)和式(124-2)合并,整理得

$$\sin^2\theta = \frac{\lambda^2}{4a^2}(h^2 + k^2 + l^2) \tag{124-3}$$

属于立方晶系的晶体有三种点阵形式:简单立方(以 P 表示)、体心立方(以 I 表示)和面心立方(以 F 表示)。它们可以由 X-射线粉末图来鉴别。

由式(124-3)可见，$\sin^2\theta$ 与 $h^2+k^2+l^2$ 成正比，3 个整数 (h,k,l) 的平方和只能等于 1、2、3、4、5、6、8、9、10、11、12、13、14、16、17、18、19、20、21、22、24、25 等，因此，对于简单立方点阵，各衍射线相应的 $\sin^2\theta$ 之比为

$$\sin^2\theta_1 : \sin^2\theta_2 : \sin^2\theta_3 : \cdots = 1 : 2 : 3 : \cdots$$

对于体心立方点阵，由于系统消光的原因，所有 $h^2+k^2+l^2$ 为奇数的衍射线都不会出现，因此，体心立方点阵各衍射线 $\sin^2\theta$ 之比为

$$\sin^2\theta_1 : \sin^2\theta_2 : \sin^2\theta_3 : \cdots = 2 : 4 : 6 : \cdots = 1 : 2 : 3 : \cdots$$

对于面心立方点阵，也由于系统消光原因，各衍射线 $\sin^2\theta$ 之比为

$$\sin^2\theta_1 : \sin^2\theta_2 : \sin^2\theta_3 : \cdots = 1 : 1.33 : 2.67 : \cdots = 3 : 4 : 8 : \cdots$$

从以上 $\sin^2\theta$ 之比可以看到，简单立方和体心立方的差别，在于简单立方无"7"、"15"、"23"等衍射线，而简单立方与面心立方的差别，在于面心立方具有明显的二密一稀分布的衍射线。因此，根据立方晶体衍射线 $\sin^2\theta$ 之比，可以鉴定立方晶体所属的点阵形式。表 124-1 列出立方点阵三种形式的衍射指标及其平方和。

立方晶体的密度可由下式计算：

$$\rho = \frac{Z(M/N_A)}{a^3} \tag{124-4}$$

式中：Z 为晶胞中相对分子质量或化学式量为 M 的分子或化学式单位的个数；N_A 为阿伏伽德罗常数。如果把一个分子或化学式单位与一个点阵联系起来，则简单立方的 $Z=1$，体心立方的 $Z=1$，面心立方的 $Z=4$。

表 124-1　立方点阵的衍射指标及其平方和

$h^2+k^2+l^2$	简单(P)	体心(I)	面心(F)	$h^2+k^2+l^2$	简单(P)	体心(I)	面心(F)
1	100			14	321	321	
2	110	110		15			
3	111		111	16	400	400	400
4	200	200	200	17	410、322		
5	210			18	411、330	411、330	
6	211	211		19	331		331
7				20	420	420	420
8	220	220	220	21	421		
9	300、221			22	332	332	
10	310	310		23			
11	311		311	24	422	422	422
12	222	222	222	25	500、430		
13	320			26			

仪器、试剂和材料

BD-74X-射线衍射仪;NaCl;玛瑙研钵等。

实验内容

(1) 在玛瑙研钵中,将 NaCl 晶体磨至 340 目左右(手摸时无颗粒感)。将样品框放于表面平滑的玻璃板上,把样品均匀地洒入框内,使其略高于样品框板面。用不锈钢片压样品,使样品足够紧密且表面光滑平整,附着在框内不至于脱落。将样品框插在测角仪中心的底座 D 上。

(2) 不同型号的衍射仪具体操作步骤略有差别。要拍摄出一张较好的粉末图,需选择合适的衍射仪。本实验使用铜靶(CuK、Ni 滤波片)、闪烁计数器。选用狭缝:发射 $1°$,散射 $1°$,接收 0.4 mm。探头扫描速率 $4° \cdot min^{-1}$,走纸速率 20 mm · min^{-1}。时间常数 1 s,记录仪满刻度 3 000 脉冲/s。管压 40 kV,管流 20 mA,探头高压 1 kV。开启计数系统电源,调好探头高压、计数器量程、时间常数,扫描电流调到 20 mA。

(3) 用手将测角仪上探头调至 $25.00°$;调好记录纸起点,打开角标钮,打开 X-光管窗口闸门,按下"连动"钮(有的衍射仪要同时打开测角仪扫描开关和记录仪运转开关),则衍射仪自动地将各衍射线的位置(2θ)和强度记录下来,当 2θ 到达 $87°$ 时,按下"停止"钮,停止扫描,关闭 X-光管窗口闸门。取下样品框,动作要轻,不要将样品洒落在样品框插座上。将探头位置复原,用手转动测角仪时动作要轻。

(4) 结束实验后,关闭记录系统、X-光机和冷却水等。实验时应注意安全,要对 X-射线进行防护。

实验数据和结果处理

(1) 在图谱上标出每条衍射线的 2θ 的度数。计算各衍射线的 $\sin^2\theta$ 之比,与表 124-1 比较,确定 NaCl 的点阵型式。

(2) 根据表 124-1 标出各衍射的指标 hkl,选择较高角度的衍射线,将 $\sin\theta$、衍射指标以及所用 X-射线的波长代入式(124-3),求 a。

(3) 用式(124-4)计算 NaCl 的密度。

(4) 由各衍射线的 2θ 值计算(或查表)相应的 d 值,估算各衍射线的相对强度,同文献值(PDF 卡片)相比较。

(5) 解释图谱中衍射(111)和(200)间出现的小衍射峰。

实验说明

现在已有不少衍射仪配有计算机。用计算机存储标准谱并进行检索已经有了很大发展,已出现包括自动物相分析功能的全自动 X-射线衍射仪。

思考题

1. X-射线对人体有什么危害？应如何防护？
2. 计算晶胞常数 a 时，为什么要用较高角度的衍射线？

实验 125　气态分子 HCl 的红外光谱

实验目的

掌握双原子分子振转光谱的基本原理；了解 PE983G 型红外分光光度计的使用；以 HCl 气体为样品，测定红外光谱图，计算其结构参数、转动常数、非谐振性校正系数、力常数、键长、离解能等。

实验原理

当用一束红外光照射一物质时，该物质的分子就会吸收一部分光能。如果以波长或波数为横坐标，以吸收率或透过率为纵坐标，把物质分子对红外光的吸收情况记录下来，就得到了该物质的红外吸收光谱图。

分子的运动可分为平动、转动、振动和其内部的电子运动，每个运动状态都属于一定的能级，因此分子的能量可写成

$$E = E_{内} + E_{平} + E_{转} + E_{振} + E_{电} \tag{125-1}$$

式中：$E_{内}$ 是分子内在的、不随分子运动而改变的能量；$E_{平}$ 是分子的平动能，分子的平动不产生光谱，因此有光谱的分子运动是分子的转动、分子的振动和分子中电子的运动。

分子的转动能级间隔最小（$\Delta E_{转} = 0.05$ eV），其能级跃迁仅需远红外光或微波照射即可。振动能级间的间隔较大（$\Delta E_{振} = 0.05 \sim 1.0$ eV），从而欲产生振动能级的跃迁需要吸收较短波长的光，所以振动光谱出现在中红外区。由于在振动跃迁的过程中往往伴随有转动跃迁的发生，因此中红外区的光谱是分子的振动和转动联合吸收引起的，常称为分子的振转光谱。分子中电子能级间的间隔最大（$\Delta E_{电} = 1 \sim 20$ eV），其光谱只能出现在可见、紫外或波长更短的光谱区。

本实验所用的 HCl 气体为异核双原子分子，是振转光谱的典型例子。分子转动的物理模型可视为刚性转子，其转动能量为

$$E_r = \frac{h^2}{8\pi^2 I} J(J+1)$$

式中：$J = 0,1,2,\cdots$ 为转动量子数；I 是转动惯量。而分子振动可用非谐振子模型来处理，其振动能级公式为

$$E_v = (v + \frac{1}{2})h\nu_e - (v + \frac{1}{2})^2 x_e h\nu_e$$

式中:$v = 0, 1, 2, \cdots$为振动量子数;x_e为非谐振性校正系数;ν_e为特征振动频率,即将振子视为谐振子模型时计算得到的振动频率。ν_e的数值由下式计算:

$$\nu_e = \frac{1}{2\pi}\sqrt{\frac{K_e}{\mu}}$$

式中:K_e为化学键的弹力常数;μ为分子的折合质量。所以,由上面讨论可知,分子振转能量若以波数表示,其值如下:

$$\frac{E_{vr}}{hc} = \frac{E_v + E_r}{hc} = \left[(v + \frac{1}{2})\omega_e - (v + \frac{1}{2})^2 x_e \omega_e\right] + BJ(J+1)$$

式中:$\omega_e = \dfrac{\nu_e}{c}$称为特征波数;$B = \dfrac{h}{8\pi^2 Ic}$为转动常数$(\mathrm{cm}^{-1})$;$c$为光速。

分子中振转能级的跃迁不是随意两个能级都能发生的,它遵循一定的规律——称为光谱选律。对振转光谱来说,其选律为

$$\Delta v = \pm 1, \pm 2, \cdots;$$

$$\Delta J = \pm 1$$

当Δv不为± 1时,其谱带强度随Δv的绝对值加大而迅速减弱。若从基态出发,$\Delta v = +1$的谱带称为基频谱带,$\Delta v = +2$的谱带称为倍频谱带。

当分子的振转能级由E''(其振动能级为基态)升高到E'(其振动能级为第一激发态)时,吸收的辐射波数为(注意,同一分子其基态与激发态的转动常数不同)

$$\bar{\nu} = \frac{E' - E''}{hc} = \frac{E_v' - E_v''}{hc} + \frac{E_r' - E_r''}{hc} = \bar{\nu}_1 + \frac{E_r' - E_r''}{hc}$$

$$= \bar{\nu}_1 + B_v'J'(J'+1) - B_v''J''(J''+1) \qquad (125\text{-}2)$$

式中:B_v''、B_v'分别为振动基态和第一激发态的转动常数;$\bar{\nu}_1$为纯振动跃迁产生的谱线的波数,亦即基态振动频率(cm^{-1})。由式(125-2)知,振转能级的跃迁产生的吸收光谱不是一条而是一组谱带,光谱上将其进行了命名,当$\Delta J = J' - J'' = -1$时为P支谱线,代入式(125-2)整理后得

$$\bar{\nu}_P = \bar{\nu}_1 - (B_v' + B_v'')J'' + (B_v' - B_v'')J''^2$$

令$m = -J'' = -1, -2, -3, \cdots$,则有

$$\bar{\nu}_P = \bar{\nu}_1 + (B_v' + B_v'')m + (B_v' - B_v'')m^2 \qquad (125\text{-}3)$$

同样,当$\Delta J = J' - J'' = +1$时为R支谱线,代入式(125-2)整理后得

$$\bar{\nu}_R = \bar{\nu}_1 + (B_v' + B_v'')(J'' + 1) + (B_v' - B_v'')(J'' + 1)^2$$

令$m = J'' + 1 = 1, 2, 3, \cdots$,则有

$$\bar{\nu}_R = \bar{\nu}_1 + (B_v' + B_v'')m + (B_v' - B_v'')m^2 \qquad (125\text{-}4)$$

合并P支和R支谱线,得谱线公式

$$\bar{\nu} = \bar{\nu}_1 + (B_v' + B_v'')m + (B_v' - B_v'')m^2 \qquad (125\text{-}5)$$

式中:$m = -1, -2, -3, \cdots$时为P支,$m = 1, 2, 3, \cdots$时为R支。

此外,由实验谱图的谱线可得经验公式:

$$\tilde{\nu} = c + dm + em^2 \tag{125-6}$$

对比式(125-5)和式(125-6)可求得基态振动频率 $\tilde{\nu}_1$,振动基态和第一激发态的转动常数 B''_v、B'_v,并由此可计算 HCl 分子的一系列结构参数,方法如下。

① 由 B''_v 可求 HCl 的基态键长 R_e。

$$R_e = \sqrt{\frac{I}{\mu}} = \sqrt{\frac{h}{8\pi^2 B''_v c} \cdot \frac{1}{\mu}} \tag{125-7}$$

② 由 $\tilde{\nu}_1$ 及 $\tilde{\nu}_2$($\tilde{\nu}_2 = 5\,668.0\ cm^{-1}$ 为基态到第二激发态纯振动跃迁产生的谱线的波数)可求特征波数 ω_e、非谐振性校正系数 x_e,并进一步求得表征化学键强弱的弹力常数 K_e。

$$\tilde{\nu}_1 = (1-2x_e)\omega_e$$
$$\tilde{\nu}_2 = (1-3x_e)\omega_e \tag{125-8}$$

$$c\omega_e = \frac{1}{2\pi}\sqrt{\frac{K_e}{\mu}} \tag{125-9}$$

③ 求基态平衡离解能 D_e、摩尔离解能 D_0。D_e 即为振动量子数 v 趋向无穷大时的振动能量 $E_{v_{max}}$,利用 $E_{v_{max}} = E_{v_{max}-1}$,可求得 $\nu_{max} \approx \frac{1}{2x_e}$,因此

$$D_e = E_{v_{max}} = (\nu_{max} + \frac{1}{2})hc\omega_e - (\nu_{max} + \frac{1}{2})^2 hc\omega_e x_e$$
$$= \nu_{max}hc\omega_e - \nu_{max}^2 hc\omega_e x_e = \frac{1}{4x_e}hc\omega_e \tag{125-10}$$

$$D_0 = D_e - E_0 \approx \frac{1}{4x_e}hc\omega_e - \frac{1}{2}hc\omega_e \tag{125-11}$$

仪器、试剂和材料

红外分光光度计;微型计算机;气体池(光程长 10 cm);气体制备装置(1 套)。浓盐酸(CP);浓硫酸(CP)。

实验内容

(1) 气体制备装置如图 125-1 所示。

① 关闭活塞 4,打开活塞 5、8、9,开启真空泵抽气 5 min,然后关闭真空泵。关闭活塞 5,打开活塞 4,将浓盐酸滴入浓硫酸中制得 HCl 气体,经浓硫酸干燥后,存入储气瓶中备用。

② 关闭活塞 4、9,打开活塞 5,将 HCl 气体通入样品池中。样品池选用氯化钠单晶为窗口。

(2) 测定谱图。

① 将电源闸刀合上,依次打开稳压器、空气干燥器及红外分光光度计电源开关

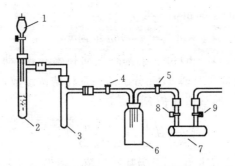

图 125-1　HCl 气体发生装置图

1—装有浓盐酸的分液漏斗；2、3—装有浓硫酸的抽滤管；

4、5、8、9—活塞；6—储气瓶；7—样品池

"POWER"键,待荧光屏上显示"INSTRUMENT READY"后,表示仪器预热好待用。

② 选择扫描范围 $600 \sim 4\,000\ cm^{-1}$,按打印扫描条件键,关闭走纸机构。

③ 打开样品室,在样品光路一边安上气体池托架,然后轻轻装入有样品的气体池,关闭样品室。

④ 按下扫描键"SCAN",并按下"VIEW"键,在"$600 \sim 4\,000\ cm^{-1}$"波数范围内进行扫描。扫毕,按"PLOT"键进行作图。

⑤ 对 $2\,500 \sim 3\,200\ cm^{-1}$ 波数范围内横坐标扩展 5 倍,据荧光屏上的谱图尺寸进行纵坐标扩展,按打印峰表"PRINT"、"PEAK"功能键,然后按作图键"PLOT"进行作图。

⑥ 取出气体池,并使仪器恢复起始波数。

⑦ 依次关掉分光光度计、稳压器、空气干燥器等电源开关"POWER"键,落下闸刀,盖好各部分仪器的罩盖。

将气体池内 HCl 气体抽出,用氮气冲洗以保护氯化钠窗口,关上气体池活塞,将其置于干燥器中。

实验数据和结果处理

(1) 用最小二乘法确定式(125-6)中 c、d、e 值。

(2) 计算基态转动常数 B_v'' 和平衡核间距 R_e。

(3) 计算分子的特征波数 ω_e、非谐振性校正系数 x_e 和化学键的弹力常数 K_e。

(4) 计算平衡离解能 D_e、摩尔离解能 D_0 和零点振动能 E_0。

实验说明

(1) 实验时,必须在教师指导下严格按操作规程使用红外分光光度计。

(2) 氯化钠窗口切勿沾水,也不要直接用手拿。实验完后一定要将样品池内样品抽空,用氮气冲洗干净。

（3）排出的气体要引向室外。

（4）实验中可采用计算机采集信息和处理数据。

思考题

1. 哪些双原子分子有红外活性？HD 有无红外活性？

2. 红外光谱的气体样品池窗口除氯化钠单晶外还可用什么材料？

3. 谱图中除 HCl 峰以外，还有什么分子作何种振动？为什么看不见 N_2 和 O_2 的吸收峰？

实验 126　I_2 的电子吸收光谱测定

实验目的

掌握 UV-240 型分光光度计的使用及操作方法；学习由 I_2 的电子吸收光谱图求 I_2 的基态离解能。

实验原理

用可见光（$4 \times 10^{-7} \sim 8 \times 10^{-7}$ m）区及紫外光（$2 \times 10^{-7} \sim 4 \times 10^{-7}$ m）区的光子照射分子，其光子的能量足以使原子或分子中的电子由通常的基态电子能级跃迁到激发态的电子能级。在电子能级跃迁的同时，振动、转动能级的跃迁亦伴随发生。由此可见，紫外吸收光谱是分子的电子-振动-转动光谱。它是比单纯的振转光谱复杂得多的一系列谱带。

电子吸收光谱谱带中的振动结构的强度分布情况，可归纳为四种类型，图 126-1 示出了四种类型的位能曲线及相应的吸收光谱图。这些光谱的特征可用夫兰克-康登原理解释。该原理认为：电子跃迁的过程非常迅速，由于"迅速"，跃迁后电子态发生了变化，但核运动在这样短的时间内跟不上变化而保持原状（原来的核间距及振动频率）。根据这一思想，结合不同分子体系的基态及激发态位能曲线的形状，可以解释不同类型强度分布的电子光谱。

第一种类型见图 126-1(a)。基态分子和激发态分子的电子状态都是束缚态，且两个状态的位能极小值处于相近的核间距处，此时最容易跃迁是从基态的 $v'=0$ 到激发态的 $v''=0$。这种跃迁得到最强的光谱线，其他跃迁则弱得多。

第二种类型见图 126-1(b)。基态分子和激发态分子的电子状态均是束缚态，但两者位能极小值不在相近核间距处，激发态平衡核间距较基态大，此时最容易发生的跃迁不是 $v'=0$ 到 $v''=0$，而是 $v'=0$ 到 $v''=a$。在 $v'=0$ 的不同核间距的范围内，向激发态的跃迁亦可发生，但强度减弱。

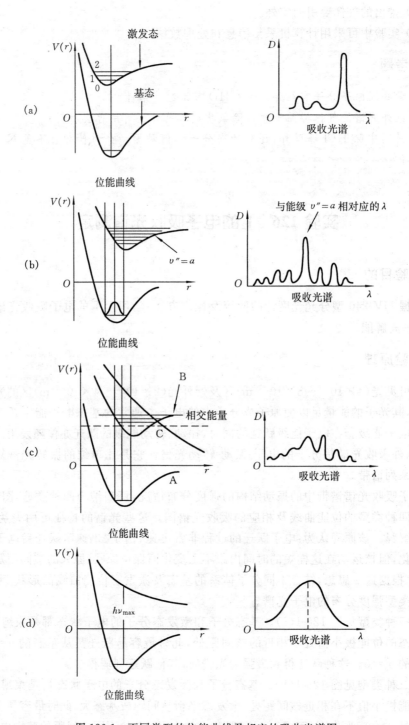

图 126-1　不同类型的位能曲线及相应的吸收光谱图

第三种类型见图 126-1(c)。电子的两个激发态中，B 仍是束缚的而 C 则是离解的，且 B 和 C 两激发态的位能发生交叉。基态 A 的电子由 $v'=0$ 可激发至激发态 B，亦可至激发态 C。但激发至 B 所需能量低，由激发到 B 产生的光谱应类似于图 126-1(b)的形状。在 B 和 C 能量交叉处，B 的光谱将受到 C 的强干扰。由于 C 状态是与连续谱相对应的，所以 C 干扰的结果使 B 的光谱线加宽，吸收光谱发生弥散而失去振动结构的锐度。

第四种类型见图 126-1(d)。由于激发态是非束缚的，由基态到激发态跃迁得到的是连续光谱。

I_2 分子的情况类似于图 126-1(c)。在一定波长范围内，其吸收光谱有振动结构和连续部分，如图 126-2 所示。由振动过渡到连续的转折点的波长 λ^*（图中虚线对应横轴处）称为收敛极限。该点的能量相当于位能曲线中由 $v'=0$ 到位能曲线 B 的渐近线之间的跃迁能量，此能量为 I_2 的基态离解能 E_0 和激发态 B 的渐近线能量 E_B 与基态 A 的渐近线能量 E_A 之差的和（图 126-3），即

$$hc/\lambda^* = E_0 + (E_B - E_A)$$

已知 $(E_B - E_A)/(hc) = 7.599 \times 10^{-3}$ m^{-1}，则 $E_0 = (1/\lambda^* - 7.599 \times 10^{-3}$ m$^{-1}) hc$。由光谱图求得 λ^*，则可得 E_0。

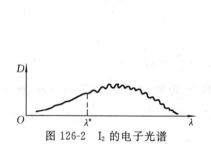

图 126-2　I_2 的电子光谱

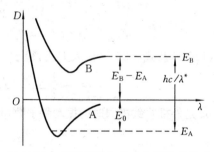

图 126-3　收敛极限与基态离解能的关系

I_2 的激发态的核间距足够大，以至基态、激发态的跃迁包括了振动结构及连续区两部分，从精密的光谱图上可直接读出 λ^*。当光谱仪精度较差时，由光谱图上得到的 λ^* 不正确，或有的分子的光谱图较复杂，不能直接从图上读出 λ^*，则需要由非谐振子模型用外推法确定 λ^*。非谐振子振动能级公式为

$$E = \left(v + \frac{1}{2}\right)\bar{\nu}_e - \left(v + \frac{1}{2}\right)^2 x_e\bar{\nu}_e \tag{126-1}$$

由于非谐振性，同一电子态中，随着振动量子数的增加，相邻两振动能级的能差将越来越小，至收敛极限时，此能差趋向于零。用 v' 和 v'' 分别表示基态和激发态的振动量子数，由于从谱图上不可能知道哪一条是 $v''=0$ 的谱线，需任意指定一条谱线，设其为 $v''_*=0$（下标"＊"用以表明此是任意假设的）。由该谱线出发，向较高能级方向由光谱图求得振动量子数每增加 1 时的能差值 $\Delta\bar{\varepsilon}$，即 $\Delta\bar{\varepsilon}(v''_*=0\rightarrow v''_*=1)$，$\Delta\bar{\varepsilon}(v''_*=1\rightarrow v''_*=2)$ 等等。由对应的 v''_* 和 $\Delta\bar{\varepsilon}$ 的数据作 $\Delta\bar{\varepsilon}$-v''_* 图，该图为随 v''_* 增大 $\Delta\bar{\varepsilon}$ 逐渐

减小的直线,外推直线,求出 $\Delta\bar{\varepsilon}=0$ 时的 υ''_*。即 υ''_*-1 到 υ''_* 的跃迁能差 $\Delta\bar{\varepsilon}=0$。根据式(126-1)有

$$\Delta\bar{\varepsilon}=\left(\upsilon''_*+\frac{1}{2}\right)\tilde{\nu}_e-\left(\upsilon''_*+\frac{1}{2}\right)^2 x_e\tilde{\nu}_e-\left(\upsilon''_*-1+\frac{1}{2}\right)\tilde{\nu}_e+\left(\upsilon''_*-1+\frac{1}{2}\right)^2 x_e\tilde{\nu}_e=0$$

$$\Delta\bar{\varepsilon}=\tilde{\nu}_e-2x_e\tilde{\nu}_e\upsilon''_*=0$$

$$x_e=\frac{1}{2\upsilon''_*} \tag{126-2}$$

设由基态电子态的振动量子数为 $\upsilon'=0$ 的能级跃迁到激发态的振动量子数为 $\upsilon''_*=0$ 的能级的能差为 $\bar{\varepsilon}(\upsilon''_*=0)$,从 $\upsilon''_*=0$ 到外推得到的收敛极限的能差为 ε,则有

$$\bar{\varepsilon}=\bar{\varepsilon}(\upsilon''_*=0)+\varepsilon$$

式中:$\bar{\varepsilon}$ 为真正的收敛极限对应的能量。

若 $\upsilon''_*=0$ 至 $\upsilon''_*=1$ 之间的能差为 $\Delta\varepsilon$,则有

$$\Delta\varepsilon=\tilde{\nu}_e-2x_e\tilde{\nu}_e(0+1)=\tilde{\nu}_e-2x_e\tilde{\nu}_e \tag{126-3}$$

$$\tilde{\nu}_e=\Delta\varepsilon/(1-2x_e)$$

根据非谐振子能量公式,有

$$\varepsilon=E(\upsilon''=\upsilon''_*)-E(\upsilon''=0)$$
$$=\left(\upsilon''_*+\frac{1}{2}\right)\tilde{\nu}_e-\left(\upsilon''_*+\frac{1}{2}\right)^2 x_e\tilde{\nu}_e-\frac{1}{2}\tilde{\nu}_e+\left(\frac{1}{2}\right)^2 x_e\tilde{\nu}_e$$
$$=\upsilon''_*\tilde{\nu}_e-x_e\tilde{\nu}_e(\upsilon''^2_*-\upsilon''_*) \tag{126-4}$$

将式(126-3)及式(126-2)代入上式,得

$$\varepsilon=\frac{1}{2}\Delta\varepsilon\upsilon''_*(\upsilon''_*+1)/(\upsilon''_*-1) \tag{126-5}$$

因为 υ''_* 是外推收敛极限时的振动量子数,其值较大,可取 $(\upsilon''_*+1)/(\upsilon''_*-1)\approx1$,所以

$$\varepsilon=\frac{1}{2}\Delta\varepsilon\upsilon''_* \tag{126-6}$$

$$\bar{\varepsilon}=\bar{\varepsilon}(\upsilon''_*=0)+\frac{1}{2}\Delta\varepsilon\upsilon''_* \tag{126-7}$$

作 $\Delta\bar{\varepsilon}-\upsilon''_*$ 图,求得 υ''_* 及任意指定的 $\upsilon''_*=0$ 的谱线的波数 $\bar{\varepsilon}(\upsilon''_*=0)$ 及 $\upsilon''_*=0$ 到 $\upsilon''_*=1$ 之间的能差 $\Delta\varepsilon$,用式(126-7)可计算得 $\bar{\varepsilon}$,由 $\bar{\varepsilon}$ 即可得 λ^*,并由 $E_0=(1/\lambda^*-7.599\times10^{-3}\ m^{-1})hc$ 可得 E_0。

图 126-4 示出了 $\bar{\varepsilon}$、ε、$\Delta\varepsilon$、$\bar{\varepsilon}(\upsilon''_*=0)$、$E_0$ 等值之间的关系。

仪器、试剂和材料

UV-240 型分光光度计(1 台)。
碘(AR)。

实验内容

(1) 仔细阅读 UV-240 型分光光度计的操作说明,在教师指导下熟悉该仪器的

使用方法。

（2）在 1 cm 厚的样品池中放入少许分析纯的固体碘。加盖后用胶黏带封好放在仪器的样品池架上。用蒸馏水作参比。

（3）样品池在 50 ℃恒温下测定谱图,此时灵敏度可取低些,但需在可能的波长范围内进行扫描,测得 D-λ 图。再在 80 ℃以下取几个温度进行同样测定。不同温度得到的 D-λ 图如图 126-5 所示。

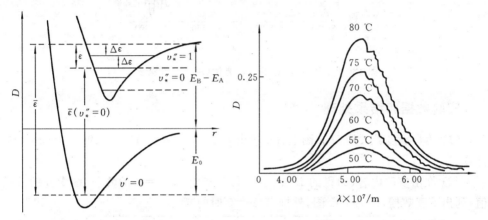

图 126-4　电子跃迁的能量关系　　　　　图 126-5　不同温度下 I_2 的吸收光谱

（4）根据上面所得的 D-λ 图选取图形在振动结构与连续谱的交界处的波长范围,以仪器的最大灵敏度测定 70 ℃时的 D-λ 图。最好能在图上打出每个峰的波长值,由该图直接找出 λ^*（图 126-6）。

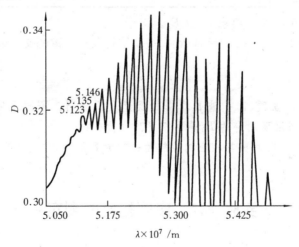

图 126-6　70 ℃时找出 λ^* 的 I_2 吸收光谱

（5）选取适当的灵敏度及波长范围,在 70 ℃测 D-λ 图（图 126-7）。同样最好能打出每个峰值的波长值,由此图用外推法求 λ^*。

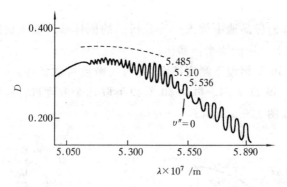

图 126-7　70 ℃时 I_2 的吸收光谱(用于外推法求 λ^*)

实验数据和结果处理

(1) 由灵敏度最大的 D-λ 图上直接读出 λ^*。由 $E_0 = (1/\lambda^* - 7.599 \times 10^{-3} \, m^{-1}) hc$ 计算 E_0。

(2) 在由实验内容(5)得的 D-λ 图上,任意指定一 $\upsilon''_* = 0$ 的峰,从图中峰的波长值,列出下表数据,作 $\Delta \bar{\varepsilon}$-υ''_* 图,外推求 $\Delta \bar{\varepsilon} = 0$ 时的 υ''_*。

υ''_*	λ/m	$\Delta \bar{\varepsilon}$
0		
1		
2		

(3) 由式(126-7)求 $\bar{\varepsilon}$,再求 λ^* 及 E_0。

计算时所选取的 $\upsilon''_* = 0$ 的峰,以远离振动结构及连续谱的交界处为好。

思考题

1. 为什么不同温度、同一波长测得的吸光度不相同? 不同温度测得的谱图的 λ^* 是否相同? 不同温度测得的 E_0 是否相同? 为什么?

2. 由 I_2 的 D-λ 图画出其相应的位能曲线的大致形状,并说明之。

实验 127　液体黏度的测定

实验目的

掌握液体黏度测定的几种常用方法——毛细管法、落球法和转筒法;了解溶液的浓度、温度对黏度的影响;了解物体本身的性质对黏度的影响。

实验原理

黏度(η)是由液体内部的黏滞阻力产生的,它与液体的组成及温度有关,所以黏度的测量必须在严格的恒温条件下进行。当液体受到外力作用产生流动时,在流动着的液体层之间存在着切向的内部摩擦力。如果要使液体通过管子,必须消耗一部分功来克服这种流动的阻力。在流速低的管子中的液体沿着与管壁平行的直线方向前进,最靠近管壁的液体实际上是静止的。与管壁距离愈远,流动的速率也愈大。流层之间的切向力 F 与两层间的接触面积 A 和速率差 Δv 成正比,而与两层间的距离 Δx 成反比,即

$$F = \eta A \frac{\Delta v}{\Delta x} \tag{127-1}$$

如果用 σ 表示单位面积液体的黏滞阻力,$\sigma = F/A$,上式可以写为

$$\sigma = \eta \frac{\Delta v}{\Delta x} \tag{127-2}$$

式中:η 为比例常数,其数值相当于流速梯度为1 s^{-1}、面积为 1 cm^2 时两层液体间的内摩擦力,称为黏度。这就是牛顿黏度定律的表达式。黏度的单位为 10^{-1} Pa·s。

液体黏度的测量方法有毛细管法、落球法、转筒法。毛细管法测黏度具有仪器设备简单、操作便利、测定和数据处理方便等优点。落球法可用于 $1 \sim 10^3$ Pa·s 的液体黏度的测量。转筒法也称旋转柱体法,该法测量黏度的范围很广,为 $10^{-2} \sim 10^7$ Pa·s。

影响液体黏度的因素比较复杂,液体的黏度与浓度、温度等有关,还与物体本身的性质有关,如带电离子的半径大小、所带电荷的多少、溶液中反离子等等。

当液体在毛细管黏度计流动时,如果促使液体流动的力全部用于克服液体的内摩擦而没有别的能量损耗时,牛顿定律可以导出 Poiseuille 定律:

$$\eta = \frac{\pi p r^4 t}{8 l V} \tag{127-3}$$

式中:p 是毛细管两端的压力差;r 是毛细管半径;l 是毛细管长度;V 是 t 秒内流出液体的体积。

在温度恒定的条件下,用同一支黏度计测定已知的标准液体和待测液体的流出时间,假定已知的标准液体和待测液体的流出时间分别为 t_0 和 t,液体的相对黏度可表示为

$$\eta = \frac{\rho t}{\rho_0 t_0} \eta_0 \tag{127-4}$$

式中:ρ、ρ_0 分别为待测液体与标准液体的密度;η_0 为实验温度下标准液体的黏度。实验中常以水为标准物质,$\eta_{水}$ 可由手册查得。

当用旋转黏度计测量液体的黏滞阻力与液体的绝对黏度,黏度计工作时,同步电动机以稳定的速率旋转,连接刻度圆盘,再通过游丝和转轴带动转子旋转。如果转子未受到液体的阻力,则指针在刻度圆盘上指出的读数为"0";反之,如果转子受到液体

的黏滞阻力,则游丝产生扭矩,与黏滞阻力抗衡最后达到平衡,这时与游丝连接的指针在刻度圆盘上指示一定的读数(即游丝的扭转角)。将读数乘上特定的系数即得到液体的黏度(mPa·s),即

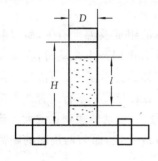

图 127-1　落球法示意图

$$\eta = K\alpha \qquad (127-5)$$

式中:η 为绝对黏度;K 为系数;α 为指针所指读数(偏转角度)。

落球法(图 127-1)是一种测量液体绝对黏度的方法。如果一小球在黏滞体中铅直下落,由于附着于球面的液层与周围其他液层之间存在着相对运动,因此小球受到黏滞阻力,它的大小与小球下落的速率有关。当小球做匀速运动时,测出小球下落的速率,就可以按下式计算出液体的黏度。

$$\eta = \frac{(\rho' - \rho)gd^2t}{18l} \cdot \frac{1}{\left(1 + 2.4\dfrac{d}{D}\right)\left(1 + 1.6\dfrac{d}{H}\right)} \qquad (127-6)$$

式中:ρ' 为小球材料的密度;l 为小球匀速下落的距离;t 为小球下落 l 距离所用的时间;d 为小球的直径;D 为容器内径;H 为液柱高度。

仪器、试剂和材料

恒温水浴(包括电动搅拌、加热器、继电器、水银接触温度计);Ostwald 式和 Ubbelohde 式黏度计(各 1 支);NDJ-1A 型旋转黏度计(1 台);落球法黏滞系数测定仪(1 台);停表;移液管(5 mL、10mL)、容量瓶(100 mL);洗耳球;烧杯。

蒸馏水;无水乙醇;甘油(AR);三乙醇胺(AR);蓖麻油;KCl;NaCl;LiCl;NaI;NaBr;NaF。

实验内容

(1) 配制不同浓度的溶液。分别配制 6 mol·L^{-1}、5 mol·L^{-1}、4 mol·L^{-1}、2 mol·L^{-1}、1 mol·L^{-1}、0.5 mol·L^{-1} 的各种溶液各 100 mL。

(2) 洗涤黏度计。黏度计是否清洁干净,是决定实验成败的关键之一。如果是新的黏度计,先用洗液洗,再用自来水洗 3 次,去离子水洗 3 次,烘干待用。

(3) 估计被测液体的黏度范围,然后根据量程表选择适当的转子和转速,选择原则是高黏度的液体选用小的转子、慢的转速,低黏度的液体选用大的转子和快的转速。

(4) 分别用不同的黏度计测定各液体的流出时间及指针偏转角度。

(5) 改变温度,重复上述步骤。

实验数据和结果处理

(1) 根据式(127-4)和式(127-5),分别求出不同浓度溶液的黏度。

（2）分别作出不同物质的黏度随浓度的变化曲线。

思考题

1. 总结浓度、离子半径、温度、电荷对黏度的影响。
2. 比较液体黏度的不同测量方法。

实验 128　催化合成烷基碳酸酯

实验目的

通过实验了解反应精馏法在酯交换反应中的作用；了解间歇式高压反应釜的基本操作技术；了解催化反应中催化剂的筛选、评价及表征；了解共沸混合物的特点及分离方法；了解用气相色谱仪分析产物并定量的方法。

实验原理

烷基碳酸酯的结构式为$(C_nH_{2n+1}O)_2CO$，一般为无色透明液体，有刺激性气味，具有可燃性，无腐蚀性，微溶于水，溶于乙醇、乙醚等有机溶剂。常见的烷基碳酸酯有碳酸二甲酯（DMC）、碳酸二乙酯（DEC）、碳酸甲乙酯（EMC）和碳酸二丁酯（DBC）。烷基碳酸酯分子中含有羰基、烷基、烷氧基等基团，具有多种反应活性和性能，常用于合成医药、农药、染料、精细化工中间体、电子工业用化学品、食品添加剂、抗氧化剂、表面活性剂和汽油添加剂等，同时也是生产聚氨酯、聚碳酸酯、氨基甲酸酯等的重要原料。因此，近年来对于烷基碳酸酯合成工艺的研究与开发受到广泛关注。

本实验分别以甲醇与碳酸乙烯酯进行酯交换反应制备碳酸二甲酯及甲醇、CO 和 O_2 通过氧化羰基化反应制备碳酸二甲酯。

仪器、试剂和材料

反应精馏装置（图 128-1）；间歇式高压反应釜装置（图 128-2）；GC-112 气相色谱仪；蒸馏装置；停表；移液管（5 mL、10 mL）；容量瓶（10 mL、100 mL）；洗耳球；烧杯。

蒸馏水；CuCl；$CuCl_2$；$CuBr_2$；CuI；1,10-邻菲啰啉；2,2′-联吡啶；吡啶；2-甲基吡

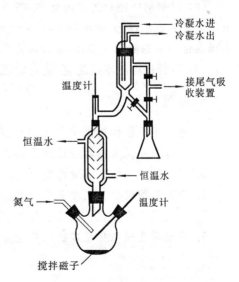

冷凝水进
冷凝水出

接尾气吸收装置

温度计

恒温水

恒温水

氮气

温度计

搅拌磁子

图 128-1　反应精馏装置

啶;2-氨基吡啶;N-甲基咪唑;2-甲基咪唑;1,2-二甲基咪唑。

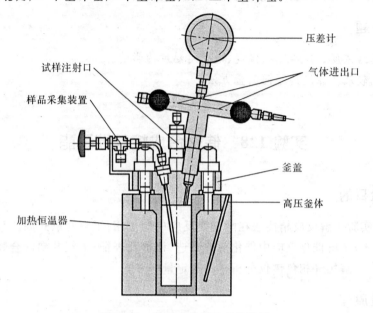

图 128-2　间歇式高压反应釜装置

实验内容

(1) 以不同固体酸或碱为催化剂,在反应精馏装置中,研究甲醇与碳酸乙烯酯的酯交换反应;比较不同酸或碱的催化活性,考察反应条件的影响,筛选最佳工艺条件。

(2) 以铜的卤化物为主催化剂,各种含氮的有机化合物为助催化剂,在间歇式高压反应釜装置中,研究甲醇与 CO 和 O_2 进行氧化羰基化反应制备碳酸二甲酯;比较不同催化体系的催化性能,考察反应条件的影响,筛选最佳工艺条件。

(3) 进行反应速率的测定,建立宏观动力学方程。

思考题

1. 比较不同固体酸或碱催化剂在酯交换反应中的催化性能。
2. 讨论酯交换反应的最佳反应条件。
3. 阐述反应精馏装置对酯交换反应的作用。
4. 比较不同催化体系在氧化羰基化反应中的催化性能。
5. 讨论氧化羰基化反应的最佳反应条件。
6. 写出氧化羰基化反应的宏观动力学方程。

第五部分

有机化学实验

实验 129 熔点的测定及温度计的校正

实验目的

掌握 b 形管测定熔点的方法;对所用的温度计进行校正。

实验原理

熔点是固体有机化合物固、液两态在大气压力下达成平衡时的温度。纯的固体有机化合物一般都有固定的熔点,固、液两态之间的变化是非常敏锐的,自初熔至全熔(熔点范围称为熔程),温度不超过 0.5～1 ℃。

加热纯有机化合物,当温度接近其熔点范围时,升温速率随时间变化约为恒定值(图 129-1)。

化合物温度不到熔点时以固态存在,加热使温度上升,达到熔点,开始有少量液体出现,而后固液平衡;继续加热,温度不再变化,此时加热所提供的热量使固体不断转变为液体,直至固体完全熔化,继续加热则温度线性上升。因此在接近熔点时,加热速率一定要慢,每分钟温度升高不能超过 2 ℃,只有这样,才能使整个熔化过程尽可能接近于两相平衡条件,测得的熔点也越精确。

当含杂质时(假定两者不形成固熔体),根据 Laoult 定律可知,在一定的压力和温度条件下,在溶剂中增加溶质会导致溶剂蒸气分压降低,如图 129-2 中的 $M'L'$ 曲线。固、液两相交点 M' 即代表含有杂质化合物达到熔点时的固、液相平衡共存点,T_M' 为含杂质时的熔点,显然,此时的熔点比不含杂质时低。

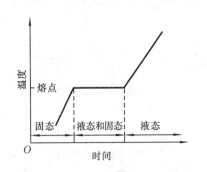

图 129-1 状态随时间和温度的变化

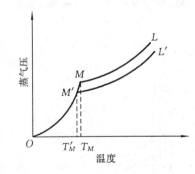

图 129-2 物质蒸气压随温度的变化

在鉴定某未知物时,如测得其熔点和某已知物的熔点相同或相近,不能认为它们为同一物质。还需把它们混合,测该混合物的熔点,若熔点仍不变,才能认为它们为同一物质。若混合物熔点降低,熔程增大,则说明它们属于不同的物质。混合熔点实验是检验两种熔点相同或相近的有机物是否为同一物质的最简便方法。多数有机物的熔点都在 400 ℃以下,较易测定。但也有一些有机物在其熔化以前就发生分解,只能测得分解点。

试剂

液体石蜡;对甲苯胺;萘;尿素;乙酰苯胺;水杨酸;对二苯酚。

实验内容

1. 样品的装入

将少许样品放于干净表面皿上,用玻璃棒将其研细并集成一堆。把熔点管开口一端垂直插入堆集的样品中,使一些样品进入管内,然后将装有样品的熔点管管口向上放入长 50～60 cm 垂直桌面的玻璃管中,管下可垫一表面皿,使之从高处落于表面皿上,如此反复几次后,可把样品装实,样品高度 2～3 mm。熔点管外的样品粉末要擦干净,以免污染传热液体。装入的样品一定要研细、装实,否则影响测定结果。

2. 测熔点

按图 129-3 搭好装置,在 b 形管中加入液体石蜡,剪取一小段橡皮圈套在温度计和熔点管的上部。将黏附有熔点管的温度计小心地插入热浴中,以小火在图示部位加热。开始时升温速率可以快些,当传热液体温度距离该化合物熔点 10～15 ℃时,调整火焰使每分钟温度上升 1～2 ℃,愈接近熔点,升温速率应愈缓慢,每分钟 0.2～0.3 ℃。为了保证有充分时间让热量由管外传至毛细管内使固体熔化,升温速率是准确测定熔点的关键。另外,观察者不可能同时观察温度计所示读数和试样的变化情况,只有缓慢加热才可使此项误差减小。记下试样开始塌落并有液珠产生(初熔)时和固体完全消失(全熔)时的温度读数,此范围即为该化合物的熔程。要注意观察在加热过程中试样是否有萎缩、变色、发泡、升华、炭化等现象,若有应如实记录。

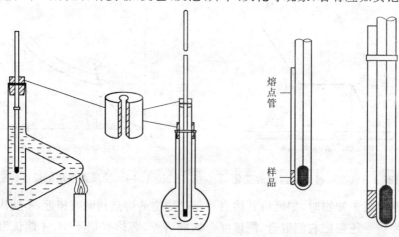

图 129-3　b 形管测熔点装置

熔点的测定至少要重复两次。每一次测定必须用新的熔点管另装试样,不得将已测过熔点的熔点管冷却,使其中试样固化后再进行第二次测定。因为有时某些化合物部分分解,有些经加热会转变为具有不同熔点的其他结晶形式。

如果测定未知物的熔点,应先对试样粗测一次,加热可以稍快,知道大致的熔程,待传热液体温度降至熔点以下 30 ℃左右,再另取一根装好试样的熔点管准确测定。

一定要等液体石蜡冷却后,方可将其倒回瓶中。温度计冷却后,方可用水冲洗,以免热温度计骤冷使水银球破裂。

3. 温度计校正

测熔点时,温度计上的熔点读数与真实熔点之间常有一定的偏差,这可能由以下原因引起。首先,温度计的制作质量差,如毛细孔径不均匀、刻度不准确。其次,温度计有全浸式和半浸式两种,全浸式温度计的刻度是在温度计汞线全部均匀受热的情况下刻出来的,而测熔点时仅有部分汞线受热,因而露出的汞线温度较全部受热者低。

为了校正温度计,可选用纯有机化合物的熔点作为标准或选用一标准温度计校正。选择数种已知熔点的纯化合物为标准,测定它们的熔点,以观察到的熔点作纵坐标,测得熔点与已知熔点差值作横坐标,画成曲线,即可从曲线上读出任一温度的校正值。

思考题

1. 分别测得样品 A 和 B 的熔点都为 100 ℃,将 A 和 B 按任意比例混合后,测定的熔点仍为 100 ℃,这说明什么?

2. 测熔点时,在下列情况下将产生什么结果?

(1) 熔点管管壁太厚。

(2) 熔点管底部未完全封闭,尚有一针孔。

(3) 熔点管不洁净。

(4) 样品未完全干燥或含有杂质。

(5) 样品研得不细或装得不紧密。

(6) 加热太快。

实验 130 蒸馏及沸点的测定

实验目的

了解蒸馏和沸点测定的用途;掌握蒸馏烧瓶、冷凝管等的使用方法,学会安装和使用蒸馏装置。

实验原理

当液体饱和蒸气压与外界压力相等时,液体开始沸腾气化。蒸馏是将液体加热到沸腾状态使之气化,再将蒸气冷凝为液体的两个联合操作。它是分离和提纯液体化合物最常用的一种方法,也是测定液体沸点的一种方法。沸点是液体的饱和蒸气压与外界压力相等时的温度。每种纯的有机化合物在一定的压力下均有恒定的沸点。液体沸点的测定可以用来鉴别有机化合物,也可以用来定性地鉴定化合物的纯度。

沸点的测定通常在物质的蒸馏提纯过程中附带进行(常量法),而测定纯液态有机物的沸点通常用微量法(实验装置见附图 11-7)。

试剂

95%工业乙醇 15 mL。

实验内容

在 25 mL 的圆底烧瓶中,加入 15 mL 95%工业乙醇、2~3 粒沸石,装好仪器(注意温度计水银球的上端与蒸馏头支管的下端平齐)。通入冷却水后开始加热,控制冷却水流速以能保证蒸气充分冷凝为宜,一般只需保持缓慢的水流即可。加热并注意观察烧瓶内的现象和温度计读数的变化。当瓶内液体开始沸腾时,蒸气前沿逐渐上升,待达到温度计的水银球部位时,温度计读数急剧上升。这时应控制好加热速率,使水银球上的液滴和蒸气达到平衡,流出的液滴控制在每秒 1~2 滴为宜。当温度计读数上升到 77 ℃时,换一个已称量过的干燥圆底烧瓶或小锥形瓶作为接收器,收集77~79 ℃的馏分。当蒸馏瓶内的液体只剩下少量(约 0.3 mL)时,即可停止加热,不应将瓶内液体完全蒸干。称量所收集馏分并计算回收率。

思考题

1. 什么叫沸点? 液体的沸点与大气压有何关系?
2. 蒸馏时为何要加沸石? 如蒸馏时忘加沸石,能否立即将沸石加入接近沸腾的液体中? 沸石用过后,能否继续使用?
3. 如果液体有恒定的沸点,能否认为它是纯物质?
4. 能否用简单蒸馏的方法将 95%的乙醇进行分离?

实验 131　从茶叶中提取咖啡因

实验目的

了解天然产物的提取方法及索氏提取器的用法;掌握升华的基本原理及操作步骤。

实验原理

茶叶中含有多种生物碱,其中以咖啡碱(又称为咖啡因)为主,占 1%~5%,另外还含有 11%~12%的丹宁酸(又称为鞣酸)、0.6%的色素、纤维素、蛋白质等。咖啡因是弱碱性化合物,易溶于氯仿(12.5%)、水(2%)及乙醇(2%)等,在苯中的溶解度为 1%(热苯中为 5%)。丹宁酸易溶于水和乙醇,但不溶于苯。

咖啡因是杂环化合物嘌呤的衍生物,它的化学名称是 1,3,7-三甲基-2,6-二氧嘌呤,其结构式如下:

嘌呤　　　　　　　　　　　　咖啡因

含结晶水的咖啡因是无色针状晶体,味苦,能溶于水、乙醇、氯仿等。含结晶水的咖啡因在 100 ℃时即失去结晶水,并开始升华,120 ℃时升华相当显著,178 ℃时升华很快。咖啡因的熔点为 234.5 ℃。

为了提取茶叶中的咖啡因,往往利用适当的溶剂(氯仿、乙醇、苯等)在脂肪提取器中连续抽提,然后蒸去溶剂即得粗咖啡因。粗咖啡因中还含有其他一些生物碱和杂质,利用升华可进一步提纯。

工业上咖啡因主要通过人工合成制得。它具有刺激心脏、兴奋大脑神经和利尿等作用,故可作为中枢神经兴奋药。它也是复方阿司匹林(APC)等药物的组分之一。

试剂

茶叶(2 g);95%乙醇;生石灰。

实验内容

称取 2 g 茶叶,用滤纸包好①,放入恒压滴液漏斗中②,再在漏斗的上口加一回流冷凝管,然后与盛有 20 mL 95%乙醇的圆底烧瓶组成类似脂肪提取器的提取装置。加热,当萃取液刚刚淹没滤纸套时,立即打开活塞放出液体,这样反复操作多次。连续提取 1 h 后③停止加热,改成蒸馏装置,回收萃取液中的大部分乙醇④。

趁热把残液倾入蒸发皿中,拌入约 1 g 生石灰粉⑤,使之成糊状。用电热套加热除去全部溶剂⑥及水分,并用玻璃钉将粗产物研成粉末状。冷却后擦去沾在蒸发皿边上的粉末,以免升华时污染产物。取一只合适的三角漏斗罩在盖有滤纸(刺有许多小孔)的蒸发皿上,用电热套小心加热升华⑦。在温度低于150 ℃下升华15 min后停止加热,冷至100 ℃左右。揭开漏斗和滤纸,若上面附有针状咖啡因,则用不锈钢刮抄刮下。然后将残渣拌和均匀,升至200 ℃左右,继续升华20 min,使之升华完全。合并两次的咖啡因,测定熔点。一般可得到15~25 mg咖啡因。

简易升华装置如附图11-21(a)所示。

附注

① 茶叶的包法是将滤纸做成一个滤纸套,其大小既要紧贴器壁又能方便取放。其高度不得超过恒压滴液漏斗的支管,茶叶不得漏出,以免其堵塞活塞,纸套上面折成凹形,以保证回流液均匀浸润被萃取物。

② 本实验用恒压滴液漏斗代替脂肪提取器。脂肪提取器如附图11-23所示。

③ 当新鲜提取液颜色很淡时,即可停止提取。

④ 瓶中的乙醇不可蒸得过干,否则残液较黏,转移时损失大。

⑤ 生石灰粉起吸水和中和作用,可除去部分杂质。

⑥ 用电热套除去溶剂和水分时,须小心控制温度,以免炭化。

⑦ 在萃取回流充分的情况下,升华操作的好坏是本实验成败的关键。

思考题

1. 除实验所示的方法外,还有什么方法可用来从茶叶中提取咖啡因?

2. 萃取和升华的原理是什么?

实验 132　　重结晶及过滤操作

实验目的

了解重结晶的原理,初步学会用重结晶方法提纯固体有机化合物;掌握热过滤和抽滤等操作。

实验原理

重结晶是纯化固体化合物的重要方法之一,其原理是利用被提纯物质与杂质在某溶剂中溶解度的不同分离纯化的。其主要步骤为:①将不纯固体样品溶于适当溶剂制成热的近饱和溶液;②如溶液含有有色杂质,可加活性炭煮沸脱色,将此溶液趁热过滤,以除去不溶性杂质;③将滤液冷却,使结晶析出;④抽滤,使晶体与母液分离。洗涤、干燥后测熔点,如纯度不合要求,可重复上述操作。

必须注意,杂质含量过高对重结晶极为不利,影响结晶速率,有时甚至妨碍结晶的生成。重结晶一般只适用于杂质含量在 5% 以下的固体化合物,所以在结晶之前应根据不同情况,分别采用其他方法进行初步提纯,如水蒸气蒸馏、萃取等,然后再进行重结晶。

重结晶的关键是选择合适的溶剂,理想溶剂应具备以下条件:①不与被提纯物质起化学反应;②被提纯物质在温度高时溶解度大,而在室温或更低温度时溶解度小;③杂质在热溶剂中不溶或难溶,在冷溶剂中易溶;④容易挥发,易与结晶分离;⑤能得到较好的晶体。

除上述条件外,晶形好、回收率高、操作简单、毒性小、易燃程度低、价格便宜的溶剂更佳。常用的溶剂有水、乙醇、丙酮、苯等,有时也用混合溶剂。

试剂

粗苯甲酸;粗乙酰苯胺;粗乙酰水杨酸。

实验内容

1.用水重结晶苯甲酸

称取 0.5 g 粗苯甲酸,加到 25 mL 烧杯中,再加入 10 mL 水和几粒沸石。加热至沸,并用玻璃棒不断搅动,使固体溶解。若有少量未溶解的固体,可继续加入少量热水至固体全溶(每次加入 1～2 mL 热水,若加入溶剂并加热后并未使不溶物减少,则可能为不溶性杂质,此时可不必再加溶剂。但为防止热过滤时晶体在漏斗中析出,可使溶剂的量比沸腾时饱和溶液所需的溶剂量适当多一些)。若溶液颜色较深,则移去热源,稍冷后加入少许活性炭(为重结晶样品质量的 1%～5%)。活性炭绝对不能加到正在沸腾的溶液中,否则将造成暴沸,稍加搅拌后继续加热 2～5 min。

热过滤时,可以用事先预热的三角漏斗,也可以用带有夹套的热水漏斗。在漏斗中放一叠好的折叠式滤纸,用少量热水润湿。将上述溶液通过折叠式滤纸迅速滤入 25 mL 的烧杯中。每次倒入的液体不要太满,也不要等溶液全部滤完后再加。在热过滤过程中应保持溶液的温度,为此将未过滤的部分继续用小火加热,以防冷却。待所有溶液过滤完毕后,用少量热水洗涤烧杯和滤纸。

用表面皿将盛滤液的烧杯盖住,放置一旁,稍冷后用冰水冷却,使结晶完全。如要获得较大的结晶,可在过滤完后将滤液重新加热至全溶,再使其自然冷却至室温,然后用冰水冷却。

用布氏漏斗抽滤使结晶和母液分离,并用空心塞挤压固体,使母液尽量除去。拔下抽滤的橡皮管或打开安全瓶上的活塞,停止抽气,向布氏漏斗中加入少量冷水,使晶体润湿,可用玻璃棒使晶体松动,然后重新抽干,如此重复 1～2 次。

用刮抄将晶体转移到表面皿上,置于红外灯下烘干(注意不要使温度超过 100 ℃)。干燥完全后,测定熔点,并与粗产物的熔点比较,称重并计算回收率。纯苯甲酸是无色针状晶体,熔点为 122.4 ℃。

2. 用水重结晶乙酰苯胺

在 100 mL 烧杯中加入 0.5 g 粗乙酰苯胺,再加入适量的水(乙酰苯胺在 100 mL 水中的溶解度为 0.46(20 ℃)、0.56(25 ℃)、0.84(50 ℃)、3.45(80 ℃)、5.5(100 ℃)),加热使其溶解(溶解过程中会出现油状物,此油状物不是杂质,而是乙酰苯胺和水形成的共熔物,此时可继续加热或加水至油状物全部溶解)。以下步骤与要求和苯甲酸的重结晶相同。

3. 用乙醇-水的混合溶剂重结晶乙酰水杨酸

在装有回流冷凝管的 25 mL 圆底烧瓶中,加入 0.5 g 粗乙酰水杨酸固体、5~6 mL 95%的乙醇、几粒沸石。接通冷凝水后加热至沸,并不时摇动以加速溶解。待固体完全溶解后,趁热滤入一小锥形瓶中(乙醇为易燃溶剂,过滤时周围切不可有明火)。然后继续加热滤液至沸,同时用滴管滴加蒸馏水,至沸腾条件下出现混浊而不再变澄清为止。滤液于室温下放置,自然冷却结晶。以下操作与苯甲酸重结晶的要求相同。乙酰水杨酸为白色晶体,熔点为 135 ℃。

思考题

1. 加热溶解待重结晶的粗产物时,为何先加入比计算量略少的溶剂,然后再渐渐加至恰好溶解,最后再补加少量溶剂?

2. 减压过滤收集固体时,为什么在关闭水泵前要通大气?

3. 用有机溶剂重结晶时,在哪些操作上易着火? 应如何防止?

实验 133　柱　色　谱

实验目的

了解色谱的基本原理及用途;掌握柱色谱的操作步骤。

实验原理

柱色谱法涉及被分离的物质在液相和固相之间的分配,因此可以把它看做是一种固-液吸附色谱法。固定相是固体,液体样品通过固体时,由于固体表面对液体中各组分的吸附能力不同而使各组分分离。

柱色谱法是通过色谱柱来实现分离的,色谱柱内装有固体吸附剂(固定相),如氧化铝或硅胶。液体样品从柱顶加入,在柱的顶部被吸附剂吸附。然后,从柱顶加入有机溶剂(作洗脱剂),由于吸附剂对各组分的吸附能力不同,各组分以不同的速率下移,被吸附较弱的组分在流动相(洗脱剂)里的质量分数比被吸附较强的组分要高,并以较快的速率向下移动,各组分随溶剂以不同的时间从色谱柱下端流出,用容器分别收集洗脱液,再分别鉴定。

试剂

1%苏丹(Ⅲ)和对硝基苯胺的混合苯溶液;1%邻硝基苯胺和对硝基苯胺的混合苯溶液;1∶2的乙酸乙酯-石油醚混合液。

实验内容

1. 苏丹(Ⅲ)和对硝基苯胺的分离

本实验用中性氧化铝为吸附剂,以 1∶2 的乙酸乙酯-石油醚为洗脱剂。对于苏丹(Ⅲ)和对硝基苯胺,吸附剂对前者的吸附较弱,淋洗过程中,苏丹(Ⅲ)首先被洗脱。而对硝基苯胺的洗脱,需用极性稍大的乙醇(或氯仿)作为洗脱剂。

将 20 cm 长的小色谱柱①垂直装置,以 25 mL 的小锥形瓶作洗脱液的接收器。用镊子取少许脱脂棉(或玻璃毛),放在干净的色谱柱底部,轻轻塞紧。在脱脂棉上盖一层厚 0.5 cm 的石英砂(或用一张比柱内径略小的滤纸代替)。关闭活塞,向柱内倒入 1∶2 的乙酸乙酯-石油醚,至约为柱高的 3/4 处,打开活塞,控制流出速率为 1 滴/s。通过干燥的玻璃漏斗,慢慢地加入色谱柱用中性氧化铝(12~18 g),用木棒或带橡皮塞的玻璃棒,轻轻敲打柱身下部,使填装紧密②。当装至柱高的 3/4 处时,再在上面加一层 0.5 cm 厚的石英砂③(或用一张比柱内径略小的滤纸代替)。操作时,一直保持上述流速,注意不能使液面低于石英砂的上层④。

当溶剂液面刚好流至石英砂面时,关闭活塞。用滴管沿柱壁加入 1 mL 含有 50 mg苏丹(Ⅲ)及 50 mg 对硝基苯胺的苯溶液⑤。开启活塞,当此液面即将流至石英砂面时,用少量洗脱液洗下管壁的有色物质。如此连续 2~3 次,直至洗净为止。然后在色谱柱顶端装上滴液漏斗(附图 11-25),用 1∶2 的乙酸乙酯-石油醚溶液 50 mL洗脱⑥,控制流速同前。

红色的苏丹(Ⅲ)因极性小而向下移动,极性较大的对硝基苯胺则留在柱子的上端。当红色的色带快洗出时,更换一个接收器,继续淋洗至滴出液无色为止。换一个接收器,继续洗脱或改用乙醇⑦(约 30 mL)作为洗脱剂。黄色液开始洗出时,用另一接收器收集,至黄色物质洗下为止。将上述含有苏丹(Ⅲ)和对硝基苯胺的溶液,分别用旋转蒸发仪蒸去溶剂,快蒸干时移至蒸发皿中,用红外灯烘干,得固体结晶产物,干燥后测熔点。

2. 邻硝基苯胺和对硝基苯胺的分离

同上装好色谱柱。当 1∶2 的乙酸乙酯-石油醚的液面恰好降至氧化铝上端的表面时,即用滴管沿柱壁加入 1 mL 邻硝基苯胺和对硝基苯胺混合液⑧。当溶液面降至氧化铝上端表面时,用滴管加入洗脱液,洗去黏附在柱壁上的混合物。然后在色谱柱上装置滴液漏斗,用 1∶2 的乙酸乙酯-石油醚淋洗。控制滴加速率同前,可观察到色层带的形成和分离。当黄色的邻硝基苯胺到达柱底时,即更换一个接收器,收集全部此色层带,然后收集淡黄色的对硝基苯胺色层带。

同上,分别用旋转蒸发仪除去溶剂,冷却结晶,干燥后测熔点。对硝基苯胺的熔点为 147～148 ℃,邻硝基苯胺的熔点为 71～71.5 ℃。

附注

① 色谱柱的大小取决于被分离物的量和吸附性。一般的规格是,柱的直径为其长度的1/10～1/4。实验室中常用的色谱柱,其直径在 0.5～10 cm 之间。当吸附物的色带占吸附剂高度的 1/10～1/4 时,此色谱柱已经可用作色谱分离了。色谱柱或酸式滴定管的活塞应涂润滑脂。

② 色谱柱填装紧密与否对分离效果很有影响。若柱中有气泡或各部分松紧不匀,会影响渗滤速率和显色的均匀,柱中更不能有断层或暗沟。但如果填装时过分敲击,又会因太紧密而流速太慢。

③ 加入石英砂的目的是在加料时不致把吸附剂冲起而影响分离效果。若无石英砂,也可用玻璃毛或剪成比柱子内径略小的滤纸压在吸附剂上面。

④ 为了保持柱子的均一性,使整个吸附剂浸泡在溶剂或溶液中是必要的。否则当柱中溶剂或溶液流干时,就会使柱身干裂,影响渗滤和显色的均一性。

⑤ 最好用移液管或滴管将被分离溶液转移至柱中。

⑥ 如不装置滴液漏斗,也可用每次倒入 10 mL 洗脱剂的方法进行洗脱。

⑦ 洗脱剂若改用极性更强的乙醇,则洗脱速率更快些。有时为了洗脱分离极性相近的化合物,需按不同比例配制极性不同的混合溶剂作洗脱剂。

⑧ 邻硝基苯胺和对硝基苯胺的混合液是由 0.55 g 对硝基苯胺和 0.7 g 邻硝基苯胺溶于 100 mL 苯中配成的。

思考题

1. 为什么极性大的组分要用极性较大的溶剂洗脱?

2. 在氧化铝柱子上,若分离下列两组混合物,组分中哪一个在柱的上端?

(1)

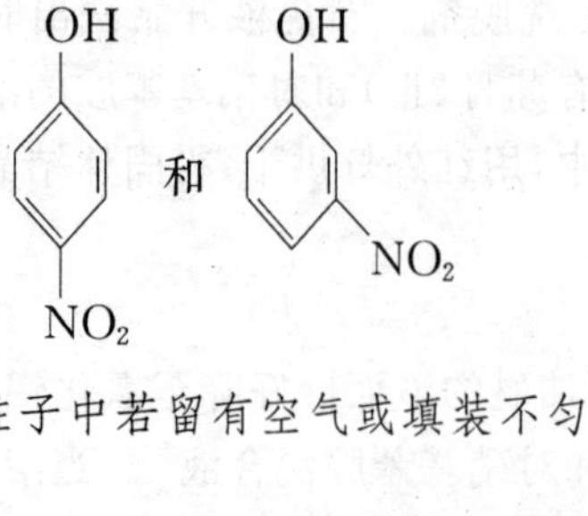

(2)

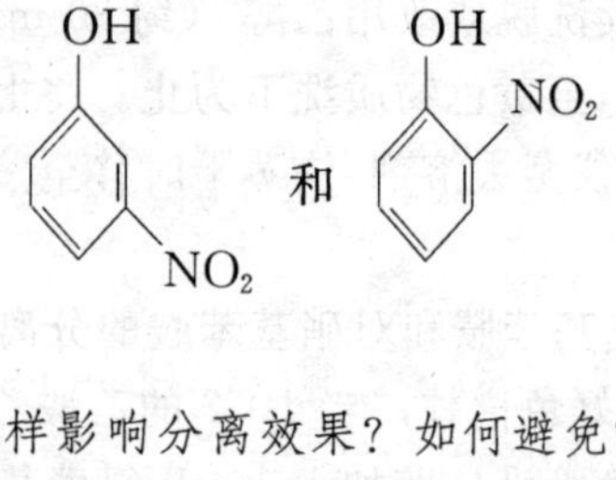

3. 柱子中若留有空气或填装不匀,会怎样影响分离效果? 如何避免?

实验 134 薄 层 色 谱

实验目的

了解薄层色谱的基本原理和操作步骤;掌握薄层色谱的制备方法和用途。

实验原理

薄层色谱法是一种微量快速的分离方法,具有灵敏、快速、准确等优点。薄层色谱法的原理和柱色谱法一样,属于固-液吸附色谱的类型。此方法是根据分析样品内所含有的各组分在吸附剂(固定相)及作为展开剂的有机溶剂(流动相)中的分配系数不同而达到分离目的的。

本实验以硅胶为吸附剂,羧甲基纤维素钠为黏结剂,制成薄层硬板。用 $1:10$ 的乙酸乙酯-石油醚混合液作展开剂。通过实验测出苏丹(Ⅲ)、对硝基苯胺及邻硝基苯胺的 R_f 值,并经过分析来确定未知样的组成。

试剂

乙酸乙酯-石油醚的混合液($1:10$);偶氮苯的苯溶液;苏丹(Ⅲ)的苯溶液;偶氮苯和苏丹(Ⅲ)的混合液;二苯甲酮的苯溶液;乙酰苯胺的苯溶液;二苯甲酮和乙酰苯胺的混合液;1%的羧甲基纤维素钠(CMC)水溶液;硅胶 G;硅胶 GF_{254}。

实验内容

1. 制板

取 $10\ cm \times 3\ cm$ 左右的载玻片 5 块,洗净。在 50 mL 锥形瓶中放入 1%羧甲基纤维素钠水溶液 9 mL,逐渐加入 3 g 硅胶 G[①],调成均匀的糊状。用滴管吸取此糊状物,涂于上述洁净的载玻片上。用食指和拇指拿住玻片,作前后左右振荡摆动,使流动的硅胶 G 均匀地铺在玻片上[②]。一共制作 3 块硅胶 G 板。将涂好的硅胶 G 板水平置于实验台上,在室温下放置半小时后,放至烘箱中,缓慢升温至 110 ℃,活化半小时后取出,稍冷后置于干燥器中备用。

同样,在 50 mL 的锥形瓶中放入 1%羧甲基纤维素钠水溶液 4.5 mL,逐渐加入 1.5 g 硅胶 GF_{254},调成均匀的糊状,制成 2 块硅胶 GF_{254} 板。其制作、活化等均同硅胶 G 板。

2. 点样

在小试管中分别取少量 $0.5\%\sim1\%$ 偶氮苯和苏丹(Ⅲ)的苯溶液以及这两种化合物的二元混合液为试样。在离硅胶 G 板一端 1 cm 处,用铅笔轻画一直线。取管口平整的毛细管插入样品溶液中[③],于铅笔画线处轻轻点样[④]。每块硅胶 G 板可点两个样⑤,一边点已知样,另一边点未知样。

将二苯甲酮和乙酰苯胺的苯溶液以及这两种化合物的二元混合液,按上述步骤,在硅胶 GF$_{254}$ 板上点样。

3. 展开及定位

以 1∶10 的乙酸乙酯-石油醚混合液为展开剂,将点好样的硅胶板小心放入层析缸中,或用广口瓶代替层析缸(图 134-1(a)),注意展开剂液面高度不得超过点样线。将硅胶板点样一端向下,浸入展开剂内约 0.5 cm⑥。盖上盖子,观察展开剂前沿上升到离板的上端约 1 cm 处时取出。尽快用铅笔在展开剂上升的前沿画上记号(图 134-1(b))⑦,晾干⑧。计算各已知样和未知样中各组分的 R_f 值,确定未知样组成。硅胶 GF$_{254}$ 板用紫外灯(254 nm)进行观察,并用铅笔确定好黑斑中心,计算 R_f 值。

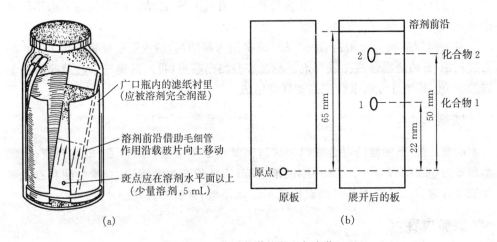

图 134-1　薄层色谱的展开与定位

附注

① 薄层色谱法所用的硅胶分为:硅胶 H,不含黏结剂;硅胶 G,含煅石膏作黏结剂;硅胶 HF$_{254}$,含荧光剂,可于波长 254 nm 紫外灯下观察荧光;硅胶 GF$_{254}$,既含煅石膏又含荧光剂。

② 制板时要求薄层平滑均匀,为此,宜将吸附剂调得稀一些,尤其是制硅胶板时,更是如此。若吸附剂调得很浓,就很难做到均匀。另一种制板的方法是:在一块较大的玻璃板上,放置两块 3 mm 厚的长条玻璃板,中间夹一块 2 mm 厚的载玻片,倒上调好的吸附剂,用宽于载玻片的刀片或油灰刮刀顺一个方向刮去。用料多少要合适,以便一次刮成。

③ 点样用毛细管必须专用,不得弄混。

④ 点样时,使毛细管液面刚好接触薄层即可,切勿点样过重而使薄层破坏。

⑤ 点样时点与点之间相距 1 cm 左右。

⑥ 展开剂一定要在点样线以下,不能超过。

⑦ 从展开剂取出后立即在展开剂前沿画记号,如不注意,等展开剂挥发后,就无法确定展开剂上升的高度了。

⑧ 若为无色物质的色谱,在晾干后,应喷洒显色剂或放在显色缸内用显色剂的蒸气显色。本实验中硅胶 G 板分离的物质都有颜色,所以可省去显色一步。

思考题

1. 在一定的操作条件下,为什么可利用 R_f 值来鉴定化合物?

2. 在混合物薄层色谱中,如何判定各组分在薄层上的位置?

3. 展开剂的高度若超过了点样线,对薄层色谱有何影响?

4. 在展开时,层析缸中常放入一张滤纸,为什么?

实验 135　减压蒸馏

实验目的

了解减压蒸馏的基本原理;掌握减压蒸馏的装置及操作步骤。

实验原理

物质的沸点与压力有关,液体沸腾的温度是随外界压力的降低而降低的。根据热力学原理,在给定压力下的沸点可近似地从下列公式求出:

$$\lg p = A + B/T$$

式中:p 为蒸气压;T 为沸点(热力学温度);A、B 为常数。

很多有机化合物,特别是高沸点的有机化合物,在常压下蒸馏时往往会发生部分或全部分解。在这种情况下,采用减压蒸馏方法最为有效。一般的高沸点有机化合物,当压力降低到0.002 7 MPa(20 mmHg)时,其沸点要比常压下的沸点低 100～120 ℃。

试剂

乙酰乙酸乙酯;乙酸乙酯。

实验内容

量取 15 mL 乙酸乙酯和乙酰乙酸乙酯的混合液,放入 25 mL 的圆底烧瓶中,加入几粒沸石,进行普通蒸馏。先蒸去乙酸乙酯,当温度从 77 ℃开始下降时,即停止蒸馏,记录乙酸乙酯的体积。

将剩余液体倒入 10 mL 的圆底烧瓶中。选择一个合适的毛细管代替沸石提供气泡中心,再用冰-盐体系为冷冻剂,装入冷阱,冰-盐的比例为 100：33[①]。装好后仔细检查真空系统、蒸馏系统等是否一切正常。然后开启油泵,关闭活塞开始抽真空。注意观察毛细管放出的气泡是否正常、合适[②],否则须进行适当调节。开启压力计观察体系的真空度,待真空度在 10～20 mmHg(1 mmHg＝133.32 Pa)范围内稳定时(用活塞控制),开始加热进行减压蒸馏[③]。除去部分前馏分后,收集 78 ℃(18 mmHg)的馏分。当圆底烧瓶中还余少量残液时,停止加热。慢慢开启活塞通大气,稍后关闭油泵。

量取乙酰乙酸乙酯的体积,计算收率。

附注

① 冰-盐体系的最低温度为 -21 ℃。

② 毛细管的进气量必须合适,太大会使液体冲入冷凝管。若蒸馏时毛细管断了,则换新毛细管后,须待液体冷却,方可重新进行减压蒸馏。

③ 需要时应先用水泵蒸馏,再用油泵进行减压蒸馏。

思考题

1. 减压蒸馏时,可否用沸石代替毛细管?

2. 关闭油泵前为何要先通大气?

3. 减压蒸馏时,是否真空度越小越好?

实验 136　环　己　烯

实验目的

由醇脱水合成得到环己烯;掌握回流、分馏及蒸馏装置的使用方法,熟悉分液操作。

实验原理

烯烃是重要的有机化工原料,实验室中主要由醇的脱水及卤代烃的脱卤化氢来制备,常用的脱水剂主要有硫酸、磷酸、无水氯化锌等。醇的脱水作用随它们的结构不同而有所不同。一般情况下,酸催化脱水为 E_1 消除历程,因此反应的速率是叔醇＞仲醇＞伯醇。由于高浓度的硫酸还会导致烯烃的聚合和分子间的脱水,以及碳骨架的重排,故在醇的脱水反应中,主要副产物是烯烃的聚合物和醚。

反应式

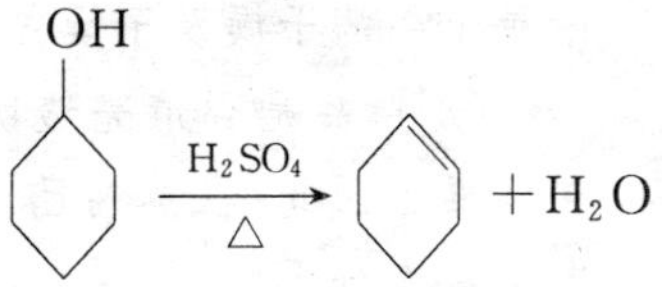

$$\text{环己醇} \xrightarrow[\triangle]{H_2SO_4} \text{环己烯} + H_2O$$

试剂

环己醇(5.2 mL、0.05 mol)；浓硫酸(0.5 mL)；食盐；无水氯化钙；5%碳酸钠水溶液。

实验内容

在 15 mL 的干燥圆底烧瓶中,加入 5.2 mL 环己醇、0.5 mL 浓硫酸[①]和几粒沸石,充分振摇使之混合均匀[②]。烧瓶上接一短分馏柱(附图 11-9),接上冷凝管,接收瓶浸在冷水中冷却。用电热套将烧瓶中的液体缓缓加热至沸,控制分馏柱顶部的温度不超过 90 ℃[③],馏出液为带水的混合液。至无液体蒸出时,可把温度调高;当烧瓶中只剩下少量残液并出现阵阵白烟时,即可停止蒸馏。全部蒸馏时间约需 40 min。

馏出液用食盐饱和,然后加 1~1.5 mL 5%碳酸钠溶液中和微量的酸。将液体转入 25 mL 的分液漏斗中,摇振后静置分层,分出有机相(哪一层?)[④],用 0.5 g 无水氯化钙干燥[⑤]。待溶液清亮透明后,滤入蒸馏瓶中,加入几粒沸石后进行蒸馏[⑥],用一个已称量的小锥形瓶收集 80~85 ℃的馏分。若蒸出产物混浊,必须重新干燥后再蒸馏。产量为 1.5~2.1 g。

纯的环己烯的沸点为 83 ℃,折光率 $n_D^{20} = 1.446\ 5$。

本实验约需 3 h。

附注

① 本实验也可用 1.5 mL 85%的磷酸代替浓硫酸作脱水剂,其余步骤相同。

② 环己醇在常温下为黏稠液体(m. p. 24 ℃),故不要用量筒量取,以减少损失。环己醇与浓硫酸应充分混合,否则在加热过程中会局部炭化。

③ 由于反应中环己烯与水形成共沸物(沸点 70.8 ℃,含水 10%);环己醇与环己烯形成共沸物(沸点 64.9 ℃,含环己醇 30.5%);环己醇与水形成共沸物(沸点 97.8 ℃,含水 80%)。因此,在加热时温度不可过高,蒸馏速率不宜太快,以减少未反应的环己醇的蒸出。

④ 分液漏斗的用法见附录十一萃取与洗涤的内容。将有机层与水层分开的操作如图 136-1 所示。

⑤ 水层应尽可能分离完全,否则将增加无水氯化钙的用量,使产物更多地被干

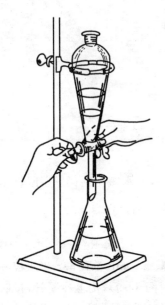

图136-1　分液操作

燥剂吸附而招致损失。这里用无水氯化钙干燥较为适宜,因它还可除去少量环己醇。有关干燥的原理,参见附录十一的干燥及干燥剂。

⑥ 产品是否清亮透明,是衡量产品是否合格的外观标准。因此,在蒸馏已干燥的产物时,所用的蒸馏仪器都应充分干燥。

思考题

1. 在粗制环己烯中,加入食盐使水层饱和的目的何在?

2. 写出环己烯与溴水、碱性高锰酸钾以及浓硫酸作用的反应式。

3. 写出无水氯化钙吸水后的化学变化方程式,为什么蒸馏前一定要将它过滤掉?

4. 写出下列醇与浓硫酸进行脱水的产物。

(1) 3-甲基-1-丁醇;　(2) 3-甲基-2-丁醇;　(3) 3,3-二甲基-2-丁醇。

实验137　正溴丁烷

实验目的

由正丁醇合成得到正溴丁烷;了解气体吸收装置及双分子亲核取代反应的机理。

实验原理

卤代烃是一类重要的有机合成中间体,卤代烃根据烃基的结构不同,可分为卤代烷、卤代烯和卤代芳烃等。制备卤代烷的原料,最常用的是结构上相对应的醇。由于合成和使用上的方便,一般实验室中最常用的卤代烷是溴代烷。它的主要合成方法是由醇和氢溴酸(47%)作用,使醇中的羟基被溴原子所取代。

为了加速反应和提高产率,操作时常常加入浓硫酸作催化剂,或采用浓硫酸和溴化钠或溴化钾作为溴代试剂。由于硫酸的存在会使醇脱水成烯或醚,故应控制好反应条件,减少副反应的发生。

反应式

主反应:　　　　$NaBr + H_2SO_4 \longrightarrow HBr + NaHSO_4$

$n\text{-}C_4H_9OH + HBr \longrightarrow n\text{-}C_4H_9Br + H_2O$

副反应：
$$n\text{-}C_4H_9OH \xrightarrow{H_2SO_4} CH_3CH_2CH{=\!=}CH_2 + H_2O$$
$$2n\text{-}C_4H_9OH \xrightarrow{H_2SO_4} (n\text{-}C_4H_9)_2O + H_2O$$

试剂

正丁醇(2.4 g、3.0 mL、0.03 mol)；无水溴化钠(4.0 g、约 0.04 mol)；浓硫酸；饱和碳酸氢钠溶液；无水氯化钙。

实验内容

在 25 mL 圆底烧瓶上安装回流冷凝管,冷凝管的上口接一气体吸收装置(附图 11-3),用 5％的氢氧化钠溶液作吸收液[①]。

在圆底烧瓶中加入 3 mL 水,慢慢加入 4 mL 浓硫酸,混合均匀后冷至室温。再依次加入 3.0 mL 正丁醇和 4.0 g 溴化钠充分振荡后加入几粒沸石,连上气体吸收装置。将烧瓶置于电热套中加热至沸,平稳回流并不时加以摇动,使反应完全。此时反应瓶内溶液分层,上层即是正溴丁烷。回流 30 min 使溴化钠作用完全。稍冷后,移去回流冷凝管,改换蒸馏装置,蒸出粗产物正溴丁烷[②]。

将馏出液移至 50 mL 分液漏斗中,加入等体积的水洗涤[③],产物位于下层。将产物分出,再用等体积的浓硫酸洗涤[④]。尽量分出下层的硫酸层,有机相再依次用等体积的水和饱和碳酸氢钠溶液洗涤,将有机相转入 25 mL 锥形瓶中,用 0.5 g 左右无水氯化钙干燥 30 min。间歇摇动锥形瓶,直至液体清亮为止。

将干燥的产物过滤到 10 mL 蒸馏瓶中蒸馏,收集 98～102 ℃的馏分,产量为 1.8～2.5 g。纯正丁烷的沸点为 101.6 ℃,折光率 $n_D^{20} = 1.439\ 9$。

本实验约需 3 h。

附注

① 由于微型化实验产生的气体量少,故可直接用水吸收。常见的气体吸收装置如图 137-1 所示,注意勿使漏斗全部埋入水中,以免倒吸。

② 正溴丁烷是否蒸完,可从以下几方面判断:馏出液是否由混浊变为澄清;反应瓶上层油层是否消失;观察馏出液有无油珠出现,如无,表示馏出液中已无有机物,蒸馏完成。

③ 如水洗后产物尚呈红色,是由于浓硫酸的氧化作用生成游离溴之故,可加入几毫升饱和亚硫酸氢钠溶液洗涤除去。

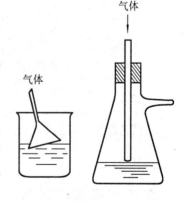

图 137-1　常用气体吸收装置

$$2NaBr + 3H_2SO_4 \longrightarrow Br_2 + 2H_2O + 2NaHSO_4 + SO_2$$
$$Br_2 + 3NaHSO_3 \longrightarrow 2NaBr + NaHSO_4 + 2SO_2 + H_2O$$

④ 浓硫酸能溶解粗产物中少量未反应的正丁醇及副产物正丁醚等杂质。因为在以后蒸馏中,正丁醇和正溴丁烷可形成共沸物(沸点98.6 ℃,含正丁醇13％)而难以除去。

思考题

1. 本实验有哪些副反应? 如何减少副反应?
2. 加热回流时,反应物呈棕红色,何故?
3. 浓硫酸的洗涤目的何在?

实验 138　溴　乙　烷

实验目的

由乙醇合成得到溴乙烷。

实验原理

参考实验 137 正溴丁烷。

反应式

主反应:　　　$NaBr + H_2SO_4 \longrightarrow HBr + NaHSO_4$

　　　　　　$CH_3CH_2OH + HBr \longrightarrow CH_3CH_2Br + H_2O$

副反应:　　　$2\,CH_3CH_2OH \xrightarrow{\quad H_2SO_4 \quad} CH_3CH_2OCH_2CH_3 + H_2O$

　　　　　　$CH_3CH_2OH \xrightarrow{\quad H_2SO_4 \quad} CH_2 =\!\!= CH_2 + H_2O$

　　　　　　$2\,HBr + H_2SO_4 (浓) \longrightarrow Br_2 + SO_2 + 2H_2O$

试剂

95％乙醇(2.53 g、3.3 mL、0.055 mol);无水溴化钠(5 g、0.05 mol);浓硫酸。

实验内容

在 25 mL 圆底烧瓶中加入 3.3 mL 95％乙醇及 3 mL 水①,在不断摇动和冷水冷却下,慢慢加入 6 mL 浓硫酸。冷却至室温后,加入 5 g 研碎的溴化钠②及几粒沸石,装上蒸馏头、冷凝管和温度计作蒸馏装置③。接收瓶内放入少量冷水并浸入冰水浴中,接引管的末端浸没在接收器的冷水中④。

用电热套慢速加热⑤,约 20 min 后慢慢调高温度,以较慢的速率进行蒸馏,直到无油状物馏出为止⑥。

将馏出物倒入分液漏斗中,分出有机层⑦,转入 25 mL 锥形瓶里。将锥形瓶置于冰水浴中,在旋摇下慢慢滴加约 1.5 mL 浓硫酸。用干燥的分液漏斗分去硫酸液,溴乙烷倒入 10 mL 蒸馏瓶中。在电热套上加热蒸馏,接收瓶浸入冰水浴中冷却。收集 34~40 ℃的馏分⑧。产量为 2.5~3 g。纯溴乙烷的沸点为 38.40 ℃,折光率 $n_D^{20} = 1.423\ 9$。

本实验约需要 3 h。

附注

① 加少量的水可防止反应产生大量泡沫,减少副产物乙醚的生成和避免氢溴酸的挥发。

② 用等摩尔的 $NaBr \cdot 2\ H_2O$ 或 KBr 代替均可,可选择价格便宜的试剂代替。

③ 由于溴乙烷沸点较低,为使冷却充分,必须选用效果较好的冷凝管,装置的各接头处要求严密不漏气。

④ 溴乙烷在水中的溶解度较小(1∶100),在低温时又不与水作用。为减少挥发,常在接收器内预盛冷水,并使接引管末端微浸入水中。

⑤ 调节调压器,保持较慢的蒸馏速率,否则蒸气来不及冷却而逸失;在开始加热时,总有很多泡沫产生,若加热太剧烈,会使反应物冲出。

⑥ 馏出液由混浊变成澄清时,表示已经蒸完。拆除热源前,应先将接收瓶与接引管离开,以防倒吸。稍冷后,将反应物趁热倒出,以免硫酸氢钠等冷后结块,不易倒出。

⑦ 尽可能将水分除净,否则当用浓硫酸洗时,产生的热量使产物挥发损失。浓硫酸可除去乙醚、乙醇及水等杂质,为防止挥发,应在冷却下操作。

⑧ 当洗涤不充分时,馏分中仍可能含有极少量水及乙醇,它们与溴乙烷分别形成共沸物(溴乙烷-水沸点为 37 ℃,水的质量分数约 1%;溴乙烷-乙醇沸点为 37 ℃,乙醇的质量分数为 3%)。

思考题

1. 本实验的反应物的配比有什么要求?为什么?
2. 本实验中采取了哪些措施来减少产物的损失?

实验 139　溴　　　　苯

实验目的

由苯卤代得到溴苯;了解苯环上亲电取代反应的机理。

实验原理

卤代芳烃的制法与卤代烷不同,一般是用卤素(氯或溴)在铁粉或三卤化铁催化下与芳香族化合物作用,通过芳香族的亲电取代反应将卤原子引入苯环。实际上这个芳环卤代反应的真正催化剂是三卤化铁。铁粉先和卤素作用生成三卤化铁,然后再起催化作用。由于三卤化铁很易水解而失效,所以反应时所用仪器和试剂都应该是无水和干燥的。通常芳环上连有碘原子或氟原子的卤代芳烃都是通过重氮盐来制备的。

反应式

主反应:　　苯 $+ Br_2 \xrightarrow{Fe}$ 溴苯 $+ HBr$

副反应:　　2 溴苯 $+ 2Br_2 \xrightarrow{Fe}$ 对二溴苯 $+$ 邻二溴苯 $+ 2HBr$

试剂

溴(5 g、1.7 mL、0.03 mol);无水苯(3.3 g、3.8 mL、0.043 mol);铁粉(0.1 g);10%氢氧化钠溶液;95%乙醇;无水氯化钙。

实验内容

在 25 mL 三口烧瓶上分别装上回流冷凝管和滴液漏斗,另一口用塞子塞紧,冷凝管上端连接溴化氢气体吸收装置①。

向三口烧瓶内加入 3.8 mL 无水苯和 0.1 g 铁粉,滴液漏斗中加入溴②。向三口烧瓶中先滴入少量溴,不要摇动,经过片刻诱导期后,即开始反应(必要时可微加热),可观察到有溴化氢气体放出。慢慢滴加其余的溴,加入速率以保持反应物微沸为宜③,约 15 min 加完,并不时加以摇动。加完溴后,再在 80～90 ℃热浴上加热 15 min,至冷凝管上无红色溴蒸气并且几乎无溴化氢气体逸出为止。

向反应瓶中加入 9 mL 水④,摇动后抽滤除去铁粉。粗产物转入分液漏斗中,分去水层,依次用 4 mL 10%的氢氧化钠水溶液⑤及 15 mL 水洗涤。经无水氯化钙干燥后,在热浴上蒸去苯,继续升温蒸馏,收集 150～175 ℃的馏分⑥。将此馏分再蒸一次,收集 152～158 ℃的馏分⑦,溴苯为无色透明液体,产量为 1.7～2.4 g。纯溴苯的沸点为 156 ℃,折光率 $n_D^{20} = 1.5597$。

本实验约需 4 h。

附注

① 实验仪器必须干燥,否则反应开始很慢。实验前应检查仪器装置是否严密,滴液漏斗必须重新涂上凡士林。

② 溴为剧毒、强腐蚀性药品,取溴操作应在通风橱中进行,并带上防护眼镜和橡皮手套,注意不要吸入溴蒸气。

③ 溴加入速率不宜过快,否则反应剧烈,二溴苯产物增加,同时较多的溴和苯随溴化氢逸出而降低溴苯产量。

④ 水洗涤主要是洗去三溴化铁、溴化氢及部分溴。

⑤ 由于溴在水中溶解度不大,需用氢氧化钠溶液将其洗去。

⑥ 当温度上升至 140 ℃时,须将直形冷凝管换成空气冷凝管。

⑦ 二次蒸馏可除去夹杂的少量苯,得到较纯的溴苯。

思考题

1. 为什么本实验所用仪器和试剂必须干燥,水分对反应有何影响?

2. 写出氢氧化钠溶液洗去溴的反应式。

3. 在制备溴苯时,哪种试剂过量? 为什么? 应采取什么措施减少二溴苯的生成?

实验 140　三苯基氯甲烷和三苯甲基自由基

实验目的

由三苯甲醇合成得到三苯基氯甲烷;观察三苯甲基自由基的生成及反应现象。

实验原理

由三苯甲醇与氯化亚砜($SOCl_2$)作用制得的三苯基氯甲烷,在自由基化学的发展史上有着特殊的意义。1900 年,Gomberg 在苯溶液中通过对三苯基氯甲烷与银粉的反应及产物的研究,首次证明了自由基的存在。

反应式

1. 三苯基氯甲烷

反应式如下。

$$\left(\text{[苯环]}\right)_3\!\!-\!\text{COH}+\text{SOCl}_2 \xrightarrow{\text{C}_6\text{H}_6} \left(\text{[苯环]}\right)_3\!\!-\!\text{CCl}+\text{SO}_2+\text{HCl}$$

2. 三苯甲基自由基

反应式如下。

$$2(\text{C}_6\text{H}_5)_3\text{CCl}+\text{Zn} \xrightarrow{\text{C}_6\text{H}_6} 2(\text{C}_6\text{H}_5)_3\text{C}\cdot+\text{ZnCl}_2$$
黄色液体

$$(\text{C}_6\text{H}_5)_3\text{C}\cdot \xrightarrow{\text{C}_6\text{H}_6,\text{O}_2} (\text{C}_6\text{H}_5)_3\text{COOC}(\text{C}_6\text{H}_5)_3$$

试剂

三苯甲醇(0.9 g、3.3 mmol);氯化亚砜(1.2 g、0.73 mL、0.01 mol);苯;石油醚(60~90 ℃)。

实验内容

1. 三苯基氯甲烷

在 25 mL 圆底烧瓶中加入 0.9 g 三苯甲醇、10 mL 苯,然后装上回流冷凝管,冷凝管上口装一氯化钙干燥管。振荡使固体溶解。称取 1.2 g(或量取 0.73 mL)氯化亚砜放在一具塞锥形瓶中,用滴管分 2~3 次加到烧瓶中。在每次加料时,将冷凝管上端的干燥管暂时移开,从冷凝管顶端加入氯化亚砜,立即放回干燥管再振荡烧瓶使反应物混合均匀。加完后,在室温下反应约 45 min,然后在水浴上蒸出溶剂和过量的氯化亚砜,至不再出液滴为止。趁热将残留物倒入大试管中,再用 3~5 mL 石油醚冲洗烧瓶,冲洗液并入试管中。用冰水冷却,抽滤析出的三苯基氯甲烷,用石油醚洗涤至白色。产品放在干燥器中干燥,密封保存。产量约为 0.6 g。纯的三苯基氯甲烷的熔点为 113~114 ℃,易受潮而水解成三苯甲醇。

2. 三苯甲基自由基

在 25 mL 具塞锥形瓶中将 0.5 g 三苯基氯甲烷溶于 10 mL 苯中,加锌粉 1~1.5 g,塞住锥形瓶,剧烈振荡 5 min,溶液由无色渐渐变成黄色。

减压抽滤,将滤液收集在另一个 25 mL 具塞锥形瓶中。塞住塞子,剧烈振荡此溶液,然后静置数分钟,注意观察溶液的颜色有何变化。打开瓶塞,敞口数分钟,然后再塞住瓶口振荡。如此反复操作直至生成白色沉淀(三苯甲基自由基吸收空气中的氧生成过氧化物)为止。减压过滤,用少量乙醚洗涤白色固体,晾干。过氧化物的熔点为 185 ℃。

本实验需 3~4 h。

根据核磁共振等方法测定结构的结果,认为与游离的三苯甲基以平衡状态存在的二聚体不是六苯基乙烷,而是具有下列结构的化合物:

思考题

1. 还可以用什么方法制备三苯甲醇和三苯基氯甲烷？写出反应方程式。
2. 解释第二部分实验(三苯甲基自由基)中各次颜色的变化。

实验 141　2-甲基-2-己醇

实验目的

由格氏(Grignard)试剂合成得到 2-甲基-2-己醇；掌握 Grignard 试剂的制备方法及步骤。

实验原理

卤代烷在无水乙醚中和金属镁作用后生成的烷基卤化镁 RMgX 称为 Grignard 试剂。

$$R-X+Mg \xrightarrow{\text{无水乙醚}} RMgX \quad (X = Cl、Br、I)$$

Grignard 试剂实际上是下列结构的平衡：

$$2RMgX \rightleftharpoons R_2Mg * MgX_2 \rightleftharpoons R_2Mg+MgX_2$$

芳香族氯化物和氯乙烯类化合物，在上述乙醚为溶剂的条件下，不生成 Grignard 试剂。但若用碱性比乙醚稍强、沸点较高的四氢呋喃(66 ℃)作溶剂，则能生成 Grignard 试剂，且操作时比较安全。

Grignard 试剂能与环氧乙烷、醛、酮、羧酸酯等化合物进行加成反应，将此加成物进行水解，便可分别得到伯、仲、叔醇。

Grignard 反应必须在无水和无氧条件下进行。因为微量水分的存在，不但会阻碍卤代烷与镁之间的反应，同时会破坏 Grignard 试剂而影响产率。Grignard 试剂遇水后按下式分解：

$$RMgX+H_2O \longrightarrow RH+Mg(OH)X$$

Grignard 试剂遇氧后，发生如下反应：

$$RMgX+[O] \longrightarrow ROMX \xrightarrow{H_2O,H^+} ROH+Mg(OH)X$$

因此,反应时最好用氮气赶走反应瓶中的空气。用乙醚作溶剂时,由于乙醚的挥发性大,也可借此赶走反应瓶中空气。此外,其他有活性氢的化合物也会使 Grignard 试剂分解,所以也应设法除去。

在 Grignard 反应进行的过程中,有热量放出,因而滴加速率不宜太快,必要时反应瓶需用冷水冷却。在制备 Grignard 试剂时,必须先加入少量的卤代烷和镁作用,待反应引发后,再将其余的卤代烷逐滴加入。调节滴加速率使乙醚保持微沸为宜。对于活性较差的卤代烷或反应不易发生时,可采取加热或加入少量碘粒来引发反应。

Grignard 试剂与醛、酮等形成的加成产物,在酸性条件下进行水解,一般常用稀盐酸或稀硫酸以使产生的碱式卤化镁转变为易溶于水的镁盐,以便于乙醚溶液和水溶液的分层。由于水解时放热,故要在冷却下进行。对于遇酸极易脱水的醇,最好用氯化铵溶液进行水解。

反应式

$$n\text{-}C_4H_9Br + Mg \xrightarrow{\text{无水乙醚}} n\text{-}C_4H_9MgBr \xrightarrow[\text{无水乙醚}]{CH_3COCH_3} n\text{-}C_4H_9\underset{\underset{OMgBr}{|}}{C}(CH_3)_2$$

$$n\text{-}C_4H_9\underset{\underset{OMgBr}{|}}{C}(CH_3)_2 + H_2O \xrightarrow{H^+} n\text{-}C_4H_9\underset{\underset{OH}{|}}{C}(CH_3)_2$$

试剂

镁屑(0.62 g、0.026 mol);正溴丁烷[①](3.4 g、2.7 mL、约 0.026 mol);丙酮(1.58 g、2 mL、0.028 mol);无水乙醚;乙醚;10%硫酸溶液;5%碳酸钠溶液;无水碳酸钾。

实验内容

1. 正丁基溴化镁的制备

在 50 mL 三口烧瓶上[②]分别装上搅拌器(附图 11-4)、回流冷凝管及滴液漏斗,在冷凝管及滴液漏斗上端装上氯化钙干燥管。瓶内放置 0.6 g 镁屑[③](或除去氧化膜的镁条)、4 mL 无水乙醚及一小粒碘片。在滴液漏斗中混合 2.7 mL 正溴丁烷和 3 mL无水乙醚。先向瓶内滴入约 1 mL 混合液,约 5 min 后即见溶液呈微沸状态,碘的颜色消失,溶液呈混浊状[④]。若不反应,可用温水浴加热。反应开始比较激烈,必要时可用冷水冷却。待反应缓和后,自冷凝管上端加入 5 mL 乙醚,开动搅拌器,并滴入其余的正溴丁烷与乙醚的混合液。控制滴加速率,使反应液呈微沸状态。滴加完后,在水浴上加热回流 20 min,使镁屑几乎作用完全。

2. 2-甲基-2-己醇的制备

将上面制好的 Grignard 试剂在冰水浴冷却和搅拌下,从滴液漏斗中加入 2 mL

丙酮和 3 mL 无水乙醚的混合液,控制滴加速率为 1~2 滴/s,防止反应过于激烈。加完后在室温下继续搅拌约 10 min,溶液中就会有少许白色稠状固体析出。

将反应瓶在冰水浴冷却和搅拌下,自滴液漏斗分批加入约 20 mL 10%硫酸溶液,分解产物(开始滴加速率为 1 滴/s,以后逐渐快至 5 滴/s)。待分解完后,将溶液倒入分液漏斗中,分出醚层。水层用 5 mL 乙醚萃取 2 次,合并醚层,用 6 mL 5%碳酸钠洗涤一次,再用无水碳酸钾干燥⑤。

将干燥后的粗产物滤入 25 mL 蒸馏瓶中,先用温水浴分批蒸除乙醚⑥,再用电热套蒸出产物。收集 138~142 ℃的馏分,产量约 1.5 g。纯 2-甲基-2-己醇的沸点为 143 ℃,折光率 $n_D^{20}=1.417\,5$。

本实验约需 4 h。

附注

① 如需制作 2-甲基-2-丁醇,可用 2.5 mL 溴乙烷代替正溴丁烷。其余步骤相同,蒸馏收集 95~105 ℃的馏分,产量约 1 g。纯的 2-甲基-2-丁醇的沸点为 102 ℃,折光率 $n_D^{20}=1.405\,2$。

② 本实验所用仪器必须充分干燥,正溴丁烷用无水氯化钙干燥并蒸馏纯化,丙酮用无水碳酸钾干燥,再经蒸馏纯化。

③ 不宜使用长期放置的镁屑,如长期放置,镁屑表面常有一层氧化膜,可采用以下方法除去:用 5%盐酸溶液作用数分钟,抽滤除去酸液后,依次用水、乙醇、乙醚洗涤,抽干后置于干燥器内备用。也可用镁带代替镁屑,使用前用细砂纸将其表面擦亮,剪成小段。

④ 正溴丁烷局部浓度较大时,易于发生反应,故搅拌应在反应开始后进行。若 5 min 后反应仍不进行,可用温水浴温热,或在加热前再加一小粒碘促使反应开始。

⑤ 2-甲基-2-己醇与水能形成共沸物,因此必须彻底干燥,否则前馏分将大大增加。

⑥ 由于醚溶液体积较大,故采取分批过滤蒸去乙醚。

思考题

1. 进行 Grignard 反应时,为什么试剂和仪器必须绝对干燥?
2. 本实验有哪些副反应? 如何避免?
3. 本实验的粗产物可否用无水氯化钙干燥? 为什么?

实验 142　二 苯 甲 醇

实验目的

合成得到二苯甲醇;了解常用的还原剂及操作方法。

实验原理

在有机化学中,凡在有机物上增加氢或减少氧的反应,都可以认为是还原反应。还原反应可以分为催化氢化和化学还原两种方法。醇的合成除了用 Grignard 试剂外,还可以由羰基化合物的还原得到。

(Ⅰ) 硼氢化钠还原

反应式

$$(C_6H_5)_2C{=\!\!=}O + NaBH_4 \longrightarrow Na^+B^-[OCH(C_6H_5)_2]_4$$

$$Na^+B^-[OCH(C_6H_5)_2]_4 \xrightarrow{H_2O} (C_6H_5)_2CHOH$$

试剂

二苯甲酮(0.75 g、4 mmol);硼氢化钠(0.2 g、5 mmol);甲醇;乙醚;石油醚(60～90 ℃)。

实验内容

在 25 mL 圆底烧瓶中溶解 0.75 g 二苯甲酮于 10 mL 甲醇中,小心加入 0.2 g 硼氢化钠[①],混匀后在室温下放置 15 min,并不时摇动。在水浴上蒸去大部分甲醇,将冷却后的残液倒入 20 mL 水中,并搅拌使其充分混合水解硼酸酯的配合物。每次用 5 mL 乙醚涮洗 3 次烧瓶和萃取水层,合并乙醚萃取液,用少量无水硫酸镁干燥。滤去硫酸镁,在水浴上蒸去乙醚,再用水泵减压抽除残余的乙醚。残渣用 8 mL 石油醚重结晶,得约 0.5 g 二苯甲醇的针状结晶。纯二苯甲醇的熔点为 69 ℃。

本实验约需 2 h。

(Ⅱ) 锌 粉 还 原

反应式

$$C_6H_5COC_6H_5 \xrightarrow{Zn, NaOH} C_6H_5CH(OH)C_6H_5$$

试剂

二苯甲酮(0.5 g、2.7 mmol);锌粉(0.5 g、7.6 mmol);氢氧化钠(0.5 g、13 mmol);乙醇;浓盐酸;石油醚(60～90 ℃)。

实验内容

在装有冷凝管的 25 mL 圆底烧瓶中,依次加入 0.5 g 氢氧化钠、0.5 g 二苯甲酮、0.5 g 锌粉和 5 mL 95% 乙醇。充分振摇,反应稍稍放热,约 10 min 后,在 80 ℃的水浴上加热 5 min,使反应完全。减压抽滤,固体用少量乙醇洗涤,绿色滤液倒入 25 mL 用冰水浴冷却的水中,摇荡混匀后用浓盐酸小心酸化,使溶液的 pH=5~6[②],减压抽滤析出的固体。粗产物置于红外灯下干燥,然后用 5 mL 石油醚重结晶。干燥后得二苯甲醇的针状结晶约 0.4 g。

本实验约需 2 h。

附注

① 硼氢化钠有腐蚀性,称量时要小心操作,勿与皮肤接触。硼氢化钠极易吸水,称量时动作尽可能快。

② 酸化时溶液酸性不宜太强,否则难以析出固体。

思考题

1. 还有哪些方法可以合成二苯甲醇? 试写出有关的反应方程式。
2. 简述有机化学中常用的还原剂。

实验 143　三 苯 甲 醇

实验目的

由 Grignard 试剂合成得到三苯甲醇。

实验原理

参考实验 141 中 2-甲基-2-己醇的合成。

（Ⅰ）苯基溴化镁与苯甲酸乙酯的反应

反应式

PhMgBr + Ph—C(=O)—OC₂H₅ —(无水乙醚)→ Ph₂C(OMgBr)(OC₂H₅)

$$C_6H_5MgBr + C_6H_5COOC_2H_5 \xrightarrow{\text{无水乙醚}} (C_6H_5)_2C\begin{matrix}OMgBr\\OC_2H_5\end{matrix}$$

$$\longrightarrow (C_6H_5)_2C{=}O + C_2H_5OMgBr$$

$$C_6H_5MgBr + (C_6H_5)_2C{=}O \xrightarrow{\text{无水乙醚}} (C_6H_5)_3C{-}OMgBr$$

$$(C_6H_5)_3C{-}OMgBr \xrightarrow{NH_4Cl,\ H_2O} (C_6H_5)_3C{-}OH$$

试剂

镁屑(0.5 g、0.021 mol);溴苯(新蒸)(3.3 g、2.2 mL、0.021 mol);苯甲酸乙酯(1.5 g、1.48 mL、0.01 mol);无水乙醚;氯化铵(2.5 g);乙醇。

实验内容

1. 苯基溴化镁的制备

在 50 mL 三口烧瓶上分别装上回流冷凝管、滴液漏斗、搅拌棒①,在冷凝管和滴液漏斗上口装上氯化钙干燥管。向反应瓶中加入 0.5 g 镁屑及一小粒碘片,在滴液漏斗中混合 3.3 g 溴苯和 9 mL 无水乙醚溶液。先将 1/3 的混合液加入瓶中,几分钟后,可见镁屑表面有气泡冒出(如无气泡,可用手心或电吹风少许加热),溶液轻微混浊,碘的颜色开始消失。反应开始后启动搅拌器,缓缓滴入其余的溴苯-醚溶液,滴加速率以微沸状态为宜。加毕后,在水浴上继续回流半小时,镁屑基本作用完全,即得苯基溴化镁。

2. 三苯甲醇的制备

将已制好的苯基溴化镁置于冰水浴中搅拌,由滴液漏斗滴加 1.5 g 苯甲酸乙酯和 4 mL 无水乙醚的混合液,控制滴加速率,保持反应平稳进行。滴加完毕后,在沸水浴上回流 0.4 h,使反应进行完全,这时可观察到反应物明显地分为两层。稍冷后,将反应物用冰水浴冷却。在搅拌下滴加由 2.5 g 氯化铵配成的饱和溶液(约 9 mL 水),分解加成产物[②]。

再将液体移至分液漏斗中,分出有机层后,转入圆底烧瓶中进行蒸馏。先在水浴上蒸去乙醚,再将残余物进行水蒸气蒸馏,以除去未反应的溴苯及联苯等副产物。瓶中剩余物含有三苯甲醇固体,抽滤收集。粗产物用 80%乙醇溶液重结晶。干燥后产量为 1.5~2 g。纯二苯甲醇为无色菱状晶体,熔点为 161~162.5 ℃。

（Ⅱ）二苯甲酮与苯基溴化镁的反应

反应式

试剂

镁屑(0.25 g、0.01 mol);溴苯(1.6 g、1.1 mL、0.01 mol);二苯甲酮(1.8 g、0.01 mol);无水乙醚;氯化铵(2 g);乙醇。

实验内容

仪器装置及操作步骤同实验(Ⅰ)。用 0.25 g 镁屑和 1.1 mL 溴苯(溶于 6 mL 无水乙醚)制成 Grignard 试剂后,在搅拌下滴加 1.8 g 二苯甲酮溶于 6 mL 无水乙醚的溶液,加毕后加热回流半小时。然后用 2 g 氯化铵配成饱和溶液(约需 7 mL 水)分解产物,蒸去乙醚后进行水蒸气蒸馏,冷却、抽滤,固体用乙醇-水重结晶,得到纯净的三苯甲醇晶体,产量为 1.5~2 g,熔点为 161~162 ℃。

本实验约需 5 h。

附注

① 本实验所用仪器及试剂必须充分干燥。

② 反应中絮状的氢氧化镁未全溶时,可加入几毫升稀盐酸促使其全部溶解。

思考题

1. 本实验中溴苯加入得太快或一次加入,有什么不好?
2. 实验时如果苯甲酸乙酯和乙醚中含有乙醇对反应有何影响?

实验 144　邻硝基苯酚和对硝基苯酚

实验目的

由苯酚合成得到邻硝基苯酚和对硝基苯酚;了解硝化反应的原理和操作。

实验原理

苯环上的硝化反应为亲电取代反应,由硝酰正离子取代苯环上的氢原子。当苯环上有一个取代基后,会影响苯环上的电荷分布,从而影响亲电取代的难易和第二个基团进入的位置。羟基为邻、对位定位基,使苯环活化,因此,硝基主要进入羟基的邻位和对位,得到邻硝基苯酚和对硝基苯酚。苯酚的硝化和苯的硝化相比,反应条件要温和一些。

反应式

$$\text{苯酚} + 2HNO_3 \longrightarrow \text{邻硝基苯酚(} NO_2\text{)} + \text{对硝基苯酚(} NO_2\text{)} + 2H_2O$$

（Ⅰ）用硝酸钠和稀硫酸的混合物硝化

试剂

苯酚(3.5 g、0.037 mol);硝酸钠(5.8 g、0.068 mol);浓硫酸(9.5 g、5.3 mL、0.085 mol);浓盐酸;活性炭。

实验内容

在 50 mL 三口烧瓶中放置 15 mL 水,慢慢加入 5.3 mL 浓硫酸,再加入 5.8 g 硝酸钠,待硝酸钠全溶后,装上温度计和滴液漏斗,将三口烧瓶置于冰水浴中冷却。在另一小烧杯中称取 3.5 g 苯酚①,并加入 1 mL 水,温热搅拌至全溶,稍冷后倒入滴液漏斗中。在不断振摇下,自滴液漏斗向三口烧瓶中滴加苯酚水溶液,控制反应温度在 10～15 ℃②之间。滴加完毕后,保持同样温度放置 0.4 h,并不时加以振摇,使反应完全。此时反应液为黑色焦油状物质,用冰水浴使其固化。用吸管吸出酸液,固体用 10 mL 水洗涤 2～3 次③,以除去剩余的酸液。然后将黑色油状固体进行水蒸气蒸馏(装置见附图 11-11),直至冷凝管中无黄色油状物滴出为止④。馏液冷却后,粗邻硝基苯酚迅速凝成固体,抽滤、干燥后收集产物约 1.6 g,用乙醇-水混合溶剂重结晶⑤,可得黄色针状结晶约 1 g。

在水蒸气蒸馏的残液中,加入 30 mL 水,再加入 2.5 mL 浓盐酸和 0.3 g 活性炭,加热至沸 10 min,趁热过滤,滤液再用活性炭脱色一次。将两次脱色后的溶液加热,用滴管分批滴入浸在冰水浴中的另一烧杯中,边滴加边搅拌,粗对硝基苯酚立即析出。抽滤、干燥,粗产物约 1.2 g,用 2% 的稀盐酸重结晶,得无色针状晶体约 0.9 g。纯的邻硝基苯酚的熔点为 45.3～45.7 ℃,对硝基苯酚的熔点为 114.9～115.6 ℃。

本实验需 4～5 h。

(Ⅱ) 用稀硝酸硝化

试剂

苯酚(1.5 g、0.016 mol);浓硝酸(1.9 g、1.3 mL、0.03 mol)($d=1.42$);苯;盐酸。

实验内容

在 25 mL 三口烧瓶中加入 1.5 g 苯酚、0.5 mL 水和 5 mL 苯,装上温度计和滴液漏斗,滴液漏斗中放置 1.3 mL 浓硝酸。将三口烧瓶置于冰水浴中冷却,待瓶内混合物温度降至 10 ℃以下时,自滴液漏斗中加入浓硝酸,立即发生剧烈反应,控制滴加速率,维持反应温度在 5～10 ℃之间,加完浓硝酸后,让三口烧瓶继续在冰水浴中冷却 5 min,然后在室温下放置 30 min,尽量使反应完全。重新将三口烧瓶置于冰水浴中冷却,对硝基苯酚即成晶体析出⑥。减压过滤,晶体用 5 mL 苯洗涤(滤液和苯液中含有邻硝基苯酚和 2,4-二硝基苯酚,切勿倒掉)。粗对硝基苯酚可用 2% 盐酸或苯重结晶。

将滤液和苯液并于分液漏斗中,分去含酸的水层,苯层转入蒸馏瓶中,加入 5 mL 水,进行水蒸气蒸馏。当苯全部蒸出后⑦,更换接收器,继续水蒸气蒸馏,蒸出邻硝基苯酚。冷却馏出液,减压抽滤收集邻硝基苯酚,干燥后测熔点,若熔点较低,可用乙醇-水重结晶。

蒸馏瓶内残液中主要含有 2,4-二硝基苯酚,因其毒性很大,且能渗入皮肤被吸收,故应加入 10 mL 1%氢氧化钠溶液作用后倒入废液桶。

本实验约需 4 h。

附注

① 苯酚室温时为固体(熔点 41 ℃),可用温水浴温热熔化,加水可降低酚的熔点,使呈液态,有利反应。苯酚对皮肤的腐蚀性很强,如不慎沾到皮肤上,应立即用肥皂和水冲洗,再用少许乙醇擦洗至无苯酚味。

② 由于酚和酸不互溶,须不断振摇使其充分接触,达到反应完全,同时可防止局部过热现象。反应温度超过 20 ℃时硝基苯酚可继续硝化或氧化,降低产量。若温度较低,则对硝基苯酚的比例会增大。

③ 最好将反应瓶放入冰水浴中冷却,使油状物固化,这样洗涤较为方便。残余酸液必须洗除,否则在水蒸气蒸馏过程中,由于温度升高,硝基苯酚会进一步硝化或氧化。

④ 水蒸气蒸馏时,往往由于邻硝基苯酚的晶体析出而堵塞冷凝管。此时应立即调节冷凝水,让热的蒸气通过使其熔化,然后再慢慢开大水流,防止热的蒸气使邻硝基苯酚伴随逸出。

⑤ 先将粗邻硝基苯酚溶于热的乙醇(40～45 ℃)中,过滤后,滴入温水至出现混浊。然后用温水浴(40～45 ℃)温热或滴入少量乙醇至清,冷却后析出黄色针状的邻硝基苯酚。

⑥ 因苯的冰点为 5.5 ℃,故不宜过分冷却,以免苯一起析出。

⑦ 苯和水形成共沸混合物,沸点为 69.4 ℃,可先被蒸出。当冷凝管中刚出现黄色时表示苯已蒸完,应立即调换接收器。蒸出的苯倒入回收瓶中。

思考题

1. 本实验有哪些副反应? 如何减少这些副反应?
2. 为什么邻硝基苯酚和对硝基苯酚可以用水蒸气蒸馏的方法来分离?

实验 145　乙　　　醚

实验目的

由乙醇脱水制备乙醚;了解醚的制备方法及操作步骤。

实验原理

醚是有机合成中常用的溶剂。醚的制法主要有两种。一种是醇脱水：

$$R{-}OH \ + \ H{-}OR \ \underset{\triangle}{\overset{催化剂}{\rightleftharpoons}} \ ROR + H_2O$$

另一种是醇(酚)钠与卤代烃作用：

$$RO{-}Na \ + \ X{-}R \ \rightleftharpoons \ ROR + NaX$$

前一种方法是由醇制取单纯醚的方法,所用的催化剂可以是硫酸、磷酸及氧化铝等。醇和酸的作用随温度的不同生成不同的产物。在 100 ℃时反应,产物是硫酸氢乙酯;在 140 ℃时是乙醚;在高于 160 ℃时是乙烯。因此,由醇脱水制醚时,必须严格控制好反应温度。同时,该反应是可逆的,故可采用蒸出产物(水或醚)的方法,使反应向生成醚的方向进行。

后一种方法主要是合成不对称醚,特别是在制备芳基烷基醚时产率较高。

反应式

主反应：　　$$2CH_3CH_2OH \xrightarrow[140\ ℃]{H_2SO_4} CH_3CH_2OCH_2CH_3 + H_2O$$

副反应：　　$$CH_3CH_2OH \xrightarrow[170\ ℃]{H_2SO_4} CH_2{=}CH_2 \ + H_2O$$

$$CH_3CH_2OH \xrightarrow{H_2SO_4} CH_3CHO + SO_2 + 2H_2O$$
$$\xrightarrow[H_2SO_4]{} CH_3COOH + SO_2 + 2H_2O$$

试剂

95％乙醇(10 g、12.7 mL、0.21 mol);浓硫酸(4.2 mL);2％氢氧化钠溶液;饱和食盐水;无水氯化钙。

实验内容

乙醚的制备装置如图 145-1 所示。在 25 mL 三口烧瓶中加入 4 mL 95％的乙醇,然后将烧瓶浸入冰水浴中,缓缓加入 4.2 mL 浓硫酸,使之混合均匀,并加入几粒沸石。按图 145-1 所示安装好仪器,滴液漏斗的末端[①]及温度计水银球应浸入液面以下,距瓶底约 0.5 cm 处。接收瓶应浸入冰水浴中冷却,接引管的支管接橡皮管并通入水槽。

将余下的乙醇放置于滴液漏斗中,然后加热使反应温度较快地上升到140 ℃,开始由滴液漏斗慢慢加入乙醇,控制滴加速率和馏出速率大致相等[②](每秒 1 滴),并维持反应温度在 135～140 ℃之间,约 25 min 滴加完毕。加完后继续加热约 10 min,直至温度上升到 160 ℃时,撤离热源,停止反应。

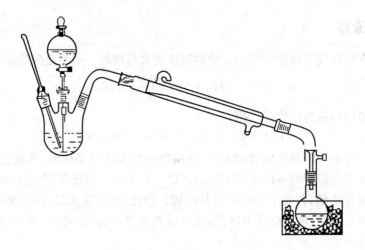

图 145-1　制备乙醚的装置

将馏出液转入分液漏斗中，依次用 3 mL 2％氢氧化钠溶液洗涤 1 次，3 mL 饱和氯化钠溶液洗涤 2 次③。分出乙醚层，用约 0.5 g 无水氯化钙干燥 15 min，然后滤到一个干燥的 5 mL 圆底烧瓶中，加入沸石后进行蒸馏④，收集 33～38 ℃的馏分⑤，产量约 2 g。纯乙醚的沸点为34.5 ℃，折光率 $n_D^{20}=1.352\,6$。

本实验需 3～4 h。

附注

① 为了方便，三口烧瓶中间口也可插入玻璃管，通入液面下，玻璃管的末端拉制成直径为 2～3 mm，玻璃管上端用一段橡皮管与滴液漏斗相连，漏斗末端应与玻璃管接触。

② 若滴加速率过快，不仅乙醇会未反应就被蒸出，且会使反应液的温度骤降，减少乙醚的生成。

③ 若用氢氧化钠溶液洗后，醚溶液的碱性太强，则可用少量饱和氯化钙溶液洗涤 1 次，以除去残留的碱。

④ 蒸馏或使用乙醚时，实验台附近应严禁有明火。同时在蒸馏易燃溶剂时，尾接管的支管应接橡皮管并通入水槽，以防蒸气浓度大而引起意外。

⑤ 乙醚与水会形成共沸物（沸点 34.15 ℃，含水 1.26％），馏分中还含有少量乙醇，故沸程较长。

思考题

1. 本实验中，为何滴液漏斗或玻璃管的末端应浸入反应液中？

2. 反应中可能产生的副产物是什么？各步洗涤的目的何在？

3. 蒸馏和使用乙醚时，应注意哪些事项？为什么？

实验146 正 丁 醚

实验目的

由正丁醇合成制备正丁醚。

实验原理

参考实验145中乙醚的合成。

反应式

主反应：

$$2CH_3CH_2CH_2CH_2OH \underset{135\ ℃}{\overset{H_2SO_4}{\rightleftharpoons}} CH_3CH_2CH_2CH_2OCH_2CH_2CH_2CH_3 + H_2O$$

副反应：$CH_3CH_2CH_2CH_2OH \xrightarrow{H_2SO_4} CH_3CH_2CH=CH_2 + H_2O$

试剂

正丁醇(8.3 g、10.3 mL、0.11 mol)；浓硫酸；无水氯化钙。

实验内容

在25 mL三口烧瓶中，加入10.3 mL正丁醇、1.7 mL浓硫酸和几粒沸石，摇匀。
按图146-1所示安装仪器，即三口烧瓶的一侧口插上温度
计，温度计水银球应浸入液面以下；中间装分水器，分水器
上接一回流冷凝管；另一口用塞子塞紧。先在分水器中加
入少量水[①]，然后将三口烧瓶在电热套上加热，保持反应物
微沸，回流分水。随着反应进行，回流液经冷凝管冷却后
收集于分水器内，分液后水层沉于下层，上层有机相沉积
至分水器支管时，即可返回烧瓶。当烧瓶内反应物温度升
至135 ℃[②]左右，此时分水器全部被水充满，即停止反应，
大约需要45 min。若继续加热，则反应液变黑并有较多的
副产物烯烃生成。

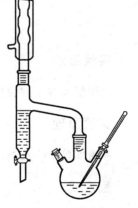

图146-1 分水装置

待反应液冷至室温时，倒入盛有15 mL水的分液漏斗
中，充分振摇，静置分层后弃去下层液体，上层粗产物依次
用8 mL水和5 mL 5%的氢氧化钠溶液[③]、5 mL水和5 mL饱和氯化钙溶液洗涤[④]，
然后用无水氯化钙干燥。干燥后的产物滤入5 mL蒸馏瓶中，蒸馏收集140~144 ℃

的馏分,产量为 2.5 g。纯正丁醚的沸点为 142.4 ℃,折光率 $n_D^{20}=1.399\,2$。

本实验约需 3.5 h。

附注

① 本实验根据理论计算,失水体积为 1 mL,实际分出水的体积约大于计算量,故分水器加满后先放掉 1.2 mL 水。

② 制备正丁醚的最佳温度是 135～140 ℃,但这一温度在开始回流时是很难达到的。因为正丁醚与水形成共沸物(沸点 94.1 ℃,含水 34.4%),另外,正丁醚与丁醇和水形成三元共沸物(沸点 90.6 ℃,含水 9.9%、正丁醇 34.6%),正丁醇与水也可以形成共沸物(沸点 93.0 ℃,含水 44.5%),故温度控制在 90～100 ℃ 之间较合适,而实际操作是在 100～105 ℃ 之间。

③ 在碱洗过程中,不要剧烈摇动分液漏斗,否则生成的乳浊液很难破坏而影响分离。

④ 上层粗产物的洗涤也可采用下法进行:先每次用 8 mL 50% 硫酸洗 2 次,再每次用 8 mL 水洗 2 次。因 50% 硫酸可洗去粗产物中的正丁醇,但正丁醚也能微溶,所以产率略有降低。

思考题

1. 制备正丁醚与制备乙醚在实验操作上有什么不同? 为什么?

2. 能否用本实验方法由乙醇和 2-丁醇制备乙基仲丁基醚? 用什么方法更合适?

实验 147　甲基叔丁基醚

实验目的

由甲醇和叔丁醇合成制备甲基叔丁基醚。

实验原理

参考实验 145 乙醚的合成。

反应式

主反应:
$$CH_3OH + \underset{\underset{CH_3}{|}}{\overset{\overset{CH_3}{|}}{HO-C-CH_3}} \xrightarrow{15\% \text{ H}_2\text{SO}_4} \underset{\underset{CH_3}{|}}{\overset{\overset{CH_3}{|}}{CH_3O-C-CH_3}} + H_2O$$

副反应：

$$CH_3-\underset{\underset{OH}{|}}{\overset{\overset{CH_3}{|}}{C}}-CH_3 \xrightarrow{H^+} CH_3-\underset{}{\overset{\overset{CH_3}{|}}{C}}=CH_2 + H_2O$$

试剂

甲醇(5.3 g、6.7 mL、0.17 mol)；叔丁醇(6.17 g、0.085 mol)；15％硫酸；无水碳酸钠；金属钠。

实验内容

在 50 mL 三口烧瓶的中间口装上分馏柱，一侧口将温度计插到瓶底，另一侧口用塞子塞住。分馏柱顶上装有温度计，其支管依次接直形冷凝管、带支管的尾接管，尾接管的支管接橡皮管，通入水槽的下水口里，接收器用冰水浴冷却。

仪器装好后，在烧瓶中加入 30 mL 15％硫酸、6.7 mL 甲醇和 6.8 mL 95％叔丁醇[①]，混合均匀，投入几粒沸石，加热。当瓶中温度到达 75～80 ℃时，产物慢慢地分馏出来，调节加热速率，使得分馏柱顶的蒸气温度保持在(51±2)℃[②]，每分钟收集 0.5～0.7 mL 馏出液。当分馏柱顶的温度明显上下波动时[③]，停止分馏，全部分馏时间约 40 min，共收集粗产物 9 mL 左右。

将馏出液移入分液漏斗中，用水洗涤 2～3 次，每次用 2 mL 水，尽量洗去其中所含的醇[④]。分出清澈透明的醚层，用少量无水碳酸钠干燥。将醚层移入干燥的回流装置中，加入 0.1～0.3 g 的金属钠，加热回流 0.5 h。最后，将回流装置改成蒸馏装置，用水浴加热，蒸出甲基叔丁基醚，收集 54～56 ℃的馏分，产量约2.3 g。

纯的甲基叔丁基醚为无色透明液体，沸点为 54 ℃，折光率 $n_D^{20}=1.368\,9$。

本实验约需 4 h。

附注

① 将 6.17 g 叔丁醇加入 0.7 mL 水配成 95％的叔丁醇约 6.8 mL。

② 甲醇的沸点为 64.7 ℃，叔丁醇的沸点为 82.6 ℃。叔丁醇与水的恒沸混合物（含醇88.3％）的沸点为 79.9 ℃，所以分馏时温度尽量控制在 51 ℃左右（馏出液是醚和水的恒沸混合物），不超过 53 ℃为宜。

③ 分馏后期，馏出速率大大减慢。此时略微调节温度大小，柱顶温度会随之大幅度波动。这说明反应瓶中的甲基叔丁基醚已经基本蒸出。此时反应瓶中的温度升到 95 ℃左右。

④ 洗涤至所加水的体积在洗涤后不再增加为止。如果增大制备量，则洗涤的次数还要多。

思考题

1. 醚化反应为何用 15% 的硫酸？用浓硫酸行不行？

2. 分馏时柱顶的温度高了会有什么不利？

3. 用金属钠回流的目的是什么？如果不进行这一步处理,而将干后的醚层直接蒸馏,对结果会有何影响？

实验 148　环　己　酮

实验目的

由环己醇氧化制备环己酮；了解羰基化合物的合成方法及氧化反应的操作。

实验原理

酮是一类重要的化工原料。仲醇的氧化和脱氢是制备脂肪酮的主要方法,工业上大多用催化氧化或催化脱氢法,即用相应的醇在较高的温度(250～350 ℃)和有银、铜、铜-铬合金等金属催化的情况下来制取。实验室一般都用试剂氧化法,酸性重铬酸钠(钾)是最常用的氧化剂之一。此外,Grignard 试剂和腈、酯的加成反应,乙酸乙酯合成法等也是实验室制备酮的常用方法。

反应式

$$3 \underset{\text{(环己醇)}}{\overset{OH}{\bigcirc}} + Na_2Cr_2O_7 + 4H_2SO_4 \longrightarrow 3 \underset{\text{(环己酮)}}{\overset{O}{\bigcirc}} + Cr_2(SO_4)_3 + Na_2SO_4 + 7H_2O$$

试剂

环己醇(3.3 g、3.5 mL、0.033 mol)；重铬酸钠($Na_2Cr_2O_7 \cdot 2H_2O$)(3.5 g、0.012 mol)；浓硫酸；乙醚；精盐；无水碳酸钾。

实验内容

在 50 mL 烧杯中,溶解 3.5 g 重铬酸钠于 20 mL 水中,然后在搅拌下,用注射器滴入 3 mL 浓硫酸,得一橙红色溶液,冷却至 30 ℃以下备用。

在 50 mL 圆底烧瓶中,加入 3.5 mL 环己醇,然后一次加入上述制备好的铬酸溶液,振动使充分混合,放入一个温度计,测量初始温度并时常观察温度变化情况。当温度上升到 55 ℃时立即用冷水浴冷却,保持温度在 50~55 ℃之间。约 15 min 后,温度开始出现下降趋势,移去水浴,再放置 15 min。期间要不时摇动,使反应完全,反应液呈墨绿色。

在反应瓶内加入 20 mL 水和几粒沸石,改成蒸馏装置,将环己酮与水一起蒸出来[①],直至冷凝管馏出液中再无油滴为止,收集约 15 mL 馏出液。馏出液用精盐饱和[②](约需 3 g)后,转入分液漏斗,静置后分出有机层。水层用 5 mL 乙醚提取一次,合并有机层和苯取层,用无水碳酸钾干燥,在水浴上蒸去乙醚后,蒸馏收集 151~155 ℃的馏分,产量为 2~2.4 g。纯环己酮的沸点为 155.7 ℃,折光率 $n_D^{20}=1.450\,7$。

本实验约需 3.5 h。

附注

① 这是一种简化了的水蒸气蒸馏,环己酮与水形成恒沸混合物,沸点 95 ℃,含环己酮 38.4%。

② 环己酮 31 ℃时在水中溶解度为 2.4 g/100 g 水。加入精盐的目的是为了降低环己酮的溶解度,并有利于环己酮的分层。水的馏出量不宜过多,否则即使盐析,仍不可避免有少量环己酮溶于水中而损失掉。

思考题

1. 本实验中温度过高或过低有何不好?
2. 环己醇用铬酸氧化得到环己酮,用高锰酸钾氧化则得到己二酸,为什么?

实验 149　苯　乙　酮

实验目的

由苯和乙酸酐合成得到苯乙酮;了解 Friedel-Crafts 反应的原理和操作。

实验原理

芳香酮的制备通常利用 Friedel-Crafts 反应。所谓 Friedel-Crafts 反应是指芳香烃在无水三氯化铝等催化剂存在下,与卤代烷、酰氯或酸酐作用,在苯环上发生亲电取代反应引入烷基或酰基的反应。前者称为烷基化反应,后者称为酰基化反应。

Friedel-Crafts 烷基化反应的试剂除卤代烷外,亦可以用醇或烯。使用的催化剂除常用的三氯化铝外,还有无水氯化锌、氯化锡、三氟化硼、氟化氢、硫酸等。当用三氟化硼作催化剂时,只能使醇和烯进行烷基化反应,卤代烷则不行。

由于烷基化反应时常会产生基团重排或多元取代的副反应,所以在实验室制备中不常用。然而用 Friedel-Crafts 反应进行酰基化时,反应可停止在一酰基化阶段,故可用来制取芳香酮。

烷基化反应和酰基化反应对于三氯化铝的用量有所不同。烷基化时三氯化铝的用量是催化量,但在酰基化时因有一部分三氯化铝与酰氯或芳香酮生成配合物,所以 1 mol 酰氯需用多于 1 mol 的三氯化铝。当用酸酐作酰基化试剂时,因为有一部分三氯化铝与酸酐作用,所以三氯化铝的用量要更多,一般需要 2 mol 的三氯化铝,在实际操作中尚需过量 10%~20%。

由于三氯化铝遇水或受潮会分解失效,故在操作时必须注意,且反应中所用仪器和试剂都应是干燥和无水的。

Friedel-Crafts 反应是放热反应,但它有一个诱导期,所以操作时要注意温度的变化。反应一般都在溶剂中进行,常用的溶剂有作为反应原料的芳香烃或二硫化碳、硝基苯等。

反应式

$$\text{苯} + (CH_3CO)_2O \xrightarrow{AlCl_3} \text{苯-}COCH_3 + CH_3COOH$$

试剂

乙酸酐(2.3 g、2.5 mL、0.024 mol);无水苯(10 mL、0.113 mol);无水三氯化铝(7 g、0.052 mol);浓盐酸;苯;5%氢氧化钠溶液;无水硫酸镁。

实验内容

在 50 mL 三口烧瓶中[①]分别装上冷凝管和滴液漏斗,冷凝管上端装一氯化钙干燥管,干燥管与氯化氢气体吸收装置相连。

迅速称取 7 g 研细的无水三氯化铝[②],加入三口烧瓶中,再加入 10 mL 无水苯,塞住另一瓶口。自分液漏斗慢慢滴加 2.5 mL 乙酸酐,滴加速率以三口烧瓶稍热为宜,边滴加边摇荡三口烧瓶。滴加完后,在 80~100 ℃下加热回流 15~20 min,直至不再有氯化氢气体逸出为止。

将反应物冷却至室温,在搅拌下倒入盛有 20 mL 浓盐酸和 20 g 碎冰的烧杯中进行分解。当固体完全溶解后,将混合物倒入分液漏斗中,分出有机层,水层用 3 mL 苯萃取 2 次。合并有机层和萃取液,依次用 5% 的氢氧化钠溶液和水洗涤,产物转移至 50 mL 锥形瓶中,用无水硫酸镁干燥。

将干燥后的粗产物先在沸水浴上蒸去苯,稍冷后,再在电热套上加热,用空气冷凝装置蒸馏收集 196~202 ℃的馏分[③],产量为 1.5~1.8 g。纯苯乙酮的沸点为

202.2 ℃,折光率 $n_D^{20}=1.537\ 2$。

本实验需 3～3.5 h。

附注

① 本实验所需仪器和试剂均须充分干燥,否则影响反应顺利进行,装置中所有和空气相通的部位,均应装置干燥管。

② 无水三氯化铝的质量是实验成功的关键之一,研细、称量和投料均要迅速,避免长时间暴露在空气中。

③ 也可采用减压蒸馏。苯乙酮在不同压力下的沸点如表 149-1 所示。

表 149-1　苯乙酮在不同压力下的沸点

压力/mmHg	4	5	6	7	8	9	10	25	30	40	50	60	100
沸点/℃	60	64	68	71	73	76	78	98	102	109	115	120	134

思考题

1. 水和潮气对本实验有何影响? 为什么要迅速称取无水三氯化铝?

2. 反应完成后为何要加入浓盐酸和冰的混合液?

3. 在烷基化和酰基化反应中,三氯化铝的用量有何不同? 为什么?

实验 150　苯　甲　酸

实验目的

由甲苯氧化制备苯甲酸;了解羧酸的制备方法及操作。

实验原理

制备羧酸最常用的方法是氧化法,可以通过烯烃、醇、醛等的氧化来制取羧酸。芳香烃的苯环比较稳定,较难氧化,而苯环上含有 α-氢的烷基则不论长短,用强氧化剂氧化时,最后都变成羧基,这是通常制备芳香族羧酸的方法。

氧化时所用的氧化剂有硝酸、重铬酸钠(钾)-硫酸、高锰酸钾、过氧化氢及过氧乙酸等,或用催化氧化的方法,即在催化剂存在下,通空气进行氧化。

此外,羧酸还可以通过腈的水解、Grignard 试剂和二氧化碳作用或甲基酮的卤仿反应等来制取。

反应式

$$\text{（甲苯）CH}_3 + 2KMnO_4 \longrightarrow \text{（COOK）} + KOH + 2MnO_2 + H_2O$$

$$\text{（COOK）} + HCl \longrightarrow \text{（COOH）} + KCl$$

试剂

甲苯(1.5 g、1.8 mL、0.017 mol);高锰酸钾(4 g、0.025 mol);浓盐酸。

实验内容

在 50 mL 三口烧瓶中加入 1.5 g 甲苯和 10 mL 水。用电动搅拌机搅拌,侧口装上回流冷凝管和滴液漏斗(附图 11-4),加热至沸。将 4 g KMnO₄溶解在约 25 mL 水中①,由滴液漏斗慢慢滴入(注意控制反应不要太剧烈!),约在 15 min 内滴完。保持微沸,继续回流 1～1.5 h,直到甲苯几乎消失,回流液不再出现油珠为止。

将反应混合液趁热减压过滤②,并用少量热水洗涤滤渣二氧化锰。合并滤液和洗涤液,并用冷水冷却。然后用浓盐酸酸化,直至苯甲酸全部析出为止。将析出来的苯甲酸减压过滤,用少量冷水洗涤、压干,即得苯甲酸粗产物。若产品不够纯净,可用热水重结晶③,必要时加入少量活性炭脱色。产量为 0.7～1 g。纯的苯甲酸为无色针状晶体,熔点为 121.7 ℃。

本实验需要 3～3.5 h。

附注

① 将 KMnO₄ 溶解在水中时,可稍加热使溶解完全。
② 滤液若呈紫色,可加入少量亚硫酸氢钠使紫色褪去,重新减压过滤。
③ 苯甲酸在某些温度下,在 10 mL 水中的溶解度为:4 ℃,0.18 g;18 ℃,0.37 g;75 ℃,2.2 g。

思考题

1. 实验中影响苯甲酸产量的因素有哪些?
2. 反应完毕后,若滤液呈紫色,为何要用亚硫酸氢钠?
3. 精制苯甲酸还有何方法?

实验 151　己　二　酸

实验目的

由环己醇氧化制备己二酸。

实验原理

参考实验 150 苯甲酸的合成。

（Ⅰ）硝 酸 氧 化

反应式

$$3\ \text{环己醇} +8HNO_3 \longrightarrow 3HOOC(CH_2)_4COOH+\ 8NO\ +7H_2O$$

$$\downarrow 4O_2$$

$$8NO_2$$

试剂

环己醇(0.83 g、0.9 mL、约 0.008 3 mol)；硝酸(2.7 mL、3.5 g、约 0.03 mol)；钒酸铵。

实验内容

在 50 mL 三口烧瓶中加入 2.7 mL 50％硝酸[①]和一小粒钒酸铵。三口烧瓶上分别装温度计、回流冷凝管和滴液漏斗,冷凝管上端接一个气体吸收装置,用碱液吸收反应中的氧化氮气体[②],滴液漏斗中加入 0.9 mL 环己醇[③]。将三口烧瓶在水浴上加热至 50 ℃左右,移去水浴,先滴入 2～3 滴环己醇,并不断振摇。反应开始后,瓶内反应温度升高,并有红棕色气体放出。慢慢滴入其余的环己醇,调节滴加速率[④],使瓶内温度维持在 50～60 ℃之间,并不时加以摇荡。当温度过高或过低时,可借冷水浴和热水浴加以调节。滴加完后,再控制电热套温度在 100 ℃加热 10 min,至无红棕色气体放出为止。将反应物小心地倾入一个外部用冷水浴冷却的烧杯中,抽滤收集析出的晶体,用少量冰水洗涤[⑤],粗产物干燥后为 0.6～0.8 g,熔点为 149～154 ℃。用水重结晶后,产量为 0.6 g。纯己二酸为棕色菱状晶体,熔点为 153 ℃。

本实验约需 3 h。

（Ⅱ）高锰酸钾氧化

反应式

$$3\ \text{C}_6\text{H}_{11}\text{OH}+8KMnO_4+H_2O\longrightarrow 3HOOC(CH_2)_4COOH+8MnO_2+8KOH$$

试剂

环己醇(0.7 g、0.8 mL、0.007 mol)；高锰酸钾(2 g、0.013 mol)；10％氢氧化钠溶液；亚硫酸氢钠；浓盐酸。

实验内容

在 100 mL 烧杯中安装机械搅拌器。烧杯中加入 2 mL 10％氢氧化钠溶液和 15 mL 水，搅拌下加入 2 g 高锰酸钾。待高锰酸钾溶解后，用滴管慢慢加入 0.8 mL 环己醇，控制滴加速率，维持反应温度在 45 ℃左右。滴加完毕且反应温度开始下降时，在沸水浴中将混合物加热 5 min，使氧化反应完全并使二氧化锰沉淀凝结。用玻璃棒蘸一滴反应混合物，点到滤纸上做点滴实验。若有高锰酸盐存在，则在二氧化锰点的周围将出现紫色的环，可加入少量的固体亚硫酸氢钠直到点滴实验呈负性为止。

趁热抽滤混合物，滤渣二氧化锰用少量热水洗涤 3 次。合并滤液与洗涤液，用 1.2 mL 浓盐酸酸化，使溶液呈强酸性。加热浓缩使液体体积减少至 3～4 mL，加入少量活性炭脱色后放置结晶，得白色的己二酸晶体，熔点为 151～152 ℃，产量为 0.7～0.8 g。

本实验需 2～3 h。

附注

① 环己醇和浓硝酸切勿共一个量筒取用，两者相遇将发生剧烈反应，甚至发生意外。

② 本实验应在通风条件较好的情况下进行，因产生的氧化氮气体有毒，不可逸散在实验室内。仪器装置要求严密不漏，如发现漏气现象，应立即停止实验，改进后再继续进行实验。

③ 环己醇熔点为 24 ℃，熔融时为黏稠液体。为减少转移时损失，可用少量水冲洗量筒，并入滴液漏斗中。在室温较低时，这样还可以降低其熔点，以免堵住漏斗。

④ 环己醇的氧化反应为剧烈的放热反应，切不可一次加入环己醇太多，以免反

应过剧,引起爆炸。

⑤ 不同温度下己二酸的溶解度如表 151-1 所示。粗产物须用冰水洗涤,如浓缩母液可回收少量产物。

表 151-1　不同温度下己二酸在水中的溶解度

温度/ ℃	15	34	50	70	87	100
溶解度/(g/100 g 水)	1.44	3.08	8.46	34.1	94.8	100

思考题

1. 本实验中为什么必须控制反应温度和环己醇的滴加速率?
2. 粗产物为什么必须干燥后称重并最好进行熔点的测定?

实验 152　苯甲酸乙酯

实验目的

由苯甲酸和乙醇合成制备苯甲酸乙酯;了解酯的制备方法及掌握分水器的应用。

实验原理

羧酸酯一般都是由羧酸和醇在少量浓硫酸催化下作用制得:

$$\text{R-C(=O)-OH} + \text{R'OH} \underset{}{\overset{H_2SO_4}{\rightleftharpoons}} \text{R-C(=O)-OR'} + H_2O$$

这里的浓硫酸是催化剂,它能促使上述可逆反应较快地达到平衡。除了浓硫酸外,还可采用干燥的氯化氢、有机强酸或阳离子交换树脂等进行催化。

为了获得较高的产率,通常都用增加酸或醇的用量及不断地移去产物酯或水的方法来进行酯化反应。除去酯化反应中的产物酯和水,一般都是借助形成低沸点共沸物来进行。

反应式

$$+ C_2H_5OH \underset{}{\overset{H_2SO_4}{\rightleftharpoons}} + H_2O$$

试剂

苯甲酸(2.7 g、0.022 mol);无水乙醇(10 mL、0.17 mol);苯;浓硫酸;碳酸钠;乙醚;无水氯化钙。

实验内容

在 25 mL 圆底烧瓶中加入苯甲酸 2.7 g、无水乙醇 10 mL、苯 8 mL 和浓硫酸 2 mL,摇匀,加几粒沸石。装上分水器,从分水器上端小心加水至分水器支管处,再放出约 2 mL[①]水,分水器上端接一个回流冷凝管。

将反应瓶在 90～110 ℃加热回流 1～1.5 h,此时分水器中出现上、中、下三层液体[②]。当中层液体约 2 mL 时,可旋动活塞放出液体。继续加热,蒸出多余的乙醇和苯到分水器中(当充满时可由活塞放出)。此时蒸馏的温度不宜过高,以防止炭化现象发生,当反应液呈微黄色即停止蒸馏。

将瓶中的残液倒入 50 mL 烧杯中,加入 15 mL 水,在搅拌下分批加入碳酸钠以中和硫酸和未作用完的苯甲酸,至 pH 值为 7 左右[③]。

将液体转入 50 mL 分液漏斗中,分出有机层[④],水层用 5 mL 乙醚萃取一次。合并有机层和乙醚萃取液于 50 mL 锥形瓶中。加入 1 g 左右无水氯化钙干燥 20 min。干燥后的溶液转入 15 mL 蒸馏瓶中,先在低温下蒸去乙醚,再升温蒸馏收集 210～213 ℃的馏分[⑤],产量约 2.5 g。纯的苯甲酸乙酯的沸点为 213 ℃,折光率 $n_D^{20} = 1.500\ 1$。

本实验约需 4 h。

附注

① 根据理论计算,带出的总水量约 0.7 mL。因本反应是借共沸物带走反应中生成的水,根据附注②的计算,共沸物下层的总体积约为 2 mL。

② 下层为原来加入的水。由反应瓶中蒸出的馏液为三元共沸物(沸点为 64.6 ℃,含苯 74.1%、乙醇 18.5%、水 7.4%),它从冷凝管流入分水器后分为两层,上层占 84%(含苯 86%、乙醇 12.7%、水 1.3%),下层占 16%(含苯 4.8%、乙醇 52.1%、水 43.1%),此下层便是分水器中的中层。

③ 萃取后分出的水相可用盐酸酸化,至溶液呈微酸性,抽滤析出的苯甲酸沉淀,并用少量水洗涤后干燥收集。

④ 若粗产物中含有絮状物难分层,则可直接用 7 mL 乙醚萃取。

⑤ 蒸去乙醚后,当温度上升至 140 ℃时,须换用空气冷凝管。

思考题

1. 本实验应用什么原理来提高该平衡反应的产率?

2. 试设计一个不用分水方法制备苯甲酸乙酯的实验。

实验 153　乙酸异戊酯

实验目的

合成制备乙酸异戊酯。

实验原理

参考实验 152 苯甲酸乙酯的合成。

反应式

$$CH_3COOH+(CH_3)_2CHCH_2CH_2OH \xrightleftharpoons{H^+} CH_3COOCH_2CH_2CH(CH_3)_2+H_2O$$

试剂

异戊醇(2.93 g、3.6 mL、0.033 mol)；冰乙酸(4.5 g、4.3 mL、0.075 mol)；5%碳酸氢钠水溶液；饱和氯化钠水溶液；无水硫酸镁；浓硫酸。

实验内容

在 25 mL 圆底烧瓶中加入 3.6 mL 异戊醇和 4.3 mL 冰醋酸，摇动下慢慢加入 0.9 mL 浓硫酸，塞上空心塞，混匀后①加入几粒沸石，装上回流冷凝管，在油浴上小心加热回流 1 h。

将反应物冷至室温，小心移入分液漏斗中，用 10 mL 冷水洗涤烧瓶，并将洗液合并于分液漏斗中。振摇后静置，分出下层水层，有机相用 5 mL 5%的碳酸氢钠溶液洗涤②，至水溶液呈弱碱性。然后用 5 mL 饱和氯化钠溶液洗涤③，分出水层，酯层转移到锥形瓶中，用约 0.5 g 无水硫酸镁干燥。粗产物滤入 10 mL 圆底烧瓶中，蒸馏收集 138～143 ℃的馏分，产量约 2.3 g。纯乙酸异戊酯为无色透明液体，沸点为 142.5 ℃，折光率 $n_D^{20}=1.400\,3$。

本实验约需 4 h。

附注

① 反应物与浓硫酸一定要混合均匀，若不均匀，加热时会使有机物炭化，溶液发黑。

② 用碳酸氢钠溶液洗涤时，有大量的二氧化碳产生，因此开始时不要塞住分液漏斗，摇荡漏斗至无明显的气泡产生后再塞住振摇，洗涤时应注意及时放气。

③ 饱和氯化钠溶液可降低酯在水中的溶解度(0.16 g/100 g 水)，还可以防止乳化，有利分层，便于分离。

思考题

制备苯甲酸乙酯时使用的是过量的醇,而本实验使用的是过量的乙酸,为什么?

实验 154　　乙酰水杨酸

实验目的

合成得到乙酰水杨酸;巩固重结晶操作。

实验原理

乙酰水杨酸即阿司匹林(aspirin),是 19 世纪末合成成功的,作为一个有效的解热止痛、治疗感冒的药物,至今仍被广泛使用。有关报道表明,人们正在发现它的某些新功能。

由于酚的结构和醇的不同,导致它们的性质也不一样,因此酚的酯化和醇的酯化不一样,不能通过酚和羧酸的直接反应来得到酚酯,而是和反应活性更高的羧酸酐或酰氯反应而得到。

阿司匹林是由水杨酸(邻羟基苯甲酸)与乙酸酐进行酯化反应而得的。水杨酸可由水杨酸甲酯,即冬青油(由冬青树提取而得)水解制得。

水杨酸可以止痛,常用于治疗风湿病和关节炎。它是一种具有双官能团的化合物,一个是酚羟基,一个是羧基,羧基和羟基都可以发生酯化,而且还可以形成分子内氢键,阻碍酰化和酯化反应的发生。

反应式

试剂

乙酸酐(5 mL);水杨酸(2.0 g);浓硫酸;饱和碳酸氢钠溶液;浓盐酸。

实验步骤

在 50 mL 锥形瓶①中加入 5 mL 乙酸酐②、0.5 g 水杨酸和 4 滴浓硫酸,混合均匀后,在 80～90 ℃的水浴③上加热 8 min,然后冷却析出结晶。再加 36 mL 水,用冰水冷却使结晶析出完全,减压过滤,用少量冷水洗涤固体。

　　将过滤得到的固体置于 50 mL 烧杯中,用 30 mL 饱和碳酸氢钠溶液碱化,减压抽滤除去不溶物。滤液用浓盐酸酸化后,有晶体析出,用冰水冷却使结晶析出完全。结晶经减压抽滤、水洗、干燥后,即得乙酰水杨酸 1.3 g。

　　纯的乙酰水杨酸为白色结晶粉末,熔点为 135 ℃[④]。

　　本实验约需 3 h。

附注

① 锥形瓶必须是干燥的。

② 乙酸酐要用新蒸的。

③ 水浴温度过高,会导致水杨酸之间成酯的副反应,使乙酰水杨酸的产率降低。

④ 乙酰水杨酸受热后易发生分解,分解温度为 126～135 ℃,因此测定熔点时,应先将温度升高到 120 ℃,再进行测定,避免长时间受热分解。

思考题

1. 若在硫酸的存在下,水杨酸与乙醇作用将得到什么产物? 写出反应方程式。

2. 本实验中可产生什么副产物? 反应完后加水的目的是什么?

3. 通过什么样的简便方法可以鉴定出阿司匹林是否含有水杨酸?

实验 155　间硝基苯胺

实验目的

由间二硝基苯合成间硝基苯胺;了解芳香胺的合成方法及操作。

实验原理

芳香族硝基化合物在酸性介质中还原,可以制得芳香族伯胺 $ArNH_2$。常用的还原剂有铁-盐酸、铁-乙酸、锡-盐酸、氯化亚锡-盐酸、硫以及多硫化物等。此外,利用催化加氢的方法,也可以使硝基化合物还原成伯胺。

反应式

$$Na_2S + NaHCO_3 \longrightarrow NaHS + Na_2CO_3$$

试剂

间二硝基苯(1.7 g、约 0.010 mol);结晶硫化钠($Na_2S \cdot 9H_2O$)(4 g、0.017 mol);碳酸氢钠(1.4 g、0.017 mol);甲醇。

实验内容

1. 硫氢化钠溶液的制备

在 80 mL 烧杯中配制 4 g 结晶硫化钠[①]溶于 8 mL 水的溶液,在充分搅拌下向溶液中分批加入 1.4 g 粉状碳酸氢钠。待碳酸氢钠完全溶解后,边搅拌边慢慢加入 10 mL 甲醇,并将烧杯置于冰水浴冷却至 20 ℃ 以下,立即析出一水合碳酸钠的沉淀。静置 10 min 后,减压过滤析出的碳酸钠结晶(保留滤饼和滤液),每次用 2 mL 甲醇洗滤饼,共洗 3 次,合并滤液和洗涤液备用[②]。

2. 间硝基苯胺的制备

在 50 mL 圆底烧瓶中溶解 1.7 g 间二硝基苯于 14 mL 热甲醇中,装上回流冷凝管。在振摇下,从冷凝管上端加入上述制好的硫氢化钠溶液,将反应混合物在电热套上加热回流 20 min[③]。冷至室温后,改为蒸馏装置,加热蒸馏出大部分甲醇(需收集 20~25 mL 馏液)。将蒸出甲醇后的残液在搅拌下倒入 50 mL 冷水中,立即析出间硝基苯胺黄色晶体。减压抽滤,用少量冷水洗涤结晶,干燥后得粗产物 1~1.3 g。粗产物用 75% 的乙醇-水溶液重结晶,用少量活性炭脱色,得黄色针状的间硝基苯胺结晶 0.8~1 g。纯间硝基苯胺的熔点为 114 ℃。

本实验约需 3.5 h。

附注

① 市售的硫化钠为九水合硫化钠($Na_2S \cdot 9H_2O$),极易潮解,使用的药品应取于严密封口的瓶中。也可用 2.2 g 三水合硫化钠($Na_2S \cdot 3H_2O$)和 2 mL 水代替。

② 硫氢化钠溶液不稳定,制好后应立即使用,实验可在间二硝基苯与硫氢化钠混合物回流后中断。

③ 如果硫氢化钠由硫化钠和碳酸氢钠制备,则在甲醇热溶液中会出现粉状的碳酸钠沉淀,因为它在下面的实验中溶于水,故不必除去。

思考题

1. 本实验反应结束后,为何要蒸出大部分甲醇?

2. 如何由间硝基苯胺合成下列化合物?

(1)间硝基苯酚; (2)间氟苯胺; (3)3,3′-二硝基联苯。

实验 156　N,N-二乙基间甲基苯甲酰胺

实验目的

合成制备 N,N-二乙基间甲基苯甲酰胺；了解酰氯和酰胺的合成方法及操作。

实验原理

酰氯、酸酐、酯和酰胺都是羧酸的衍生物，其中酰氯最活泼，可以通过羧酸和氯化亚砜、三氯化磷、五氯化磷等反应制得。酰胺最不活泼，可由其他衍生物同氨或胺反应得到，也可以由羧酸的氨盐脱水或腈的部分水解制得。

反应式

试剂

间甲基苯甲酸(1.4 g、0.01 mol)；氯化亚砜(2.5 g、1.5 mL、0.02 mol)；二乙胺(2.3 g、3.3 mL、0.03 mol)；无水乙醚；氢氧化钠；盐酸；无水硫酸钠。

实验内容

将 1.4 g 间甲基苯甲酸和 1.5 mL 氯化亚砜置于 50 mL 三口烧瓶中[①]。在烧瓶上装上回流冷凝管，在冷凝管上接上氯化氢气体吸收装置，另一口加一个配有干燥管的分液漏斗，再将未使用的一个口塞住[②]。加入少量沸石，用电热套缓慢加热混合物直至气体停止放出为止(约 10 min)。

将烧瓶冷却，加入 18 mL 干燥乙醚。向滴液漏斗中加入 3.3 mL 二乙胺溶解在 7 mL 无水乙醚中的溶液，打开滴液漏斗活塞，慢慢加入二乙胺溶液[③]，约 20 min 加完。瓶中会充满白色气体，切勿摇动烧瓶。渐渐烧瓶内会有白色絮状物质生成，加完二乙胺后，把烧瓶中的混合物用 8 mL 5%氢氧化钠溶液洗涤，转入分液漏斗。如有需要，可用少许水把沉积在冷凝管中的固体洗入烧瓶内，随后也将此溶液加入到分液

漏斗中。振摇分液漏斗,将醚层和水层分开。如无明显乙醚层则大部分乙醚在反应时蒸发了,故需再加入少量乙醚,醚层依次用 8 mL 5％氢氧化钠溶液、8 mL 10％盐酸溶液、10 mL 水洗涤。用无水硫酸钠干燥乙醚层,从硫酸钠中倾出溶液,在水浴上蒸去乙醚。将蒸发掉乙醚的溶液减压蒸馏(160～162 ℃,20 mmHg),得无色透明液体。产量为 2.0～2.5 g。

本实验约需 3.5 h。

附注

① 氯化亚砜和二乙胺应在通风橱中谨慎取之。

② 所用仪器必须干燥,否则氯化亚砜会水解,影响产率。

③ 滴加二乙胺时,瓶内会充满白色气体,此时应特别注意控制二乙胺的滴加速率,待烟雾减少后再滴加。

思考题

1. 还有哪些制备酰氯的方法?

2. 为何不用羧酸直接与胺反应来制备酰胺?

实验 157　甲　基　橙

实验目的

合成制备甲基橙;了解重氮化反应的操作及应用。

实验原理

芳香族伯胺在酸性介质中和亚硝酸钠作用生成重氮盐的反应叫做重氮化反应。

$$ArNH_2 + 2HX + NaNO_2 \longrightarrow ArN_2X + NaX + 2H_2O$$

这个反应是芳香族伯胺所特有的,生成的化合物(ArN_2X)称为重氮盐。它是制取芳香族卤代物、酚、芳腈及偶氮染料的中间体,无论在工业上或是实验室中都具有很重要的价值。

反应式

$$\left[NaO_3S-\!-N\!\!=\!\!N-\!-\overset{\overset{\displaystyle H}{|}}{N}(CH_3)_2 \right]^{+} OAc^{-} \xrightarrow{\ NaOH\ }$$

$$NaO_3S-\!-N\!\!=\!\!N-\!-N(CH_3)_2 + NaOAc + H_2O$$

试剂

对氨基苯磺酸晶体(0.7 g、0.033 mol)；亚硝酸钠(0.27 g、0.037 mol)；N,N-二甲基苯胺(0.4 g、约0.43 mL、0.003 3 mol)；盐酸；氢氧化钠；乙醇；乙醚；冰乙酸；淀粉-碘化钾试纸。

（Ⅰ）二　步　法

实验内容

1. 重氮盐的制备

在烧杯中放置 4 mL 5%氢氧化钠溶液及 0.7 g 对氨基苯磺酸①晶体,温热使其溶解。另溶0.27 g亚硝酸钠于 2 mL 水中,加入上述烧杯内,用冰盐浴冷至0~5 ℃。在不断搅拌下,将1 mL浓盐酸与 3.5 mL 水配成的溶液,缓缓滴加到上述混合溶液中,并控制温度在 5 ℃以下。滴加完后用淀粉-碘化钾试纸检验②。然后在冰盐浴中放置 10 min,以保证反应完全③。

2. 偶合

在试管内混合 0.4 g N,N-二甲基苯胺和 0.4 mL 冰乙酸,在不断搅拌下,将此溶液慢慢加到上述冷却的重氮盐溶液中。加完后,继续搅拌 10 min,然后慢慢加入 8 mL 5%氢氧化钠溶液,直至反应物变为橙色为止,这时反应液呈碱性,粗制的甲基橙呈细粒状沉淀析出④。将反应物在沸水浴上加热 5 min,冷至室温后,再在冰水浴中冷却,使甲基橙晶体析出完全。抽滤收集结晶,依次用少量水、乙醇、乙醚洗涤,压干。

若要得到较纯的产品,可用溶有少量氢氧化钠(约 0.1 g)的沸水(每克粗产物约需 9 mL)进行重结晶。待结晶析出完全后,抽滤收集,沉淀依次用少量乙醇、乙醚洗涤⑤。得到橙色的小叶片状甲基橙结晶,产量为 0.8 g。

本实验约需 4 h。

（Ⅱ）一　锅　法

实验内容

称取无水对氨基苯磺酸 250 mg(1.45 mmol)、N,N-二甲基苯胺 125 mg(1.1

mmol)置于 5 mL 烧杯中,再加入 2 mL 95%的乙醇,用玻璃棒搅拌,在不断搅拌下,用注射器慢慢滴加 0.5 mL 20%亚硝酸钠水溶液,控制反应温度不超过 25 ℃。滴加完毕,继续搅拌 5 min 后,置于冰浴中放置片刻⑥,减压抽滤,即得橙黄色、颗粒状的甲基橙粗品。

将粗产物用溶有约 0.1 g 氢氧化钠的水溶液重结晶⑦,每克粗产物约需 15 mL 此水溶液,产物干燥后称重,产率约为 60%。

溶解少许甲基橙于水中,加几滴稀盐酸溶液,接着用稀氢氧化钠溶液中和,观察颜色变化。

本实验约需 2 h。

附注

① 对氨基苯磺酸是两性化合物,酸性比碱性强,以酸性内盐存在,所以它能与碱作用成盐而不能与酸作用成盐。

② 若淀粉-碘化钾试纸不显蓝色,则尚需补充亚硝酸钠溶液。

③ 在此时往往析出对氨基苯磺酸的重氮盐。这是因为重氮盐在水中可以电离,形成中性内盐,难溶于水而沉淀下来。

④ 若反应物中含有未作用的 N,N-二甲基苯胺乙酸盐,则在加入氢氧化钠溶液后,就会有难溶于水的 N,N-二甲基苯胺析出,影响产物的纯度。湿甲基橙在空气中受光照射后颜色很快变深,所以一般得紫红色粗产物。

⑤ 结晶操作应迅速,否则由于产物呈碱性,在温度高时易使产物变质,颜色变深。用乙醇、乙醚洗涤的目的是为了使其迅速干燥。

⑥ 粗产物需在冰水中冷透,完全结晶后抽滤,否则产率会下降。

⑦ 甲基橙在水中溶解度较大,故重结晶时不宜加过多的水。

思考题

1. 什么叫做偶联反应? 试结合本实验讨论一下偶联反应的条件。
2. 在方法(Ⅰ)中,制备重氮盐时为何要把对氨基苯磺酸变成钠盐?
3. 试比较一下两种方法,写出方法(Ⅱ)的反应式。

实验 158　对氯甲苯

实验目的

通过重氮化反应制备对氯甲苯。

实验原理

参考实验 157 甲基橙的合成。

反应式

$$2CuSO_4 + 2NaCl + NaHSO_3 + 3NaOH \longrightarrow 2CuCl \downarrow + 3Na_2SO_4 + 2H_2O$$

试剂

对甲苯胺(3.6 g、3.6 mL、0.033 mol)；亚硝酸钠(2.2 g、0.033 mol)；结晶硫酸铜($CuSO_4 \cdot 5H_2O$)(10 g、0.04 mol)；亚硫酸氢钠(2.3 g、0.022 mol)；精盐(3 g、0.053 mol)；氢氧化钠(1.6 g、0.04 mol)；浓盐酸；苯；淀粉-碘化钾试纸；无水氯化钙。

实验内容

1. 氯化亚铜的制备

在 50 mL 三口烧瓶中放置 10 g 结晶硫酸铜、3 g 精盐及 30 mL 水，加热使固体溶解。趁热(60~70 ℃)①在摇动下加入由 2.3 g 亚硫酸氢钠②、1.6 g 氢氧化钠及 17 mL 水配成的溶液。溶液由原来的蓝色变为浅绿色或无色，并析出白色固体，放入冰水浴中冷却。用倾泻法尽量倒去上层溶液，再用水洗两次，得到白色颗粒状的氯化亚铜。倒入 16 mL 冷的浓盐酸，使固体溶解，塞紧瓶塞置于冰水中冷却备用③。

2. 重氮盐溶液的制备

在烧杯中加入 10 mL 浓盐酸、10 mL 水及 3.6 g 对甲苯胺，加热使对甲苯胺溶解，稍后置于冰盐浴中不断搅拌使成糊状，温度控制在 5 ℃以下④。在搅拌下，滴加由 2.2 g 亚硝酸钠溶于 6 mL 水的溶液，控制滴加速率，使温度始终保持在 5 ℃以下，必要时加一小块冰以防温度升高。当在淀粉-碘化钾试纸上滴加 1~2 滴溶液，试纸立即变深蓝色时，表示亚硝酸已适量，停止滴加，搅拌片刻。重氮化反应越到后来越慢，最后每加一滴亚硝酸钠溶液后，须略等几分钟后再检验。

3. 对氯甲苯的制备

把上述制好的对甲苯胺重氮盐溶液，慢慢加入冷的氯化亚铜溶液中，边加边摇动烧瓶，加完后，析出重氮盐-氯化亚铜橙红色复合物，在室温下放置 15~30 min。然后用水浴慢慢加热到 50~60 ℃⑤，分解复合物，直至不再有氮气逸出为止。将产物进行水蒸气蒸馏，蒸出对氯甲苯，分出油层，水层分别用 5 mL 苯萃取两次，萃取液与油层合并,依次用 10% 的氢氧化钠溶液、水、浓硫酸各 4 mL 洗涤。苯层在经无水氯化钙干燥后,在水浴上蒸去苯,然后蒸馏收集 158~162 ℃ 的馏分。产量为 1.5~2.5 g。纯对氯甲苯的沸点为 162 ℃,折光率 $n_D^{20}=1.515\ 0$。

本实验需 4~5 h。

附注

① 在 60~70 ℃ 温度下得到的氯化亚铜颗粒较粗,便于处理,且质量较好。温度太低则颗粒较细,难以洗涤。

② 亚硫酸氢钠的纯度最好在 90% 以上。如纯度不高,按此比例还原不完全。

③ 氯化亚铜在空气中遇热或光易被氧化,重氮盐久置易于分解,为此两者的制备应同时进行,必须在较短的时间内进行混合。氯化亚铜用量过少会降低对氯甲苯的产量,因氯化亚铜与重氮盐的物质的量比是 1∶1。

④ 如反应温度超过 5 ℃,则重氮盐会分解,使产率降低。

⑤ 分解温度过高会产生副反应,生成部分焦油状物质。若时间许可,最好将混合后生成的复合物在室温下放置过夜,然后再热分解。在水浴上分解时,有大量氮气逸出,应不断搅拌,以免反应液外溢。

思考题

1. 什么叫重氮化反应?它在有机合成中有何应用?

2. 为什么重氮盐溶液和氯化亚铜溶液作用形成复盐时要保持低温?

实验 159　　碘　　苯

实验目的

通过重氮化反应制备碘苯。

实验原理

参考实验 157 甲基橙的合成。

反应式

$$C_6H_5NH_2+NaNO_2+2HCl \longrightarrow C_6H_5N_2Cl+2H_2O+NaCl$$
$$C_6H_5N_2Cl+KI \longrightarrow C_6H_5I+N_2+KCl$$

试剂

苯胺(2 g、1.96 mL、0.022 mol);碘化钾(3.58 g、0.022 mol);亚硝酸钠(1.56 g、

0.022 mol);浓盐酸(11.3 g、9.5 mL、0.117 mol)。

实验内容

在 50 mL 三口烧瓶中加入 9.5 mL 浓盐酸、9.5 mL 水、1.96 mL 苯胺及 20 g 碎冰[①]。混合物用机械搅拌,并在温度降至 5 ℃ 以下后,将事先用冰水浴冷却的亚硝酸钠溶液(1.56 g 亚硝酸钠溶于 10 mL 水中)通过分液漏斗,相当快地加入,漏斗的下端要插入反应混合物的液面以下。必须控制反应温度在 10 ℃ 以下,以防生成氮的氧化物。并不时用淀粉-碘化钾试纸检验反应混合物,直到试纸变为蓝色,显示有过量的亚硝酸为止。

继续搅拌 10 min,加入 3.5 g 碘化钾水溶液,并将反应混合物放置过夜。将混合物移到稍大点的圆底烧瓶中(或用两个较小烧瓶),装上空气冷凝管在蒸气浴上加热直到不再有气体放出为止。冷却后放置,使其完全分层。将上面水层的大部分吸出并弃去[②]。在剩下的水层和有机层中仔细加入浓的氢氧化钠溶液(约 1.1 g 固体氢氧化钠)使其成碱性,立即进行水蒸气蒸馏。蒸出的产物用 0.1~0.2 g 氯化钙干燥[③④]。移入 25 mL 圆底烧瓶中进行减压蒸馏,得产品 2~3 g,沸点为 77~78 ℃(20 mmHg)、62~64 ℃(8 mmHg)[⑤]。纯碘苯沸点为 188.3 ℃,折光率 $n_D^{20} = 1.620\,0$。

本实验可分两次进行,每次需 3~4 h。

附注

① 若用较多的冰则将有部分在重氮化完全后仍不融化。

② 如分离得好,在上层溶液中损失的碘苯不会超过 0.1~0.2 g。

③ 有相当量的碘苯留在固体氯化钙上,废干燥剂用水处理可回收少量的碘苯。

④ 粗制碘苯约 3.5 g(为理论产量的 80%),作为一般使用纯度已够,不需重新蒸馏。

⑤ 假如蒸馏进行得太久,馏出液将有颜色。

思考题

1. 制备碘苯还有哪些方法?

2. 蒸馏太久或温度太高时,产物会有颜色,为何?

实验 160　邻碘苯甲酸

实验目的

通过重氮化反应制备邻碘苯甲酸。

实验原理

参考实验 157 甲基橙的合成。

反应式

试剂

邻氨基苯甲酸(2.3 g、0.017 mol);亚硝酸钠(1.2 g、0.017 mol);碘化钾(2.8 g、0.017 mol);亚硫酸氢钠;95%乙醇。

实验内容

在 50 mL 锥形瓶中加入 16 mL 水和 4.1 mL 浓盐酸,再将 2.3 g 邻氨基苯甲酸加入上述溶液中,加热使其溶解。然后用冰盐浴将混合物冷至 0~5 ℃,在此温度下滴加由 1.2 g 亚硝酸钠溶于 3.3 mL 水中形成的溶液,搅拌 5 min 后,再加入冷的由 2.8 g 碘化钾溶于 4.1 mL 水中的溶液,搅拌 10 min 后,再加热至 40~50 ℃,激烈放出气体,同时析出棕褐色固体。

固体在室温下放置 10~15 min 后,升温至 70~80 ℃,保持 10 min,然后用水浴冷却。加入 0.2~0.5 g 亚硫酸氢钠以分解过量的碘。抽滤析出的生成物用水洗涤 3 次,将滤出的固体溶于 3~5 mL 热乙醇中,用活性炭脱色。在除去活性炭后的滤液中加入 7 mL 热水,加热至沸,撤去热源,再加入 7~10 mL 冷水析出结晶。产物为黄色针状结晶,重约 2 g。纯邻碘苯甲酸熔点为 159~160 ℃。

本实验约需 3.5 h。

思考题

为什么重氮化反应要在低温下进行? 温度过高或溶液的酸度不够会产生什么副反应?

实验 161   偶   氮   苯

实验目的

由硝基苯合成得到偶氮苯。

实验原理

硝基苯在还原为苯胺的过程中有许多中间体生成,在酸性介质中,以苯胺为主;在中性或碱性介质中,则可以停留在某一中间体阶段,从而生成其他产物。

反应式

$$2\ \underset{}{\text{C}_6\text{H}_5\text{NO}_2} + 4\text{Mg} + 8\text{CH}_3\text{OH} \longrightarrow \text{C}_6\text{H}_5\text{—N}\text{=}\text{N—C}_6\text{H}_5 + 4\text{Mg(OCH}_3)_2 + 4\text{H}_2\text{O}$$

试剂

硝基苯(1.3 g、约 0.9 mL、0.008 mol);镁屑(1.0 g、0.04 mol);无水甲醇(18 mL);乙醇;冰乙酸。

实验内容

在 50 mL 圆底烧瓶中加入 0.9 mL 硝基苯、18 mL 无水甲醇①、0.5 g 镁屑和一小粒碘片,装上回流冷凝管。温热引发反应,立即冒出气泡,反应开始放热使溶液沸腾,若反应过于剧烈可用冰水浴冷却。当大部分加入的镁作用完毕后,将反应物冷却,再加入 0.5 g 镁,加热回流约 20 min,至镁屑基本消失。回流完后,将混浊的橘黄色反应混合物倒入盛有 30 mL 水的烧杯中,并用 5 mL 水涮洗烧瓶,将涮洗液并入烧杯中。冷却放至室温,在搅拌和冷却下慢慢加入冰乙酸至溶液呈中性或弱酸性,析出橘红色固体。减压抽滤,用少量冰水洗涤固体。粗产物用 95% 乙醇(每克需 3~4 mL)重结晶,得橙红色针状结晶 0.4~0.7 g,熔点为 68 ℃。

偶氮苯存在顺、反异构体,顺式熔点为 70~71 ℃,反式熔点为 68 ℃。本实验得到的是较稳定的反式异构体。

本实验约需 3.5 h。

附注

①本实验中使用的甲醇应按无水甲醇的制备进行处理。若使用普通甲醇,则产率明显降低。

思考题

本实验中如使用过量镁屑,反应时间过长有什么不好?

实验 162　　乙酰乙酸乙酯

实验目的

合成制备乙酰乙酸乙酯;掌握减压蒸馏原理及操作。

实验原理

含有 α-氢的酯在碱性催化剂的存在下,能和另一分子的酯发生 Claisen 酯缩合反应,生成 β-羰基酸酯。乙酰乙酸乙酯就是通过这个反应来制备的。这里的催化剂是乙醇钠,也可以是金属钠,因为金属钠和残留在乙酸乙酯中的少量乙醇(少于 2%)作用后就有乙醇钠生成。当乙酸乙酯中含有较多的乙醇和水时,产量会显著降低。乙酰乙酸乙酯的生成经过如下一系列平衡反应:

$$C_2H_5O^- + CH_3COOC_2H_5 \Longleftrightarrow {}^-CH_2COOC_2H_5 + C_2H_5OH$$

$$\underset{\displaystyle CH_3}{\overset{\displaystyle O}{\|}}\!\!-\!C\!-\!OC_2H_5 + {}^-CH_2COOC_2H_5 \Longleftrightarrow \ CH_3-\underset{\underset{\displaystyle CH_2COOC_2H_5}{|}}{\overset{\overset{\displaystyle O^-}{|}}{C}}\!-\!OC_2H_5 \ \Longleftrightarrow$$

$$\underset{\displaystyle CH_3}{\overset{\displaystyle O}{\|}}\!\!-\!C\!-\!CH_2COOC_2H_5 + C_2H_5O^-$$

由于生成的乙酰乙酸乙酯分子中的亚甲基上的氢非常活泼,能与醇钠作用生成稳定的钠化物,故使反应向生成乙酰乙酸乙酯的方向进行。最后乙酰乙酸乙酯的钠化物与乙酸作用,即成乙酰乙酸乙酯。

乙酰乙酸乙酯是一个酮式和烯醇式的混合物,在室温时含有 93% 的酮式及 7% 的烯醇式。互变异构反应如下:

$$\underset{\displaystyle CH_3}{\overset{\displaystyle O}{\|}}\!\!-\!C\!-\!CH_2COOC_2H_5 \Longleftrightarrow CH_3-\overset{\overset{\displaystyle OH}{|}}{C}\!=\!CHCOOC_2H_5$$

和丙二酸酯一样,乙酰乙酸乙酯分子中有一个"活泼"的亚甲基,亚甲基上的氢原子可以逐步地被烷基或酰基取代,生成烷基或酰基取代的衍生物。这些衍生物在不同条件下发生水解,可以得到酸、酮、二酮等化合物。因此,乙酰乙酸乙酯在有机合成中应用十分广泛。

反应式

$$2CH_3COOC_2H_5 \xrightarrow{NaOC_2H_5} Na^+[CH_3COCHCOOC_2H_5]^-$$

$$\xrightarrow{HOAc} CH_3COCH_2COOC_2H_5 + NaOAc$$

试剂

乙酸乙酯①(8.2 g、9 mL、0.12 mol);金属钠(0.73 g、0.03 mol);二甲苯(4 mL);乙酸;饱和氯化钠溶液;无水硫酸钠。

实验内容

在干燥的 25 mL 圆底烧瓶中加入切细的 0.73 g 金属钠②和 4 mL 二甲苯,装上冷凝管,在 110~120 ℃的热浴上小心加热使钠熔融。立即撤去冷凝管,用橡皮塞塞紧圆底烧瓶,用力来回振动,即得细粒状钠珠。稍放置冷却后钠珠即沉于瓶底,将二甲苯倾滗倒入回收二甲苯的瓶中。迅速向瓶中加入 9 mL 乙酸乙酯,重新装上冷凝管,并在其上端装一氯化钙干燥管。反应随即开始,并有氢气泡逸出。如反应不开始或很慢时,可稍加温热。

待激烈反应过后,将反应瓶置于 80~90 ℃的热浴中加热,保持微沸状态,反应 40 min 后,金属钠几乎全部作用完全③。此时生成的乙酰乙酸乙酯钠盐溶液呈透明橘红色(有时析出黄白色沉淀)。待反应物稍冷后,取下冷凝管,在振摇下往反应瓶中加入 50% 的乙酸溶液进行中和,立即有白色固体析出,继续加入乙酸 5~8 mL,固体全部溶解,溶液呈弱酸性④。

将反应物移入 50 mL 分液漏斗中,加入等体积的饱和氯化钠溶液,用力振摇片刻,静置后,乙酰乙酸乙酯分层析出。分出粗产物,用无水硫酸钠干燥后滤入烧瓶中,并用少量乙酸乙酯洗涤干燥剂。先在热浴上蒸出未作用的乙酸乙酯,将剩余液移入 10 mL 的圆底烧瓶中,装上减压蒸馏装置进行减压蒸馏⑤。减压蒸馏时须缓慢加热,待残留的低沸物蒸出后,再升高温度(表 162-1),收集乙酰乙酸乙酯,产量约 2.0 g⑥。纯乙酰乙酸乙酯的沸点为 180.4 ℃,折光率 $n_D^{20} = 1.419\ 2$。

本实验约需 4 h。

表 162-1 乙酰乙酸乙酯的沸点与压力关系

压力/mmHg	760	80	60	40	30	20	18	14	12
沸点/℃	181	100	97	92	88	82	78	74	71

附注

① 乙酸乙酯必须绝对干燥,但其中应含有 1%~2% 的乙醇。其提纯方法如下:将普通乙酸乙酯用饱和氯化钠溶液洗涤数次,再用焙烧过的无水碳酸钾干燥,在水浴上蒸馏,收集 76~78 ℃的馏分。

② 金属钠遇水即燃烧、爆炸,故使用时应严格防止与水接触。在称量或切片过程中应当迅速,以免在空气中被水汽侵蚀或氧化。金属钠的颗粒大小直接影响缩合

反应的速率,所以颗粒越小越好。

③ 一般要使钠全部溶解,但少量未反应的钠并不妨碍下一步反应,必须注意未反应金属钠的回收。

④ 用乙酸中和时,开始有固体析出,继续加酸并不断振摇,固体会逐渐消失,最后得到澄清的液体。如有少量固体未溶解时,可加入少许水使其溶解。但应避免加入过量的乙酸,否则会增加酯在水中的溶解度而降低产量。

⑤ 乙酰乙酸乙酯在常压蒸馏时,易分解而降低产量。

⑥ 产率是按金属钠计算的。本实验最好连续进行,如间隔时间太久,会降低产量。

思考题

1. Claisen 酯缩合反应的催化剂是什么? 本实验中为何用金属钠代替?

2. 本实验中加入 50% 乙酸溶液和饱和氯化钠溶液的目的何在?

3. 什么叫互变异构现象? 如何用实验证明乙酰乙酸乙酯是两种互变异构的平衡混合物?

实验 163　肉　桂　酸

实验目的

由苯甲醛和乙酸酐合成得到肉桂酸;了解 Perkin 反应的原理及操作。

实验原理

芳香醛和酸酐在碱性催化剂的作用下,可以发生类似的羟醛缩合作用,生成 α, β 不饱和芳香酸,这个反应称为 Perkin 反应。催化剂通常是相应酸酐的羧酸钾或叔胺,例如苯甲醛和乙酸酐在无水乙酸钾(钠)的作用下缩合,即得肉桂酸。反应时,可能是酸酐受乙酸钾(钠)的作用,生成一个酸酐的负离子,负离子和醛发生亲核加成,生成中间物 β-羟基酸酐,然后再发生失水和水解作用就得到不饱和酸。

反应式

试剂

苯甲醛(3.1 g、3 mL、0.03 mol)(新蒸);乙酸酐(8.6 g、8 mL、0.082 mol)(新蒸);无水碳酸钾(4.2 g);10%氢氧化钠水溶液;浓盐酸。

实验内容

在 25 mL 圆底烧瓶中加入 4.2 g 无水碳酸钾、3 mL 苯甲醛和 8 mL 乙酸酐,混合均匀,装上回流冷凝管。加热回流 25 min,反应初期有二氧化碳气泡逸出。

冷却反应混合物,有固体析出,加入 15 mL 水浸泡几分钟,用不锈钢刮抄轻轻捣碎瓶中的固体,进行简易的水蒸气蒸馏,直至无油状物蒸出为止(以除去未反应的苯甲醛)。将烧瓶冷却后,加入 15 mL 氢氧化钠水溶液,使生成的肉桂酸形成钠盐而溶解。再加入 50 mL 水,加热煮沸后,加入少量活性炭脱色,趁热过滤。滤液冷至室温后,在搅拌下,小心加入 12 mL 浓盐酸和 12 mL 水的混合液,至溶液呈酸性。肉桂酸晶体完全析出后,抽滤,晶体用少量水洗涤,干燥后称重,粗产量约 2.0 g。粗产物可用 30%乙醇重结晶。纯肉桂酸(反式)为白色片状晶体,熔点为131.5～132 ℃。

本实验约需 3 h。

思考题

1. 用无水乙酸钾作缩合剂,回流结束后加入固体碳酸钠使溶液呈碱性,此时溶液中有哪几种化合物?

2. 用丙酸酐和无水丙酸钾与苯甲醛反应,得到什么产物? 写出反应式。

实验 164　苯甲醇与苯甲酸

实验目的

合成得到苯甲醇与苯甲酸;了解 Cannizzaro 反应的原理及操作。

实验原理

无 α-氢的醛类和浓的强碱溶液作用时,发生分子间的自氧化还原反应,一分子醛被还原成醇,另一分子醛被氧化成酸,此反应称为 Cannizzaro 反应。

如用稍过量的甲醛水溶液与醛(物质的量比 1.3∶1)反应,则可使所有的醛还原至醇,而甲醛则氧化成甲酸。例如:

$$CH_3-\!\!\!\!\bigcirc\!\!\!\!-CHO + HCHO + KOH \longrightarrow$$

$$CH_3-\!\!\!\!\bigcirc\!\!\!\!-CH_2OH + HCOOK$$

反应式

$$\bigcirc\!\!\!-CHO + KOH \longrightarrow \bigcirc\!\!\!-CH_2OH + \bigcirc\!\!\!-COOK \xrightarrow{H^+} \bigcirc\!\!\!-COOH$$

试剂

苯甲醛(7 g、6.7 mL、0.07 mol)(新蒸);氢氧化钾(6 g、0.11 mol);乙醚;饱和亚硫酸钠溶液;10%碳酸钠溶液;无水碳酸钾;浓盐酸。

实验内容

在 50 mL 锥形瓶中配制 6 g 氢氧化钾和 6 mL 水的溶液,冷至室温后,加入 6.7 mL 苯甲醛,用橡皮塞塞紧瓶口,用力振摇[1],使反应物充分混合生成白色糊状物,放置 24 h 以上。

向反应混合物中逐渐加入足够量的水(约 25 mL),不断振摇使苯甲酸盐全部溶解,此时溶液呈黄色。将溶液移至分液漏斗中,每次用 5 mL 乙醚萃取 3 次[2]。合并乙醚萃取液,依次用 5 mL 饱和亚硫酸钠溶液、5 mL 10%碳酸钠溶液及等体积的水洗涤,最后用无水碳酸钾干燥。

乙醚萃取后的水溶液,用浓盐酸酸化至刚果红试纸变蓝。为使苯甲酸析出完全,需抽滤。粗产物用水重结晶,得苯甲酸 3.5~4.0 g。纯苯甲酸的熔点为 122.4 ℃。

干燥后的乙醚溶液,先蒸去乙醚,再蒸馏苯甲醇,收集 204~206 ℃的馏分,产量约 2.0 g。纯苯甲醇的沸点为 205.35 ℃,折光率 $n_D^{20}=1.539\,6$。

本实验约需 4 h。

附注

[1] 充分振摇是反应成功的关键,如混合充分,放置 24 h 后混合物通常在瓶内固化,苯甲醛气味消失。

[2] 萃取水溶液里的粗产物苯甲醇。

思考题

1. 试比较 Cannizzaro 反应与羟醛缩合反应在醛的结构上有何不同?

2. 本实验中两种产物是根据什么原理分离提纯的？用饱和的亚硫酸氢钠溶液及 10％碳酸钠溶液洗涤的目的何在？

实验 165　呋喃甲醇和呋喃甲酸

实验目的

合成得到呋喃甲醇和呋喃甲酸。

实验原理

参考实验 164 苯甲醇与苯甲酸的合成。

反应式

试剂

呋喃甲醛[①]（6.7 g、5.6 mL、0.07 mol）（新蒸）；氢氧化钠（2.7 g、0.07 mol）；乙醚；盐酸；无水碳酸钾。

实验内容

在 50 mL 烧杯中加入 5.6 mL 呋喃甲醛，将烧杯置于冰水中冷却，另取 2.7 g 氢氧化钠溶于 4 mL 水中，冷却后，在搅拌下用滴管将氢氧化钠溶液加到呋喃甲醛中。滴加过程中必须保持反应物的温度在 8～12 ℃之间[②]。加完后，仍保持此温度继续搅拌半小时，直至得到米黄色浆状物[③]为止。

在搅拌下向反应混合物中加入适量的水，使沉淀恰好完全溶解[④]，得暗红色溶液。将溶液转入分液漏斗中，每次用 5 mL 乙醚萃取 4 次。合并乙醚萃取液，用无水碳酸钾干燥后，先在水浴上蒸去乙醚，然后加热蒸馏，收集 169～172 ℃的馏分呋喃甲醇，产量为 2.0 g。纯呋喃甲醇为无色透明液体，沸点为 171 ℃，折光率 $n_D^{20}=1.486\ 8$。

乙醚提取后的水溶液在搅拌下慢慢加入浓盐酸，至刚果红试纸变蓝[⑤]（约需 1.5 mL）。冷却、抽滤，粗产物用水重结晶[⑥]，得白色针状呋喃甲酸，产量约 2 g。纯呋喃甲酸的熔点为 133～134 ℃。

本实验约需 4 h。

附注

① 呋喃甲醛存放过久会变成棕褐色至黑色,同时往往含有水分。因此使用前需蒸馏提纯,收集 155～162 ℃的馏分,最好在减压蒸馏下收集 54～55 ℃(17 mmHg)的馏分。新蒸的呋喃甲醛为无色或淡黄色液体。

② 反应温度若高于 12 ℃,则反应物的温度升高极快,难以控制,致使反应物变成深红色;若低于 8 ℃,则反应过慢,可能累积一些氢氧化钠,一旦发生反应,则过于猛烈,易使温度迅速升高,增加副反应,影响产量及纯度。自氧化还原反应是在两相间进行的,因此必须充分搅拌。

③ 加完氢氧化钠溶液后,若反应液已变成黏稠物而无法搅拌时,就不需继续搅拌即可往下进行。

④ 加水过多会损失一部分产品。

⑤ 酸要加够,以保证 pH≈3,使呋喃甲酸充分游离出来,这一步是影响呋喃甲酸收率的关键。

⑥ 重结晶呋喃甲酸粗产品时,不要长时间加热回流,否则部分呋喃甲酸会被分解,出现焦油状物。

思考题

怎样利用 Cannizzaro 反应,将呋喃甲醛全部转化成呋喃甲醇?

实验 166　ε-己内酰胺

实验目的

合成得到 ε-己内酰胺;了解 Beckmann 重排的历程及操作。

实验原理

脂肪酮和芳香酮都可以和羟胺作用生成肟。肟受酸性催化剂如硫酸或五氯化磷等作用,发生分子重排生成酰胺的反应,称为 Beckmann 重排。其机理如下:

$$
\xrightarrow{H_2O} \quad \overset{\oplus}{\underset{R}{\underset{\parallel}{N}}}\underset{}{\overset{H}{\underset{}{O}}H}\overset{R'}{\underset{}{C}} \quad \xrightarrow{-H^+} \quad H\overset{O}{\underset{R}{\underset{\parallel}{N}}}\overset{R'}{\underset{}{C}} \quad \longrightarrow \quad \overset{O}{\underset{\underset{R}{H}}{\underset{\parallel}{N}}}\overset{R'}{\underset{}{C}}
$$

上面的反应式说明,当肟重排时,其结果是羟基和它处于反位的基团对调位置(即反式位移)。

Beckmann 重排不仅可以用来测定生成酮肟的酮的结构,而且在有机合成上也有一定的应用价值。例如环己酮肟发生 Beckmann 重排后可得到己内酰胺,己内酰胺开环聚合可得到聚己内酰胺树脂(尼龙-6),它是一种性能优良的高分子材料。

反应式

$$
\text{O} + NH_2OH \longrightarrow \text{N-OH} + H_2O
$$

$$
\text{N-OH} \xrightarrow{85\%H_2SO_4} \left[\text{N=C-OH} \right] \xrightarrow{20\%NH_4OH} \text{NH-C=O}
$$

试剂

环己酮(3.3 g、3.5 mL、0.033 mol);羟胺盐酸盐(3.3 g、0.047 mol);结晶乙酸钠(4.3 g);20%氨水;85%硫酸。

实验内容

1. 环己酮肟的制备

在 50 mL 磨口锥形瓶中将 3.3 g 羟胺盐酸盐和 4.3 g 结晶乙酸钠溶于 10 mL 水中,温热此溶液,使之达到 35~40 ℃。分 3 次加入环己酮,边加边摇,此时即有固体析出。加完后,用空心塞塞紧瓶口,激烈振摇 2~3 min,环己酮肟呈白色粉状析出[①]。冷却后抽滤,并用少量水洗涤,抽干后在滤纸上进一步压干。干燥后的环己酮肟为白色晶体,熔点为 89~90 ℃。

2. 环己酮肟重排制备 ε-己内酰胺

在 100 mL 烧杯中[②]放置 3.3 g 环己酮肟及 6.3 mL 85%的硫酸,旋动烧杯使两者很好地相溶。在烧杯内放一支 200 ℃的温度计,用小火加热,当开始有气泡(120 ℃)时[①],立即移去火源,此时发生强烈的放热反应,温度很快自行上升(可达 160 ℃),反应在几秒钟内可完成。稍冷后,将此溶液倒入 50 mL 三口烧瓶中,并在冰盐浴中冷却。三口烧瓶上分别装上搅拌器、温度计和滴液漏斗。当温度降至 0~5 ℃时,在不停搅拌下小心滴加 20%的氨水,控制反应温度在 20 ℃以下,以免 ε-己内酰胺在温度较高时发生水解,直至溶液恰使石蕊试纸呈碱性为止(通常需加 20~25 mL 20%的氨水[③],20 min 滴完)。

粗产物倒入分液漏斗中,分出水层,油层转入 25 mL 烧瓶中,进行减压蒸馏,收集 127~133 ℃(7 mmHg)、137~140 ℃(12 mmHg)或 140~144 ℃(14 mmHg)的馏分[④]。馏出物在瓶中固化成无色结晶,熔点为 69~70 ℃,产量为 1.0~1.5 g。ε-己内酰胺易吸潮,应储于密闭容器中。

本实验需 4~5 h。

附注

① 若此时环己酮肟呈白色小球状,则表示反应未完全,需继续摇荡。

② 由于重排反应很激烈,用稍大些烧杯有利散热,使反应缓和。

③ 用氨水进行中和时,开始应慢慢加入氨水,因为此时溶液较黏,发热很厉害,否则温度突然升高,影响产率。

④ ε-己内酰胺可用重结晶提纯:将粗产物转入分液漏斗中,每次用 3 mL 四氯化碳萃取 3 次,合并萃取液,用无水硫酸镁干燥后,滤入一干燥圆底烧瓶中;加入沸石在水浴上蒸去大部分溶剂;小心向瓶中加入石油醚(30~60 ℃),到恰好出现混浊为止;将圆底烧瓶置于冰水中冷却结晶,抽滤,用少量的石油醚洗涤结晶。如果加入石油醚的量超过原溶液 4~5 倍仍未出现混浊,说明开始所剩四氯化碳太多,需加入沸石重新蒸去大部分溶剂,直到剩下很少量的四氯化碳时,重新加入石油醚进行结晶。

实验 167　喹　　啉

实验目的

由苯胺和甘油合成得到喹啉;了解 Skraup 反应的历程及操作。

实验原理

Skraup 反应是合成杂环化合物喹啉及其衍生物的最重要的反应。它是用芳香胺与无水甘油、浓硫酸及弱氧化剂硝基化合物或砷酸等一起加热而发生。为避免反应过于剧烈,常加入少量硫酸亚铁作为氧载体。浓硫酸的作用是使甘油脱水成丙烯醛,并使芳香胺与丙烯的加成产物脱水成环。硝基化合物则将 1,2-二氢喹啉氧化成喹啉,本身被还原成芳香胺,也可参与缩合反应。Skraup 反应中所用的硝基化合物要与芳香胺的结构相对应,否则将导致产生混合产物。有时也可用碘作氧化剂,它可缩短反应周期并使反应平稳地进行。

喹啉形成的可能过程如下:

$$CH_2\text{—}CH\text{—}CH_2 \xrightarrow{H_2SO_4} CH_2\text{=}CH\text{-}CHO + H_2O$$
$$\ \ |\ \ \ \ \ \ |\ \ \ \ \ \ |$$
$$OH\ \ \ OH\ \ \ OH$$

反应式

试剂

苯胺(3.1 g、3.1 mL、0.033 mol);无水甘油[①](13 g、10.2 mL、0.14 mol);硝基苯(2.3 g、2.2 mL、0.021 mol);硫酸亚铁(1.3 g);浓硫酸(6 mL);亚硝酸钠(1.0 g);淀粉-碘化钾试纸;乙醚;氢氧化钠。

实验内容

在 50 mL 圆底烧瓶中称取 13 g 无水甘油,再依次加入 1.3 g 研成粉末的硫酸亚铁、3.1 mL 苯胺及 2.2 mL 硝基苯,充分混合后在摇动下缓缓加入 6 mL 浓硫酸[②]。装上回流冷凝管,用小火加热。当溶液刚开始沸腾时,立即移去热源[③](如反应太剧烈,可用湿布敷于烧瓶上冷却)。待反应缓和后,再用小火加热,保持回流反应约 1.5 h。

待反应瓶稍冷后,向烧瓶中慢慢加入 30%的氢氧化钠溶液,使混合物呈强碱性[④]。然后进行水蒸气蒸馏,蒸出喹啉和未反应的苯胺及硝基苯,直至馏出液(约需收集 30 mL)不显混浊为止。

馏出液用浓硫酸(约需 3 mL)酸化,使之呈强酸性后,用分液漏斗将不溶的黄色油状物分出。剩余的水溶液倒入 100 mL 烧杯,置于冰水浴中冷却至 5 ℃左右,慢慢加入 1.0 g 亚硝酸钠和 3.3 mL 水配成的溶液,直至反应液使淀粉-碘化钾试纸变蓝为止(由于重氮化反应在接近完成时,反应变得很慢,故应在加入亚硝酸钠 2~3 min 后再检验是否有亚硝酸存在)。然后将混合物在沸水浴上加热 10 min,至无气体放出为止。冷却后,向溶液中加入 30%氢氧化钠溶液,使呈碱性,再进行水蒸气蒸馏。从馏出液中分出油层,水层每次用 8 mL 乙醚萃取两次。合并油层及醚萃取液,用固体氢氧化钠干燥后,先在水浴上蒸去乙醚,再改用空气冷凝管加热蒸出喹啉[⑤],收集 234~238 ℃的馏分,产量约 2.0 g。纯的喹啉为无色透明液体,沸点为 238.5 ℃,折光率 $n_D^{20} = 1.626\ 8$。

本实验需 4~5 h。

附注

① 所用甘油的含水量不应超过 0.5%($d=1.26$)。如果甘油中含水量较大,则喹啉的产量不好。可将普通甘油在通风橱内加热至 180 ℃,然后冷至 100 ℃左右,放入盛有硫酸的干燥器中备用。

② 试剂必须按所述次序加入,若浓硫酸比硫酸亚铁先加,则反应往往很剧烈,不易控制。

③ 此系放热反应,溶液呈微沸,表示反应已经开始。如果继续加热,则反应过于剧烈,会使溶液冲出容器。

④ 每次碱化或酸化时,都必须将溶液稍加冷却,用试纸检验至呈明显碱性或酸性。

⑤ 最好在减压下蒸馏,收集 110~114 ℃(14 mmHg)、118~120 ℃(20 mmHg)或 130~132 ℃(40 mmHg)的馏分。

思考题

1. 为了从喹啉中除去未作用的苯胺和硝基苯,实验中采取了什么方法?

2. 在 Skraup 合成中,用对甲苯胺和邻甲苯胺代替苯胺作原料,应得什么产物?

实验 168　　2,8-二甲基-4-羟基喹啉

实验目的

合成制备 2,8-二甲基-4-羟基喹啉。

实验原理

其反应历程和 Skraup 反应有些相似。

反应式

$$\text{（邻甲苯胺结构，NH}_2\text{、CH}_3\text{）} + CH_3COCH_2COOEt \longrightarrow \text{（2,8-二甲基-4-羟基喹啉结构，OH、CH}_3\text{、CH}_3\text{）}$$

试剂

邻甲苯胺(1.78 g、0.017 mol)；乙酰乙酸乙酯(2.17 g、2.2 mL、0.017 mol)；磷酸；五氧化二磷；碳酸钠；盐酸。

实验内容

在 25 mL 三口烧瓶上安装机械搅拌器、温度计和回流冷凝管。在三口烧瓶中加入 4 mL 磷酸($d=1.7$)及 7.0 g 五氧化二磷，再将 1.78 g 邻甲苯胺加入瓶内混合物中，开动搅拌器，搅拌 2 min 后加入 2.17 g 乙酰乙酸乙酯，继续搅拌 5 min。将反应物逐渐升温至 140 ℃，维持 1 h 后停止搅拌。冷至室温，加入 16 mL 1 mol·L^{-1}的盐酸溶液，搅拌片刻，倒入 80 mL 烧杯中[1]，在搅拌下，逐步分批加入约 17 g Na$_2$CO$_3$，中和至 pH=5～6。此时反应物呈糊状，抽滤至半干后加入 20 mL 温水以溶掉过量的盐酸盐，再减压抽滤得浅黄色固体。用 50%乙醇重结晶 2 次[2]，得白色固体结晶，产物约 1.81 g。纯 2,8-二甲基-4-羟基喹啉的熔点为 262 ℃。

本实验约需 4 h。

附注

[1] 用碳酸钠中和时产生大量的二氧化碳气体，应选用较大器皿，并在通风橱中进行。

[2] 步骤如下：将固体装入 25 mL 烧瓶中，加入 10 mL 50%乙醇，装上回流冷凝

管,小火加热至沸,冷至室温,抽滤。如此重复 2 次即得白色结晶。

思考题

本实验与制备喹啉的实验有何不同?

实验 169　7,7-二氯双环[4.1.0]庚烷

实验目的

合成制备 7,7-二氯双环[4.1.0]庚烷;了解卡宾反应和相转移催化反应。

实验原理

卡宾(carbene)是通式为 R_2C: 的中性中间体的总称,其中碳原子与两个原子或基团以 σ 键相连,另外还有一对非键电子。最简单的卡宾是亚甲基(:CH_2),二卤卡宾(:CX_2)则是常见的取代卡宾。由于碳原子周围只有六个外层电子,卡宾具有很强的亲电性。

卡宾最典型的反应是与碳碳双键发生加成反应,生成环丙烷及其衍生物,这是合成三元环的主要方法:

$$C=C \ + \ :CR_2 \longrightarrow$$

也可以与碳氢键进行插入反应:

$$-C-H \ + \ :CR_2 \longrightarrow -C-C-H$$

但二卤卡宾一般不能发生这一反应。

制备卡宾的方法较多,实验室常用的有两种。一种是重氮化合物的光或热分解:

$$\left[R_2C=\overset{\oplus}{N}=\overset{\ominus}{N} \longleftrightarrow R_2\overset{\ominus}{C}-N=\overset{\oplus}{N} \right] \xrightarrow{h\nu} R_2C : + N_2$$

另一种是通过 α-消去反应。氯仿在强碱作用下,先生成三卤甲基碳负离子,接着脱去一个卤负离子,产生二卤卡宾。例如:

$$HCCl_3 + HO^- \Longrightarrow H_2O + :\overset{\ominus}{C}Cl_3$$

$$:CCl_3 \rightleftharpoons :CCl_2 + \overset{\ominus}{Cl}$$

由于重氮化合物不稳定，有爆炸危险，作为基础课教学实验需极为慎重，相比之下，α-消去反应则既安全又方便，但产率偏低。

利用二卤卡宾制备三元环，传统的方法是无水叔丁醇钾与氯仿反应。反应需要较长时间且必须在无水条件下进行，但在少量相转移催化剂（phase transfer catalysis）存在下，可用氢氧化钠代替叔丁醇钾，且反应时间明显缩短，产率较高。例如：

$$\text{环己烯} + CHCl_3 \xrightarrow[C_6H_5CH_2N^+Et_3Cl^-]{50\%NaOH} \text{二氯双环产物} \quad (72\%)$$

相转移催化也称 PTC，是 20 世纪 60 年代以来在有机合成中应用日趋广泛的一种合成方法。在有机合成中，常遇到水溶性的无机负离子和不溶于水的有机化合物之间的反应，这种非均相反应，在通常条件下速率慢、产率低，有时甚至很难发生。但如果用水溶解无机盐，用极性小的有机溶剂溶解有机物，并加入少量（通常为 0.05 mol 以下）的季铵盐或季磷盐，反应则很容易进行。这些能促使提高反应速率并在两相之间转移负离子的鎓盐，称为相转移催化剂。常用的鎓盐是苄基三乙基氯化铵（TEBA）、四丁基硫酸氢铵（TBAB）和三辛基甲基氯化铵等。

$$C_6H_5CH_2\overset{\oplus}{N}(CH_2CH_3)_3\ \overset{\ominus}{Cl} \qquad (CH_3CH_2CH_2CH_2)_4\ \overset{\oplus}{N}HSO_4^{\ominus}$$
$$\text{(TEBA)} \qquad\qquad\qquad \text{(TBAB)}$$

$$[CH_3(CH_2)_6CH_2]_3\overset{\oplus}{N}CH_3\overset{\ominus}{Cl}$$

这些化合物具有在水相和有机相中溶解的能力，其中烃基是油溶性基团，带正电荷的氮是水溶性基团。烃基的碳原子数一般不少于 13，以保证具有足够的油溶性。季铵盐中的正、负离子在水相中形成离子对，可以将负离子从水相转移到有机相，而在有机相中负离子无溶剂化作用，而且由于正离子体积大，正、负离子间的距离也大，彼此之间作用弱，负离子可以看做是裸露的，使反应活性大大提高。相转移催化剂转移离子的过程可表示如下：

$$\text{有机相} \quad R-L + Q^+Nu^- \longrightarrow RNu + Q^+L^-$$
$$\text{水相} \quad L^- + Q^+Nu^- \longleftarrow Nu^- + Q^+L^-$$

其中，Q^+ 代表季铵盐或季磷盐离子。除了鎓盐外，冠醚如 18-冠-6、二苯并-18-冠-6 等也可作为相转移催化剂。

相转移催化剂能有效地加速许多反应。这些反应比非催化反应操作简便，时间缩短，而且可避免使用价格昂贵的非质子性溶剂，因而近年来已广泛应用于有机合成中。

反应式

$$\bigcirc + CHCl_3 \xrightarrow[\text{TEBA}]{50\%\,NaOH} \bigcirc\!\!<^{Cl}_{Cl}$$

试剂

环己烯(2.75 g、3.3 mL、0.033 mol);氯仿(16.7 g、10 mL、0.123 mol);苄基三乙基氯化铵(TEBA)[①](0.5 g);氢氧化钠。

实验内容

在 25 mL 锥形瓶中配制 5.0 g 氢氧化钠溶于 5 mL 水的溶液,在冰水浴中冷却至室温。在装有搅拌器[②]、回流冷凝管和温度计的 50 mL 三口烧瓶中加入 3.3 mL 环己烯、0.5 g TEBA 和 10 mL 氯仿。开动搅拌器,由冷凝管上口以较慢的速率滴加配好的 50％的氢氧化钠溶液[③],约 5 min 滴完。放热反应使反应瓶内温度上升至 50～60 ℃,反应物的颜色逐渐变为橙黄色。滴加完后,在热浴上加热回流,继续搅拌 30 min。

将反应物冷却至室温,加入 15 mL 水稀释后转入分液漏斗中,分出有机层(如两层界面上有较多的乳化物,可过滤),水层用 5 mL 乙醚提取 1 次,合并醚萃取液和有机层,用等体积的饱和食盐水洗涤两次后,转移到 50 mL 三角烧瓶中,用 1.0 g 左右的无水硫酸镁干燥。

先低温蒸去溶剂,再将热浴温度提高到 200～220 ℃之间,收集 180～190 ℃的馏分。产量约 2.0 g。纯 7,7-二氯双环[4.1.0]庚烷的沸点为 198 ℃。

本实验约需 3 h。

附注

① TEBA 可通过下述步骤进行制备:在 25 mL 三口烧瓶中加入 1.8 mL(2.1 g、0.017 mol)苄氯、2.3 mL(0.017 mol)三乙胺和 8.3 mL 1,2-二氯乙烷,在电磁搅拌下加热回流 45 min。将反应物冷却,析出结晶,抽滤,用少量二氯甲烷或无水乙醚洗涤,干燥后产量约 4.0 g。季铵盐易吸潮,干燥后的产品应放在干燥器中保存。

② 也可用电磁搅拌代替机械搅拌,效果更好。相转移是非均相反应,搅拌必须是有效而安全的。这是实验成功的关键。

③ 浓碱溶液呈黏稠状,腐蚀性极强,应小心操作。盛碱的滴液漏斗用完后应立即洗净,以防活塞腐蚀而黏结。

思考题

1. 根据相转移反应原理,写出本实验的反应机理。

2. 本实验中为何要使用大大过量的氯仿？

实验 170　二苯乙二酮

实验目的

由微波促进二苯乙二酮的合成；了解微波合成的原理及操作。

实验原理

微波是指波长很短，即频率很高的无线电波，又称超高频。其波长通常在 1～1 000 mm 之间。有机微波化学是指利用微波辐射来加速有机反应、改变反应机理或启动新的反应通道的一门交叉学科。

一般来说，微波目前主要用于热反应。微波对反应物的加热速率、溶剂的性质、反应体系以及微波的输出功率等都能影响反应的速率。反应物吸收微波能量的多少和快慢与分子的极性有关，极性分子由于分子内电荷分布的不均匀，在微波场中能迅速吸收电磁波的能量，通过分子偶极作用以每秒数十亿次的高速旋转产生热效应。加热是由分子自身运动引起的，故称为"内加热"。而传统的加热方法如回流则是靠热传导和热对流来实现的，因此加热速率慢。

内加热的优越之处在于加热快、受热体系温度均匀。分子的偶极矩越大，加热越快，此时能显著提高有机反应的速率。但对于非极性分子在极性溶剂中或极性分子在非极性溶剂中的反应，由于非极性分子在微波场中不能产生高速运动，且能够转移极性分子吸收的微波能，使得加热速率大为降低，所以微波不能显著提高这类反应的速率。

总之，微波作用于反应物后，加剧了分子的运动，提高了分子的平均能量，大大增加了反应物分子的碰撞频率，使反应迅速完成。

反应式

试剂

安息香(1.0 g、约 5.0 mmol)；中性氧化铝(4.0 g)；乙醚(20.0 mL)。

实验内容

在 25 mL 圆底烧瓶中加入 1.0 g 安息香和 4.0 g 中性氧化铝,加热使安息香熔解,摇动使两者充分混合(只有安息香熔解,才能和载体充分混合;如分散不均匀,产率会大大降低)。然后置入微波炉内,选择输出功率 650 W,反应 10 min。

将 10 mL 乙醚加入反应瓶中,充分摇动后过滤,用 10 mL 乙醚分两次洗涤固体,热水浴蒸干乙醚,用 6~8 mL 75% 的乙醇重结晶,得淡黄色固体 0.5~0.6 g,熔点为 95 ℃。

本实验约需 2 h。

实验 171　茉　莉　醛

实验目的

由微波促进茉莉醛的合成。

实验原理

茉莉醛是一种具有浓烈香味的人工香料,按照传统的合成方法,由苯甲醛和庚醛在碱性条件下加热缩合而得。在反应进行过程中,存在着严重的副反应:庚醛的自身缩合,同时还存在着苯甲醛的自身歧化反应(Cannizzaro 反应)。如果用微波技术,不仅可使反应更具选择性,提高茉莉醛的产率,而且可简化处理步骤,缩短反应时间,使反应时间由原来的 72 h 缩短到 1 min。

反应式

$$C_6H_5CHO + CH_3(CH_2)_5CHO \xrightarrow[\text{微波}]{K_2CO_3/\text{TBAB-Al}_2O_3} C_6H_5CH=\overset{\text{CHO}}{\underset{C_5H_{11}}{C}} + H_2O$$

试剂

苯甲醛(3.18 g、0.03 mol);正庚醛(1.14 g、0.01 mol);碳酸钾(0.99 g、0.01 mol);四丁基溴化铵(0.2 g);中性氧化铝(10 g);乙醚。

实验内容

在 25 mL 圆底烧瓶中加入 0.2 g 四丁基溴化铵、3.18 g 苯甲醛、1.14 g 正庚醛和分散于 10 g 中性氧化铝上的 0.99 g 碳酸钾[①],振摇使其充分混合。然后置于微波炉内,在输出功率 350 W 的微波场中反应 4 min。取出冷却后,每次用 40 mL 乙醚洗涤混合物两次,抽滤除去固体碳酸钾和氧化铝。先水浴加热蒸出乙醚,再减压蒸馏[2],收集 173~176 ℃(20 mmHg)或 139~141 ℃(5 mmHg)的馏分,即得产物茉莉醛 1.5~1.7 g,茉莉醛为淡黄色至黄色透明液体。

本实验约需 3 h。

附注

① 分散于载体上的碱的制法:将碱溶于一定量的水中,然后加入载体,充分混合后,真空干燥即可。

② 茉莉醛在空气中不稳定,易被空气氧化分解,易自燃,有时向其中加入其质量 0.5% 的二苯胺作稳定剂。

实验 172　溴　　苯

实验目的

由超声波促进合成溴苯;了解超声波合成的原理及操作。

实验原理

近年来,超声波化学发展很快,其中的一个重要领域就是金属参与的非均相反应,包括金属的活化和有机金属化合物的制备及反应。超声波方法条件温和,无剧烈的放热过程,因而可用于大量制备反应。

反应式

$$\bigcirc + Br_2 \xrightarrow[\text{超声波}]{Fe} \bigcirc\!\!-Br + HBr$$

试剂

溴(3.2 g、约 1.0 mL、0.02 mol);苯(1.5 g、约 1.8 mL、0.02 mol);铁粉(0.1 g)。

实验内容

将 1.5 g 苯和 0.1 g 铁粉加入到 10 mL 三口烧瓶中[1],再将烧瓶固定在水槽式超声波清洗反应器里,安装好回流装置和气体吸收装置。启动超声波发生器开始振荡,量取 1.0 mL 溴[2],由滴液漏斗滴加到反应瓶中,振荡 20~30 min 至瓶内溴的颜色基本褪去,停止反应。蒸馏[3],收集 150~175 ℃ 的馏分,得一次蒸馏产物。将此馏分再蒸一次,收集 152～158 ℃的馏分,产量为 2.0～3.0 g。纯溴苯为无色液体,沸点为 156 ℃,折光率 $n_D^{20}=1.5597$。

本实验需 2～3 h。

附注

① 实验仪器必须干燥,否则反应开始很慢或不反应。

② 溴为剧毒、强腐蚀性药品,取溴操作应在通风橱中进行,并带上防护眼镜和橡皮手套,注意不要吸入溴蒸气。

③ 溴苯的沸点超过 140 ℃,应该用空气冷凝管。

实验 173　　单苯基硼酸

实验目的

由超声波促进合成单苯基硼酸。

实验原理

单取代硼酸是一类有用的合成中间体,特别是它与 α-蒎二醇生成的手性硼酸酯,作为一类不对称同系化反应试剂,在不对称合成中有重要应用。单取代硼酸常由有机金属试剂与硼酸酯反应制得,反应条件比较严格,一般需要无水、无氧和较低的温度。

$$RMgX + B(OMe)_3 \xrightarrow[\text{②}H_3O^+]{\text{①}Et_2O} RB(OH)_2$$

但是在超声波条件下制备单取代硼酸,反应用的溶剂四氢呋喃只用氢氧化钾干燥即可,不再需要严格的无水、无氧条件。反应速率快,特别是加入少量碘以后,反应几乎在瞬间完成,没有引发期,操作更为简单,无须制备 Grignard 试剂和低温条件,在常温下用"一锅法"合成是制备单取代硼酸的简便方法。

反应式

试剂

溴苯(3.14 g、0.02 mol);硼酸三丁酯(4.6 g、0.02 mol);四氢呋喃(THF);乙醚;镁粉(0.5 g、0.021 mol);碘;盐酸(2 mol·L^{-1})。

实验内容

在 50 mL 干燥的圆底烧瓶中加入 4.6 g 硼酸三丁酯、3.14 g 溴苯、0.5 g 镁粉、20 mL 四氢呋喃和少许碘,装上干燥的回流冷凝管,室温下在超声波清洗器中进行超声辐射,约 15 min 后反应完毕。加入 8 mL 浓度为 2 mol·L^{-1} 的盐酸,搅拌片刻后,转入分液漏斗中,分出有机层。水层用乙醚萃取两次,每次 8 mL。合并有机相,经水洗后用无水硫酸钠干燥。蒸除乙醚,得到的粗产物用水重结晶,得单苯基硼酸 1.0～1.5 g,熔点为 214～216 ℃。

本实验约需 3 h。

思考题

1. 超声波为什么能够促进有机合成反应的进行?

实验 174　安息香的合成及转化

实验目的

完成安息香的合成及转化系列实验;培养系列综合实验的能力。

实验原理

芳香醛在氰化钠(钾)作用下,分子间发生缩合生成二苯基羟乙酮或安息香的反应,称为安息香缩合。最典型的例子是苯甲醛的缩合反应。

除氰离子外,噻唑生成的季铵盐也可对安息香缩合起催化作用。如用有生物活性的维生素 B$_1$ 的盐酸盐代替氰化物催化安息香缩合反应,反应条件温和,无毒,且产率高。

维生素 B$_1$ 又称硫胺素或噻胺(Thiamine),它是一种辅酶,作为生物化学反应的催化剂,在生命过程中起着重要作用。其结构如下:

氰离子和维生素 B$_1$ 催化安息香缩合的机理请参考由兰州大学和复旦大学合编的《有机化学实验》教材。

（Ⅰ）安息香的辅酶合成

反应式

$$\text{C}_6\text{H}_5\text{—CHO} \xrightarrow{\text{维生素 B}_1} \underset{\text{CH}}{\overset{\text{OH}}{|}}\ \underset{\text{C}}{\overset{\text{O}}{||}}\ \text{C}_6\text{H}_5$$

试剂

苯甲醛(3.1 g、3 mL、0.03 mol)(新蒸)[①]；0.6 g 维生素 B_1(盐酸硫胺素)；95％乙醇；10％的氢氧化钠溶液。

实验内容

在 25 mL 圆底烧瓶中加入 0.6 g 维生素 B_1、2 mL 蒸馏水和 5 mL 乙醇,溶解后将烧瓶置于冰水浴中冷却。同时取 2 mL 10％的氢氧化钠溶液于一支试管中,也置于冰水浴中冷却[②]。然后在冰水浴冷却下,将氢氧化钠溶液慢慢加入硫胺素溶液中,并不断摇荡,调节 pH＝9～10,此时溶液呈黄色。去掉冰水浴,加入 3 mL 新蒸的苯甲醛,装上回流冷凝管,加几粒沸石,将混合物置于 60～75 ℃水浴上温热 1.5 h。切勿将混合物加热至沸腾,此时反应混合物呈橘黄或橘红色均相溶液。

停止反应,将反应混合物倒入烧杯中,置于冰水浴中冷却,析出浅黄色结晶。抽滤,用 15 mL 冷水分两次洗涤结晶。粗产物用 95％的乙醇重结晶[③],产量约 1.5 g,熔点为 134～136 ℃。纯安息香为白色针状结晶,熔点为 137 ℃。

本实验约需 4 h。

（Ⅱ）二苯乙二酮

安息香可以被温和的氧化剂乙酸铜氧化生成 α-二酮,铜盐本身被还原成亚铜态。本实验经改进后使用催化量的乙酸铜,反应中产生的亚铜盐可不断被硝酸铵重新氧化生成铜盐,硝酸本身被还原为亚硝酸铵,后者在反应条件下分解为氮气和水。改进后的方法在不延长反应时间的情况下可明显节约试剂,且不影响产率及产物纯度。安息香也可用浓硝酸氧化成 α-二酮,但释放出的二氧化氮对环境产生污染。

反应式

$$\text{C}_6\text{H}_5\underset{\text{CH}}{\overset{\text{OH}}{|}}\underset{\text{C}}{\overset{\text{O}}{||}}\text{C}_6\text{H}_5 \xrightarrow[\text{NH}_4\text{NO}_3]{\text{Cu(OAc)}_2} \text{C}_6\text{H}_5\underset{\text{C}}{\overset{\text{O}}{||}}\underset{\text{C}}{\overset{\text{O}}{||}}\text{C}_6\text{H}_5$$

试剂

安息香(1.1 g、5 mmol)(自制);硝酸铵(0.5 g、6.2 mmol);2%乙酸铜④;冰乙酸;95%乙醇。

实验内容

在 10 mL 圆底烧瓶中加入 1.1 g 安息香、3.2 mL 冰乙酸、0.5 g 粉状的硝酸铵和 6.2 mL 2%乙酸铜溶液,加入几粒沸石,装上回流冷凝管,在电热套上缓缓加热并时加摇荡。当反应物溶解后,开始放出氮气,继续回流 1.5 h 使反应完全。将反应混合物冷至 50～60 ℃,在搅拌下倾入 5 mL 冰水中,析出二苯乙二酮结晶。抽滤,用冷水充分洗涤,尽量压干,粗产物干燥后为 0.75～0.8 g。产物已足够纯净可直接用于下一步合成。如要制备纯品,可用 75%的乙醇水溶液重结晶,熔点为 94～96 ℃。纯二苯乙二酮为黄色结晶,熔点为 95 ℃。

本实验约需 4 h。

(Ⅲ) 二苯乙醇酸

二苯乙二酮与氢氧化钾溶液回流,生成二苯乙醇酸盐,称为二苯乙醇酸重排。反应过程如下:

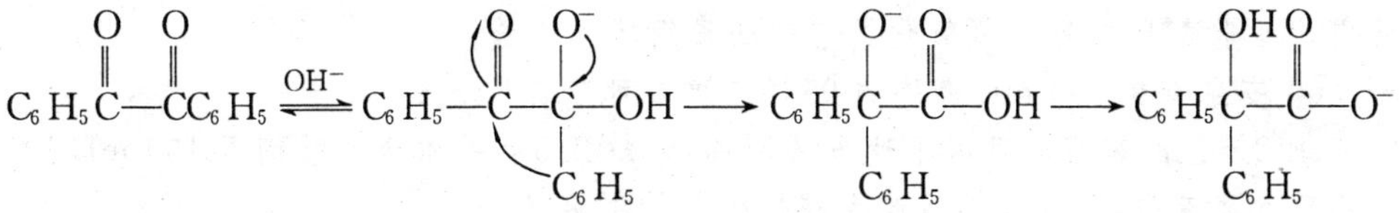

形成稳定的羧酸盐是反应的推动力。一旦生成羧酸盐,经酸化后即产生二苯乙醇酸。这一重排反应可普遍用于将芳香族 α-二酮转化为芳香族 α-羟基酸,某些脂肪族 α-二酮也可发生类似的反应。

反应式

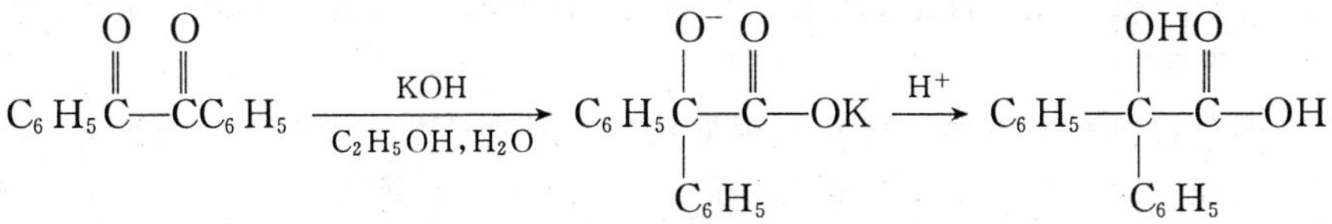

试剂

二苯乙二酮(0.8 g、4 mmol)(自制);氢氧化钾(0.8 g、14 mmol);95%乙醇;浓盐酸。

实验内容

在 10 mL 圆底烧瓶中将 0.8 g 氢氧化钾溶解于 2 mL 水中,加入 0.8 g 二苯乙二酮溶于 2.5 mL 95％乙醇的溶液,混合均匀后,装上回流冷凝管,加热回流 15 min。然后将反应混合物转移到小烧杯中,在冰水浴中放置约 1 h[⑤],直至析出二苯乙醇酸钾盐的晶体。抽滤,并用少量冷乙醇洗涤晶体。

将过滤出的钾盐溶于 23 mL 水中,用滴管加入一滴浓盐酸,少量未反应的二苯乙二酮成胶体悬浮物,加入少量活性炭并搅拌几分钟,然后用折叠式滤纸过滤。滤液用 5％的盐酸酸化至刚果红试纸变蓝(需 8～10 mL),即有二苯乙醇酸晶体析出,在冰水浴中冷却使结晶完全。抽滤,用冷水洗涤几次以除去晶体中的无机盐。粗产物干燥后为 0.5～0.7 g,熔点为 147～149 ℃。进一步纯化可用水重结晶[⑥],并加入少量活性炭脱色。二苯乙醇酸产量约 0.5 g,熔点为 148～149 ℃。纯二苯乙醇酸为无色晶体,熔点为 150 ℃。

本实验约需 4 h。

附注

① 苯甲醛中不能含有苯甲酸,用前最好经 5％的碳酸氢钠溶液洗涤,而后减压蒸馏,并避光保存。

② 维生素 B_1 在酸性条件下是稳定的,但易吸水,在水溶液中易被氧化失效,光及铜、铁、锰等金属离子均可加速其氧化;在氢氧化钠溶液中噻唑环易开环失效。因此,反应前维生素 B_1 溶液及氢氧化钠溶液必须用冰水冷透。

③ 安息香在 100 mL 沸腾的 95％乙醇中可溶解 12～14 g。

④ 2％乙酸铜溶液可用下述方法制备:溶解 2.5 g 一水合乙酸铜于 100 mL 10％的乙酸水溶液中,充分搅拌后滤去碱性铜盐的沉淀。

⑤ 也可将反应混合物用表面皿盖住,放至下一次实验,二苯乙醇酸钾盐将在此段时间内结晶。

⑥ 粗产物也可用苯重结晶,每克粗产物约需 6 mL 苯。

思考题

1. 为什么加入苯甲醛后,反应混合物的 pH 值要保持在 9～10? 溶液 pH 值过低有什么不好?

2. 用反应方程式表示乙酸铜和硝酸铵在与安息香反应过程中的变化。

3. 如果二苯乙二酮用甲醇钠在甲醇溶液中处理,经酸化后应得到什么产物? 写出产物的结构式和反应机理。

4. 如何由相应的原料经二苯乙醇酸重排合成下列化合物?

(1)
$$\text{（呋喃环）}\text{CH(OH)—COOH}$$

(2) $CH_3O—\text{（苯环）}—\text{CH(OH)—COOH}$

(3) $\text{（芴环）}\text{HO—C—COOH}$

(4) $(HOOCCH_2)_2\text{C(OH)—COOH}$

实验 175　局部麻醉剂苯佐卡因

实验目的

合成局部麻醉剂苯佐卡因。

实验原理

外科手术所必需的麻醉剂（或称止痛剂），是一类已被研究得较透彻的药物。最早的局部麻醉剂是从南美洲生长的古柯植物中提取的古柯生物碱（又称柯卡因），但具有容易成瘾和毒性大等缺点。苯佐卡因是在人们弄清了古柯生物碱的结构和药理作用后，人工合成的数百种局部麻醉剂中的一种。已经发现的有活性的这类药物均有共同的结构特征，其通式如下：

$$R—\text{（苯环）}—\overset{O}{\underset{}{C}}—O—(CH_2)_n—N\overset{R_1}{\underset{R_2}{\big\langle}}$$

$$\quad\quad\quad A\quad\quad\quad\quad B\quad\quad\quad C$$

苯佐卡因即对氨基苯甲酸乙酯，是一种白色晶体粉末，制成散剂或软膏用于疮面溃疡的止痛。它通常由对硝基甲苯先氧化成对硝基苯甲酸，再经乙酯化后还原而得，这条路线比较经济合理。本实验采用对甲苯胺为原料，经酰化、氧化、水解、酯化一系列反应合成而得，此路线虽然较以对硝基甲苯为原料的长一些，但原料易得，操作方便，适合于实验室少量制备。

（Ⅰ）对氨基苯甲酸

反应式

$$p\text{-}CH_3C_6H_4NH_2 \xrightarrow[CH_3COONa]{(CH_3CO)_2O} p\text{-}CH_3C_6H_4NHCOCH_3 + CH_3COOH$$

$$p\text{-}CH_3C_6H_4NHCOCH_3 + 2KMnO_4 \longrightarrow$$
$$p\text{-}CH_3CONHC_6H_4COOK + 2MnO_2 + KOH + H_2O$$

$$p\text{-}CH_3CONHC_6H_4COOK \xrightarrow{H^+} p\text{-}CH_3CONHC_6H_4COOH$$

$$p\text{-}CH_3CONHC_6H_4COOH + H_2O \xrightarrow{H^+} p\text{-}NH_2C_6H_4COOH + CH_3COOH$$

试剂

对甲苯胺(0.75 g、7 mmol)；乙酸酐(0.87 g、0.8 mL、9 mmol)；结晶乙酸钠($CH_3COONa \cdot 3H_2O$)(1.2 g)；高锰酸钾(2.05 g、13 mmol)；硫酸镁晶体($MgSO_4 \cdot 7H_2O$)(2.0 g、0.008 mol)；乙醇；盐酸；硫酸；氨水。

实验内容

1. 对甲基乙酰苯胺

在 50 mL 烧杯中加入 0.70 g 对甲苯胺、17.5 mL 水和 0.75 mL 浓盐酸，在水浴上温热使之溶解。若溶液颜色较深，可加适量的活性炭脱色后过滤。同时将 1.2 g 三水合乙酸钠溶于 2 mL 水中，温热使之溶解。

将脱色后的盐酸对甲苯胺溶液加热至 50 ℃，加入 0.8 mL 乙酸酐，并立即加入预先配制好的乙酸钠溶液，充分搅拌后放入冰水中冷却，此时析出大量的对甲基乙酰苯胺固体。抽滤，用少量冷水洗涤，干燥后称重，产量约 0.9 g。纯对甲基乙酰苯胺的熔点为 154 ℃。

2. 对乙酰氨基苯甲酸

将上述制得的对甲基乙酰苯胺(约 0.9 g)加入到 80 mL 烧杯中，再加入 2.0 g 七水合硫酸镁和 35 mL 水，将烧杯中的混合物在电热套上加热到约 85 ℃。同时配好 2.05 g 高锰酸钾溶于 8 mL 沸水的溶液。

在充分搅拌下，将热的高锰酸钾溶液在 10 min 内分批加到对甲基乙酰苯胺的混合物中，以防氧化物局部浓度过高破坏产物。加完后在 85 ℃下搅拌 20 min。此时，混合物变成深棕色，趁热用双层滤纸抽滤，除去二氧化锰沉淀，并用少量热水洗涤二氧化锰。若滤液呈紫色，可用 2 mL 乙醇煮沸直至无色，将滤液再用折叠式滤纸过滤一次。

冷却无色滤液，加 20% 硫酸酸化至溶液呈酸性，此时产生白色固体，抽滤，压干，干燥后对乙酰氨基苯甲酸产量约 0.8 g,纯化合物的熔点为 250~252 ℃。粗产品可直接进行下一步合成。

3. 对氨基苯甲酸

将上步得到的对乙酰氨基苯甲酸,用 4.2 mL 18%的盐酸进行水解(每克湿产物需 5 mL 18%的盐酸)。将反应物置于 25 mL 圆底烧瓶中,在电热套上缓缓回流 30 min。待浅绿色溶液冷却后,加入 3 mL 水,然后用 10%氨水中和,使石蕊试纸恰呈蓝色(约 10 mL),切勿使氨水过量。每 15 mL 最终溶液加 0.5 mL 冰乙酸,充分振摇后放入冰浴中骤冷以引发结晶,必要时用玻璃棒摩擦瓶壁或放入晶种引发结晶。抽滤收集产物,干燥后以对甲苯胺为标准计算累计产率,测定产物的熔点[①]。纯对氨基苯甲酸的熔点为 186~187 ℃。实验得到的熔点略低。

本实验需 4~5 h。

(Ⅱ) 对氨基苯甲酸乙酯

反应式

$$\text{（对氨基苯甲酸）} + CH_3CH_2OH \underset{}{\overset{H_2SO_4}{\rightleftharpoons}} \text{（对氨基苯甲酸乙酯）} + H_2O$$

试剂

对氨基苯甲酸(0.4 g、0.002 9 mol);95%乙醇(5 mL);浓硫酸(0.4 mL);10%碳酸;10%碳酸钠溶液;乙醚;无水硫酸镁。

实验内容

在 25 mL 圆底烧瓶中加入 0.4 g 对氨基苯甲酸和 5 mL 95%乙醇,摇动烧瓶使大部分固体溶解。将混合物置于冰浴中冷却,加入 0.4 mL 浓硫酸,立即有大量的沉淀生成,再将烧瓶在电热套上回流 1 h,并不时加以摇荡,沉淀逐渐溶解。

将反应混合物转入烧杯中冷却后分批加入 10%碳酸钠溶液中和,大量气体逸出,并产生泡沫,直至加入碳酸钠溶液后无明显气体放出。用 pH 试纸检查溶液为中性,再加入少量碳酸钠溶液至 pH≈9,并有少量固体析出。

将溶液倾泻至分液漏斗中,用少量乙醚洗涤固体后并入分液漏斗。向分液漏斗中加入 8 mL 乙醚,摇动后分出醚层。经无水硫酸镁干燥后,在水浴上蒸出乙醚和大部分乙醇,残余油状物用乙醇-水(1.5 mL 乙醇和 1 mL 水)重结晶,产量约 0.25 g,熔点为 91 ℃。纯对氨基苯甲酸乙酯的熔点为 91～92 ℃。

本实验需 2～2.5 h。

附注

① 对氨基苯甲酸可不必重结晶,直接用于合成对氨基苯甲酸乙酯。

思考题

1. 对甲苯胺用乙酸酐酰化反应时,加入乙酸钠的目的何在?
2. 对甲苯胺用高锰酸钾氧化时,为何要加入硫酸镁晶体?
3. 本实验中加入浓硫酸后,会有何现象产生? 试解释之。
4. 酯化反应结束后,为何用碳酸钠溶液而不用氢氧化钠溶液进行中和?

实验 176　磺胺药物对氨基苯磺酰胺

实验目的

合成磺胺药物对氨基苯磺酰胺。

实验原理

磺胺药物是含磺胺基团的合成抗菌药物的总称,它能抑制多种细菌和少数病毒的生长及繁殖,用于防治多种病菌感染,在保障人类生命健康方面曾发挥过重要作用。抗菌素面世后,它虽然已不再作为普遍使用的抗菌剂,但在某些治疗中仍然应用。磺胺药物的一般结构为

$$H_2N-\!\!\!\bigcirc\!\!\!-SO_2NHR$$

由于磺胺基上氮原子的取代基不同而形成不同的磺胺药物,本实验合成的磺胺药物对氨基苯磺酰胺是最简单的磺胺。磺胺的制备从苯开始,其合成路线如下。

（Ⅰ）乙酰苯胺

反应式

$$C_6H_5NH_2+CH_3COOH \xrightarrow{\triangle} C_6H_5NHCOCH_3+H_2O$$

试剂

苯胺(3.4 g、3.4 mL、0.039 mol)；冰乙酸(5.2 g、5 mL、0.09 mol)；锌粉。

实验内容

在 25 mL 圆底烧瓶中加入 3.4 mL 苯胺[①]、5 mL 冰乙酸及少许锌粉(0.05 g)[②]，装上一短的刺形分馏柱[③]，顶部接蒸馏头及温度计，支管接一蒸馏装置，接收瓶外部用冷水浴冷却。

将圆底烧瓶加热，使反应物保持微沸 10 min，然后逐渐升温，当温度计读数达到 100 ℃左右时，蒸馏头便有液体流出。维持温度在 100～110 ℃之间反应约 1.5 h，生成的水及乙酸已基本被蒸出[④]，此时温度计读数下降，表示反应已经完成。在搅拌下趁热将反应物倒入 70 mL 冰水中[⑤]，冷却后，抽滤析出固体，用冷水洗涤。粗产物用水重结晶。产量为 3～4 g。纯乙酰苯胺的熔点为 114 ℃。

本实验约需 3 h。

附注

① 久置或市售的苯胺颜色深或有杂质，会影响乙酰苯胺的产率和纯度，故最好用新蒸的苯胺。

② 加入锌粉的目的，是防止苯胺在反应过程中被氧化，生成有色杂质。

③ 刺形分馏柱的长度以 10 cm 长为合适。

④ 收集乙酸及水的总体积约为 2 mL。

⑤ 反应物冷却后，固体立即析出，沾在瓶壁上不易处理。需趁热在搅拌下倒入冷水中，以除去过量的乙酸及未反应的苯胺。

思考题

1. 反应时为何要控制分馏柱上端的温度在 100～110 ℃之间？温度高有何不好？

2. 除了乙酸外，还有哪些乙酰化试剂？

（Ⅱ）对氨基苯磺酰胺

反应式

$$C_6H_5NHCOCH_3 + 2HOSO_2Cl \longrightarrow p\text{-}ClO_2SC_6H_4NHCOCH_3 + H_2SO_4 + HCl$$
$$\text{m. p. 149 ℃}$$

$$p\text{-}CH_3CONHC_6H_4SO_2Cl + NH_3 \longrightarrow p\text{-}CH_3CONHC_6H_4SO_2NH_2 + HCl$$
$$\text{m. p. 219～220 ℃}$$

$$p\text{-}CH_3CONHC_6H_4SO_2NH_2 + H_2O \longrightarrow p\text{-}H_2NC_6H_4SO_2NH_2 + CH_3COOH$$
$$\text{m. p. 165～166 ℃}$$

试剂

乙酰苯胺(1.0 g、7 mmol)(自制)；氯磺酸①(4.43 g、2.5 mL、0.038 mol、$d=$1.77)；浓氨水(4 mL、28%、$d=0.9$)；浓盐酸；碳酸钠。

实验内容

1. 对乙酰氨基苯磺酰氯的制备

在 25 mL 干燥的锥形瓶中加入 1.0 g 干燥的乙酰苯胺，用小火加热熔化②，瓶壁若有少量水汽凝结，应用干净的滤纸吸去。冷却使熔化物结成块。将锥形瓶置于冰水浴中冷却后，迅速倒入 2.5 mL 氯磺酸，立即塞上带有氯化氢导气管的塞子。反应很快发生，冒出大量白烟，若反应过于剧烈，可用冷水冷却。待反应缓和后，旋摇锥形瓶使固体全部溶解，液体呈黄棕色。然后在温水浴中加热 10 min 使其反应完全③。

将反应瓶在冰水浴中充分冷却后，于通风橱中在充分搅拌下，将反应液慢慢倒入盛有 15 g 碎冰的烧杯中④，用少量冷水洗涤反应瓶，洗涤液倒入烧杯中。搅拌 5 min后，将大块固体粉碎成小而又均匀的颗粒状白色固体⑤。抽滤收集，用少量冷水洗涤、压干，立即进行下一步反应。

2. 对乙酰氨基苯磺酰胺的制备

将上述粗产物移入烧杯中，在不断搅拌下慢慢加入 4 mL 浓氨水(在通风橱中)，立即发生放热反应生成白色糊状物。加完后，搅拌 15 min，使反应完全。然后再加入 2 mL 水，用小火加热 10 min，并不断搅拌，以除去多余的氨，得到的混合物可直接用于下一步合成⑥。

3. 对氨基苯磺酰胺的制备

将上述反应混合物放入圆底烧瓶中，加入 1 mL 浓盐酸，在石棉网上小火回流20 min，冷却后，得一澄清的液体。如溶液呈黄色，并有极少量固体存在时，需加入粉状碳酸钠⑦至恰呈碱性。在冰水浴中冷却，抽滤收集固体，用少量冰水洗涤、压

干。粗产物用水重结晶(每克粗产物约需 13 mL 水),产量为 0.8~1.0 g,熔点为
161~162 ℃。

本实验需 4~5 h。

附注

① 氯磺酸对皮肤和衣服有强烈的腐蚀性,暴露在空气中会冒出大量氯化氢气
体,遇水会发生猛烈的放热反应,甚至爆炸,故取用时应特别小心。反应中所用仪器
及药品皆须十分干燥。含有氯磺酸的废液不可倒入水槽中,而应倒入废液桶内。

② 氯磺酸与乙酰苯胺的反应相当剧烈,将乙酰苯胺凝成块状,可使反应缓和进
行,当反应过于剧烈时,应适当冷却。

③ 在氯磺化过程中,有大量的氯化氢气体放出。为避免污染空气,装置应严密,
导管的末端要与水面相接,但不能插入水中,否则会引起重大事故!

④ 加入速率必须慢,并充分搅拌,以免局部过热使对乙酰氨基苯磺酰氯水解。
这是实验成功的关键。

⑤ 尽量洗去固体所夹杂质和吸附的盐酸,否则产物在酸性介质中放置过久会很
快水解。因此在洗涤时,应尽量压干,且尽快将它转变为磺胺类化合物。

⑥ 为了节省时间,这一步的粗产物可不分出。若要得到产物,可在冰水浴中冷
却、抽滤,用冰水洗涤,干燥即得。

⑦ 碳酸钠固体必须磨成粉状,否则中和时速率太慢。碳酸钠中和滤液中的盐酸
时,有二氧化碳产生,故应边加边搅拌使其逸出。磺胺是两性化合物,在过量的碱溶
液中易变成盐类而溶解。故中和操作必须仔细进行,以免降低产率。

思考题

1. 使用氯磺酸时应注意些什么?
2. 为什么苯胺要乙酰化后再氯磺化?直接氯磺化行吗?

实验 177 合成洗涤剂硫酸月桂酯钠

实验目的

合成洗涤剂硫酸月桂酯钠。

实验原理

合成洗涤剂是一种清洗用的有机化合物,在软、硬两种水中都有较好的洗涤效果。
硫酸月桂酯钠即十二烷基硫酸钠,是最早开发出的洗涤剂之一,但它的价格较

贵。到 1950 年前后人们才开发出了价廉的烷基苯磺酸钠(ABS),但后来发现它们不能被微生物分解,污染环境。1966 年人们又合成了一类能被微生物降解的线形烷基磺酸盐(LAB)洗涤剂来代替烷基苯磺酸钠型洗涤剂。

硫酸月桂酯钠和平常用的肥皂及洗衣粉一样,都属于阴离子表面活性剂。硫酸月桂酯钠为白色或微黄色粉末,熔点为 180~185 ℃(此时分解),易溶于水而成半透明溶液,对碱、弱酸和硬水都很稳定。

硫酸月桂酯钠用途较广,可用作洗涤剂和纺织助剂,也用作牙膏发泡剂、灭火泡沫液、乳液聚合乳化剂、医药用乳化分散剂、羊毛洗净剂、洗发剂等化妆制品。在此,仅介绍硫酸月桂酯钠的制法。

反应式

$$CH_3(CH_2)_{10}CH_2OH + ClSO_3H \longrightarrow CH_3(CH_2)_{10}CH_2OSO_3H + HCl$$
$$2CH_3(CH_2)_{10}CH_2OSO_3H + Na_2CO_3 \longrightarrow 2CH_3(CH_2)_{10}CH_2OSO_3Na + H_2O + CO_2$$

试剂

月桂醇(3.3 g、0.017 mol);冰乙酸(2.04 g、1.2 mL、0.017 mol);氯磺酸[①];正丁醇;饱和碳酸钠溶液;碳酸钠。

实验内容

在一干燥的 50 mL 烧杯中加入 3.2 mL 冰乙酸,在冰浴中将其冷却至 5 ℃,从滴管中慢慢将 1.2 mL 氯磺酸($d=1.7$)直接加入冰乙酸的烧杯中(在通风橱中进行)。混合物仍放在冰浴中冷却,不允许水进入烧杯内。

在搅拌下慢慢加入 3.3 g 月桂醇,约 2 min 加完。继续搅拌混合物直至所有月桂醇均已溶解和反应掉(约 30 min)。将反应物倾入盛有 10 g 碎冰的 50 mL 烧杯中。

向盛有反应混合物和 10 g 碎冰的烧杯中加入 10 mL 正丁醇,彻底搅拌混合物 3 min,在搅拌中慢慢加入 3 mL 饱和碳酸钠溶液直至溶液呈中性或呈碱性。再加入 3.3 g 固体碳酸钠至混合物中,以助分层。让溶液在烧杯中分层,将上层有机相倒入分液漏斗中。一些水层不可避免地和有机相一起移入分液漏斗中。向烧杯中的水层加入另一份 7 mL 正丁醇,充分搅拌 5 min,让液相分层。再将上层倾入盛着第一次萃取物的分液漏斗中,倒去剩余的水层。

静置分液漏斗 5 min 让液相分层,除去水相,将有机相倒入一大烧杯中,在通风橱中将大烧杯置于电热套上蒸发,除去溶剂,洗涤剂即沉淀析出,要时常搅拌混合物以防产物分解。将湿的固体置于 80 ℃ 的红外灯下烘干,得产物 3.0 g 左右。

附注

① 使用氯磺酸时要特别小心,它是个类似浓硫酸的极强的酸,一旦接触会使皮

肤立即烧伤。在操作中应戴上防腐蚀的橡皮手套。

思考题

1. 试设计实验来比较肥皂与硫酸月桂酯钠性质的差别。
2. 试解释洗涤剂的去污原理。

实验 178 香 豆 素

实验目的

合成得到香豆素。

实验原理

香豆素是邻羟基肉桂酸的内酯,即 1,2-苯并吡喃酮。香豆素是能升华的无色片状结晶,相对分子质量 146.14,熔点 68~70 ℃,沸点 297~299 ℃,密度 0.935 g·mL^{-1}。它可以溶于乙醇,易溶于氯仿和乙醚,1 g 香豆素可溶于 400 mL 冷水或 50 mL 沸水中。

香豆素主要用作配制肥皂、洗涤剂时用的香精,也可用作镀镍的光亮剂。过去曾将香豆素用作食品添加剂和香烟的香料,现因其毒性较高而被禁用。

反应式

试剂

水杨醛(2.5 g、0.02 mol);乙酸酐(4.5 g、0.044 mol);氟化钾(0.3 g);乙醇。

实验内容

将 2.5 g 水杨醛、4.5 g 乙酸酐和 0.3 g 氟化钾依次加入装有温度计和刺形分馏柱的 10 mL 的三口烧瓶中,混合均匀后开始加热。当瓶内温度升至 180 ℃时,有乙酸缓慢蒸出①,蒸完后,继续反应 0.5 h,最后反应温度可达到 210~225 ℃。

反应结束后,自然冷却至 100 ℃左右,加入 3 mL 热水,不断搅拌下趁热转入

5 mL圆底烧瓶中②,置入冰水浴中冷却半小时以上。小心倒出上层清液,剩下的固体减压蒸馏,收集 165 ℃/10 mmHg 的馏分,得到约 2.0 g 白色固体,即为香豆素粗品。如用 50% 的乙醇水溶液重结晶两次,可得白色片状香豆素纯品,熔点为69 ℃。

本实验约需 4 h。

附注

① 此时蒸馏头处温度计的读数为 120 ℃。

② 转移应迅速,否则瓶内会有固体析出,不易处理。

实验 179　植物生长调节剂 2,4-二氯苯氧乙酸

实验目的

合成得到 2,4-二氯苯氧乙酸。

实验原理

植物生长调节剂是在任何浓度下都能影响植物生长和发育的一类化合物,包括机体内产生的天然化合物和来自外界环境的一些天然产物。人类已经合成了一些与植物生长调节剂功能相似的化合物,如 2,4-二氯苯氧乙酸就是一种有效的除草剂。吲哚乙酸是第一个被鉴定的植物激素,能促使植物生长。另外,有些调节剂可以改变植物的生理过程,使植物果实中的胡萝卜素增加,如 2-二乙氨基乙基-4-甲基苯基醚和它的同系物。

苯氧乙酸作为防霉剂,可由苯酚钠和氯乙酸通过 Williamson 合成法制备。通过它的氯化,可得到对氯苯氧乙酸和 2,4-二氯苯氧乙酸(简称 2,2-D)。前者又称防落素,可以减少农作物落花落果;后者又名除草剂,可选择性地除掉杂草,两者都是植物生长调节剂。

芳环上的卤化是重要的芳环亲电取代反应之一。本实验通过浓盐酸与过氧化氢的反应和次氯酸钠在酸性介质中的氯化,避免了直接使用氯气带来的危险和不便。其基本反应如下:

$$2HCl + H_2O_2 \longrightarrow Cl_2 + 2H_2O$$

$$HOCl + H^+ \Longleftrightarrow H_2^+OCl$$

$$2HOCl \Longleftrightarrow Cl_2O + H_2O$$

其中的 H_2^+OCl 和 Cl_2O 也是良好的氯化试剂。

（Ⅰ）苯 氧 乙 酸

反应式

$$\text{ClCH}_2\text{COOH} \xrightarrow{\text{Na}_2\text{CO}_3} \text{ClCH}_2\text{COONa} \xrightarrow[\text{NaOH}]{\text{PhOH}} \underset{\text{OCH}_2\text{COONa}}{\bigcirc} \xrightarrow{\text{HCl}} \underset{\text{OCH}_2\text{COOH}}{\bigcirc}$$

试剂

氯乙酸(1.9 g、0.02 mol)；苯酚(1.25 g、0.0 135 mol)；饱和碳酸钠溶液；35％氢氧化钠溶液；浓盐酸。

实验内容

在装有搅拌器、回流冷凝管和滴液漏斗的 50 mL 三口烧瓶中，加入 1.9 g 氯乙酸和 2.5 mL 水。开动搅拌器，慢慢滴加饱和碳酸钠溶液①约 3.5 mL，至溶液 pH＝7～8。然后加入 1.25 g 苯酚，再慢慢滴加 35％氢氧化钠溶液，至反应混合物的 pH 值为 12。将反应物在沸水浴中加热约半小时，反应过程中 pH 值会下降，应补加氢氧化钠溶液，保持 pH 值为 12，在沸水浴上再继续加热 15 min。

反应完毕后，将三口烧瓶移出水浴，趁热转入锥形瓶中，在搅拌下用浓盐酸酸化至 pH＝3～4。在冰浴中冷却，析出固体，待结晶完全后，抽滤，粗产物用冷水洗涤 2～3 次，在 60～65 ℃下干燥，产量为 1.7～2.0 g，粗产物可直接用于对氯苯氧乙酸的制备。纯苯氧乙酸的熔点为 98～99 ℃。

本实验约需 3 h。

（Ⅱ）对氯苯氧乙酸

反应式

$$\underset{}{\bigcirc}\text{—OCH}_2\text{COOH} + \text{HCl} + \text{H}_2\text{O}_2 \xrightarrow{\text{FeCl}_3} \text{Cl—}\bigcirc\text{—OCH}_2\text{COOH}$$

试剂

苯氧乙酸(1.5 g、0.01 mol)(自制)；冰乙酸(5 mL)；三氯化铁(10 mg)；浓盐酸(5 mL)；33％过氧化氢(1.5 mL)；乙醇。

实验内容

在装有搅拌器、回流冷凝管和滴液漏斗的 50 mL 三口烧瓶中，加入 1.5 g 苯氧乙酸（自制）和 5 mL 冰乙酸。将三口烧瓶置于水浴中加热，同时开动搅拌器，待水浴温度上升至 55 ℃时，加入少许（约 10 mg）三氯化铁和 5 mL 浓盐酸②。当水浴温度升至 60～70 ℃时，在 10 min 内慢慢滴加 1.5 mL 33%的过氧化氢，滴加完毕后保持此温度再反应 20 min。升高温度使瓶内固体全溶，慢慢冷却，析出晶体。抽滤，粗产物用水洗涤 3 次。粗品用 1∶3 的乙醇-水溶液重结晶，干燥后的产量约 1.5 g。

本实验约需 2.5 h。

（Ⅲ） 2,4-二氯苯氧乙酸

反应式

$$Cl-\!\!\!\!\bigcirc\!\!\!\!-OCH_2COOH + NaOCl \xrightarrow{H^+} Cl-\!\!\!\!\bigcirc\!\!\!\!-OCH_2COOH \ (\text{邻位}Cl)$$

试剂

对氯苯氧乙酸（1.0 g、6.6 mmol）；冰乙酸（12 mL）；5%次氯酸钠溶液（19 mL）；盐酸（6 mol·L^{-1}）；10%碳酸钠溶液（15 mL）。

实验内容

在 100 mL 锥形瓶中加入 1.0 g 对氯苯氧乙酸和 12 mL 冰乙酸，搅拌使固体溶解。将锥形瓶置于冰浴中冷却，在摇荡下分批加入 19 mL 5%的次氯酸钠溶液③。然后将锥形瓶从冰浴中取出，待反应物温度升至室温后再保持 5 min。此时反应液颜色变深。向锥形瓶中加入 50 mL 水，并用 6 mol·L^{-1}的盐酸酸化至刚果红试纸变蓝。反应物每次用 25 mL 乙醚萃取两次。合并醚萃取液，在分液漏斗中用 15 mL 水洗涤后，再用 15 mL 10%的碳酸钠溶液萃取产物④。将碱性萃取液移至烧杯中，加入 25 mL 水，用浓盐酸酸化至刚果红试纸变蓝。抽滤析出的晶体，并用冷水洗涤 2～3 次，干燥后得粗产品约 0.7 g，粗产品用四氯化碳重结晶，熔点为 134～136 ℃。纯 2,4-二氯苯氧乙酸的熔点为 138 ℃。

本实验约需 2 h。

附注

① 氯乙酸对皮肤有很强的腐蚀性，使用时须小心。为防止氯乙酸水解，先用饱和碳酸钠溶液使之成盐，并且加碱的速率要慢。

② 开始滴加时，可能有沉淀产生，不断搅拌后又会溶解，盐酸不能过量太多，否

则会生成盐而溶于水。若未见沉淀生成,可再补加 2～3 mL 浓盐酸。

③ 若次氯酸钠过量,会使产量降低。也可直接用市售洗涤漂白剂,不过由于次氯酸钠含量不稳定,所以常会影响产率。

④ 由于有二氧化碳气体产生,此时要小心操作,以免乙醚溶液冲出。

思考题

1. 说明本实验各步反应中控制 pH 值的目的和意义。

2. 以苯氧乙酸为原料,如何制备对溴苯氧乙酸?能用本法制备对碘苯氧乙酸吗?为什么?

实验 180　2-羧乙基二甲基溴化锍

实验目的

合成得到 2-羧乙基二甲基溴化锍。

实验原理

2-羧乙基二甲基溴化锍为一含硫的化合物,其分子式为

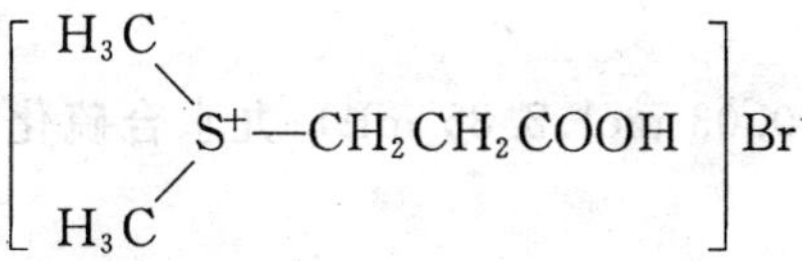

$$\left[\begin{array}{c} H_3C \\ \\ H_3C \end{array} S^+ - CH_2CH_2COOH \right] Br^-$$

2-羧乙基二甲基溴化锍在碱的作用下,可以形成硫叶立德,作为甲基化试剂使用。特别是同羰基化合物反应时,可以引入一个亚甲基,形成环氧化合物。

另外,该化合物还能被一些细菌及动物所利用和分解,放出二甲基硫醚、丙烯酸、二羧乙基硫醚等化合物。同时一般含硫的低分子化合物都有特殊味道,即使含量很低,也能被一些动物嗅到,因此该化合物可以作为诱鱼剂或饲料添加剂,添加到鱼饵中或其他一些动物的饲料中。

（Ⅰ）3-溴 丙 酸

反应式

$$CH_2=CH_2COOH + HBr \longrightarrow BrCH_2CH_2COOH$$

试剂

丙烯酸(1.1 g、1.1 mL、0.015 mol);40%氢溴酸(6.1 g、0.03 mol);四氯化碳。

实验内容

在 25 mL 的圆底烧瓶中加入 6.1 g 40% 的氢溴酸，装上回流冷凝管，加热至液体沸腾，由回流冷凝管上端加入 1.1 g 丙烯酸，继续回流反应半小时。停止加热，待温度稍稍下降后，改回流装置为蒸馏装置，当馏出液温度超过 120 ℃时，停止加热。

用四氯化碳（5 mL×2）萃取馏出液[①]，合并萃取液，加入到已冷至室温的反应混合物中进行萃取，分出有机相，再加入 5 mL 四氯化碳萃取。合并有机相，蒸馏至无四氯化碳流出，蒸馏瓶中剩余物即为 3-溴丙酸，产量约 2.0 g。温度下降后剩余物会慢慢凝结成固体，可不用纯化，直接用于下一步合成。如要进一步提纯，可用四氯化碳或乙醇重结晶，也可以减压蒸馏，收集 140~142 ℃(45 mmHg)的馏分。纯 3-溴丙酸为白色片状结晶，熔点为 62.5 ℃。

本实验约需 3 h。

（Ⅱ）二甲基硫醚

反应式

$$(CH_3)_2SO_4 + Na_2S \longrightarrow CH_3SCH_3 + Na_2SO_4$$

试剂

硫酸二甲酯(3.78 g、0.03 mol、2.85 mL)；九水合硫化钠(7.2 g、0.03 mol)；无水氯化钙。

实验内容

在 25 mL 三口烧瓶中加入 7.2 g 九水合硫化钠和 0.6 mL 水，加热溶解，开动磁力搅拌器。然后在三个口分别装上温度计、恒压滴液漏斗和刺形分馏柱，柱顶接蒸馏装置，尾接管和接收瓶用冰浴冷却，尾接管出口通过橡皮管接入水槽[②]。加热升温至 80~90 ℃之间，停止加热，由恒压滴液漏斗滴入硫酸二甲酯，反应放热，通过滴加速率控制温度在 80~90 ℃。加完后，重新加热，保持此温度继续反应 15 min。

停止反应，将接收瓶中的液体转入分液漏斗，用 2 mL 冷水洗涤[③]，用无水氯化钙干燥。分出的无色液体即为二甲硫醚，产量约 1.2 g (1.4 mL)，可直接用于下一步合成。纯二甲硫醚的沸点为 37.5 ℃，折光率 $n_D^{20}=1.4351$。

本实验约需 3 h。

（Ⅲ）2-羧乙基二甲基溴化锍

反应式

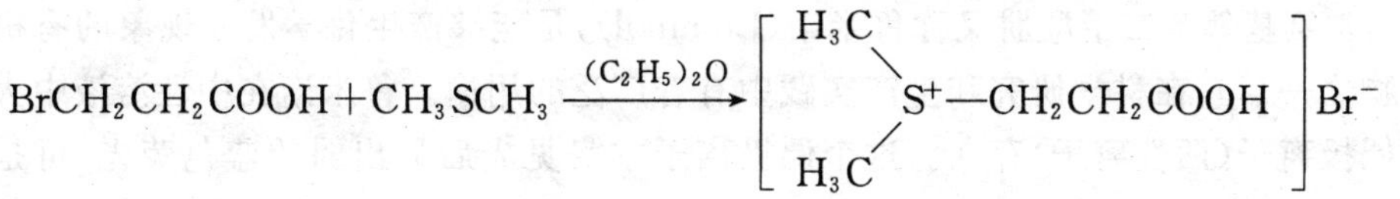

$$\text{BrCH}_2\text{CH}_2\text{COOH} + \text{CH}_3\text{SCH}_3 \xrightarrow{(\text{C}_2\text{H}_5)_2\text{O}} \left[\begin{array}{c} \text{H}_3\text{C} \\ \text{S}^+\!-\!\text{CH}_2\text{CH}_2\text{COOH} \\ \text{H}_3\text{C} \end{array}\right] \text{Br}^-$$

试剂

3-溴丙酸(1.53 g、0.01 mol)(自制)；二甲硫醚(0.76 g、0.90 mL、0.012 mol)(自制)；无水乙醚。

实验内容

在 25 mL 圆底烧瓶中加入 1.53 g 3-溴丙酸、0.90 mL 二甲硫醚和 10 mL 无水乙醚，装上回流冷凝管，管口接无水氯化钙干燥管。水浴加热使反应物微沸，直至固体全部溶解，继续反应 1～2 h，此期间应有白色固体生成。停止反应，将烧瓶置于冰浴中冷却，使结晶完全，抽滤，用少量冷的乙醚洗涤 2～3 次④，红外灯下干燥，快速称量⑤，得白色固体产物约 1.5 g。

本实验约需 3.5 h。

附注

① 3-溴丙酸易溶于水，并有少量 3-溴丙酸会和稀的氢溴酸水溶液一起蒸出。

② 二甲硫醚的沸点很低且容易挥发。

③ 主要除去其中的甲硫醇。

④ 为了除去其中的二甲硫醚，但由于产物在乙醚中有一定的溶解度，为减少损失，故用冷的乙醚洗涤，也可用冷的石油醚洗涤。

⑤ 产物易溶于水，放置在空气中会很快吸潮。

实验 181　　3-氨基邻苯二甲酰肼与化学发光

实验目的

合成得到 3-氨基邻苯二甲酰肼；了解化学发光的基本原理。

实验原理

许多有机化合物在一定的条件下,在进行化学反应时会伴随着有光产生,这种现象称为化学发光。化学发光反应产生的光称为冷光。这种现象在自然界我们也常会碰到,例如萤火虫在夏夜间发出的光。

3-氨基邻苯二甲酰肼又称鲁米诺(Luminol),是能够产生化学发光现象的有机化合物之一。它在科学研究和生产实践中有着广泛的用途。鲁米诺在中性溶液中大多以偶极离子(两性离子)存在。这个偶极离子本身见光后显出弱的蓝色荧光,可是在碱性溶液中,鲁米诺转变成它的二价负离子,后者可以被分子氧氧化成一个化学发光的中间体。反应被认为是按下列次序进行的:

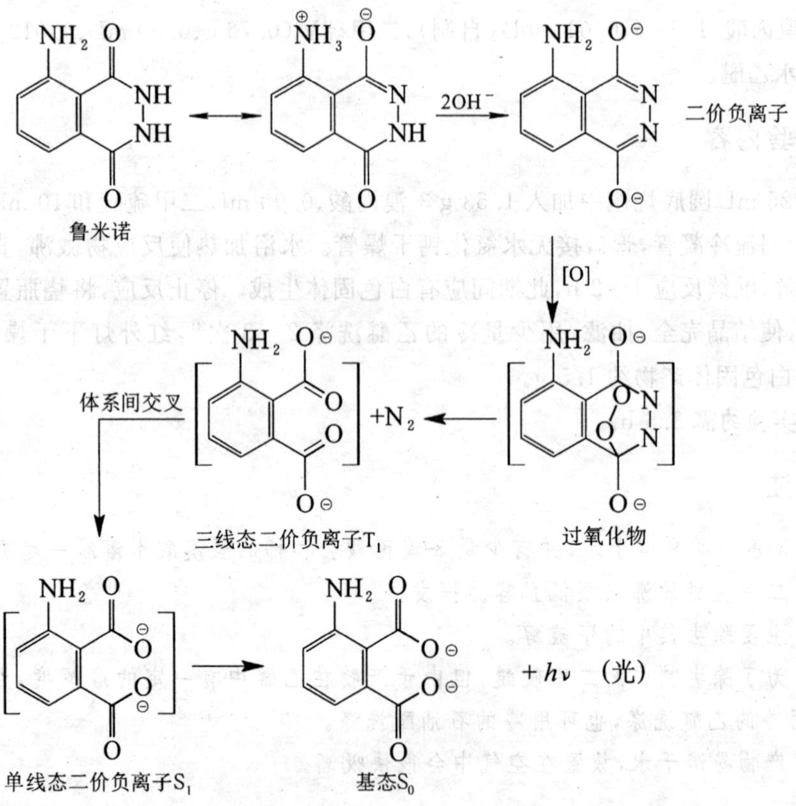

鲁米诺的二价负离子与分子氧发生反应,生成一种过氧化物。这种过氧化物不稳定,分解放出氮气从而生成电子上处于激发三线态(T_1)的 3-氨基邻苯二甲酸盐二价负离子。激发三线态二价负离子经体系间交叉相互作用,转变成激发单线态(S_1)二价负离子。激发单线态二价负离子发射一个光子回到基态(S_0),若发射的光处在可见光波段,即可被人们观测到。此外,若选择不同光敏剂,则可将发射的光转变成其他颜色的光。

（Ⅰ）3-硝基邻苯二甲酸

反应式

试剂

邻苯二甲酸酐(2.5 g、0.02 mol)；浓硝酸(3.6 g、2.5 mL、0.05 mol)；浓硫酸(5.1 g、2.8 mL、0.05 mol)。

实验内容

在 50 mL 三口烧瓶中装上搅拌器、回流冷凝管和滴液漏斗,加入 2.5 mL 浓硝酸和2.5 g邻苯二甲酸酐[①],在搅拌下自滴液漏斗中加入 2.8 mL 浓硫酸[②]。搅拌 10 min,在水浴上加热回流 1 h,此时液体会逐渐变混浊,停止加热。

反应混合物稍冷后,在剧烈搅拌下加入 6 mL 水,此时生成大量浅绿色固体,减压过滤,得粗产物。用水重结晶后得白色固体,产量约 1.0 g。纯 3-硝基邻苯二甲酸的熔点为 218 ℃。

本实验约需 3 h。

（Ⅱ）3-硝基邻苯二甲酰肼

反应式

试剂

3-硝基邻苯二甲酸(1.3 g);10%水合肼(2 mL);二缩三乙二醇(4 mL)。

实验内容

将 1.3 g 3-硝基邻苯二甲酸和 2 mL 10%水合肼溶液放入一支带支管的大试管中,加热使固体溶解后加入 4 mL 二缩三乙二醇。放几粒沸石,插入温度计(水银球浸入液面)。加热至液体剧烈沸腾,并用水泵从支管处将回流的水除去。继续加热,让温度快速上升到 200 ℃以上。保持 210~220 ℃约 2 min。停止加热,待温度降至100 ℃左右时,加入 20 mL 热水,冷至室温后减压过滤,收集黄色的 3-硝基邻苯二甲酰肼固体(不需干燥)。

本实验约需 1 h。

(Ⅲ) 3-氨基邻苯二甲酰肼

反应式

$$+3Na_2S_2O_4 + 4H_2O \longrightarrow +6NaHSO_3$$

试剂

10% 氢氧化钠溶液(6.5 mL);连二亚硫酸钠(4.0 g);冰乙酸(2.6 mL)。

实验内容

将上面合成的 3-硝基邻苯二甲酰肼移入一大试管中。加入 6.5 mL 10%氢氧化钠溶液。搅拌混合物使酰肼溶解,加入 4.0 g 连二亚硫酸钠(保险粉)和适量的水。加热至沸并不断搅拌,保持沸腾 5 min。加入 2.6 mL 冰乙酸,混合均匀后使体系冷至室温。减压过滤,收集黄色的 3-氨基邻苯二甲酰肼(鲁米诺)固体。纯鲁米诺的熔点为 319~320 ℃。

本实验约需 1 h。

（Ⅳ）化学发光实验

实验内容

取上面合成的鲁米诺适量,配制成水的饱和溶液。

取两支试管,在一支中加入 10 mL 鲁米诺的饱和水溶液和 2～3 mL 10％的铁氰化钾溶液;在另一支试管中加入 10 mL pH 值为 10 的 $NH_3 \cdot H_2O\text{-}NH_4Cl$ 缓冲溶液和 0.5～1 mL 过氧化氢水溶液。

将两支试管中的液体于暗处混合,即可观察到化学发光现象。若选择合适条件,发光时间可持续 15 min 左右。

附注

① 也可用邻苯二甲酸代替。

② 滴加硫酸时,应慢慢加入,防止混合物从冷凝管溅出。

思考题

1. 合成硝基化合物时,应注意些什么?

2. 试解释两种异构体的分离原理。

3. 硝基化合物的还原方法还有哪些?

4. 通过实验找出发光的最佳条件,并说明影响化学发光的因素有哪些。

实验 182　环丙基甲酸的合成

实验目的

合成得到环丙基甲酸。

实验原理

环丙基甲酸作为药物合成中间体,可用于合成喹诺酮类抗菌剂环丙沙星和某些杀虫剂。目前环丙基甲酸的合成主要有下述四条路线。

(1) 1-氯-3-溴丙烷与氰化钠反应,得 γ-氯丁腈,接着与氨基钠环化,得环丙基甲腈,水解得环丙基甲酸。此法需使用剧毒及易爆危险品,且收率较低。

(2) γ-丁内酯在 2.2 MPa 压力下,以无水氯化锌为催化剂,与浓盐酸反应,得 γ-氯丁酸;γ-氯丁酸酯化后在醇钠存在下环化得环丙基甲酸酯,水解得环丙基甲酸。

此法需使用耐腐蚀的加压设备。

(3) γ-丁内酯在乙醇溶液中与氯化亚砜反应,得 γ-氯丁酸乙酯;接着在醇钠存在下环化得环丙基甲酸乙酯,水解得环丙基甲酸。此法总收率约 40%。

(4) 1,2-二溴乙烷与丙二酸二乙酯在浓碱存在下进行相转移催化反应,得1,1-环丙烷二甲酸,脱羧得环丙基甲酸。此法使用了二溴乙烷,成本较高。

本实验参照第三条路线合成环丙基甲酸,并进行了一些改进,提高了环丙基甲酸的总收率。其合成路线如下:

$$\text{（内酯）} \xrightarrow[\text{ZnCl}_2]{\text{SOCl}_2} \text{Cl(CH}_2\text{)}_3\text{COCl} \xrightarrow[\text{吡啶}]{\text{CH}_3\text{OH}} \text{Cl(CH}_2\text{)}_3\text{COOCH}_3$$

$$\xrightarrow[\text{C}_6\text{H}_5\text{CH}_3]{\text{NaOCH}_3} \left[\triangleright\!-\text{COOCH}_3 \right] \xrightarrow{\text{NaOH/H}_2\text{O}} \triangleright\!-\text{COOH}$$

（Ⅰ）4-氯丁酰氯

反应式

$$\text{（内酯）} \xrightarrow[\text{ZnCl}_2]{\text{SOCl}_2} \text{Cl(CH}_2\text{)}_3\text{COCl}$$

试剂

γ-丁内酯(8.6 g、0.1 mol);氯化亚砜(9.8 mL、0.13 mol);无水氯化锌(0.8 g)。

实验内容

在装有搅拌器、回流冷凝管(上接氯化钙干燥管)的 50 mL 三口烧瓶中,加入 0.8 g 无水氯化锌和 9.8 mL 氯化亚砜。开动搅拌器,加入 8.6 g γ-丁内酯,反应混合物的温度迅速升至 45 ℃。加热至 55 ℃继续搅拌 12 h。在此温度下,用水泵减压抽除氯化亚砜和盐酸,减压蒸馏,收集 69～74 ℃(14 mmHg)的馏分,得 4-氯丁酰氯约10 g。

（Ⅱ）4-氯丁酸甲酯

反应式

$$\text{Cl(CH}_2\text{)}_3\text{COCl} \xrightarrow[\text{吡啶}]{\text{CH}_3\text{OH}} \text{Cl(CH}_2\text{)}_3\text{COOCH}_3$$

试剂

4-氯丁酰氯(7.0 g、0.05 mol);吡啶(4.0 mL、0.05 mol);甲醇(2.6 mL、0.065 mol);乙醚;硫酸(5.5 mol·L^{-1});无水硫酸钠。

实验内容

在冰浴冷却下,往装有搅拌器、回流冷凝管(上接氯化钙干燥管)、滴液漏斗的 50 mL 三口烧瓶中加入 4.0 mL 吡啶和 2.6 mL 甲醇。开动搅拌器,慢慢滴入 7.0 g 4-氯丁酰氯。在室温下持续搅拌 18 h。往反应混合物中加入 25 mL 5.5 mol·L^{-1} 硫酸,分出有机相。水相用乙醚(15 mL×2)萃取。萃取液与有机相合并后用水洗,用无水硫酸钠干燥。蒸去乙醚后减压蒸馏,收集 50～52 ℃(3 mmHg)的馏分,得 4-氯丁酸甲酯 5.0～6.0 g。

(Ⅲ) 环丙基甲酸

反应式

$$Cl(CH_2)_3COOCH_3 \xrightarrow[C_6H_5CH_3]{NaOCH_3} [\ \triangleright\!-COOCH_3\ ] \xrightarrow{NaOH/H_2O} \triangleright\!-COOH$$

试剂

4-氯丁酸甲酯(3.5 g、0.025 mol);金属钠(0.8 g、0.035 mol);甲醇(1.4 mL、1.12 g、0.035 mol);氢氧化钠(1.0 g、0.025 mol);甲苯;乙酸乙酯;浓盐酸;无水硫酸钠。

实验内容

在装有搅拌器、回流冷凝管的 25 mL 三口烧瓶中加入 3 mL 甲苯和 0.8 g 金属钠。开动搅拌器,分次加入 1.4 mL 甲醇,待不再有氢气逸出后,加入 3.5 g 4-氯丁酸甲酯与 5 mL 甲苯配成的溶液。回流搅拌 6 h,加入 1.0 g 氢氧化钠和 6.5 mL 水配成的溶液,剧烈搅拌回流 5 h。分出有机相,水相用盐酸调至 pH=2～3,用乙酸乙酯(8.0 mL×3)萃取,合并有机相,用无水硫酸钠干燥后减压蒸馏,收集 72～78 ℃(12 mmHg)的馏分,得环丙基甲酸 1.5～2.0 g。

思考题

1. 在什么情况下回流冷凝管上需接一根氯化钙干燥管?
2. 试分析制备环丙基甲酸的后处理过程中,各有机相和水相的主要成分。

3. 比较 4-氯丁酰氯、4-氯丁酸甲酯、环丙基甲酸的红外光谱图,解释主要的吸收峰,并分析羧基吸收峰的位移与化合物结构的关系。

实验 183　生物不对称合成(*S*)-(＋)-对甲苯砜基-2-丙醇

实验目的

合成得到(*S*)-(＋)-对甲苯砜基-2-丙醇;了解生物不对称合成的基本原理和方法。

实验原理

手性对甲苯砜基-2-丙醇具有抗胆甾脂生物活性,而从逆合成角度分析,利用对甲苯砜基-2-丙醇所具有的 α 位碳负离子稳定、易发生烷基化及加成反应且对甲苯砜基易还原脱硫消除的特点,该化合物也将是合成含手性 2-烷基醇结构的天然化合物(如手性昆虫信息素及天然食品香料等)的重要中间体。本实验使用廉价易得的国产市售面包酵母生物酶还原对甲苯砜基-2-丙酮,制得高光学纯度的目标物(*S*)-(＋)-对甲苯砜基-2-丙醇。其合成路线如下:

$$\underset{\text{O}}{CH_3\overset{\parallel}{C}CH_3} + Br_2 \xrightarrow[65\text{℃}]{\text{冰乙酸}} CH_3\overset{\overset{\text{O}}{\parallel}}{C}CH_2Br + CH_3-\!\!\!\!\boxed{}\!\!\!\!-SO_2Na \xrightarrow[78\text{℃}]{\text{乙醇}}$$

$$CH_3-\!\!\!\!\boxed{}\!\!\!\!-SO_2CH_2\overset{\overset{\text{O}}{\parallel}}{C}CH_3 \xrightarrow{\text{面包酵母}}$$

$$(S)\text{-}(+)\text{-}CH_3-\!\!\!\!\boxed{}\!\!\!\!-SO_2CH_2\overset{\overset{\text{OH}}{|}}{C}HCH_3$$

（Ⅰ）溴 丙 酮

反应式

$$\underset{\text{O}}{CH_3\overset{\parallel}{C}CH_3} + Br_2 \xrightarrow[65\text{℃}]{\text{冰乙酸}} CH_3\overset{\overset{\text{O}}{\parallel}}{C}CH_2Br$$

试剂

丙酮(2.5 mL、2.0 g、0.034 mol);溴(1.7 mL、5.6 g、0.035 mol);冰乙酸(2.0 mL);无水碳酸钠;无水氯化钙。

实验内容

在 25 mL 三口烧瓶中加入 8 mL 水、2.5 mL 丙酮和 2.0 mL 冰乙酸,混合均匀后,装上回流冷凝管、温度计、滴液漏斗和气体回收装置。水浴加热升温至 65 ℃[①],由滴液漏斗慢慢加入 1.7 mL 溴,并不时加以摇荡[②],约 10 min 滴完。保持此温度继续反应 20 min,此时溴的颜色基本消失。停止加热,待反应液稍冷后,加入 4 g 冰,并用冰水浴冷至 10 ℃以下,慢慢加入约 5.0 g 的碳酸钠中和至中性。将混合物转移至分液漏斗中,分出有机层,用无水氯化钙干燥。过滤除去干燥剂,减压蒸馏,收集 38~48 ℃(13 mmHg)的馏分,得无色刺激性液体溴丙酮 2.0~2.4 g。纯溴丙酮的沸点为137 ℃,折光率 $n_D^{25}=1.469\ 7$。

本实验需 2~3 h。

(Ⅱ) 对甲苯砜基-2-丙酮

反应式

$$CH_3CCH_2Br + CH_3\text{—}\!\!\!\text{—}\!\!\!\text{—}SO_2Na \xrightarrow[78\ ℃]{乙醇} CH_3\text{—}\!\!\!\text{—}\!\!\!\text{—}SO_2CH_2CCH_3$$

试剂

对甲苯亚磺酸钠(2.0 g、12 mmol);溴丙酮(1.0 mL、1.6 g、12 mmol);无水乙醇;乙醚;石油醚;无水硫酸镁。

实验内容

在装有回流冷凝管、恒压滴液漏斗的 50 mL 三口烧瓶中加入 2.0 g 对甲苯亚磺酸钠和6.0 mL无水乙醇,搅拌加热至回流。从恒压滴液漏斗中滴加 1.0 mL 溴丙酮与 2.0 mL 无水乙醇的混合物,滴加完毕继续回流 2 h。

冷却后,改为蒸馏装置,蒸出大部分乙醇,加入 8 mL 水,分出有机层,水层用 10 mL 乙醚萃取,共萃取 5 次,合并有机层,用无水硫酸镁干燥,蒸去乙醚,粗产物经柱层析(洗脱剂为 4:1 的乙醚-石油醚),得产物 1.0~1.4 g,熔点为 51~52.5 ℃。

（Ⅲ）（S）-（＋）-对甲苯砜基-2-丙醇

反应式

$$CH_3—\!\!\!\!\!\!\!\bigcirc\!\!\!\!\!\!\!—SO_2CH_2\overset{\overset{\displaystyle O}{\|}}{C}CH_3$$

$$\xrightarrow{\text{面包酵母}} (S)\text{-}(+)\text{-}CH_3—\!\!\!\!\!\!\!\bigcirc\!\!\!\!\!\!\!—SO_2CH_2\overset{\overset{\displaystyle OH}{|}}{C}HCH_3$$

试剂

对甲苯砜基-2-丙酮(1.0 g、5 mmol)；面包酵母；白糖；乙酸乙酯；石油醚；无水硫酸镁。

实验内容

在 1 L 的烧杯中加入 150 mL 蒸馏水、25 g 市售面包酵母和 25 g 白糖,搅拌,控制水浴温度在 28 ℃左右,2 h 后加入 1.0 g 对甲苯砜基-2-丙酮。以后每天加入 2.5 g 白糖和 2.5 g 面包酵母。反应 3 天后,将所得的产物离心沉降,溶液用乙酸乙酯连续萃取 24 h,收集有机层,用无水硫酸镁干燥,蒸去溶剂,粗产物经柱层析(洗脱剂中乙酸乙酯与石油醚的体积比为 1∶1),得 0.8 g 无色晶体(S)-(＋)-对甲苯砜基-2-丙醇。(S)-(＋)-对甲苯砜基-2-丙醇的熔点为 47～48 ℃,旋光度 $[\alpha]_D^{25} = +15.2°$(CHCl$_3$, $c=0.998$),光学纯度大于 95.3％e.e.。

附注

① 反应在此温度下能平稳地进行,必须很好地控制温度。

② 溴的加入不能太快,否则来不及反应的溴积聚起来,一旦引发,反应将很剧烈,不易控制。

第六部分

综合化学实验

综合性实验

实验 184　配合物的光谱化学序列的测定

实验目的

通过测定若干个铬配合物的吸收光谱,计算晶体场分裂能;了解不同配体对配合物中心金属离子 d 轨道能级分裂的影响;通过实验掌握光谱化学序列的测定方法及其应用。

实验原理

在过渡金属配合物中,由于配体场的影响使中心离子原来简并的 d 轨道发生分裂。配体的对称性不同,d 轨道的分裂形式和分裂轨道间的能级差也不同,如图184-1所示。

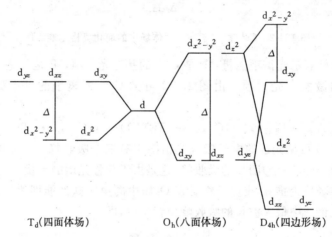

图 184-1　d 轨道在不同配体场中的分裂

电子在分裂后的 d 轨道间的跃迁称为 d-d 跃迁。这种跃迁的能量相当于可见光区的能量,这就是过渡金属配合物呈现颜色的原因。

图 184-1 中所示 Δ 为两个不同能级 d 轨道之间的能量差,称为分裂能。Δ 值的大小受中心离子的电荷、周期数、d 电子数和配体性质等因素的影响。对于同一中心离子和相同构型的配合物,Δ 值随配体场强度的增强而增大。按照 Δ 值相对大小排列的配体场强弱顺序称为"光谱化学序列",它反映了配体所产生的配体场强度的相对大小。分裂能 Δ 可以通过测定配合物的吸收光谱来求得。

过渡金属配合物的吸收光谱通常包括 d-d 跃迁、电荷迁移和配体内电子迁移等三种类型的吸收带,其中最重要的是 d-d 跃迁吸收带。研究配合物的吸收光谱必须同时考虑电子间的排斥作用和配体场的作用。根据研究离子的电子光谱的弱场方法,首先考虑 d 电子间相互作用引起的能级改变,获得 d^n 组态的光谱项,然后考虑各光谱项在配体场中的分裂情况。

以各光谱项在配体场中分裂后的能级能量对分裂能 Δ 作图,就可得到 d^n 组态的奥格尔(Orgel)能级图。各电子组态的奥格尔能级图可通过量子力学计算得到。图 184-2 是 Cr^{3+}(d^3)离子在八面体场(O_h)中的简化奥格尔能级图。

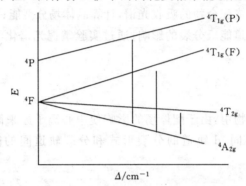

图 184-2　Cr^{3+} 配离子在八面体场中的简化奥格尔能级图

图中纵坐标表示光谱项能量,^4F 是 Cr^{3+} 的基态光谱项,^4P 是与基态光谱项具有相同多重态的激发态光谱项。由图 184-2 可知 Cr^{3+} 配离子的 d-d 跃迁光谱有三条:

$$\nu_1(^4A_{2g} \rightarrow {}^4T_{2g});\quad \nu_2(^4A_{2g} \rightarrow {}^4T_{1g}(F));\quad \nu_3(^4A_{2g} \rightarrow {}^4T_{1g}(P))$$

故 Cr^{3+} 配离子在可见光区的电子吸收光谱图中有三个吸收峰。但是某些配合物溶液中只出现两个(或一个)明显的吸收峰,这是由于荷移光谱的干扰。

根据配体场理论推算,d^3 电子组态在 O_h 场中的第一跃迁能即为分裂能 Δ,此值可以从吸收光谱图中最大波长的吸收峰位置求得,即

$$\Delta = \frac{1}{\lambda_{max}} \times 10^7$$

求算 O_h 场中某些混配体的 Δ 值时,可使用"平均环境经验规则",即 $[MA_nB_{6-n}]$ 混配配合物的 Δ 值与单配配合物 $[MA_6]$、$[MB_6]$ 的 Δ 有以下关系:

$$6\Delta[MA_6B_{6-n}] = n\Delta[MA_6] + (6-n)\Delta[MB_6]$$

d 电子数不同和构型不同的配合物的电子光谱是不同的,因此,计算分裂能 Δ 值的方法也各不相同。在八面体场(O_h)和四面体场(T_d)中 d^1、d^4、d^6、d^9 电子的电子光谱只有一个简单的吸收峰,其 Δ 值直接由吸收峰位置的波长求得;而 d^2、d^3、d^7、d^8 电子的电子光谱都应有三个吸收峰,其中 O_h 场 d^3、d^8 电子和 T_d 场 d^2、d^7 电子,由最大波长的吸收峰位置的波长计算 Δ 值,而 O_h 场 d^2、d^7 电子和 T_d 场 d^3、d^8 电子,其 Δ 值由最小波长吸收峰和最大波长吸收峰的波数之差来计算。

当配体变化时,配合物的颜色将发生变化。如在 $[Ni(H_2O)_6]^{2+}$ 中分步加入乙二胺(en)时,可观察到下列颜色变化:

$$[Ni(H_2O)_6]^{2+} + en \longrightarrow [Ni(H_2O)_4en]^{2+} + 2H_2O$$
绿色　　　　　　　　　　　　蓝绿色

$$[Ni(H_2O)_4en]^{2+} + en \longrightarrow [Ni(H_2O)_2(en)_2]^{2+} + 2H_2O$$
蓝色

$$[Ni(H_2O)_2(en)_2]^{2+} + en \longrightarrow [Ni(en)_3]^{2+} + 2H_2O$$
紫色

同理,当$[Cr(H_2O)_6]^{3+}$中的水分子被卤素离子($X^- = Cl^-$、Br^-、I^-)分步置换时,生成新型配合物$[Cr(H_2O)_{6-n}X_n]$(省略电荷)也会发生颜色变化。

随着配位原子从 I→Br→Cl→S→F→O→N→C 的改变,Δ 值相应增大。通常把这种配体场强增加的序列称为配合物的光谱化学序列。虽然所有配体与同一种金属离子不能形成完整的光谱化学序列,但是金属配合物的一般光谱化学序列如下:

$$I^- < Br^- < Cl^- < SCN^- < F^- < C_2O_4^{2-} < H_2O < EDTA < en < bipy < CN^- < CO$$

仪器、试剂和材料

紫外-可见分光光度计;恒温水浴锅;水泵。

三氯化铬;甲醇;草酸;苯;草酸钾;乙醚;重铬酸钾;丙酮;硫氰酸钾;盐酸;锌粒或锌粉;无水乙二胺;碱式碳酸铬;乙二胺四乙酸(以上试剂为化学纯或分析纯);三(乙酰丙酮)合铬(实验室预备)。

实验内容

1. 配合物的合成

(1) $[Cr(en)_3]Cl_3$ 的合成。称取 6.5 g $CrCl_3 \cdot 6H_2O$ 溶于 15 mL 甲醇中,再加入 0.5 g 锌粒,把此混合物转入 100 mL 两口烧瓶中并装上回流冷凝管,在水浴中回流,同时缓慢地加入 10 mL 无水乙二胺,加完后继续回流 1 h。冷却过滤并用 10%乙二胺的甲醇溶液洗涤黄色沉淀,最后用 10 mL 乙醇洗涤,风干,产品称重后储藏于棕色瓶中。

(2) $K_3[Cr(C_2O_4)_3] \cdot 3H_2O$ 的合成。在 50 mL 水中溶解 1.5 g 草酸钾和 3.5 g 草酸,另用 10 mL 水溶解 1.25 g 重铬酸钾,将此重铬酸钾溶液慢慢加入草酸溶液中,并不断搅拌,待反应结束后将溶液加热蒸发,当溶液量减少近一半时,转移到蒸发皿中继续加热至接近干涸。冷却后过滤并用丙酮洗涤,得深绿色晶体,在 110 ℃下干燥、称重。

(3) $K_3[Cr(SCN)_6] \cdot 4H_2O$ 的合成。在 100 mL 水中溶解 6 g 硫氰酸钾和 5 g 硫酸铬钾,加热溶液至近沸约 1 h,然后注入 20 mL 乙醇,稍冷却即有硫酸钾晶体析出,过滤,滤液进一步蒸发浓缩至有少量暗红色晶体开始析出后,冷却过滤并在乙醇中重结晶提纯,得紫红色晶体,产品在空气中干燥,称重保存。

(4) $[Cr\text{-}EDTA]^-$ 的合成。称取 0.1~0.2 g EDTA 溶于 50 mL 水中,加热使其

完全溶解,调节溶液的 pH=3~5,然后加入 0.2 g 三氯化铬,稍加热即可得到紫色的 [Cr-EDTA]⁻ 配合物溶液。

(5) Cr(acac)₃ 的合成。称取 1.25 g 碱式碳酸铬放入 50 mL 的锥形瓶中,然后注入 10 mL 乙酰丙酮。将锥形瓶放入 85 ℃ 的水浴中加热,同时缓慢滴加 10% 过氧化氢溶液 15 mL,此时溶液呈紫红色。当反应结束后,将反应液转移至烧杯中,烧杯用冰盐水冷却,析出的沉淀过滤并用冷乙醇洗涤,得紫红色晶体 Cr(acac)₃,在 110 ℃ 干燥。

2. 配合物电子光谱的测定

称取一定量的各种铬(Ⅲ)配合物,分别溶于蒸馏水或苯中,并在 50 mL 容量瓶中稀释至一定浓度(表 184-1)。然后在 400~650 nm 波长范围内用 1 cm 比色皿、以溶剂作参比,每隔 10 nm 测定一次吸光度,在接近吸收峰处多测定几个点。

3. 光谱化学序列的确定

画出各种铬配合物的吸收光谱曲线,计算不同配体的 Δ 值,最后排出铬配合物配体的光谱化学序列。

表 184-1　铬(Ⅲ)配合物光谱测定的适宜浓度

编　号	配合物名称	适宜浓度/(mol·L⁻¹)	备　注
1	[Cr(en)₃]Cl₃	0.014	自制产品
2	K₃[Cr(SCN)₆]·4H₂O	0.018	自制产品
3	K₃[Cr(C₂O₄)₃]·3H₂O	0.023	自制产品
4	K[Cr(H₂O)₆](SO₄)₂	0.035	用硫酸铬钾晶体现配现用
5	[Cr(H₂O)₄Cl₂]Cl·2H₂O	0.030	用市售 CrCl₃·6H₂O 晶体现配现用
6	[Cr-EDTA]⁻	0.007	取合成的铬配合物溶液的 1/4~1/3,定容至 100 mL
7	Cr(acac)₃	2×10^{-3}	用甲苯配制

思考题

1. 如何解释配体场强度对分裂能 Δ 的影响?

2. 在测定配合物电子光谱时所配溶液的浓度是否需要准确配制?为什么?

3. 已知 [Cr(C₂O₄)₃]³⁻ 在光谱中最大吸收的位置,你能推测 [Cr(en)₃]³⁺ 的吸收带的位置吗?

实验 185　二茂铁及其衍生物的合成、分离和鉴定

实验目的

了解和掌握金属有机化合物的合成、鉴定及应用。

实验原理

茂金属化合物是一类具有夹心面包结构的配合物,它们是一类很有用的化合物,如茂金属的环戊二烯环完全类似于芳香环,能发生各种取代反应。自从 1951 年 Kealy 和 Pausen 合成二茂铁以来,该类化合物有了很大的发展。

铁族的电子结构特别适合生成这类配合物,因此二茂铁、二茂钌、二茂锇都能得到,其中以二茂铁最为稳定。此外,钛、钒、铬、锰、钴、镍、锆和铪等也可嵌在两个环戊二烯中间而生成茂金属化合物。

乙烯基二茂铁的合成路线如下:

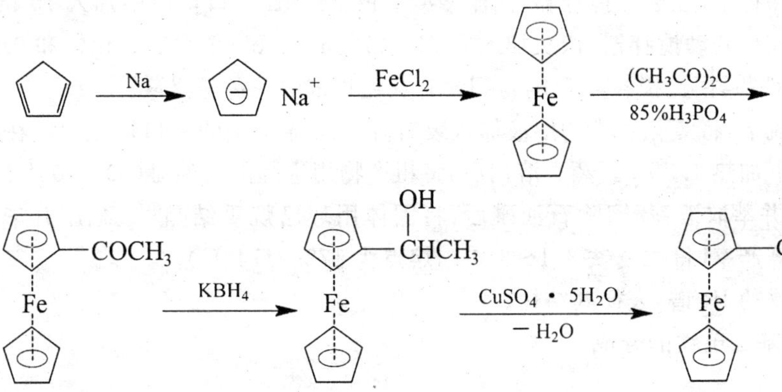

仪器、试剂和材料

傅里叶红外光谱仪;核磁共振波谱仪。

金属钠;环戊二烯;四氢呋喃;二甲苯;无水三氯化铁;铁粉[①];四氢呋喃[②];石油醚;环己烷;乙酸酐;磷酸;碳酸钠饱和水溶液;硼氢化钾;乙醇;丙酮。

实验内容

1. 环戊二烯基钠的合成

反应式

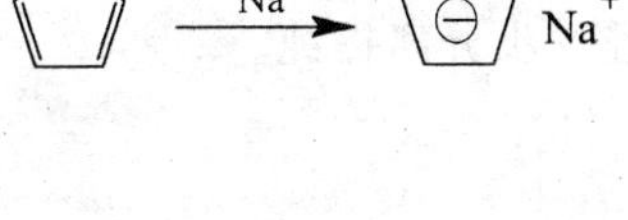

往装有搅拌器、回流冷凝管(上接氯化钙干燥管和二甲苯鼓泡器)和恒压滴液漏斗(上接氮气入口)的 50 mL 三口烧瓶中加入 20 mL 用钠干燥过的二甲苯和 1.15 g (0.05 mol)金属钠,用氮气饱和反应体系。加热回流使钠块熔胀后开始搅拌,迅速将钠打成很细的钠砂。停止加热,待不回流时停止搅拌,静置。用针筒抽去上层二甲苯,然后用四氢呋喃洗涤一次,再加入 20 mL 四氢呋喃。

将上述反应瓶用冰浴冷却后,开始搅拌,在氮气流下,取 4.2 mL(0.05 mol)环戊二烯③置于滴液漏斗中,于 10 min 内滴入反应瓶中,在冷却下继续搅拌 2～3 h。反应结束后还余很少量的钠未反应,可不需分离,直接用于下一步反应。

2. 二茂铁的合成

反应式

在氮气保护下,往装有搅拌器、回流冷凝管的 25 mL 三口烧瓶中加入 10 mL 精制的四氢呋喃。开动搅拌器,依次加入 2.71 g(16.6 mmol)无水三氯化铁和 0.47 g (8.4 mmol)铁粉,回流搅拌 4.5 h,得到含有灰色粉末的棕色悬浮液。

在氮气流下,将氯化亚铁的溶液加入装有环戊二烯基钠的三口烧瓶中。在稍低于回流温度下加热 1.25 h。蒸去溶剂后,将粗产物用沸腾的石油醚(30～60 ℃)萃取 3～4 次。合并萃取液,蒸馏除石油醚后,将固体用环己烷重结晶④或减压升华。风干、称重、计算产率(得二茂铁 3.1～3.4 g,熔点为 172～174 ℃)。

测定产物的 IR 谱,表征其结构。

3. 乙酰基二茂铁的合成

反应式

往 25 mL 锥形瓶中加入 1.86 g 二茂铁和 12 mL 乙酸酐,温热溶解后滴入 1.2 mL 85%磷酸。加完后在瓶口装上氯化钙干燥管,置于沸水浴上加热 8～10 min,并不断地摇动。另于 100 mL 烧杯中放置 24 g 冰,将上述反应混合物倾入烧杯中,小心地用碳酸钠饱和水溶液中和到无气泡产生为止。烧杯在冰浴中冷却 30 min,过滤,用水洗至中性,抽干,红外灯下烘干,得橙黄色固体。该产品中除乙酰基二茂铁外还含有未反应的其他杂质,需进一步分离提纯。

测定产物的 IR 谱,表征其结构。

4. 快速层析法提纯乙酰基二茂铁

(1) 装柱。在层析柱中依次装上棉花、干净的海砂(高 0.5～1 cm)、粗硅胶 H(100～200 目,高 0.5～1 cm)、薄板层析用的硅胶 H(高 20 cm),敲紧或在出口处抽真空吸紧,上面再依次加粗硅胶 H(0.5～1 cm)、干净海砂(0.5～1 cm),然后加入石油醚溶剂。玻璃磨口连接处用橡皮圈扣紧,在出口处用橡皮管连接三通活塞一头,三通活塞另一头连钢瓶,第三头放空。压力一般控制在 $(0.4～0.7)\times10^5$ Pa(此压力下橡皮管接头不会脱落)。加压赶去硅胶内的气泡,溶剂压至硅胶层顶面,此时硅胶层高为 18 cm。

(2) 加样。用尽量少的乙醚溶解乙酰基二茂铁粗产品,然后用吸管沿柱壁加至柱中,加压压入硅胶层。

(3) 洗脱。在尽可能无湍流的情况下,开始用石油醚洗脱,出来的是未反应的二茂铁,待二茂铁洗脱完毕,再用乙醚-石油醚(体积比为 1：3)混合溶剂淋洗并收集洗脱液。通过控制压力来调节洗脱的速率,一般压力不超过 0.7×10^5 Pa。

(4) 用减压蒸馏法分别蒸干收集到的两份溶液,称量。计算乙酰基二茂铁的产率和二茂铁的回收率(蒸馏得到的纯溶剂可再利用)。

5. 羟乙基二茂铁的合成

反应式

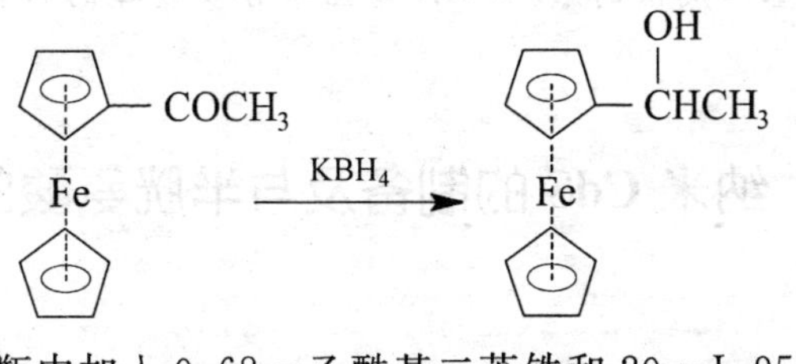

于 100 mL 锥形瓶中加入 0.68 g 乙酰基二茂铁和 20 mL 95% 乙醇,电磁搅拌片刻。在搅拌下很快加入含 2.2 g 硼氢化钾的 15 mL 水溶液,维持内温 35～40 ℃,搅拌 3 h。稍冷后过滤,滤液在冷却搅拌下加入 50 mL 丙酮。抽滤除去溶剂,得黄色固体。粗产物用快速层析法纯化,得 0.5 g 羟乙基二茂铁,熔点为 75～76 ℃。

6. 乙烯基二茂铁的合成

反应式

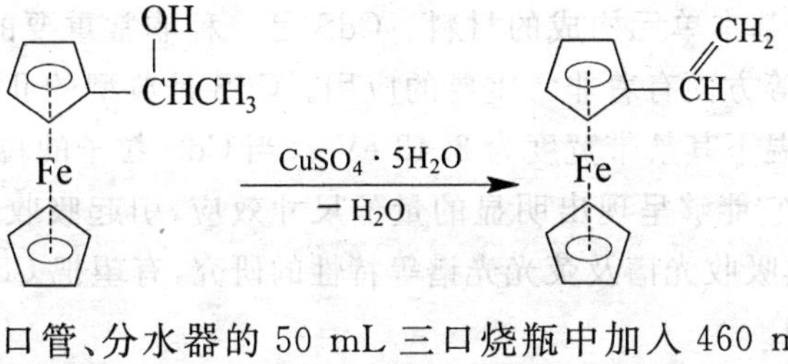

往装有氮气进口管、分水器的 50 mL 三口烧瓶中加入 460 mg 羟乙基二茂铁、

8.5 mg五水合硫酸铜、3 mg对二苯酚和25 mL干甲苯,开动电磁搅拌器。通氮气赶去空气,加热回流除去水分,继续搅拌回流直到用薄板层析(TLC)检查反应完毕为止。冷却过滤,滤液浓缩(浴温尽量不超过50 ℃)至干。用快速层析法纯化,吸附剂为中性氧化铝,洗脱剂为石油醚。粗产物进一步用真空升华(浴温50~70 ℃,0.05 mmHg)纯化得310 mg纯乙烯基二茂铁,熔点为51~53 ℃。

附注

① 铁粉的质量对二茂铁的产率影响很大,应使用300目的还原铁粉,如果使用40目的铁粉则二茂铁产率降至33%。

② 四氢呋喃的精制:在固体氢氧化钾存在下回流,用氢化铝锂处理后,蒸馏得纯品。

③ 环戊二烯是通过其二聚体的解聚制得的。

④ 除了用环己烷外,也可用正己烷、苯、甲醇或正戊烷重结晶。

思考题

1. 使用四氢呋喃时为什么要精制?

2. 用硼氢化钾还原乙酰基二茂铁时,若温度过高会导致什么结果?

3. 实验中使用五水合硫酸铜的目的是什么?

4. 试分析乙烯基二茂铁的^{1}H NMR谱图中各吸收峰的归属。

实验 186 纳米 CdS 的制备及与半胱氨酸的相互作用

实验目的

了解纳米粒子及其制备方法和主要表征方法;制备纳米 CdS,研究纳米 CdS 与半胱氨酸的相互作用。

实验原理

广义上讲,纳米材料是指在三维空间中至少有一维处在纳米尺度范围(1~100 nm)或由它们作为基本单元构成的材料。CdS 是一种非常重要的光电半导体材料,在光、电、磁、催化等方面有着非常重要的应用。CdS 是典型的Ⅱ~Ⅵ族的直接带隙半导体化合物,室温下其禁带宽度为2.42 eV。当 CdS 粒子的粒径小于其激子的玻尔半径(6 nm)时,它能够呈现出明显的量子尺寸效应,引起吸收光谱和发射光谱发生蓝移。通过对其吸收光谱及荧光光谱等特性的研究,有望把 CdS 纳米粒子应用在更多的光学材料中。

纳米材料的制备方法可分为物理方法(如激光刻蚀和其他的布图技术)和化学方法,更多的是使用化学方法。化学方法一般采用"自下而上"的方法,即通过适当的化学反应,从分子、原子出发制备纳米材料,如化学气相沉积(CVD)法、微乳液法、溶胶-凝胶法、水热法、溶剂热法等。它与物理方法相比设备简单,条件温和,并且可以制备一些形态复杂的纳米材料。

本实验以 CH_3CSNH_2 和 $CdCl_2$ 为原料制备 CdS,反应方程式如下:

$$CH_3CSNH_2 + Cd^{2+} + 2H_2O \Longrightarrow CH_3COOH + CdS + NH_4^+ + H^+$$

由于 CH_3CSNH_2 与 Cd^{2+} 不能立即反应,可先将两者混合均匀,再通过加热使 CH_3CSNH_2 水解,释放出的 S^{2-} 再与 Cd^{2+} 反应;也可逐滴加入 NaOH 稀溶液,使 CH_3CSNH_2 逐渐水解,释放出 S^{2-},这样制得的 CdS 粒子单分散性较好。

研究纳米粒子与生物分子之间的相互作用及相关效应,是将纳米粒子作为标记物质,有效地应用于生命科学中的荧光标记、药物传递和可移植的微器件等研究领域的基础。在纳米粒子表面通过共价键方式或静电作用力引入生物分子,可进一步探讨纳米尺度的生物效应。

仪器、试剂和材料

激光粒度仪;透射电镜(TEM);紫外-可见吸收光谱仪;荧光分光光度计;精密 pH 计。

$CdCl_2$;CH_3CSNH_2;六偏磷酸钠;NaOH;半胱氨酸;Brij97。所用试剂均为分析纯,实验所用水为重蒸水。

实验内容

1. CdS 纳米粒子的制备

(1) 方法一。向 50 mL 锥形瓶中分别加入 10.0 mL $CdCl_2$ 溶液(1.0×10^{-2} mol · L^{-1})和 10.0 mL CH_3CSNH_2 溶液(1.0×10^{-2} mol · L^{-1}),接着滴加 1.00 mL 六偏磷酸钠溶液(0.10 mol · L^{-1})作为稳定剂,混合均匀。然后滴加 0.10 mol · L^{-1} NaOH 溶液,调节 pH=10.50,在滴加 NaOH 溶液的同时开始搅拌,反应约 35 min,形成淡黄色的 CdS 纳米粒子溶胶,此时溶液 pH 值降为 9.30。

(2) 方法二。将 2.5 mL $CdCl_2$ 溶液(1.0×10^{-3} mol · L^{-1})和 2.5 mL CH_3CSNH_2 溶液(1.0×10^{-3} mol · L^{-1})均匀混合,加入 1.5 g Brij97,100 ℃水浴加热 5~10 min,得淡黄色 CdS 纳米粒子溶胶。

2. 粒径、形貌检测

用动态光散射(DLS)激光粒度仪测试纳米粒子的粒径及多分散指数(PDI);用 TEM 观察产物的形貌。

3. 光谱检测

(1) 紫外-可见光谱分析。取样品溶液,进行合适的稀释,以水为参比,进行

190～700 nm 光谱扫描(CH_3CSNH_2的吸收峰在 300 nm 之前,对 CdS 的吸收没有影响)。

(2) 荧光光谱。取样品溶液进行合适的稀释,在激发波长 350 nm 光下扫描荧光光谱。

4. CdS 纳米粒子与半胱氨酸的相互作用

将制得的 CdS 纳米粒子分别用 HCl 和 NaOH 溶液调至不同的酸度,在激发波长 350 nm 光下扫描荧光光谱。

取 4.0 mL 上述不同酸度的 CdS 纳米粒子,向其中依次加入一定量相应 pH 值的半胱氨酸溶液(浓度为 8.0×10^{-4} mol·L^{-1}),定容至 5.0 mL,不足部分以重蒸水补足,放置 70 min,在激发波长 350 nm 光下扫描荧光光谱。

5. 活体生物模板法制备 CdS 纳米粒子

将新鲜的市售绿豆芽用重蒸水洗涤后放入盛有 0.1 mol·L^{-1} Na_2S 水溶液的试管中,浸没茎部,露出叶片,24 h 后取出,用重蒸水洗掉豆芽外部的 Na_2S 溶液,转放到盛有 $CdCl_2$ 水溶液的试管中,用同法浸泡 24 h,取出豆芽,小心用玻璃片将豆芽茎外的黄色 CdS 沉淀转入无水乙醇中,即得纳米粒子。

注意事项

(1) 水热法制备 CdS 纳米粒子,随着加热时间的增加,所制得的粒子尺寸将逐渐增大。加热时间在 5～10 min 内,可以制得 CdS 纳米粒子,若超过 10 min,则制得的粒子粒径会很大。

(2) CH_3CSNH_2 在 70 ℃左右开始水解,水解速率缓慢,故需在 100 ℃加热,以加快水解速率。随着时间变长,水解出的硫离子增多,产生的 CdS 粒子将会长大,故加热时间不宜过长。

(3) CH_3CSNH_2 和 $CdCl_2$ 的浓度不宜过高,否则易形成沉淀。

实验 187　对叔丁基杯芳烃的合成和性能研究

实验目的

熟悉和掌握三种对叔丁基杯芳烃的合成方法,并对它们的结构进行表征;了解不同结构的叔丁基杯芳烃对金属离子的识别作用及原理。

实验原理

20 世纪 60 年代末至 70 年代初,大环配体(如冠醚及其有关化合物)的合成问世,开辟了超分子化学(supramolecular chemistry)这一崭新的研究领域,Pedersen、

Lehn 和 Cram 由此而获得 1987 年诺贝尔化学奖。此后,大量的大环化合物已被合成。其中,杯芳烃(calixarenes)具有以下特点:①易于一步合成,且原材料便宜易得;②可形成一系列环状低聚体,其空腔的大小可以按照不同客体的要求来改变;③易于化学改性,利用母体杯芳烃可以制备大量具有独特性能的杯芳烃衍生物;④熔点高,热稳定和化学稳定性好,在绝大多数溶剂中溶解度低,毒性低,柔性好等。

杯芳烃是对位取代苯酚与甲醛反应的缩合物。离子型和中性分子均可作为其形成配合物的客体。在对叔丁基杯 $[n]$ 芳烃的杯状底部紧密而有规律地排列着 n 个酚羟基,而杯状结构的上部具有疏水的空穴。前者能螯合和输送阳离子,后者则能与中性分子形成配合物。

杯芳烃的合成是分两个阶段进行的。首先,在低温阶段,对叔丁基苯酚与甲醛在碱的催化作用下生成线性低聚物;其次,在回流温度下,线性低聚物脱水缩合生成环状低聚物,依据对反应条件控制的不同,从而生成对叔丁基杯 $[4]$ 芳烃、对叔丁基杯 $[6]$ 芳烃、对叔丁基杯 $[8]$ 芳烃,反应条件的微小变化即可以得到不同的特定产物。

杯芳烃萃取金属的机理较冠醚体系复杂。冠醚萃取碱金属以离子缔合形式被萃取,而杯 $[4]$ 芳烃、杯 $[6]$ 芳烃及杯 $[8]$ 芳烃与碱金属难以形成离子缔合物。但这三种杯芳烃的羟基中的 H 被 CH_2COOCH_3 等取代时,就能形成 $(MH_2L)^+Pi^-$ 型离子缔合物。其萃取机理与冠醚萃取相似。在另一方面,杯芳烃的羟基中的 H 还可以离解,使 Cu^{2+} 或其他离子能交换 H_2L 中的 H 而被萃取,其萃取机理为阳离子交换萃取。

$$Cu(NH_3)_4^{2+} + H_2L \Longrightarrow Cu(NH_3)_4L + 2H^+$$
$$Cu(NH_3)_4^{2+} + H_2L \Longrightarrow CuL + 4NH_3 + 2H^+$$
$$Cu^{2+} + H_2L \Longrightarrow CuL + 2H^+$$

仪器、试剂和材料

机械搅拌器;红外光谱仪;核磁共振仪;电子天平;紫外-可见分光光度计。

对叔丁基苯酚;37%甲醛;多聚甲醛;乙酸乙酯;乙酸;乙醚;甲苯;二甲苯;二苯醚;氯仿;丙酮;二氯甲烷;浓氨水;环己烯;四氯化碳;NaOH;KOH;$CuCl_2$;无水 $MgSO_4$。

实验内容

1. 对叔丁基杯[4]芳烃的合成

称取 5 g (33 mmol)对叔丁基苯酚加入 100 mL 三口烧瓶中,加入 0.06 g

(1.5 mmol) NaOH 和 3.1 mL(40 mmol) 37％的甲醛溶液。将混合物油浴加热到 110～120 ℃反应 30 min，反应物由澄清透明变得黏稠，直至成为黄色固体物质，有泡沫生成。控制温度，不要使黄色固体炭化。冷却至室温，加入 50 mL 二苯醚，搅拌 1 h 使固体溶解，得到预聚体的二苯醚溶液，用于下步合成。本步实验约需 2 h。

在 100 mL 三口烧瓶中装上预聚体的二苯醚溶液，加热搅拌脱水，此时有大量泡沫生成，适当降低搅拌速率和加热温度，避免泡沫冲出。蒸出溶液中的水分，当没有水蒸出时泡沫也消失，并有固体生成，溶液变为棕色。然后加热回流 1.5～2 h，此时固体溶解，且溶液变成黑棕色。冷却至室温，加入 75 mL 乙酸乙酯，搅拌 30 min，静置 30 min 后过滤，滤饼用 5 mL 乙酸乙酯洗涤两次，用 5 mL 乙酸洗涤一次，再用 5 mL 的水洗涤两次，抽滤，干燥，得到白色固体对叔丁基杯[4]芳烃粗产物约 3.5 g。本步实验约需 3.5 h。

将粗产物溶解于 40 mL 沸腾的甲苯中，然后浓缩至开始有固体析出，冷却至室温，过滤后干燥得白色晶体约 2 g。测定所得化合物的熔点，并用红外光谱、^{1}H 核磁共振进行结构表征。本步实验约需 1 h。

2. 对叔丁基杯[6]芳烃的合成

将 5 g (33 mmol) 对叔丁基苯酚、6.8 mL (90 mmol) 37％的甲醛溶液、0.8 g (11 mmol) 氢氧化钾，依次加入装有搅拌器、分水器、冷凝管、温度计的 100 mL 三口烧瓶中。搅拌加热，缓慢升温至 110～120 ℃分水，溶液变成黄色，1 h 后溶液变成了黏稠的金黄色，有泡沫生成，体积会膨胀一些。本步实验约需 2 h。

加入 50 mL 沸腾的二甲苯，快速升温至 140 ℃，回流 3.5 h，溶液变成橙色混浊。将混合液冷却至室温后过滤，用 5 mL 二甲苯洗涤，干燥，约得到 5 g 粗产物。本步实验约需 4 h。

将粗产物加入到 50 mL 氯仿和 40 mL 1 mol·L^{-1}的盐酸溶液中，搅拌 30 min，静置 30 min，分出有机相，水相用 10 mL 氯仿萃取，合并有机相。有机相用 15 mL 水洗涤，用无水 MgSO$_4$干燥。过滤，滤液浓缩至 20 mL，沸腾下加入 20 mL 沸腾的丙酮溶液中，冷却，过滤后干燥得到白色粉末对叔丁基杯[6]芳烃约 3.5 g。测定所得化合物的熔点，并用红外光谱、^{1}H 核磁共振进行结构表征。本步实验约需 2 h。

3. 对叔丁基杯[8]芳烃的合成

将 5 g (33 mmol) 对叔丁基苯酚、1.75 g (55 mmol) 多聚甲醛、0.1 mL (1 mmol) 10 mol·L^{-1}氢氧化钠溶液和 30 mL 二甲苯，依次加入装有搅拌器、分水器、温度计、回流冷凝管的 100 mL 三口烧瓶中，加热搅拌溶解，5 min 后反应物便透明清亮，成为均相。加热至 140 ℃左右，分水回流 4.5 h，溶液变成浅橙色，有固体生成，先为白色固体，后变黄色。冷却至室温，过滤，滤饼依次用甲苯 2 mL、乙醚 20 mL、丙酮 20 mL 和水 20 mL 洗涤，干燥，得对叔丁基杯[8]芳烃粗产物约 3.6 g。本步实验约需 6 h。

将粗产物用 55 mL 沸腾氯仿溶解，浓缩，冷却，过滤干燥后得较纯产物约 3 g。测定所得化合物的熔点，并用红外光谱、^{1}H 核磁共振进行结构表征。本步实验约需 1 h。

4. 杯芳烃对铜离子的萃取

(1) 溶液的配制。用万分之一天平精确称量 $CuCl_2$ 0.034 1 g，置于 100 mL 的烧杯中。加 20 mL 蒸馏水溶解 $CuCl_2$，然后加入称量好的 KOH 0.140 2 g、25% 的浓氨水 2.1 mL，搅拌溶解，冷却。将溶液转移至 100 mL 容量瓶中，定容，得到原铜溶液。

再分别称取对叔丁基杯[4]芳烃 0.032 5 g、对叔丁基杯[6]芳烃 0.048 6 g、对叔丁基杯[8]芳烃 0.064 4 g，以体积比为 1∶3 的 CH_2Cl_2-CCl_4 溶液作稀释剂。将上述杯芳烃分别置于 50 mL 的烧杯中，先各用 10 mL 氯仿加热溶解三种已称量好的杯芳烃，对叔丁基杯[4]芳烃不会全溶，冷却后再各加 10 mL 配好的稀释剂，溶解。将溶液分别转移至 25 mL 容量瓶中，定容。本步实验约需 2 h。

(2) 萃取实验。取原铜溶液 20 mL、15 mL、10 mL、5 mL 定容于 25 mL 容量瓶中，以未加入铜离子的相同浓度的氨水和 KOH 溶液作为参比，测定吸光度，画出浓度-吸光度标准曲线。本步实验约需 1 h。

取三种杯芳烃的溶液 10 mL 各与 10 mL 配好的原铜溶液置于 50 mL 圆底烧瓶中，在 30 ℃下搅拌振荡 2 h，使两相充分接触，然后分出水相。以与上面相同的参比溶液，测定其吸光度，进而确定其浓度，从而区分三种杯芳烃对铜离子的萃取能力。本步实验约需 2.5 h。

思考题

1. 实验内容 1 中暴沸的原因是什么？用什么方法可以防止暴沸？

2. 实验内容 2 中加入沸腾的二甲苯后为什么要快速升温？与实验内容 1 相比，实验内容 2 的反应条件有什么变化？

3. 实验内容 4 中以二氯甲烷、四氯化碳按比例混合后作稀释剂的原因是什么？

实验 188　聚吡咯导电薄膜的电化学制备、表征及其电化学特性测试

实验目的

了解电化学聚合的基本原理和实施方法；理解聚吡咯导电膜的导电原理和电化学特性；掌握电化学测试实验的基本操作。

实验原理

尽管导电高分子材料的发展历史很短，但已取得许多令人瞩目的成果。在导电高分子材料中，聚乙炔是最早被发现的。通过适当的掺杂处理，它可具有接近铜的电导率。Heeger、MacDiarmid 和白川英树因此获得了 2000 年诺贝尔化学奖。但聚乙

炔的环境稳定性一直得不到妥当解决。相对而言,聚吡咯、聚噻吩、聚苯胺的环境稳定性较好。因此,它们的发展十分迅速,已成为导电高分子材料的三大品种。

与聚噻吩和聚苯胺相比,聚吡咯不受质子条件影响,而在水溶液和有机溶液中都能呈现良好的电化学氧化还原特性。同时,聚吡咯导电膜还具有较高的机械强度、良好的耐热性和稳定性。因此,聚吡咯在微电子技术、生物/化学传感器等领域中有良好的应用前景。

利用化学和电化学方法在一定条件下可以使吡咯(Py)单体氧化而得到中性或导电的聚吡咯(PPy)。电化学方法制膜时,生成的聚吡咯在正极上部分氧化,同时支持电解质的负离子嵌入链间进行"掺杂",因而生成的 PPy 膜具有一定的电导率。

$$Py + xA^- - xe^- \longrightarrow PPy^{x+} \cdot xA^-$$

电化学聚合吡咯导电膜可在铂电极等贵金属材料,也可在不锈钢电极上直接形成;既可在有机溶剂中,也可在水溶液中直接形成。电化学聚合得到的 PPy 是不溶的韧性薄膜,在 600 ℃左右开始分解,密度约 1.57 g $\cdot$ cm^{-3}。

本实验在水溶液中利用不锈钢电极采取恒电势阳极氧化法合成 PPy,支持电解质为对甲苯磺酸钠。用红外光谱和 X 衍射光谱对制备的 PPy 薄膜进行表征,并用循环伏安法研究其电化学特性。

仪器、试剂和材料

电化学工作站;单槽式电解池;数字万用表;不锈钢电极;铂电极;饱和甘汞电极;红外反射光谱仪;X-射线衍射仪。

吡咯单体;苯磺酸;对甲苯磺酸钠;氯化钠;硫酸钠;氯化铝;硫酸;氢氧化钠;磷酸二氢钾;磷酸氢二钠;铁氰化钾;亚铁氰化钾。

实验内容

1. 实验溶液的配制

(1) 吡咯遇空气或在光作用下易聚合而变为棕黑色,长久放置的吡咯单体为黑色液体,使用前进行常压二次蒸馏提纯(在 128~132 ℃时得到无色透明的吡咯单体液体),并在氮气保护下低温避光保存。

(2) 用重蒸水配制吡咯(0.20 mol $\cdot$ L^{-1})和对甲苯磺酸钠(0.15 mol $\cdot$ L^{-1})混合溶液,并用苯磺酸调节溶液 pH 值至 3~4。

2. PPy 导电薄膜的电化学制备

(1) 工作电极的准备。用 400、700、800 目金相砂纸逐次打磨不锈钢电极后,用蒸馏水清洗电极,再依次用无水乙醇和丙酮将电极擦洗干净。

(2) 以不锈钢电极作为工作电极,安装好电解池,接好实验电路。取配制好的吡咯和对甲苯磺酸钠混合溶液 50 mL 注入电解池,采用恒电势工作模式,恒电势 1.0 V (相对于饱和甘汞电极),恒电势阳极氧化聚合 25 min。取出工作电极(阳极),用重蒸水洗净,冷风吹干,放入干燥器中保存备用。

(3) 将工作电极换为铂电极,在同样的条件下,恒电势 0.70 V 聚合 5～10 min 后,取出工作电极,用重蒸水洗净,浸入重蒸水中备用。

3. PPy 导电薄膜的红外光谱及 X-射线衍射分析[①]

(1) 取出干燥 20 h 以上的聚合有 PPy 的不锈钢电极,剥离 PPy 膜,称重。

(2) 用 FTIR 分析仪测试电化学聚合得到的 PPy 在 500～2 000 cm^{-1} 区域中的红外光谱。

(3) 用 XRD 分析仪测试电化学聚合得到的 PPy 在 $2\theta=10°\sim60°$ 范围内的 XRD 谱。

4. PPy 导电薄膜的电化学特性的研究

(1) 将浸泡在重蒸水中的聚合有 PPy 膜的铂电极及参比电极和辅助电极装入电解池,连接好电路[②]。

(2) 将 100 mL 配制好的对甲苯磺酸钠溶液($0.15\ mol \cdot L^{-1}$)注入电解池。

(3) 打开电化学测试系统电源,启动测试软件,选择"循环伏安法"测试法。

(4) 在显示的循环伏安法的用户界面的相关窗口输入文件名和实验控制参数。具体参数设置如下。

初始电势:自然电势;峰值电势♯1:0.60 V;峰值电势♯2:−1.5 V;终止电势:0.60 V;极化电势:相对参比电极;扫描速率:20 mV · s^{-1};循环周期:5;采样方式:固定速率(10 s^{-1})。

(5) 开始测试,并记录循环伏安曲线。

(6) 测试结束后,向电解池中注入配制好的$[Fe(CN)_6]^{3-}/[Fe(CN)_6]^{4-}$(物质的量浓度比为 1∶1)溶液,使其浓度为 $0.015\ mol \cdot L^{-1}$。重复(4)、(5)的步骤,分别测试扫描速率为 10 mV · s^{-1}、20 mV · s^{-1}、50 mV · s^{-1}(采样固定速率分别设为 4 s^{-1}、10 s^{-1}、20 s^{-1})的循环伏安曲线。

(7) 重复 2(3)的实验步骤,在铂电极上合成聚吡咯导电薄膜后,测试其在 0.1 mol · L^{-1} NaCl、0.05 mol · L^{-1} Na$_2$SO$_4$ 和 0.033 mol · L^{-1} AlCl$_3$ 溶液中的循环伏安图(电势扫描速率:20 mV · s^{-1};电势扫描范围:−1.0～0.6 V;循环周期:5)。

5. PPy 导电薄膜的 pH 值响应特性的研究

(1) 重复 2(3)的实验步骤,在铂电极上合成聚吡咯导电薄膜,形成 Pt/PPy 电极。

(2) 以 0.025 mol · L^{-1} 磷酸二氢钾-0.025 mol · L^{-1} 磷酸氢二钠溶液作为缓冲溶液,先用 0.2 mol · L^{-1} H$_2$SO$_4$ 将缓冲溶液 pH 值调至 3,再用 0.2 mol · L^{-1} NaOH 溶液逐步调节缓冲溶液 pH 值,测量 pH=3～10 范围内 Pt/PPy 电极对溶液 pH 值的电势响应。

附注

① 化学聚合的 PPy 膜的 FTIR 和 XRD 分析。

不同溶液中聚合的 PPy 膜，掺杂不同其膜的结晶状态也有差异，测得的 FTIR 和 XRD 的谱图不完全相同。以下列出 FTIR 和 XRD 的主要特征峰值供参考。

FTIR 1 560 cm^{-1}(2、5 取代吡咯 C—C、C=C 伸缩振动);1 458 cm^{-1}(C—N 伸缩振动);1 050 cm^{-1}(C—H 振动吸收);800～920 cm^{-1}(C—H 收缩振动)。

XRD $2\theta=20°～30°;2\theta_{max}=24.5°$。

② 电化学聚合和循环伏安法测试实验示意图如下。

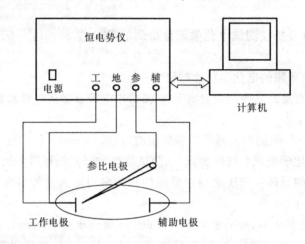

思考题

1. 计算电化学聚合的库仑产率(g·C^{-1})。

2. 分析 PPy 膜的 FTIR 和 XRD 谱图并与参考值进行比较。

3. 确定聚吡咯膜在对甲苯磺酸钠溶液中的氧化还原电势和聚吡咯膜电极上 $[Fe(CN)_6]^{3-}/[Fe(CN)_6]^{4-}$ 的氧化还原电势。

4. 确定阴极还原和阳极氧化的峰值电势及其电流与电势扫描速率的关系，讨论聚吡咯膜电极上反应的可逆性。

5. 讨论不同价态的阴、阳离子在聚吡咯导电薄膜中的嵌入和脱嵌特性。

6. 讨论 Pt/PPy 电极对溶液 pH 值的响应特性(Nernst 方程的斜率和响应时间)。

实验 189　缓蚀剂、阴极保护对碳钢腐蚀防护效果的测定

实验目的

掌握金属腐蚀基本理论及防止金属腐蚀的主要技术;掌握失重法和极化曲线测定在金属腐蚀研究中的应用;掌握缓蚀剂保护技术的原理及缓蚀剂性能测试的一般方法;掌握阴极保护技术的原理及设计原则。

实验原理

金属材料在周围介质作用下发生的破坏称为金属腐蚀。大多数情况下,金属腐蚀是以电化学腐蚀的机理进行的,即在金属表面形成了腐蚀原电池。腐蚀原电池包括阳极过程、阴极过程和电荷的转移过程。

阳极过程中,金属失去电子被氧化,以离子形式进入腐蚀介质,金属发生溶解。

$$M \longrightarrow M^{n+} + ne^-$$

阴极过程中,腐蚀介质中的氧化剂 D 获得电子被还原。

$$D + ne^- \longrightarrow D^{n-}$$

阳极过程和阴极过程在被腐蚀金属表面同时进行。对钢铁腐蚀而言,在酸性介质中的氧化剂 D 通常是 H^+(析氢腐蚀),在中性、碱性介质中的氧化剂 D 往往是溶解的 O_2(吸氧腐蚀)。

防止金属腐蚀有介质处理(降低介质中的 H^+ 或 O_2 的含量)、表面覆盖层(涂层、镀层、转化膜、衬层等)、缓蚀剂保护、电化学保护等多种技术。

1. 缓蚀剂保护技术

向腐蚀介质中添加少量的具有某些特殊性质的物质(缓蚀剂)而使金属腐蚀大为减缓的技术称为缓蚀剂保护。缓蚀剂可以根据不同方法进行分类。

如果按缓蚀剂在金属表面形成的保护膜的特征划分,缓蚀剂可分为氧化膜型、沉淀膜型和吸附膜型。一般认为,氧化膜型缓蚀剂具有较强的氧化能力,可使金属表面形成保护膜,这类缓蚀剂用量不足时可能加速金属腐蚀,因此是一种危险型缓蚀剂。沉淀膜型缓蚀剂能与介质中的有关离子反应,并在金属表面上形成抑制腐蚀的沉淀膜。吸附膜型缓蚀剂一般为含亲水-亲油基团的有机化合物,它们吸附在金属表面使氧化剂不易达到金属表面而防止金属腐蚀。

如果按缓蚀剂对腐蚀过程的影响划分,缓蚀剂可分为阳极型、阴极型和混合型。阳极型缓蚀剂使金属腐蚀电势正移,阻止腐蚀的阳极过程以减缓金属腐蚀;阴极型缓蚀剂使腐蚀电势负移,阻止腐蚀的阴极过程以减缓金属的腐蚀;混合型缓蚀剂对腐蚀电势的影响不大,但同时减缓了腐蚀的阳极过程和阴极过程。缓蚀剂的作用原理见图 189-1。

实际使用时,在腐蚀介质中同时添加两种或两种以上的缓蚀剂,其缓蚀效果比单独使用时更好,这种现象称为缓蚀剂的协同效应。

缓蚀剂性能评价可采用失重法和电化学方法,基本原理都是比较有、无缓蚀剂存在时金属的腐蚀速率。通过电化学测试,还可对缓蚀剂的作用机理进行分析。

$$\eta = \frac{v_0 - v}{v_0} \times 100\%$$

式中:η 为缓蚀剂的缓蚀效率;v_0 为未加缓蚀剂时金属在介质中的腐蚀速率;v 为加缓蚀剂时金属在介质中的腐蚀速率。

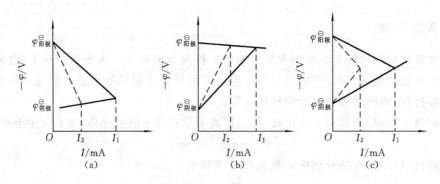

图 189-1　缓蚀剂作用机理

(实线为没有加入缓蚀剂时的极化曲线,虚线为加入缓蚀剂后的极化曲线)

(a)阳极型缓蚀剂;(b)阴极型缓蚀剂;(c)混合型缓蚀型

2. 阴极保护技术

阴极保护是指向被腐蚀金属通入足够的阴极电流,使其电势变负即发生阴极极化,从而使金属处于热力学稳定状态,以减缓腐蚀的技术。根据提供阴极电流途径的不同,阴极保护可分为外加电流法阴极保护和牺牲阳极法阴极保护。前者是将被保护金属与外电源负极相连,通过辅助阳极构成回路,依靠外加电源提供的电流使被保护金属发生阴极极化;后者则是将被保护金属与电势更负的阳极材料(牺牲阳极)相连,构成电流回路,依靠阳极自身溶解提供电流使被保护金属发生阴极极化,其原理见图 189-2。

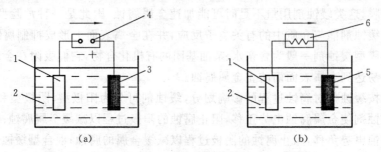

图 189-2　阴极保护原理示意图

(a)外加电流法阴极保护;(b)牺牲阳极法阴极保护

1—被保护体;2—介质;3—辅助阳极;4—直流电源;5—牺牲阳极;6—接线盒

阴极保护参数是设计阴极保护工程的重要依据,主要有保护电势、保护电流密度、保护度等。保护电势是指通过阴极保护使金属结构达到完全保护或有效保护所需达到的电势值,它是一个电势区间,人们习惯上将为达到阴极保护所用极化电势中的最正的电势称为最小保护电势,而将最负的电势称为最大保护电势。使被保护结构达到最小保护电势所需的阴极极化电流密度称为最小保护电流密度,达到最大保护电势所需的电流密度称为最大保护电流密度。保护度指实施阴极保护前后金属腐蚀减缓的程度。

阴极保护参数可以根据经验进行选取，也可通过阴极极化曲线进行确定。图 189-3 为典型的氧扩散控制体系，保护电势范围为 E_1 ～E_2，保护电流密度范围为 I_1～I_2，最小保护电势 E_1、最大保护电势 E_2 不能负于析氢电势，以免产生"过保护"。实际应用时，保护电势、保护电流密度一般分别控制在中点 E_p、I_p，同时，兼顾被保护体的电势分布，进行适当调整。保护度可由下式计算。

$$p = \frac{v_0 - v}{v_0} \times 100\%$$

式中：p 为阴极保护度；v_0 为未实施阴极保护时金属在介质中的腐蚀速率；v 为实施阴极保护时金属在介质中的腐蚀速率。

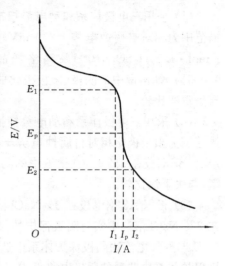

图 189-3　氧扩散控制体系由阴极极化曲线确定 E_p、I_p

仪器、试剂和材料

AUTEST 腐蚀电化学系统；三电极电解池（饱和甘汞电极、铂电极、A3 钢电极）；直流稳压电源；毫安表；电阻箱；万用表。

NaCl；浓 H_2SO_4；KI；六次甲基四胺（乌洛托品）；A3 钢试片；石墨板；铝合金阳极；后处理液；金相砂纸；丙酮棉球；乙醇棉球；铜导线若干。

实验内容

1. A3 钢在酸性介质中的腐蚀与缓蚀剂保护

用失重法分别测定 A3 钢试片在 1 mol • L^{-1} H_2SO_4、1 mol • L^{-1} H_2SO_4 + 0.1%乌洛托品、1 mol • L^{-1} H_2SO_4＋0.1%乌洛托品＋0.005% KI 体系中的腐蚀速率，计算缓蚀剂的缓蚀效率。实验时间为 4 h。

2. A3 钢在中性盐水介质中的腐蚀与阴极保护

以石墨电极为辅助阳极，控制 A3 钢电极电势为－0.78 V（SCE 为参比），构造外加电流法阴极保护体系。

以铝合金电极为牺牲阳极，控制阴、阳极面积比为 60：1，构造牺牲阳极法阴极保护体系。

用失重法分别测定 A3 钢试片在 3%NaCl 体系中有、无阴极保护（包括加电流法和牺牲阳极法）时的腐蚀速率，计算阴极保护的保护度。实验时间为 24 h。实验过程中，对外加电流法阴极保护体系实时调节保护电流，维持保护电势为－0.78 V（SCE 为参比）；对牺牲阳极法阴极保护体系，监测阴、阳极电势与时间关系。

3. 电化学测试

(1) 采用三电极体系和动电势扫描方法(电势扫描速率为 0.5 mV·s^{-1},电势扫描范围为相对自腐蚀电势±200 mV),分别测定 A3 钢电极在 1 mol·L^{-1} H$_2$SO$_4$、1 mol·L^{-1} H$_2$SO$_4$+0.1% 乌洛托品、1 mol·L^{-1} H$_2$SO$_4$+0.1% 乌洛托品+0.005% KI 溶液中的阴极、阳极极化曲线,记录腐蚀电势,并求腐蚀速率、缓蚀效率,与失重法比较。

(2) 采用三电极体系和动电势扫描方法(电势扫描速率为 0.5 mV·s^{-1},电势扫描范围为阳极极化相对自腐蚀电势+200 V,阴极极化至电极表面有明显析氢),测定 A3 钢电极在 3% NaCl 溶液中的阴极、阳极极化曲线,记录腐蚀电势,并求腐蚀速率,与失重法比较。

(3) 根据 A3 钢电极在 3%NaCl 溶液中的动电势扫描阴极极化曲线,确定 A3 钢在 3% NaCl 溶液中实施阴极保护的保护电势和保护电流密度范围,记录 E_p、I_p。比较 E_p 与外加电流法阴极保护体系中选用的 -0.78 V(SCE 为参比)和牺牲阳极法阴极保护体系中监测的阴极电势平均值。

思考题

1. 写出 A3 钢分别在 H$_2$SO$_4$、NaCl 溶液中腐蚀的阳极反应、阴极反应,比较钢在 H$_2$SO$_4$、NaCl 溶液中腐蚀的特点。

2. 比较失重法和动电势扫描法测得的钢的腐蚀速率和缓蚀剂的缓蚀效率。

3. 分析说明乌洛托品对酸性介质中 A3 钢的缓蚀作用机理和乌洛托品与 I$^-$ 的协同作用。

4. 说明外加电流阴极法保护体系中辅助阳极和牺牲阳极法阴极保护体系中牺牲阳极的作用。

实验 190　安全玻璃夹层用聚乙烯醇缩丁醛树脂的合成

实验目的

了解溶液聚合的特点以及乙酸乙烯酯的溶液聚合过程;利用高分子化学反应制备聚乙烯醇及聚乙烯醇缩丁醛树脂;了解高分子链中官能团数的定量分析方法。

实验原理

1. 安全玻璃

夹层安全玻璃是深加工玻璃中的一种,它是由两片或两片以上的玻璃组成,中间用一层或多层抗撕裂的聚乙烯醇缩丁醛胶片黏牢,长期耐用。夹层安全玻璃最突出的优点是安全可靠,具有优异的抗撞击性能,当外层玻璃被打破时,只形成一条不规则的裂纹(枪击时则成辐射状),碎片仍牢固地黏在中间膜上不飞散、脱落,使人致伤,而且在一定时间内(在不影响视线的情况下)可以继续使用,安全性能好。同时,夹层安全玻璃还具有许多其他重要特性,如具有较强的隔音能力;套色的夹层玻璃能节省能源,用带有吸收紫外线添加剂胶片制成的夹层玻璃能有效地抗紫外线。由于具有这一系列的优点,夹层玻璃广泛用于汽车的挡风玻璃,飞机、高层建筑门窗的玻璃以及特殊防护玻璃,如银行和商店的贵重物品陈列橱玻璃、高级仪器仪表的防护玻璃、动物园中水族馆的水槽玻璃等。

2. 聚乙烯醇缩丁醛

聚乙烯醇缩丁醛(PVB)具有高度的透明性、耐低温性、耐光、耐热,对玻璃、金属、陶瓷、皮革等材料都有良好的黏合性,是当前制造夹层安全玻璃的最佳黏合材料。PVB 树脂加入 30%～40% 的增塑剂,用挤压法或流延法制成胶片。PVB 胶片具有柔软而强韧的性质,其拉伸弹性模量约为玻璃的 1/2 000,而断裂伸长率却为玻璃的 3 000 倍以上,断裂能比不锈钢及高强度纤维大。夹层玻璃由两层或数层玻璃与作为中间层的 PVB 片材,在加热、加压下牢固结合在一起制成。

聚乙烯醇缩丁醛是由聚乙烯醇和丁醛在酸的催化作用下,缩合反应而成的合成树脂。合成 PVB 树脂的反应路线为

在聚合生产过程中,准确控制和改变 x、y、z 的比例可得到不同物理及化学性能的产品,相对分子质量和羟基含量对聚合物的热性能、机械性能和溶解性能起主要影响作用。PVB 与玻璃表面的黏结性能,受水分含量及其羟基含量的影响。

3. 聚乙酸乙烯酯

聚乙烯醇(PVA)不能直接通过烯类单体聚合得到,而是经过聚乙酸乙烯酯(PVAc)的高分子反应获得的。聚乙酸乙烯酯可通过本体聚合、乳液聚合、溶液聚合和分散聚合等自由基聚合实施方法制备。采用何种方法制备聚乙酸乙烯酯取决于产物的具体用途,作为涂料或黏合剂,则可采用乳液聚合方法。本实验制备的聚乙酸

乙烯酯需进一步醇解制备聚乙烯醇,因此采用溶液聚合方法。溶液聚合是将单体、引发剂溶解于溶剂中成为均相溶液,然后加热聚合。与本体聚合相比,溶液聚合具有散热快、易搅拌等优点。但是由于溶剂的引入,增长链自由基与溶剂发生链转移反应,会降低聚合物的相对分子质量,因此溶剂的选择对溶液聚合来说是相当重要的。由于聚乙酸乙烯酯溶于甲醇,而且活性链转移常数较小,所以选用甲醇作为溶剂。另一方面,当使用 PVAc 醇解制取聚乙烯醇时,加入催化剂在甲醇中即可直接进行醇解。

$$\sim\sim CH_2-\dot{C}H \;+\; CH_3OH \xrightarrow{k_{trs}} \sim\sim CH_2-CH_2 \;+\; \dot{C}H_2OH$$
（侧基 $-O-C(=O)-CH_3$）

$$\dot{C}H_2OH + CH_2=CH \xrightarrow{k_p} HOCH_2-CH_2-\dot{C}H \xrightarrow{k_p} \cdots \xrightarrow{k_p} \sim\sim CH_2-\dot{C}H$$
（各单元侧基均为 $-O-C(=O)-CH_3$）

4. 聚乙烯醇

聚乙酸乙烯酯经水解(皂化)反应或醇解反应得到聚乙烯醇。与水解法相比,经醇解法生成的聚乙烯醇精制容易,纯度较高,产品性能较好,因而工业上多采用醇解法。

本实验采用甲醇为醇解剂、氢氧化钠为催化剂进行醇解反应,并在较为缓和的醇解条件下进行。PVAc 在 $NaOH\text{-}CH_3OH$ 溶液中的醇解反应为

$$\left[CH_2-CH\right]_n + CH_3OH \xrightarrow{NaOH} \left[CH_2-CH\right]_x\left[CH_2-CH\right]_y + CH_3COOCH_3$$
（反应物侧基 $-O-C(=O)-CH_3$；产物 x 单元侧基 $-OH$，y 单元侧基 $-O-C(=O)-CH_3$）

在主反应中 NaOH 仅起催化作用,但是 NaOH 还可能参加以下反应:

$$CH_3COOCH_3 + NaOH \longrightarrow CH_3COONa + CH_3OH$$

$$\sim\sim CH_2-CH\sim\sim \;+\; NaOH \longrightarrow \sim\sim CH_2-CH\sim\sim \;+\; CH_3COONa$$
（反应物侧基 $-O-C(=O)-CH_3$；产物侧基 $-OH$）

当反应体系含水量较大时,这两个副反应明显增加,消耗大量的 NaOH,从而降

低对主反应的催化效能,使醇解反应进行不完全。因此为了避免这些副反应,对物料的含水量应该严格控制,一般在 5% 以下。

聚乙酸乙烯酯的醇解反应实际上是甲醇与高分子 PVAc 之间的酯交换反应,这种使高聚物分子结构发生改变的化学反应称为高分子化学反应。PVAc 的醇解反应(或酯交换反应)与低分子酯交换反应相同。

$$CH_3OH + NaOH \rightleftharpoons CH_3ONa + H_2O$$

PVAc 的醇解反应生成的 PVA 不溶于甲醇,以絮状物析出。PVA 可作为悬浮聚合和分散聚合的稳定剂,还可以用来制备维尼纶。用作纤维的 PVA 醇解度不小于 99.8%。

聚乙酸乙烯酯溶于甲醇,而聚乙烯醇不溶于甲醇,因此在反应过程中反应体系会转变成非均相,各种反应条件都会影响该转变的发生时间,进一步影响到随后的醇解反应的难易和醇解度的高低。为保证本实验的顺利进行,当反应体系刚出现胶冻时,必须强力搅拌,将胶冻分散均匀。

仪器、试剂和材料

分析天平;机械搅拌器;真空水泵;减压蒸馏装置;真空烘箱;红外灯;红外光谱仪。

乙酸乙烯酯;亚硫酸氢钠;碳酸钠;无水硫酸钠;偶氮二异丁腈;乙醇;甲醇;5% NaOH-甲醇溶液;$0.01\ mol \cdot L^{-1}$ NaOH-乙醇溶液;酚酞指示剂;$0.5\ mol \cdot L^{-1}$ 盐酸;丁醛;20% 盐酸;pH 试纸;乙醇;$0.02\ mol \cdot L^{-1}$ KOH-乙醇溶液;7% 的盐酸羟胺溶液;甲基橙指示剂;$0.5\ mol \cdot L^{-1}$ 的 KOH 标准溶液(溶剂为 50% 的乙醇);2 mm 厚玻璃片;癸二酸二丁酯;去离子水;滤纸;630 g 的钢球。

实验内容

1. 乙酸乙烯酯的精制

取 100 mL 乙酸乙烯酯置于 250 mL 的分液漏斗中,用饱和亚硫酸氢钠溶液洗涤

3 次(每次用量约 25 mL),水洗 3 次(每次用量约 25 mL),再用饱和碳酸钠溶液洗涤 3 次(每次用量约 25 mL),然后用去离子水洗涤至中性,最后将乙酸乙烯酯放入干燥的 150 mL 磨口锥形瓶中,用无水硫酸钠干燥,过夜。将经过洗涤和干燥的乙酸乙烯酯置于蒸馏瓶中在水泵减压下进行减压蒸馏(为了防止自聚可在蒸馏瓶中加少量的对苯二酚)。

2. 偶氮二异丁腈(AIBN)的精制

在装有回流冷凝管的 150 mL 锥形瓶中加入 95％的乙醇 50 mL,在水浴上加热至接近沸腾,迅速加入 AIBN 5 g,摇荡使其全部溶解(注意如煮沸时间长,AIBN 会发生严重分解),溶液趁热抽滤(过滤所用抽滤瓶和漏斗必须预热),滤液冷却后得到白色晶体。若冷却至室温仍无结晶产生,可将锥形瓶置于冰水浴中冷却片刻,即会产生结晶。结晶出现后静置 30 min,用布氏漏斗抽滤。滤饼摊开于表面皿中,自然干燥至少 24 h,然后置于真空干燥箱中常温干燥,称量,计算产率。精制后的 AIBN 置于棕色瓶中密封,低温保存备用。

3. 聚乙酸乙烯酯的溶液聚合

(1) 聚乙酸乙烯酯的制备。在装有回流冷凝管、搅拌装置和温度计的 250 mL 三口烧瓶中,分别加入 43 g 乙酸乙烯酯和溶有 0.15 g AIBN 的甲醇溶液 20 g。开动搅拌器,升温至(60±2)℃,在此温度下反应 3 h 后(反应过程中,当体系黏度太大,搅拌困难时,可分次补加甲醇,每次 5~10 g),升温至(65±1)℃,继续反应 0.5 h,冷却结束聚合反应。

(2) 测转化率。取一干净的培养皿,称重。从烧瓶中取出 3 g 左右聚合物溶液,转移至培养皿中,称重。然后将装有聚合物溶液的培养皿放在通风橱内的红外灯下加热,让溶剂和未反应的单体大部分挥发掉,再放入烘箱中烘干,取出称重。根据三次称重计算转化率。刮取少量产物,用甲醇溶解涂膜测定红外光谱。

(3) 除去未反应的单体。用 5 mL 甲醇将瓶口外的溶液冲净,然后在反应瓶上装上蒸馏装置和温度计,水浴加热,搅拌下用水泵减压,将未反应的单体除尽。

4. 聚乙烯醇的制备

(1) 醇解反应制备聚乙烯醇。单体除尽后拆下蒸馏装置,重新换上回流冷凝管,在反应瓶中再加入 85 mL 甲醇,开动搅拌器,使聚合物混合均匀后,在 25 ℃下慢慢滴加 5％的 NaOH-甲醇溶液 2.8 mL(每秒约 1 滴)。仔细观察反应体系,1~1.5 h 发生相转变。这时再滴加 1.2 mL NaOH-甲醇溶液,继续反应 1 h。用布氏漏斗抽滤,得 PVA 白色沉淀,沉淀用 15 mL 甲醇洗涤三次,置于大表面皿上,捣碎并尽量散开,自然干燥后放入真空烘箱中,在 50 ℃干燥 1 h,称重,计算产率。取少量产物压片测定红外光谱。

(2) 醇解度测定。聚乙酸乙烯酯在不同的条件下反应,醇解的程度是不同的。醇解度的大小是聚乙烯醇产品的一个重要的质量指标。醇解度就是已醇解的乙酸根的物质的量占醇解前分子链上全部乙酸根的物质的量的比例。其测定方法如下。

在分析天平上准确称取 1 g 左右的聚乙烯醇,置于 500 mL 锥形瓶中,倒入 100 mL 蒸馏水,装上回流冷凝管。水浴加热,使样品全部溶解。冷却,用少量蒸馏水冲洗锥形瓶内壁,加入几滴酚酞指示剂。用滴管滴加 $0.01 \ mol \cdot L^{-1}$ 的 NaOH-乙醇溶液中和至微红色。加入 25 mL $0.5 \ mol \cdot L^{-1}$ NaOH 水溶液,在水浴上回流 1 h,冷却,用 $0.5 \ mol \cdot L^{-1}$ HCl 滴定至无色。同时做空白实验。

$$乙酰氧基含量 = \frac{(V_2 - V_1)c}{m} \times 0.059 \times 100\%$$

式中:c 为盐酸标准溶液的浓度;V_2 为空白消耗盐酸的体积;V_1 为样品消耗盐酸的体积;m 为样品的质量。

5. 聚乙烯醇缩丁醛的制备

(1) 聚乙烯醇的缩醛反应。醇在酸催化作用下经过缩醛化反应制得聚乙烯醇缩醛化物,催化剂可以是盐酸或甲酸。在装有回流冷凝管、搅拌器和温度计的 250 mL 三口烧瓶中,加入 10 g 聚乙烯醇及 90 mL 蒸馏水,配成 10% 水溶液,水浴升温至 70~80 ℃溶解 1 h。待聚乙烯醇完全溶解后,冷却到 8~10 ℃,测 pH 值。若溶液呈碱性,先加数滴 20% 的盐酸中和至中性。加入 5.8 g 丁醛,溶解搅拌 10~15 min,加入 20% 盐酸 2.4 mL,冰水浴反应 2 h,室温下继续反应 2 h。然后逐步升温到 50~55 ℃(升温过程 1 h),继续反应 3 h 左右(为防止结块,温度不能升得太快。工业生产中低温反应时间较长,因实验时间限制,改成以上升温步骤)。反应结束冷却到室温后,用布氏漏斗抽滤,蒸馏水洗至中性并除去未反应的丁醛(未反应的丁醛难溶于冷水,除去困难,可改用 30~40 ℃温水处理,或用低浓度的乙醇水溶液处理)。产物抽干,在真空烘箱中干燥,温度不超过 57 ℃。产物为白色粉末,称重,计算转化率。产物压片测定红外光谱。

产物缩醛度约为 40%,易溶于酯类、乙醇、苯和乙醇的混合液。产物在乙醇中的溶解度随着缩醛度的提高而提高。

(2) 缩醛度测定。缩醛度是指参加缩醛反应的羟基的质量分数。缩醛基和盐酸羟胺反应放出 HCl,用碱滴定所释放出来的 HCl,可求得缩醛度。反应式如下:

$$HCl + NaOH \longrightarrow NaCl + H_2O$$

准确称取干燥至恒重的聚乙烯醇缩丁醛 1 g 左右,置于 250 mL 磨口锥形瓶中,加入 50 mL 乙醇,装上回流冷凝管,加热至 60 ℃,使样品完全溶解,冷却后加入几滴酚酞指示剂,用 0.02 mol·L⁻¹ KOH-乙醇溶液滴定至微红色。加入 7% 的盐酸羟胺溶液,摇匀,在水浴上回流 3 h。冷却至室温后,将冷凝管用 20 mL 乙醇仔细冲洗后取下,加入几滴甲基橙指示剂,用 0.5 mol·L⁻¹ 的 KOH 标准溶液(溶剂为 50% 的乙醇)滴定,终点时溶液由红变黄。同样条件下进行空白实验。

$$缩醛度 = \frac{(V_2 - V_1)c \times 0.088}{m} \times 100\%$$

式中:V_2 为样品消耗 KOH 标准溶液的体积;V_1 为空白消耗 KOH 标准溶液的体积;c 为 KOH-乙醇标准溶液的浓度;m 为样品质量。

6. 夹层安全玻璃的制备

(1) 把烘干的 PVB 粉末溶于甲醇中,使之变成黏稠、透明的液体。

(2) 在上述液体中加入增塑剂癸二酸二丁酯($m_{树脂} : m_{增塑剂} = 5 : 1$),搅拌均匀。

(3) 把加入增塑剂的液体倒入已预先备好的底部衬有玻璃板的纸槽中,红外灯下干燥。再放入烘箱干燥 4~7 h,烘箱温度控制在 52~56 ℃。

(4) 在制得的薄片上加盖一块玻璃,用夹子夹紧,180 ℃下保温 0.5~1 h。

(5) 将玻璃取出置于室温下数十分钟,得到透明良好的夹层玻璃。用 630 g 的钢球对所制的 PVB 夹层玻璃进行落球冲击剥离性能测试,观察薄膜断裂或暴露的冲击高度,最小冲击高度应大于 300 mm。

注意事项

(1) 聚乙酸乙烯酯的醇解反应温度不宜过高,一般不超过 30 ℃,否则产物的颜色较深。

(2) 为避免醇解过程中出现胶冻,甚至结块,产物难以处理,催化剂的滴加速率不宜过快,并且先后分两次加入。过程中如发现可能出现胶冻时,应及时加快搅拌速率,并适当补加一些甲醇。

(3) 正丁醛对呼吸道刺激较大,最好在通风橱中称重。

思考题

1. 溶液聚合反应的溶剂应如何选择? 本实验采用甲醇作溶剂是基于何种考虑?

2. 聚合过程中,哪些因素会导致聚合物支化度的增加?

3. 影响醇解度的因素有哪些? 控制哪些条件才能获得较高的醇解度?

4. 聚乙烯醇溶解性随醇解度的高低有很大差别,醇解度 87%~89% 时水溶性最好;醇解度 89% 以上需要加热才能溶解;醇解度 75%~80% 只溶于冷水,不溶于热水;醇解度 50% 以下不溶于水。为什么醇解度的改变会引起水溶性的变化?

5. 聚乙烯醇缩醛化时最多只有 80% 的羟基发生反应,为什么?

实验 191　高抗冲树脂的制备与流变性能

实验目的

了解树脂增韧改性的基本原理和高分子材料微观相结构对材料性能的影响；了解高分子材料熔体流动特性，以及随温度、应力、材料性质变化的规律；了解 HAAKE 转矩流变仪的基本结构、仪器特点、操作方法。

实验原理

聚苯乙烯是具有良好的光学性质、优异的电学性能和极其突出的加工流动性的大品种塑料，然而它的脆性大大地限制了其发展和使用。在刚性的聚苯乙烯中引进韧性的接枝橡胶，就构成了既有一定亲和力、又不完全相容的两个相：橡胶相（分散相）、聚苯乙烯相（连续相）。这种分散的橡胶相相当于人为引入的缺陷，当受到外力时，橡胶粒子引起基体材料的应力集中，从而引发银纹。由于每一条银纹的引发和发展都会消耗一些冲击能，橡胶粒子引发的无数条银纹所消耗的总能量是相当大的，可以使塑料的抗冲强度提高十几倍。

通过将橡胶和树脂机械共混所制备的材料，由于材料内部橡胶相与树脂相互不相容，存在两相结构，相间没有化学键的联系，相界面间结合能较低，材料存在宏观剥离现象，其冲击强度也增加甚微，有时甚至不如基体材料。而通过橡胶分子与苯乙烯的接枝共聚使两相之间生成化学键可有效改善相界面结合，提高树脂与橡胶两相间的结合能，大大提高了材料的抗冲击性能，同时接枝共聚法增加了橡胶、树脂之间的可调节因素，为多性能、多用途的树脂设计奠定了基础。在耐冲击树脂的设计中，高抗冲聚苯乙烯（HIPS）和丙烯腈-丁二烯-苯乙烯共聚物（ABS）是最有代表性且相当成功的例子。

1. 高抗冲聚苯乙烯

高抗冲聚苯乙烯主要用作电器仪表外壳、汽车用塑料部件、医疗用器具、玩具等。一般的高抗冲聚苯乙烯是聚丁二烯改性聚苯乙烯。苯乙烯本体聚合时加入适量合成橡胶，使聚合后生成橡胶微域分散于刚性的聚苯乙烯基体的物料体系中，得到的高抗冲聚苯乙烯的模量与抗冲性能远高于用橡胶与聚苯乙烯共混得到的产品，原因是一部分橡胶分子与聚苯乙烯发生接枝聚合反应、化学交联反应，并且橡胶相颗粒中包埋了少量聚苯乙烯分子，增加了橡胶相的有效体积。因而橡胶增强的效果明显，不仅提高了抗冲性能，并且改进了伸长率、延长性、抗环境应力破裂性能，但与未用橡胶改性的聚苯乙烯相比较，抗张强度与模量降低，透明性降低。

高抗冲聚苯乙烯的微域相分离结构的形成过程如下。橡胶溶解在苯乙烯单体中成为均相的透明橡胶溶液。当聚合发生以后，在苯乙烯均聚的同时，在橡胶链双键的

α-位置上还进行接枝聚合,形成顺丁橡胶与苯乙烯的接枝共聚物。当苯乙烯的转化率超过 2%时,由于高聚物的不相容性,聚苯乙烯则从橡胶溶液中析出,因而肉眼可以看到体系由透明变得微浑。此时聚苯乙烯的量少,是分散相,它分散在橡胶相之中。继续聚合,随着苯乙烯的转化率不断增大,体系越来越混浊,同时黏度也越来越大,以致出现"爬杆"现象。当聚苯乙烯的相体积分数与橡胶的相体积分数相接近时(或前者大于后者时),在大于临界剪切速率的搅拌下,发生相转变,聚苯乙烯溶液由原来的分散相转变成连续相,而橡胶溶液由原来的连续相转变为分散相。由于在此浓度下聚苯乙烯的苯乙烯溶液黏度比原橡胶溶液黏度小,故在相转变的同时,体系黏度出现突然的下降,原来的"爬杆"现象消失。刚发生相变时,橡胶粒子不规整且很大,并有联合的倾向。在剪切力的存在下,继续聚合,使苯乙烯的转化率不断增加,体系黏度又重新上升。随着聚合的进行,橡胶粒子逐渐变小,形态也逐渐完好。

　　以上过程是在本体阶段进行的,称为本体预聚阶段。在此阶段,苯乙烯的转化率为 20%～25%,为了利于散热,转为悬浮聚合,直至苯乙烯全部转化为聚苯乙烯为止。

　　2. ABS 树脂

　　ABS 树脂由丙烯腈、丁二烯和苯乙烯聚合制得。它是一个两相体系,连续相为丙烯腈和苯乙烯的共聚物 AS 树脂,分散相为接枝橡胶和少量未接枝的橡胶。由于 ABS 具有多元组成,因而它综合了多方面的优点,既保持橡胶增韧塑料的高抗冲击性能、优良的机械性能及聚苯乙烯的良好加工流动性,同时由于丙烯腈的引入,使 ABS 树脂具有较大的刚性、优异的耐有机溶剂性以及易于着色。它是一种新型的热塑性工程塑料,其用途极为广泛,可用于航空、汽车、机械制造、电气、仪表以及作输油管等。调节不同组成,可以制得不同性能的 ABS。

　　ABS 树脂有两种类型:共混型和接枝型。接枝型又可由本体法和乳液法制备。乳液悬浮法属于乳液法,但它克服了乳液法后处理困难的缺点,容易处理,容易干燥。与本体法相比,它反应条件稳定,散热容易,且橡胶含量可以任意控制,是近年来发展起来的新的聚合方法。

　　乳液悬浮法制备 ABS 树脂分两个阶段进行。第一阶段是乳液聚合,主要是橡胶的接枝和橡胶粒径的增大。ABS 树脂中分散相橡胶粒径的大小必须在一定范围内(0.2～0.3 μm)才有良好的增韧效果,以乳液法制备的乳胶(在此为丁苯乳胶),其粒径通常只有 0.04 μm 左右,在 ABS 树脂中不能满足增韧的要求,故必须进行粒径增大。粒径增大的方法很多,在此采用最简单的溶剂增大法,即靠反应单体本身作溶剂使其渗透到橡胶粒子中。此法亦有利于提高橡胶的接枝。橡胶接枝的作用有两点:一是增加连续相与分散相的亲和力;二是给橡胶粒子接上一个保护层,以避免橡胶粒子间的联合。

　　接枝橡胶制备的成功与否,是决定 ABS 树脂性能好坏的关键。此阶段的反应如下：

$$\sim\!\sim\!\text{CH}_2\!-\!\text{CH}\!=\!\text{CH}\!-\!\text{CH}_2\!-\!\text{CH}_2\!-\!\text{CH}\!\sim\!\sim + \text{CH}_2\!=\!\text{CH} + \text{CH}_2\!=\!\text{CH} \xrightarrow{\text{接枝共聚}}$$

丁苯橡胶　　　　　苯乙烯(St)　　丙烯腈(AN)

$$\sim\!\sim\!\text{CH}\!-\!\text{CH}\!=\!\text{CH}\!-\!\text{CH}\!-\!\text{CH}_2\!-\!\text{CH}\!\sim\!\sim$$

（侧链：St—St—AN / St—AN—St）

　　此外,还有游离的 St-AN 共聚物和少量未接枝的游离橡胶。

　　第二阶段是悬浮聚合,它的作用有两点：一是进一步完成连续相 St-AN 树脂的制备；二是在体系中加盐破乳,并在分散剂的存在下使其转为悬浮聚合。

　　3. 聚合物流变性能

　　聚合物的流变学是研究聚合物的流动和变形的科学,对聚合物成型加工和生产具有指导作用。毛细管流变仪是研究聚合物流变性能最常用的仪器之一,具有较宽的剪切速率范围。毛细管流变仪还具有多种功能,既可以测定聚合物熔体的剪切应力和剪切速率的关系,又可根据毛细管挤出物的直径和外观研究聚合物熔体的弹性和不稳定流动现象。这些研究为选择聚合物及进行配方设计、预测聚合物加工行为、确定聚合物加工的最佳工艺条件(温度、压力和时间等)、设计成型加工设备和模具提供基本数据。

　　ABS 熔体的流变行为属于非牛顿型假塑性流体,表观黏度随剪切速率的增加而降低。用毛细管流变仪测试聚合物流变性能的基本原理如下。在一个无限长的圆形毛细管中,聚合物熔体在管中的流动是一种不可压缩的黏性流体的稳定层流,毛细管两端的压力差为 Δp。由于流体具有黏性,它必然受到与流动方向相反的作用力,根据黏滞阻力与推动力相平衡等流体力学原理进行推导,可得毛细管管壁处的剪切应力 τ 和剪切速率 γ 与压力、熔体流动速率的关系：

$$\tau = \frac{R \cdot \Delta p}{2L}$$

$$\gamma = \frac{4Q}{\pi R^3}$$

$$\eta_a = \frac{\pi R^4 \cdot \Delta p}{8QL}$$

式中：R 为毛细管半径(cm)；L 为毛细管长度(cm)；Δp 为毛细管两端的压力差(Pa)；

Q 为熔体流动速率(cm^3 · s^{-1});η_a 为熔体表观黏度(Pa · s)。

在温度和毛细管长径比 L/D 一定的条件下,测定不同压力 Δp 下聚合物熔体通过毛细管的流动速率 Q,可以计算出相应的 τ 和 γ,将对应的 τ 和 γ 在双对数坐标上绘制 τ-γ 流动曲线图,即可求得非牛顿指数 n 和熔体表观黏度 η_a。改变温度和毛细管长径比,可得到代表黏度对温度依赖性的黏流活化能 E_η 以及离模膨胀比 B 等表征流变特性的物理参数。

由于多数聚合物熔体是非牛顿流体,在管中流动时具有弹性效应、壁面滑移等特性,且毛细管的长度也是有限的,因此按以上推导测得的结果与毛细管的真实剪切应力与剪切速率有一定的偏差,必要时应进行非牛顿流体校正和入口校正。

本实验采用 HAAKE 转矩流变仪及其单螺杆挤出机和不同长径比的毛细管口模进行测试。HAAKE 转矩流变仪的基本结构可分为三部分:微机控制系统,用于实验参数的设置及实验结果的显示;机电驱动系统,用于控制实验温度、转子速率、压力,并可记录温度、压力和转矩随时间的变化;可更换的实验部件,一般根据需要配备密闭式混合器或螺杆挤出器。密闭式混合器相当于一个小型的密炼机,由一个"∞"字型的可拆卸混合室和一对以不同转速、相向旋转的转子组成。在混合室内,转子相向旋转,对物料施加剪切,使物料在混合室内被强制混合,两个转子的速率不同,在其间隙中发生分散性混合。螺杆挤出器相当于一个小型的挤出机,可配备不同的螺杆和口模,以适应不同类型材料的测试研究。通过测量扭矩、温度及观察物料外观,可直观地了解转速、温度、时间等对物料性能的影响,优化物料的加工工艺条件。HAAKE 转矩流变仪在聚合物加工中有着非常重要的作用,是聚合物加工和实验流变学中不可或缺的重要工具,可广泛用于流变性能研究、原材料、生产工艺、产品开发、配方优化与产品控制等领域。

仪器、试剂和材料

搅拌器;相位差显微镜;三口烧瓶;注塑机;悬臂式冲击试验仪;回流冷凝管;氮气钢瓶;真空泵;HAAKE 转矩流变仪。

苯乙烯;顺丁橡胶;过氧化苯甲酰;偶氮二异丁腈;丁苯乳胶;丙烯腈;过硫酸钾;碳酸钠;BaCl$_2$;甲醇;氯仿;去离子水;无水硫酸钠;对苯二酚;硬脂酸;十二烷基硫酸钠;聚乙烯醇;MgSO$_4$ · 7H$_2$O。

实验内容

1. 原料精制

(1) 苯乙烯的精制。取 150 mL 苯乙烯置于 250 mL 分液漏斗中,用 5%～10% 氢氧化钠的水溶液洗涤数次,直到无色(每次用量约 30 mL),再用去离子水洗至中性,以无水氯化钙干燥,然后在氢化钙存在下进行减压蒸馏,得到精制苯乙烯。

(2) 丙烯腈的精制。取 250 mL 工业丙烯腈放入 500 mL 蒸馏瓶中进行常压蒸馏,收集 76～78 ℃的馏分。将此馏分用无水氯化钙干燥 3 h 后,过滤至装有分馏装置的蒸馏瓶中,加几滴高锰酸钾溶液进行分馏,收集 77～77.5 ℃的馏分,得到精制的丙烯腈,在高纯氮保护下密闭避光保存备用。

注意:丙烯腈有剧毒,绝对不能进入口内或接触皮肤,所有操作应在通风橱中进行,操作过程必须仔细;仪器装置要严密,毒气应排出室外,残渣要用大量水冲掉。

(3) 过氧化苯甲酰(BPO)的精制。室温下在 100 mL 烧杯中加入 5 g BPO 和 20 mL 氯仿,慢慢搅拌使之溶解,过滤,滤液直接倒入 50 mL 用冰盐浴冷却的甲醇中,有白色针状结晶生成。用布氏漏斗过滤,再用冷的甲醇洗涤三次,每次用甲醇 5 mL,抽干。反复重结晶两次后,将半固体结晶物置于真空干燥器中干燥,称量。产品放在棕色瓶中,保存于干燥器中备用。

(4) 过硫酸钾的精制。过硫酸钾中主要杂质是硫酸氢钾和硫酸钾,可用少量的水反复重结晶进行精制。具体方法是将过硫酸钾在 40 ℃溶解过滤,滤液用水冷却,过滤出结晶,并以冰水洗涤,用 $BaCl_2$ 溶液检验无 SO_4^{2-} 为止。将白色晶体置于真空干燥器中干燥、称量,在棕色瓶中低温保存备用。

2. 高抗冲聚苯乙烯的制备

(1) 本体预聚合。称取 32 g 顺丁橡胶,剪成约 1 cm³ 块状,溶于装有 340 g 苯乙烯的 500 mL 三口烧瓶中,待橡胶充分溶胀后装好搅拌器、冷凝器、温度计等装置,调节水浴温度至 70 ℃,通氮气,开动搅拌器,缓慢搅拌 0.5～1 h,以便除去空气,并使橡胶充分溶解。升温至 75 ℃,调节转速为 120 r・min⁻¹ 左右,加入 0.37 g BPO(溶于 10 g 苯乙烯中)、0.2 g 叔十二硫醇,反应约 0.5 h,反应物由透明变得微浑,取样测聚苯乙烯的转化率,并在相位差显微镜上观察。继续聚合,体系黏度逐渐变大,随之出现"爬杆"现象,待此现象一消失(相转变完成),立即取样测转化率,并用相位差显微镜观察。继续聚合至体系为乳白色细腻的糊状物,转化率大于 20%,反应时间约 5 h。停止反应后,测定转化率,取样在相位差显微镜中观察。

转化率的测定:在 10 mL 小烧杯中放置少许(5 mg)对苯二酚,连同烧杯在分析天平上称其质量(m_1),在此烧杯中加入预聚体约 1 g,称重(m_2),此预聚体中加少量 95%乙醇,在红外干燥箱中烘干,称量(m_3)。

$$聚苯乙烯转化率 = \frac{(m_3 - m_1) - (m_2 - m_1) \times R\%}{(m_2 - m_1) - (m_2 - m_1) \times R\%} \times 100\%$$

$R\%$为投料的橡胶含量,在此为 8%。

(2) 悬浮聚合。在装有搅拌器、冷凝器和通氮管的 2 000 mL 三口烧瓶中,加入 1 000 mL 水、4 g PVA、1.6 g 硬脂酸,通氮,升温至 85 ℃后,继续通氮 10 min。在上述预聚体中加入 BPO1.1 g(溶于 18 g 苯乙烯中),混匀后,在搅拌的情况下加入三口烧瓶中。此时预聚体被分散成珠状。聚合 4～5 h,粒子开始下沉,再升温熟化(95 ℃ 1 h,100 ℃ 2 h)。停止反应,冷却,出料,用 60～70 ℃水洗涤三次,冷水洗涤两次,滤干,混入 0.2 g 261 抗氧剂,在 60～70 ℃烘箱中烘干。

将聚苯乙烯及 HIPS 各加工成 10 根有缺口和无缺口的合格试条,比较其冲击强度。

3. ABS 树脂的制备

(1) 乳液接枝聚合。在装有搅拌器、回流冷接管、温度计、通氮管的 500 mL 三口烧瓶里,加入丁苯乳胶 90 g(含干胶 32 g)、苯乙烯和丙烯腈混合单体 32 g(质量比为 3∶7)、蒸馏水 78 g。通氮,开动搅拌器,升温至 60 ℃,让其渗透 2 h,然后降温至 40 ℃。向体系内加入十二烷基硫酸钠 0.64 g、过硫酸钾 0.2 g 和水 88 g,升温至 60 ℃,保持 2 h,65 ℃保持 2 h,70 ℃保持 1 h,降温至 10 ℃以下出料。用滤网过滤除去析出的橡胶,得接枝液。

(2) 悬浮聚合。在装有搅拌器、回流冷凝管、温度计及通氮管的 500 mL 三口烧瓶中,加入 4.5% $MgCO_3$ 溶液[①] 76 g、水 52 g,开动搅拌器,在快速搅拌下慢慢地滴入接枝液。通氮升温至 50 ℃时,加入溶有 0.112 g 偶氮二异丁腈的苯乙烯和丙烯腈混合单体 28 g,投料完毕,升温至 80 ℃反应。粒子下沉变硬后,升温至 90 ℃熟化 1 h,100 ℃熟化 1 h,降温至 50 ℃以下出料。倾滗除去上层液体,加入蒸馏水,用浓硫酸酸化到 pH＝2~3,然后用水洗至中性,将聚合物抽干,在 60~70 ℃烘箱中烘干,即得 ABS 树脂。

4. ABS 树脂流变性能研究

(1) 准备工作。

① 了解 HAAKE 转矩流变仪的工作原理、技术规格和操作使用规程等。

② 用烘箱干燥树脂样品。

③ 将单螺杆挤出机安装在 HAAKE 转矩流变仪的主机上,把毛细管口模安装在挤出机上。

④ 将压力传感器、测温热电偶连接在挤出机和毛细管口模上。

(2) 实验操作。

① 开启 HAAKE 转矩流变仪驱动助剂和控制系统,按实验要求输入相关参数。

② 对单螺杆挤出机进行预热,达到设定温度 200 ℃时,恒温 10~15 min,校正流变仪系统和压力传感器。

③ 启动单螺杆挤出机,选定不同的螺杆转速,待螺杆转速稳定后,将被测试样 ABS 通过料斗装入 HAAKE 转矩流变仪中,当挤出达到稳定后,开始记录数据。选择不同间隔时间取样,测试聚合物熔体的质量流动速率(g·min^{-1})。

④ 在 200 ℃下调节不同的螺杆转速,重复上述实验操作。螺杆转速在 10~100 r·min^{-1}范围内,以 10 r·min^{-1}之差递增进行实验。

⑤ 实验结束后,将数据储存在计算机控制处理系统中进行处理。清理挤出机、毛细管口模,关闭仪器。

实验数据和结果处理

(1) HAAKE 转矩流变仪可自动进行测量数据的记录、储存,以及绘制曲线。输入相应的数据,最后可打印输出各转速下的压力差、剪切速率、剪切压力、表观黏度等参数,并作出 τ-γ、η_a-γ 曲线图。

(2) 测量各转速下聚合物熔体的质量流动速率 $M(\mathrm{g \cdot min^{-1}})$,计算聚合物熔体流动速率 Q:

$$Q = \frac{M}{60 \rho_m}$$

式中:ρ_m 为样品的熔体密度($\mathrm{g \cdot cm^{-3}}$)。

(3) 根据在恒定温度和毛细管长径比下测得的压力差 Δp,按上式计算出的 Q、毛细管半径 R 和毛细管长度 L,计算出各转速下的剪切应力 τ、剪切速率 γ 和熔体表观黏度 η_a。

(4) 将对应的 τ 和 γ 在双对数坐标上绘制 τ-γ 流动曲线图,在 γ 不大的范围内可得一直线,其斜率即为非牛顿指数 n。

(5) 由 n 进行非牛顿校正可得毛细管的真实剪切速率 γ_z:

$$\gamma_z = \frac{3n+1}{4n}\gamma$$

(6) 在恒定温度下将测得的不同长径比毛细管的压力差 Δp 对 γ 作图,再在恒定 γ 下绘制 Δp-L/D 图,将其所得直线外推与 L/D 轴相交,该 L/D 轴上的截距 e 即为 Bagley 改正因子,计算毛细管的真实剪切应力 σ_z:

$$\sigma_z = \frac{\Delta p}{2(L/R + e)}$$

(7) 在不同温度下测量聚合物熔体表观黏度 η_a,绘制 $\ln\eta_a$-$1/T$ 关系图,在一定范围内为一直线,其斜率即可表征熔体的黏流活化能 E_η。

附注

① $MgCO_3$ 的制备。

a. 在装有搅拌器、回流冷凝管的 500 mL 三口烧瓶中,加入 21.2 g Na_2CO_3、214 mL 水,升温至 60 ℃,恒温,在搅拌下使 Na_2CO_3 溶解。

b. 将 49.2 g $MgSO_4 \cdot 7H_2O$、135 mL 水放入 250 mL 的烧杯中,升温至 60 ℃,通过搅拌使之溶解。

c. 用虹吸管将 $MgSO_4$ 水溶液吸入 Na_2CO_3 溶液中,滴加速率要快,温度一定要保持在 58~60 ℃。

d. 升温至 90~100 ℃,恒温 2 h(升温至 90 ℃时,30 min 后体系内可能黏稠,搅拌不动,应加快搅拌速率)。

$MgCO_3$ 粒子要细腻,沉降要慢,在 500 mL 量桶内一夜沉降在 50 mL 以内。

注意事项

(1) HIPS 本体预聚合过程中要正确判断相转变是否发生,一定要在相转变完成一段时间后再终止反应,否则产品性能极差。在相转变发生前后的一段时间,要特别注意控制好搅拌速率。

(2) 丙烯腈有毒,不要接触皮肤,更不能误入口中。

(3) MgCO₃ 的制备一定要严格控制,保证质量,它的质量与用量是悬浮聚合是否成功的关键。

(4) 挤出机料筒和模具温度较高,实验和清洗时要戴手套,防止烫伤。实验结束,应挤出余料。

思考题

1. 通过接枝聚合反应,橡胶增韧聚苯乙烯后,不仅提高了抗冲性能,并且改进了伸长率、延长性、抗环境应力破裂性能,但与未用橡胶改性的聚苯乙烯比较,则抗张强度与模量降低,透明性降低,为什么? 接枝共聚最根本的作用是什么?

2. ABS 可采取共混法和接枝共聚法制备,查阅文献回答两种制备方法的区别,以及两种方法制备的 ABS 在性能上的差别。

3. 聚合物流变曲线对拟订成型加工工艺有何指导作用?

实验 192　纳米二氧化钛光催化剂的合成及其催化性能

实验目的

了解纳米光催化技术的基础知识和发展趋势;掌握纳米材料的合成方法,并了解其应用前景。

实验原理

光催化技术是目前科学研究的热点之一,其应用范围十分广泛,可用于污水处理、空气净化、太阳能利用、抗菌、玻璃材料的防雾和自清洁功能等。

用作光催化剂的 TiO_2 主要有两种晶相——锐钛矿相和金红石相。利用 TiO_2 作为光催化剂进行废水的净化光催化反应,属于异相光催化,反应多数发生在催化剂表面。因此,TiO_2 表面的性质和结构对反应有重要影响。TiO_2 能吸附多种无机分子(如 CO、SO_2、NO_x、NH_3 等)和有机分子(如甲醛、苯酚、氯代烃等),且表面缺陷越多的 TiO_2 越容易吸附气体分子。

纳米颗粒与微米颗粒相比,具有量子尺寸效应、表面-界面效应等独特的性质,因

此将 TiO_2 制成纳米尺度的颗粒或颗粒薄膜,对紫外光的吸收也发生蓝移,禁带宽度增加,其量子产率和光催化反应的效应均会得到明显的提高。

工业上最早利用硫酸法制备纳米 TiO_2,但废气和废酸等公害处理开支巨大,美国杜邦(Du Pont)公司开发了氯化法。实验室中常用化学法制备纳米 TiO_2 粉末,根据反应体系的形态,制备纳米 TiO_2 的方法有固相法、气相法和液相法,具体见表192-1。其中,溶剂(水)热法制备纳米氧化物微粉有许多优点,如产物直接为晶态,无须经焙烧晶化过程,避免颗粒团聚,同时粒度比较均匀,形态比较规则。

表 192-1　制备 TiO_2 微米粉末及纳米粉末的主要方法

制备方法	前驱体	特　征	相　组　成
沉淀法	钛酸乙酯	尺寸小,均匀分布	无定形
	钛酸异丙酯	沉淀-解胶	锐钛矿+无定形
	$TiCl_4$	尺寸小,比表面积大	锐钛矿+无定形
	$(NH_4)_2TiF_6$	低温下制备氧化钛膜	锐钛矿
水解法	钛酸乙酯	单分散	—
	$TiOSO_4$	600~1 000 ℃煅烧,结晶薄膜	600 ℃锐钛矿
溶胶-凝胶法	$TiCl_4$ 钛酸异丙酯	醇解	混晶相
	钛酸异丙酯	用羟丙基纤维素稳定	不同文献报道结果不同
氧化-还原法	$Ti+H_2O_2$	200 ℃煅烧	无定形
溶剂(水)热法	钛酸丁酯 $TiCl_4$ 钛酸异丙酯 钛酸乙酯	解胶后经水热处理,得到 25~50 nm 氧化钛纳米晶	锐钛矿与金红石相共存

另外,用钛的醇盐作为前驱体制备纳米 TiO_2 能避免用钛盐作为前驱体时盐中的阴离子残留,往往能得到性能更优的催化剂。故本实验以钛酸四丁酯为原料,用溶剂热法制备锐钛矿型 TiO_2 纳米晶,并以对甲基橙的分解速率来评价其催化活性。

仪器、试剂和材料

光化学反应器(南京长宁无线电厂);高速离心机(15 000 r・min⁻¹);紫外-可见分光光度计;X-射线衍射仪;透射电子显微镜。

钛酸四丁酯;油酸;正己烷;无水乙醇;甲基橙。

实验内容

1. 纳米 TiO_2 的制备

取一定量的钛酸四丁酯加到盛有油酸与正己烷的聚四氟乙烯容器中,然后将此聚四氟乙烯容器装进不锈钢容器内,密封。在温度为 200 ℃时进行热处理 12 h,自然冷却至室温,将反应混合物离心,抽滤,将所得的白色沉淀依次用蒸馏水、无水乙醇洗涤 3 次,再以丙酮为提取剂对白色沉淀进行索氏提纯,80 ℃下真空干燥 4 h,即得纳米 TiO_2。

2. 纳米 TiO_2 的表征

用透射电子显微镜观测产物的粒度,用 X-射线衍射仪测定产物结构(所得 TiO_2 具有锐钛矿型结构,约为 60 nm)。

3. 光催化实验

将初始浓度为 20 $mg \cdot L^{-1}$ 的甲基橙溶液 250 mL 置于光化学反应器中,加入一定量的纳米 TiO_2 光催化剂,分散均匀,打开紫外灯光源,并同时记下反应时间。每隔一定的时间取样,高速离心分离后测定甲基橙溶液的吸光度变化,并与不加光催化剂的情况进行比较,评价纳米 TiO_2 的催化性能。

实验 193　　植物叶绿体色素的提取、分离和测定

实验目的

初步掌握天然产物的分离、提取、鉴定及含量测定等实验技术,提高综合实验能力;掌握光谱技术和色谱技术表征和测定植物叶片的叶绿素、胡萝卜素等色素的方法。

实验原理

绿叶植物的叶绿体色素有叶绿素和类胡萝卜素两类,主要包括叶绿素 a、叶绿素 b、β-胡萝卜素和叶黄素等四种。其中,叶绿素 a 和叶绿素 b 为吡咯衍生物与金属镁的配合物,β-胡萝卜素和叶黄素为四萜类化合物。根据它们的化学特性,用有机溶剂可将它们从植物叶片中提取出来,并通过萃取、沉淀和色谱分离等手段将它们分离与纯化。

叶绿素 a 和叶绿素 b 的分子结构相似,它们的吸收光谱、荧光激发光谱和发射光谱重叠严重,用常规的光谱分析方法难以实现同时测定。若利用一阶导数光谱技术和同步荧光技术,可消除光谱重叠干扰,实现它们的同时测定。

高效液相色谱是一种能高效分离和准确测定有机混合物含量的技术,利用这种

技术可在高效分离的基础上对植物叶片中各个色素进行测定。

仪器、试剂和材料

具有导数光谱功能的自动扫描式分光光度计;高效液相色谱仪。

甲醇和乙腈为色谱纯,其他有机溶剂均为化学纯或分析纯;叶绿素 a、叶绿素 b 和 β-胡萝卜素的标准样品。

实验内容

1. 植物叶片中叶绿素 a 和叶绿素 b 的同时测定

(1) 方法一——多波长分光光度法。

① 吸收光谱曲线的绘制。用丙酮-水(体积比为 9∶1)作为溶剂,配制适宜浓度的叶绿素 a 和叶绿素 b 溶液,在 600~700 nm 波长范围内分别绘制其吸收光谱曲线,并根据它们的吸收光谱曲线的形状与特点,确定用双波长法测定该两组分的工作波长,并计算出它们在这两个工作波长下的摩尔吸收系数。

用前述溶剂配制 5 种不同浓度的标准溶液,分别在工作波长下测定其吸光度,并绘制工作曲线。

② 样品中叶绿素 a 和叶绿素 b 的含量测定。取 0.5 g 新鲜干净、去脉的蔬菜叶片,准确称重后,剪碎,置于研钵中,加入 0.10 g $MgCO_3$(s)和 3 mL 丙酮-水(体积比为 9∶1)溶液,研磨至浆状,离心分离,上层清液收集在 50 mL 容量瓶中。残渣重新研磨提取至植物组织无色为止,离心分离,收集清液,合并于上述 50 mL 容量瓶中,以丙酮-水(体积比为 9∶1)溶液定容。每种样品应平行提取 2 份。最后在工作波长下测定样品溶液的吸光度,并由工作曲线求出叶绿素 a 与叶绿素 b 的浓度,换算出蔬菜叶片中它们的质量分数。

(2) 方法二——导数分光光度法。

① 一阶导数光谱曲线的绘制。用方法一中配制的叶绿素 a 和叶绿素 b 溶液(丙酮-水溶液为参比),在 600~700 nm 波长范围内绘制一阶导数光谱曲线。由于叶绿素 a 在 635 nm 波长处、叶绿素 b 在 646 nm 波长处的一阶导数分别为零,因而可以选定 635 nm 和 646 nm 为工作波长,此时两者的一阶导数值互不干扰。

② 工作曲线的绘制。配制 5 种不同浓度的叶绿素 a 和叶绿素 b 的标准溶液系列,在上述选定的工作波长下测定其一阶导数值,并绘制工作曲线。

③ 测定方法一中已处理好的蔬菜样品溶液的叶绿素 a 和叶绿素 b 的含量,并换算出蔬菜叶片中它们的含量。

(3) 方法三——高效液相色谱法。

① 色谱条件。C_{18}(4.0 mm × 200 mm,粒径 5 μm)色谱柱,另加一支粒径 20 μm 的 C_{18} 保护柱;二氯甲烷-乙腈-甲醇-水(体积比为 20∶10∶65∶5)溶液为流动相,流速为 1.5 mL · min^{-1};检测波长为 440 nm 和 660 nm;进样体积为 20 μL。

② 工作曲线的绘制。首先注入混合色素标准试样,记录色谱图。分析色谱图,确定两组分的出峰顺序。接着分别注入 0.20 mg·mL^{-1}、0.40 mg·mL^{-1}、0.60 mg·mL^{-1}、0.80 mg·mL^{-1} 和 1.00 mg·mL^{-1} 混合色素标准溶液进行色谱分析,绘制这两种色素的浓度-色谱峰面积工作曲线。

③ 将方法一中已处理好的样品溶液经 0.2 μm 针头式过滤器直接进样分析。根据保留值定性,再根据工作曲线计算各组分的含量。

2. 植物体中叶绿体色素的提取、分离和纯度测定

(1) 色素的提取。称取干净的新鲜绿叶蔬菜 10 g,剪碎后放入研钵中,加入 0.5 g MgCO$_3$(s) 和 20 mL 丙酮-水溶液,迅速研磨 5 min。倒入不锈钢网滤器过滤,残渣再研磨提取一次。分开滤液,转入预先放有 20 mL 石油醚的分液漏斗中,加入 5 mL 饱和 NaCl 溶液和 45 mL 蒸馏水,摇匀,使色素转入石油醚层。再用蒸馏水洗涤石油醚层 2 次(每次用蒸馏水 50 mL),再用无水 Na$_2$SO$_4$ 除去提取液中的水分,并进行适当浓缩,得约 10 mL 提取液。

(2) 色素的分离。

① 方法一——纸色谱法。采用 1$^#$ 新华色谱滤纸,展开剂可采用 CCl$_4$ 或石油醚-乙醚-甲醇(体积比为 30∶1.0∶0.5)。用毛细管在色谱滤纸中心处重复点样 3~4 次,斑点约为 1 cm。吹干后,另在样斑中心点加 1~2 滴展开剂,让样品斑形成一个均匀的样品环。沿着样品环中心穿一个直径约为 3 mm 的洞,做一条 2 cm 长的滤纸芯穿过中心。取一对直径 10 cm 的培养皿,其中一个倒入约 1/3 的展开剂,放入上述已点好样的色谱滤纸,盖上另一培养皿,展开。纸色谱分离后,分别将各个色带剪下,用丙酮-水(体积比为 9∶1)溶液溶出,收集于试剂瓶中备用。

② 方法二——硅胶薄层色谱法。将 5 cm×20 cm 硅胶板在 105 ℃下活化 0.5 h;以石油醚-丙酮-乙醚(体积比为 3∶1∶1)为展开剂。其余步骤与纸色谱法类似。

③ 方法三——氧化铝柱色谱法。在直径为 10 mm 的加压色谱柱底部放入少量的玻璃丝,依次加入 0.5 cm 高的海砂、10 cm 高的中性氧化铝(250 目)和 0.5 cm 高的海砂。加入 25 mL 石油醚,用双连球打气加压浸湿氧化铝填料。整个洗脱过程应保持液面高于氧化铝填料。将 2.0 mL 上述植物色素提取液加到色谱柱顶部。洗完后,再加少量石油醚洗涤,使色素全部进入色谱柱内。加入 25 mL 石油醚-丙酮(体积比为 9∶1)溶液,适当加压洗脱第一个有色组分——橙黄色的 β-胡萝卜素溶液。再用 50 mL 石油醚-丙酮(体积比为 7∶3)溶液洗脱第二个黄色带(叶黄素)和第三个色带(叶绿素 a)。最后用体积比为 1∶1 的石油醚-丙酮溶液洗脱叶绿素 b。分别收集各色素洗脱液于棕色瓶中。

(3) 色素纯度的测定。可用分子吸收光谱或荧光光谱法来表征与鉴定上述三种色谱分离法得到的四种色素。其中叶绿素 a 和叶绿素 b 的纯度可用前述的吸收光谱法或高效液相色谱法来测定,并计算三种分离法得到的样品中的叶绿素 a 和叶绿素 b 的实际含量和两者的比值。根据测定结果讨论三种色谱分离方法的优缺点。

注意事项

（1）因叶绿体色素对光、温度、氧、酸、碱及其他氧化剂都非常敏感，故提取和分析色素时，一般要在避光、低温及无其他化学干扰下快速完成。提取液不宜长期存放。

（2）因色素提取液可能会有不溶物，故色谱分析时应采用预柱和针头过滤器进样，以便保护色谱（分析）柱。

思考题

1. 天然产物的提取方式有哪些？各有什么优缺点？

2. 试解释叶绿素、胡萝卜素和叶黄素等三种色素在氧化铝柱上的洗脱顺序。

附　录

附录四　温度的测量与控制

温标

温度是表征体系中物质内部大量分子、原子平均动能的一个宏观物理量。物体内部分子、原子平均动能的增加或减少,表现为物体温度的升高或降低。物质的物理化学特性无不与温度有着密切的关系,温度是确定物体状态的一个基本参量。因此,准确测量和控制温度,在科学实验中十分重要。

温度是一个很特殊的物理量,两个物体的温度不能像两个物体的质量那样互相叠加,两个温度间只有相等或不相等的关系。为了表示温度的数值,需要建立温标,即温度间隔的划分与刻度的表示,这样才会有温度计的读数。国际温标是规定一些固定点,对这些固定点用特定的温度计进行精确测量,在规定的固定点之间的温度的测量是以约定的内插方法、指定的测量仪器以及相应的物理量的函数关系来定义的。确立一种温标,需要有以下三个步骤。

(1) 选择测温物质。要用某物质的某种与温度有依赖关系而又有良好重现性的物理性质,如体积、电阻、温差电势以及辐射电磁波的波长等,作为测温物质,利用它的特性制成温度计。

(2) 确定基准点。测温物质的某种物理特性,只能显示温度变化的相对值,必须确定其相当的温度值,才能实际使用。通常是以某些高纯物质的相变温度,如凝固点、沸点等,作为温标的基准点。

(3) 划分温度值。基准点确定后,还需要确定基准点之间的分隔,如摄氏温标是以 103.2 kPa 下的冰点(0 ℃)和沸点(100 ℃)为两个定点,定点间分为 100 等份,每一等份为 1 ℃,用外推法或内插法求得其他温度。

实际上,一般物质的某种特性,与温度之间并非严格呈线性关系,因此,用不同物质做的温度计测量同一物体时,所显示的温度往往不完全相同。

1848 年开尔文(Kelvin)提出热力学温标,它是建立在卡诺(Carnot)循环基础上的,是与测温物质性质无关的一种理想的、科学的温标。

设理想热机在 T_1 和 $T_2(T_2 > T_1)$ 两热源之间工作,工作物质从 T_2 热源吸热 Q_2,向 T_1 热源放热 Q_1,经过一个可逆循环,对外做功 $W = |Q_2| - |Q_1|$,热机效率 η 为

$$\eta = 1 - \frac{Q_1}{Q_2} = 1 - \frac{T_1}{T_2}$$

在卡诺循环中，温度 T_1 和 T_2 仅与热量 Q_1 和 Q_2 有关，与工作物质的性质无关。若规定一个固定的温度 T_1，则另一个温度 T_2 可由下式求得

$$T_2 = \frac{|Q_2| T_1}{|Q_1|}$$

开尔文建议用此原理定义温标，称为热力学温标，通常还叫做绝对温标，以 K(开)表示。

理想气体在定容下的压力(或定压下的体积)与热力学温度呈严格的线性函数关系。因此，现在国际上选定气体温度计来实现热力学温标。氦气、氢气、氮气等气体在温度较高、压力不太大的条件下，其行为接近理想气体。所以，这种气体温度计的读数可以校正成为热力学温度。

热力学温标用单一固定点定义，规定"热力学温度单位开尔文(K)是水三相点热力学温度的 1/273.15"。水的三相点温度为 273.15 K。热力学温标与通常习惯使用的摄氏温标分度值相同，只是差一个常数(273.15 K)，即

$$t/℃ = T - 273.15\ \text{K}$$

由于气体温度计装置复杂，使用很不方便。为了统一国际上的温度量值，1927年拟定了"国际温标"，建立了若干可靠而又能高度重现的固定点。随着科学技术的发展，又经多次修订，现在采用的是 1990 国际温标(ITS-1990)。

水银温度计

水银温度计是实验室常用的温度计，它的测温物质为水银。因为水银容易提纯，热导率大，比热小，膨胀系数比较均匀，所以水银温度计得到广泛使用。在相当大的温度范围内，水银体积随温度的变化接近于线性关系。水银温度计构造简单，读数方便，可用于 −35～360 ℃(水银的熔点是 −38.7 ℃，沸点是 356.7 ℃)，如果用石英玻璃作管壁，其中充入氮气或氩气，最高可测至 750 ℃。常用水银温度计刻度间隔有 2 ℃、1 ℃、0.5 ℃、0.2 ℃、0.1 ℃等，刻度间隔与温度计量程范围有关，可根据测量精度选用。

水银温度计使用时应注意以下几点。

1. 读数校正

(1) 以纯物质的熔点或沸点作为标准进行校正。

(2) 以标准水银温度计为标准，与待校正的温度计同时测量某一体系的温度，将对应值一一记录，作出校正曲线。

标准水银温度计由多支温度计组成，各支温度计的量程范围不同，交叉组成 −10～360 ℃范围。每支都经过计量部门鉴定，读数准确。

2. 露茎校正

水银温度计有"全浸"和"非全浸"两种。

　　非全浸式水银温度计刻有校正时常浸入量的刻度,在使用时若室温和浸入量均与校正时一致,所示温度是正确的。

　　全浸式水银温度计使用时应全部浸入被测体系中,如附图 4-1 所示,达到热平衡后,方能读数。全浸式水银温度计如不能全部浸没在被测体系中,则因露出部分与被测体系温度不同,必然存在读数误差,故必须予以校正,这种校正称为露茎校正,如附图 4-2 所示。校正公式为

$$\Delta t = \frac{kh}{1+kh}(t_{测} - t_{环})$$

式中:$\Delta t = t_{实} - t_{测}$,是读数校正值;$t_{实}$ 是温度的正确值;$t_{测}$ 是温度计的读数值;$t_{环}$ 是露出待测体系外水银柱的有效温度(从放置在露出一半位置外的另一支辅助温度计读出);h 是水银柱露出待测体系外部的水银柱长度,称露茎高度,以温度差值表示;k 是水银对于玻璃的相对膨胀系数,用摄氏度时,$k = 0.000\,16$,上式中 $kh \ll 1$,所以

$$\Delta t \approx kh(t_{测} - t_{环})$$

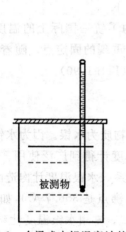

附图 4-1　全浸式水银温度计的使用

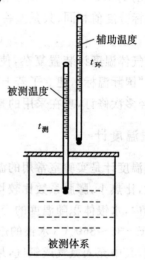

附图 4-2　温度计的使用及校正

贝克曼温度计

1. 特点

　　贝克曼(Beckmann)温度计是精密测量温度差值的温度计,它的主要特点是最小刻度为 1/100 ℃,用放大镜可以估计读准到 0.002 ℃,测量精度较高。还有一种 1/500 ℃刻度的,可以读准到 0.000 40 ℃。贝克曼温度计的量程一般只有 5 ℃,1/500 ℃刻度的贝克曼温度计的量程只有 1 ℃。为了适用于不同用途,其刻度方式有两种,一种是 0 ℃刻在下端,5 ℃刻在上端;另一种为 0 ℃刻在上端,5 ℃刻在下端。贝克曼温度计与普通温度计不同(附图 4-3),在它的毛细管上端,加装了一个水银储管 D,用来调节水银球 B 中的水银量。因此,虽然量程只有 5 ℃,却可以在不同温度

范围内使用,一般可供－6～120 ℃范围内使用。

由于水银球 B 中的水银量是可变的,因此,水银柱的
刻度值就不是温度的绝对值,只适用于在量程范围内读出
温度的变化值 Δt。

2. 使用方法

首先根据实验的要求确定选用哪一类型的贝克曼温度
计。使用时操作步骤如下。

(1) 测定贝克曼温度计的 R 值。贝克曼温度计最上部
刻度 H 处到水银储管顶端 A 处所相当的温度值称为 R
值。将贝克曼温度计与另一支普通温度计(1/10 刻度)同
时插入盛水(或其他液体)烧杯内,加热烧杯,贝克曼温度计
中的水银柱就会上升,由普通温度计可以读出从 H 到 A
段相当的温度值 R。可重复几次取其平均值。

(2) 水银球 B 中水银量的调节。在使用贝克曼温度计
时,首先应该将它插入一杯与所要测定体系温度相同的水
中,待平衡后,如果毛细管内水银在所要求的合适刻度附
近,说明水银球 B 中的水银量合适,就不必调节,否则,就
应该调节水银球中的水银量。若水银球 B 内水银量过多,
毛细管中水银已过 A 点,在此情况下,左手握贝克曼温度
计的中部,将温度计倒置,右手轻击左手腕,使水银储管 D
中水银与 A 点处水银相连接,连好后再将温度计轻轻倒转
回来,然后将温度计置于温度为 t' 的水中,待平衡后,用左
手握住贝克曼温度计顶部,迅速取出,离开水面和实验台,

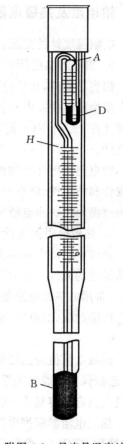

附图 4-3　贝克曼温度计

立即用右手轻击左手腕,使毛细管中水银与 D 管中水银在 A 处断开。此步骤要特别
小心,切勿使温度计与其他硬物相碰。温度 t' 的选择可按下式计算

$$t' = t + R + (5 - x)$$

式中:t 为实验温度;x 为在 $t(℃)$ 时贝克曼温度计的读数。

当水银球 B 内水银量过少时,左手握住贝克曼温度计中部,将温度计倒置,右手
轻击左手腕,水银就会在毛细管中向下流动,待水银在 A 处与 D 管中水银相连接,即
可按上法调节。调节后,将贝克曼温度计放在实验温度 $t(℃)$ 的水中,看温度计中水
银柱是否在所要求的刻度 x 附近,如果相差太大,则需重新调节。

3. 注意事项

贝克曼温度计是由薄玻璃制成,易被损坏,一般只应放置三处:①安装在使用仪
器上;②放在温度计盒内;③握在手中。不准任意放置在其他地方。调节时,应注意
不能让它受剧热或骤冷,还应避免重击。已调节好的温度计,注意不要使毛细管中水
银再与 D 管中水银相连接,用夹子时必须垫有橡胶板,不能用铁夹直接夹温度计。

铂电阻及热敏电阻温度计

电阻温度计的测温,原理上基于金属或半导体的电阻随温度变化的特性。

1. 铂电阻温度计

铂容易提纯,化学稳定性很高,并具有很高重复性的电阻温度系数,所以,铂电阻与专用精密电桥或电势差计组成的铂电阻温度计,有着极高的精确度。因此,铂电阻温度计在 13.81 K(-259.34 ℃)~903.89 K(630.74 ℃)温度范围内被选定为标准温度计。

铂电阻温度计用的纯铂丝是在 933.15 K(660 ℃)下经退火处理过的,以增加其重现性和稳定性,绕在交叉的云母片上,密封在特硬玻璃管中,管内充满干燥的氦气,成为感温元件。用电桥法测定铂丝电阻。

2. 热敏电阻温度计

热敏电阻的电阻值会随着温度的变化而发生显著的变化,它是一个对温度变化极其敏感的元件。它对温度的灵敏度要比铂电阻、热电偶等其他感温元件高得多。目前,常用的热敏电阻是由金属氧化物半导体材料制成的,它能直接将温度变化转换成电性能的变化(电阻、电压或电流的变化),测量电性能变化就可以测出温度的变化。

热敏电阻值与温度的关系并非线性关系,但当我们用它来测量较小范围的温度时,近似认为是线性关系。实验证明,其测定温差的精度足以和贝克曼温度计媲美,而且还具有热容量小、响应快、便于自动记录等优点。

热敏电阻器根据电阻-温度特性可分为两类:一类为具有正温度系数的热敏电阻器(简称 PTC);一类为具有负温度系数的热敏电阻器(简称 NTC)。

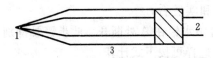

热敏电阻器的基本构件为用热敏材料制成的热敏元件、引线、壳体。它可以做成各种形状。附图 4-4 是珠形热敏电阻器的示意图。在实验中可将热敏电阻作为电桥的一臂,其余三臂是纯电阻(附图 4-5)。图中 R_2、R_3 为固定电

附图 4-4　珠形热敏电阻器示意图
1—热敏元件;2—引线;3—壳体

阻,R_1 为可变电阻,R_t 为热敏电阻,E 为甲电池。当在某温度下将电桥调平衡时,记录仪中无电压信号输入,当温度改变后,电桥不平衡,则有电压信号输给记录仪,记录仪的笔将移动,只要标定出记录仪的笔相应每 1 ℃时的走纸格数,就很容易求得所测的温度。实验时要特别注意防止热敏电阻器两条引线间受潮漏电,否则必将影响所测结果和记录仪的稳定性。

热电偶温度计

两种不同金属导体构成一个闭合线路,如果连接点温度不同,回路里将产生一个与温差有关的电势,称为温差电势,这样的一对金属导体称为热电偶。因此,可利用

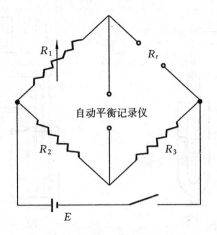

附图 4-5　热敏电阻测温示意图

热电偶的温差电势测定温度。

几种常用的热电偶温度计的适用范围,及其室温下温差电势的温度系数列于附表 4-1 中。附表 4-1 中热电偶的化学成分为

康铜：　　Cu 60％；　Ni 40％

镍铬：　　Ni 90％；　Cr 10％

镍铝：　　Ni 95％；　Al 2％；　Si 1％；　Mg 2％

铂铑：　　Pt 90％；　Rh 10％

附表 4-1　几种常用热电偶的适用范围及 dE/dT 值

类　　型	适用温度范围/℃	可以短时间用的温度/℃	$\dfrac{dE}{dT}/(\text{mV} \cdot \text{K}^{-1})$
铜-康铜	0～350	600	0.042 8
铁-康铜	200～700	1 000	0.054 0
镍铬-镍铝	200～1 200	1 350	0.041 0
铂-铂铑	0～1 450	1 700	0.006 4

热电偶的两根材质不同的电偶丝,需在氧焰或电弧中熔接。为了避免短路,需将电偶丝穿在绝缘套管中。

使用时一般是将热电偶的一个接点放在待测物体中(热端),而将另一端放在储有冰水的保温瓶中(冷端),这样可以保持冷端的温度恒定,如附图 4-6 所示。

为了提高测量精度,需使温差电势增大,为此,可将几支热电偶串联(附图 4-7),称为热电堆。热电堆的温差电势等于各个热电偶温差电势之和。

温差电势可以用直流毫伏表、电势差计或数字电压表测量。热电偶是个良好的温度变换器,可以直接将温度参量转换为电参量,可以自动记录或实现复杂的数据处理、控制,这是水银温度计无法比拟的。

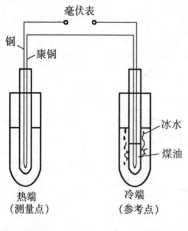

附图 4-6 热电偶的使用

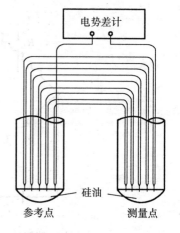

附图 4-7 热电偶五对串联

自动控温简介

实验室中都有自动控温设备,如电冰箱、恒温水浴、高温电炉等。目前多数采用电子调节系统来进行温度控制,它具有控温范围宽、设定温度可以任意调节、控温精度高等优点。

电子调节系统种类很多,但从原理上讲它必须包括三个基本部件,即变换器、电子调节器和执行机构。变换器的功能是将被控对象的温度信号变换成某种电信号。电子调节器的功能是对来自变换器的电信号进行测量、比较、放大、运算,最后发出某种形式的指令,使执行机构进行加热或制冷。电子调节系统按其自动调节规律,可分为断续式二位置控制和比例-积分-微分控制两种,下面分别简介。

1. 断续式二位置控制

实验室常用的电烘箱、电冰箱、高温电炉和恒温水浴等,大多数采用这种控制方法。变换器有不同形式。

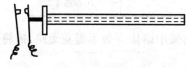

附图 4-8 双金属膨胀式温度控制器示意图

(1) 双金属膨胀式。利用不同金属的线膨胀系数不同,选择线膨胀系数差别较大的两种金属,膨胀系数大的金属棒在中心,膨胀系数较小的金属管套在外面,两种金属的内端焊接在一起,外套管的另一端固定(附图 4-8)。当温度升高时,管中金属棒即向外伸长,伸出长度与温度成正比,触点开关的外臂可以调节其位置,即可在不同温度区间使触点开关"接通"或"断开",继电器则使加热或制冷器工作或停止,从而达到控温目的。双金属膨胀式控温灵敏度较差,一般只能控制在几开范围内。

(2) 晶体管继电器。随着科技的发展,电子继电器中电子管逐渐被晶体管代替,典型线路见附图 4-9。当温度控制表断开时,E_c 通过电阻 R_b 给 PNP 型三极管的基极

b 通入正向电 I_b，使三极管导通，集电极电流 I_c 使继电器 J 吸下衔铁，K 闭合，加热器加热。当温度控制表接通时，三极管发射极 e 与基极 b 被短路，三极管截止，J 中无电流，K 被断开，加热器停止加热。当 J 中线圈电流突然减小时会产生反电动势，二极管 D 的使用是将它短路，以保护三极管避免被击穿。

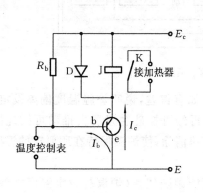

附图 4-9　晶体管继电器　　　　　附图 4-10　动圈式温度控制器

　　(3) 动圈式温度控制器。由于温度控制表、双金属膨胀式变换器不能用于高温，因而产生了可用于高温控制的动圈式温度控制器。动圈式温度控制器采用能工作于高温的热电偶作为变换器，其原理见附图 4-10。热电偶将温度信号变换为电压信号，加于动圈式毫伏表的线圈上，当线圈中因电流通过而产生的磁场与外磁场相作用时，线圈就偏转一个角度，故称为"动圈"，偏转的角度与热电偶的热电势成正比，并通过指针在刻度板上直接将被测温度指示出来，指针上有一片"铝旗"，它随指针左右偏转。另有一个调节设定温度的检测线圈，它分成前后两半，安装在刻度板的后面，并可通过机械调节器沿刻度板左右移动。检测线圈的中心位置，通过设定针在刻度板上显示出来。当高温设备的温度未达到设定温度时，"铝旗"在检测线圈之外，电热器在加热。当温度上升到设定值时，"铝旗"全部进入检测线圈，改变了电感量，电子系统使加热器停止加热。为防止当被控对象的温度高于设定温度时"铝旗"会冲出检测线圈，产生加热的错误信号，因此，加有一个挡针。

　　2. 比例-积分-微分控制

　　随着科技的发展，要求控制恒温和程序升温或降温的范围日益广泛，要求控温的精确度也高了。在通常温度下，使用如上面所述的断续式二位置控制的恒温槽还是很方便的，但由于加热器内电流只有通与断两种状态，电流大小无法自动调节，特别是被控对象与环境的温差越大，控温精度就越差。20 世纪 60 年代以来，控温的手段和控温所能达到的精度，都有了新的进展，广泛采用比例-积分-微分(简称 PID)调节器，利用可控硅使加热器电流能随偏差信号大小而作相应的变化，从而提高了控温的精确度。PID 温度调节系统原理见附图 4-11。

　　炉膛温度采用热电偶测量，由毫伏定值器给出与设定温度值相应的毫伏值。热

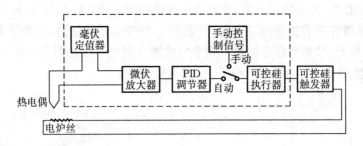

附图 4-11　PID温度调节系统方框图

电偶的热电势与定值器输出的毫伏值相比较,如有偏差,说明炉膛温度偏离设定值,此偏差经微伏放大器放大,送入 PID 调节器,再经可控硅触发器去推动可控硅执行器,以相应调整炉丝加热功率。从而使偏差迅速消除,使炉温保持在所要求的温度控制精度范围内。

　　比例调节作用,就是要求输出的控制电压能跟随偏差(炉温与设定温度之差)电压的变化,自动地按比例增加或降低。但在比例调节时会产生"静差"。要使被控对象的温度能在设定值稳定下来,就必须使加热器继续给出一定热量,以补偿被控对象向环境耗散的热量,但由于在单纯的比例调节中,加热器发出的热量会随着温度回升时偏差的减小而减少,所以当加热器发出的热量不足以补偿耗散热量时,温度就不能回升到设定值,这被称为"静差"。为了克服静差,需要加积分调节。

　　积分调节作用,就是输出控制电压和偏差信号电压与时间的积分成正比,只要有偏差存在,尽管偏差极微小,但经长时间的积累,就会有足够的输出信号去控制加热器的加热电流,当被控对象的温度回升到接近设定温度时,偏差电压虽然极小,但加热仍能在一段时间内维持一个较大的输出功率,因而能消除静差。

　　微分调节作用,就是输出控制电压与偏差电压的变化速率成比例,而与偏差电压的大小无关。这在情况多变的控温系统,如果产生偏差电压的突然变化,则微分调节就会增大或减小输出控制电压,以克服突然变化所引起的温度偏差,保持被控对象温度的稳定。

　　PID 控制是一种比较先进的模拟控制方式,适用于各种条件复杂、情况多变的实验系统。目前已有多种国产 PID 控温仪器可供选用。常用的有 DWK-720 型、DWK-703 型精密温度自动控制仪,DDZ-II 型电动单元组合仪表中的 DTL-121、DTL-161、DTL-152、DTL-154 等都是 PID 调节的调节单元。DDZ-III 型中的调节单元还可以与计算机联用,使模拟调节更加完善。

　　对 PID 控制的原理及线路分析感兴趣的读者可参考专门著作。

附录五　气体压力及流量测定

气压计

测量工作环境大气压力的仪器称气压计。气压计的种类很多,实验室最常用的是福廷式(Fortin)气压计。

1. 福廷式气压计的构造

福廷式气压计的构造如附图 5-1 所示,它的外部是一黄铜管,管的顶端有悬环,用以悬挂在实验室内的适当位置。气压计内部是一根一端封闭的装有水银的长玻璃管 1,封闭的一端向上,管中水银面的上部为真空,玻璃管下端插在水银槽 7 内。水银槽底部是一羚羊皮袋 8,下端由螺旋 9 支持,转动此螺旋可调节槽内水银面的高低,水银槽的顶盖上有一倒置的象牙针 6,其针尖处是黄铜标尺刻度的零点。此黄铜标尺上附有游标尺 3,转动游标尺调节螺旋 4,可使游标尺上下移动。

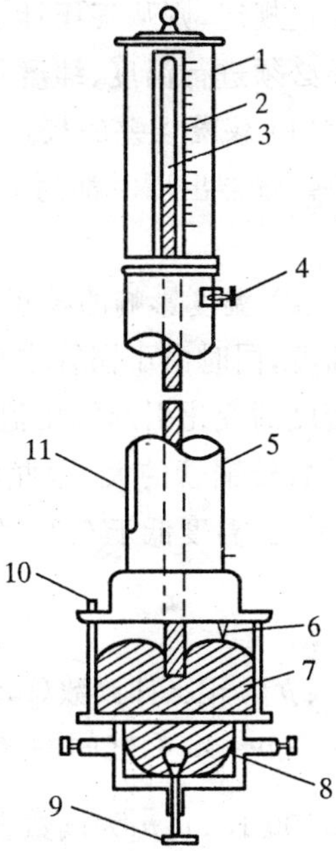

2. 福廷式气压计的使用方法

(1)调节水银槽内水银面的高度,慢慢旋转螺旋 9,使槽内水银面升高,利用水银槽后面的磁板的反光,注视水银面与象牙针尖的空隙,直至水银面与象牙针尖刚刚接触,然后用手轻轻叩一下铜管上面,使玻璃上部水银面凸面正常,稍等几秒钟,待象牙针尖与水银面的接触无变动为止。

(2)调节游标尺。转动气压计旁的螺旋 4,使游标尺 3 升起,并使下沿略高于水银面,然后慢慢调节游标,直到游标尺底边及其后边金属片的底边,同时与水银面凸面顶端相切,这时观察者眼睛的位置应和游标尺前后两个底边的边缘在同一水平线上。

(3)读取水银柱高度。若游标尺的零线与黄铜标尺中某一刻度线恰好重合,则黄铜标尺上该刻度的数值便是气压值,不需使用游标尺;若游标尺的零线不与黄铜标尺上任何一刻度重合,则按着游标尺零线所对应标尺上的刻度,从标尺上读取气压值的整数部分(mm),再从游标尺上找出一根恰好与标尺上的刻度相重合的刻度线,则游标尺上刻度线的数值便是气压的小数部分。

(4)整理工作。记下读数后,将气压计底部螺旋 9 向下移动,使水银面离开象牙

附图 5-1　福廷式气压计构造

1—封闭的玻璃罩; 2—黄铜标尺;
3—游标尺; 4—游标尺调节螺旋;
5—黄铜管; 6—零点象牙针;
7—水银槽; 8—羚羊皮袋;
9—调节槽内水银面升降的螺旋;
10—水银槽与外界大气压相通孔盖;
11—温度计

针尖,并记下气压计的温度及从所附卡片上记下气压计的仪器误差,然后再进行其他校正。

3. 使用时注意事项

(1) 调节螺旋时,动作要缓慢,不可旋转过急。

(2) 在旋转使游标与水银柱凸面相切时,应使眼睛的位置与游标尺前后下沿在同一水平线上,然后再调到与水银柱凸面相切。

(3) 发现槽内水银不清洁时,要及时更换纯净水银。

4. 气压计读数的校正

水银气压计的刻度是以温度为 0 ℃,纬度为 45°的海平面高度为标准的。若不符合上述规定,则从气压计上直接读出的数值,除进行仪器误差校正外,在精密的工作中还必须进行温度、纬度及海拔高度的校正。

(1) 仪器误差的校正。由于仪器本身制造的不精确而造成读数上的误差称仪器误差。仪器出厂时都附有仪器误差的校正卡片。气压的观测值应首先加上此项校正。

(2) 温度影响的校正。由于温度改变,水银密度也随之改变,因而会影响水银柱的高度,同时由于铜管本身的热胀冷缩,也会影响刻度的准确性。当温度升高时,水银密度的变化引起气压值偏高,铜管的热胀冷缩引起气压值偏低。但由于水银的膨胀系数较铜管的大,因此温度高于 0 ℃时,经仪器校正后的气压值应减去温度校正值;反之,温度低于 0 ℃时,要加上温度校正值。气压计的温度校正公式为

$$p_0 = \frac{1+\beta t}{1+\alpha t}p = p - p\frac{\alpha-\beta}{1+\alpha t}t$$

式中:p 为气压计读数(mmHg,1 mmHg＝133.32 Pa);t 为气压的温度(℃);α 为水银柱在 0~35 ℃之间的平均体膨胀系数(α=0.000 181 8);β 为黄铜的线膨胀系数(β=0.000 184);p_0 为读数校正到 0 ℃时的气压值(mmHg)。显然,$p\frac{\alpha-\beta}{1+\alpha t}t$ 即为温度校正值,其数值列有数据表,实际校正时,读取 p、t 后可查表求得。

(3) 海拔高度及纬度的校正。重力加速度(g)随海拔高度及纬度不同而异,致使水银的质量受到影响,而导致气压计读数的误差,其校正办法是,经温度校正后的气压值再乘以($1-2.6\times10^{-3}\cos\lambda-3.14\times10^{-7}H$),式中 λ 为气压计所在地纬度(°),H 为气压计所在地海拔高度(m)。此项校正值很小,在一般实验中不必考虑。

(4) 其他如水银蒸气压的校正、毛细管效应的校正等,因校正值极小,一般均不考虑。

压力表

由于在工业生产过程和科学实验中,压力测量是一个非常重要的环节,所以压力测量仪表使用非常广泛。常用的压力测量仪表,大多为液柱式压力计和弹簧管压力

计,现简介如下。

1. 液柱式压力计

液柱式压力计是利用液柱所产生的压力与被测介质压力相平衡,然后根据液柱高度来确定被测压力的压力计。

液柱压力计包括 U 形管压力计、单管压力计、斜管微压力计等。由于结构简单、使用方便、价格便宜,在一定条件下,液注压力计比较容易得到较高的精确度,故得到广泛的应用。

U 形管压力计的结构如附图 5-2 所示。它是一根弯成 U 形的玻璃管,两端开口,垂直放置,中间装有垂直的刻度标心。管内下部有适量工作液体作为指示液。

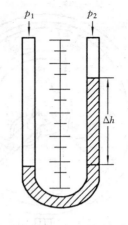

附图 5-2　U 形管压力计

U 形管的两支管,分别接于两个测压器,因为气体的密度远小于工作液的密度,因此由液面差 Δh 及工作液的密度,可以得出下列式子:

$$p_1 = p_2 + \Delta h \rho g$$

或

$$\Delta h = \frac{p_1 - p_2}{\rho g}$$

式中:p_1 为被测介质的压力;p_2 为大气压力(放空时);g 为重力加速度。

U 形管压力计的工作液体应符合一定的要求,如不能与被测体系中的物质发生化学作用、互溶;饱和蒸气压较低;表面张力不大、体膨胀系数较小。水银、水、乙醇、甲苯等可满足要求。工作液体的密度愈小,灵敏度愈高。U 形管压力计的测量范围一般为 0～26 665 Pa,精度为 1.5 级,可测表压、差压、真空度,以及作校验流量计的标准差压计。

2. 弹簧管压力计

弹簧管压力计结构简单、牢固、读数方便迅速、测压范围广、价格便宜,因此,工业生产和实验室中广泛应用,但准确度较差。

弹簧管压力计是用金属弹性元件作为敏感元件来感受压力的,并以弹性元件受压后变形产生的反作用力与被测压力平衡,此时弹性元件的变形就是压力的函数。这样就可以用测量弹性元件的变形(位移)的方法来测得压力的大小。

弹簧管压力计由弹簧、齿轮传动机构、示数装置(指针和分度盘)以及外壳等几部分组成,其结构如附图 5-3 所示。

1 为一根截面呈椭圆形的弯成弧形的金属弹簧管,管的一端固定在底座 6 上,并与外部测压接头 7 相通;管的另一端是封闭的,可以在很小范围内自由移动,并与连杆 3 连接,连杆依次与扇形齿轮 4 和读数指针 2 的小齿轮 8 相连。

当弹簧管内的压力等于管外大气压时,表上指针指在零位读数上;当弹簧管内的

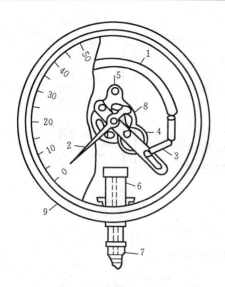

附图 5-3　弹簧管压力计

1—金属弹簧管；2—指针；3—连杆；
4—扇形齿轮；5—弹簧；6—底座；
7—测压接头；8—小齿轮；9—外壳

气体或液体压力大于管外大气压时则弹簧管受压，使管内椭圆形截面扩张趋向于圆形，从而使弧形管伸张而产生位移，进而带动连杆，由于这一变形很小，所以用扇形齿轮和小齿轮加以放大，以便使固定在齿轮上的指针 2 相对于分度盘旋转。指针旋转角度大小正比于弹簧自由端的位移量，亦即正比于所受压力的大小，因此可借指针在分度盘上的位置指示出待测压力。

如果被测量气体的压力低于大气压，可用弹簧真空表，它的构造与弹簧管压力计相同。当弹簧管内的流体压力低于管外大气压时，则弹簧管向内弯曲，表面上指针从零位读数向相反方向转动，真空表的表面读数通常为气体的真空度。

有的弹簧管压力计将零位读数刻在表面中间，可以用来测量表压，也可以测量真空度，称为弹簧管压力真空表。

注意事项：使用压力计时，需要注意选用合适型号及规格，仪表在正常允许的压力范围；在压力表与系统之间常可以安装隔离装置或圆形弯管及阀门，以保护压力表；如测量有爆炸、腐蚀、有毒气体的压力时，应使用特殊的仪表；氧气压力表严禁接触油类，以免爆炸。

压力容器的安全装置

安全装置是压力容器的安全附件之一，为了便于管理，一般将安全附件分为通用性和专用性两大类。通用性安全附件是指为满足一般机械设备的使用要求而设计和制造的装置，如压力计、减压阀等。专用性安全附件是指专门为防止压力容器超压、超温而设计和制造的装置，如安全阀、爆破片(帽)、易熔塞等。

1. 气体钢瓶减压阀

化学实验中常要用到氧气、氮气、氢气、氩气等气体，这些气体常储存在专用钢瓶里，使用时通过减压阀使气体压力降至实验所需范围，再经过其他控制阀门细调。

最常用的减压阀为氧气减压器，也称氧气表。

(1) 氧气减压器的构造及工作原理。

氧气减压器的构造和工作原理如附图 5-4 所示，其高压部分与钢瓶连接，为气体进口；低压部分为气体出口，通往工作系统。高压表 1 指示钢瓶内储存气体的压力，低压表 11 的出口压力可由调节螺杆控制。

使用时先打开钢瓶阀门,然后顺时针转动调节螺杆5,它将带动压缩弹簧6、传动薄膜3、弹簧垫块4和顶杆7,打开活门9,这样进口的高压气体由高压气室经活门节流减压后进入低压气室并经出口通往工作系统。借转动调节螺杆5,改变活门开启的高度来调节高压气体的通过量而控制所需的减压压力。

减压器都装有安全阀,它是保护减压器安全使用的装置,也是减压器出现故障的信号装置。如果由于活门垫、活门损坏或其他原因,导致出口压力自行上升超过一定许可值时,安全阀就会自动打开排气。

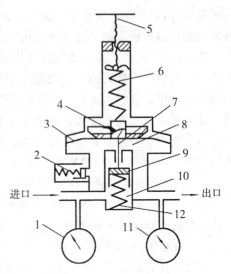

附图 5-4　氧气减压器的构造和
工作原理

1—高压表;2—安全阀;3—传动薄膜;
4—弹簧垫块;5—调节螺杆;6—压缩弹簧;
7—顶杆;8—低压气室;9—活门;
10—高压气室;11—低压表;12—压缩弹簧

(2) 氧气减压器的使用。

① 依使用要求的不同,氧气减压器有多种规格。最高进口压力大多为 150 $kg \cdot cm^{-2}$($1\ kg \cdot cm^{-2} = 9.8 \times 10^4$ Pa),最低进口压力应不小于出口压力的 2.5 倍。出口压力规格较多,最低为 $0 \sim 1\ kg \cdot cm^{-2}$,最高为 $0 \sim 60\ kg \cdot cm^{-2}$。

② 安装减压器时确定其连接尺寸规格是否与钢瓶和工作系统的接头相一致。接头处需用垫圈。安装前须瞬时开启气瓶阀吹除灰尘,以免带进杂质。

③ 氧气减压器严禁接触油脂,以免发生火灾事故。必要时各连接部分只能使用甘油,涂抹量不应过多。如任一连接部分被油污染,必须用汽油或乙醇洗净并风干。

④ 停止工作时,应将减压器中余气放净,然后拧松调节螺杆以免弹性元件长久受压变形。

⑤ 减压器应避免撞击振动,且不可与腐蚀性物质相接触。

(3) 其他气体减压器。氢气、氮气、氩气等永久气体,可以采用氧气减压器,但还有些气体,如氨等腐蚀性气体,则需要专用减压器。常见的有氮气、空气、氢气、氨、乙炔、丙烷、水蒸气等专用减压器。

这些减压器的使用方法及注意事项与氧气减压器基本相同。但是还应该指出:第一,专用减压器一般不用于其他气体;第二,有些专用减压器采用特殊连接口,例如氢气和丙烷采用左牙纹,也称反向螺纹,安装时都应特别注意。

2.安全阀

安全阀的工作原理比较简单,它基本上由三个主要部分组成,即阀座、阀瓣和加载机构。阀座与阀体有的是一个整体,有的是组装在一起的,它与容器连通。阀瓣常连带有阀杆,它紧扣在阀座上。阀瓣上面是加载机构,载荷的大小是可以调节的。当容器内的压力在规定的工作范围以内时,内压作用于阀瓣上的力小于加载机构施加在阀瓣上的力,两者之差构成阀瓣与阀座之间的密封力,阀瓣紧压着阀座,容器内的气体无法排出。当容器内的压力超过规定的工作压力时,内压作用于阀瓣上的力大于加载机构施加在它上面的力,于是阀瓣离开阀座,安全阀开启,容器内的气体即通过阀座口排出。如果安全阀的排量大于容器的安全泄放量,则经过短时间的排放,容器内压力会很快降回至正常工作压力。此时,内压力作用于阀瓣的力又小于加载机构施加在它上面的力,阀瓣又紧压着阀座,气体停止排出,容器保持正常的工作压力继续运行,安全阀就是通过作用在阀瓣上两个力的平衡来使它半闭或开启以防止压力容器超压的。所以它必须满足下列条件。

(1) 在工作压力下保持严密不漏。

(2) 在压力达到开启压力时,阀即自动迅速开启,顺利地排出气体。

(3) 在开启状态下,阀瓣应稳定、无振荡现象。

(4) 在排放压力下,阀瓣处在全开位置,并达到额定排放量。

(5) 泄压关闭后应继续保持良好的密封状态。

真空泵

真空是指压力小于一个大气压的气态空间。真空状态下气体的稀薄程度,常以气压值表示,习惯上称为真空度。不同的真空状态,意味着该空间具有不同的分子密度。

在现行的国际单位制(SI)中,真空度的单位统一为帕斯卡(Pascal),简称帕,符号为 Pa。

在基础化学实验中,通常按真空度的获得和测量方法的不同,划为四个范围:1 333 Pa~101 325,粗真空;0.133 3~1 333 Pa,低真空;1.333×10^{-6}~0.133 3 Pa,高真空;1.333×10^{-6} Pa 以下,超高真空。

为了获得真空,就必须设法将气体分子从容器中抽出。凡是能从容器中抽出气体,使气体压力降低的装置,均可称为真空泵,如水流泵、机械泵、油泵、扩散泵、吸附泵、钛泵、冷凝泵等等。机械泵和扩散泵都要用特种油作为工作物质,因而对实验对象有一定的玷污,但这两种泵的价格低廉,是目前实验中最常用的。机械泵的抽气速率很高,但只能产生低真空;扩散泵使用时必须用机械泵作为前级泵,可获得高真空和超高真空。吸附泵和钛泵都属于无油泵类型,不存在油蒸气的玷污问题;两者串联使用可获得超高真空度。

下面介绍一般实验室中常用的旋片式真空泵的结构及使用原理,如附图 5-5 所示。

泵油的蒸气压很低,既作为润滑油,又可起冷却机件及防止漏气的作用。转子紧贴泵体缸壁上,由电动机带动镶在转子槽中的旋片,靠弹簧的压力也紧贴缸壁,由此使泵体的进、排气口被转子和旋片分隔成两个部分,并使进气腔容积周期性地扩大而吸气,排气腔容积则周期性地缩小,借压缩气体压力和油推开排气阀排气,从而获得

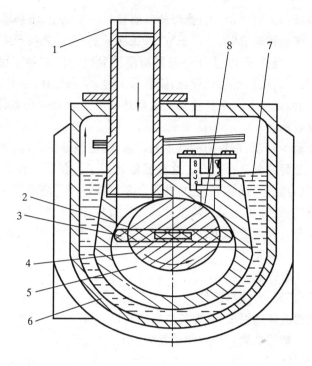

附图 5-5　旋片式真空泵结构图

1—进气口；2—旋片弹簧；3—旋片；4—转子；5—泵体；6—油箱；7—真空泵油；8—排气口

真空。在良好的工作条件下，旋片式真空泵可以将系统减压至 $0.133 \sim 6.666\ 6$ Pa。

常用的机械泵为 2X 系列型（双级泵），它由两个单级泵串联而成。

使用真空泵的注意事项如下。

（1）如果实验体系内有易凝结的蒸气（如水蒸气）、挥发性液体（如乙醚）及腐蚀性气体（如氯化氢）等，不能直接用泵抽气，而需在泵的抽气口前连接冷凝器、洗气瓶或吸收塔，除去上述气体。

（2）在接通电动机电源前，必须弄清所用的电压要求及几相电源，勿使电动机倒转。运转时电动机的温度不能超过 $50 \sim 60$ ℃（有烫手的感觉）。在正常运转时，如有异声应停机检查。

（3）抽气过程中要检查抽气处与实验体系的连接管道是否漏气，否则达不到抽真空的目的。

（4）真空泵与实验体系之间装有一个三通活塞，当停止真空泵运转前，首先用活塞隔断体系与泵的连通使抽气管通大气，然后方可停机，否则油将倒吸。

各种流量计简介

1. 转子流量计

转子流量计又称浮子流量计，是目前工业上或实验室中常用的一种流量计，其结构如附图 5-6(a)所示。它是由一根锥形的玻璃管和一个能上、下移动的浮子所组成。当气体自下而上流经锥形管时,被浮子节流,在浮子上、下端之间产生一个压差,浮子在压差作用下上升,当浮子上、下压差与其所受的黏性力之和等于浮子所受的重力时,浮子就处于某一高度的平衡位置,当流量增大时,浮子上升,浮子与锥形管间的环隙面积也随之增大,则浮子在更高位置上重新达到受力平衡。因此流体的流量可用浮子升起的高度表示。

这种流量计很少自制,市售的标准系列产品,规格型号很多,测量范围也很广,流量每分钟几毫升至每分钟几十毫升。这些流量计用于测量哪一种流体,如气体或液体,是氮气或氢气,市售产品均有说明,并附有某流体的浮子高度与流量的关系曲线,若改变所测流体的种类,可用皂膜流量计或湿式流量计另行标定。

使用转子流量计需注意以下几点。

(1) 流量计应垂直安装。

(2) 要缓慢开启控制阀。

(3) 待浮子稳定后再读取流量。

(4) 避免被测流体的温度、压力突然急剧变化。

(5) 为确保计量的准确、可靠,使用前均需进行校正。

2. 毛细管流量计

毛细管流量计的外表形式很多,附图 5-6(b)所示是其中的一种。它是根据流体力学原理制成的。当气体通过毛细管时,阻力增大,线速率减小(即动能增大),而压力降低(即势能减小),这样气体在毛细管前后就产生压差,借流量计中两液面高度差(Δh)显示出来。当毛细管长度 L 与其半径之比等于或大于 100 时,气体流量 V 与毛细管两端压差存在线性关系:

$$V = \frac{\pi r^4 \rho}{8L\eta} \cdot \Delta h = f \cdot \frac{\rho}{\eta} \cdot \Delta h$$

式中：$f = \frac{\pi r^4}{8L}$ 为毛细管特性系数；r 为毛细管半径；ρ 为流量计所盛液体的密度；η 为气体黏度。

当流量计的毛细管和所盛液体一定时,气体流量 V 和压差成直线关系。对不同的气体,V 和 Δh 有不同的直线关系;对同一气体,更换毛细管后,V 和 Δh 有不同的直线关系;对同一气体,更换毛细管后,V 和 Δh 的直线关系也与原来不同。而流量与压差这一直线关系不是由计算得来的,而是通过实验标定,绘制出 V-Δh 的关系曲线。因此,绘制出的这一关系曲线,必须说明使用的气体种类和所对应的毛细管规格。

这种流量计多为自行装配,根据测量流速的范围,选用不同孔径的毛细管。流量计所盛的液体可以是水、液体石蜡或水银等。在选择液体时,要考虑被测气体与该液体不互溶,也不起化学反应,同时对流速小的气体采用密度小的液体,对流速大的气

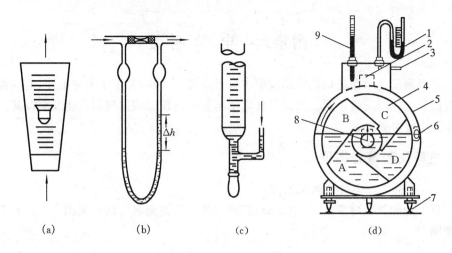

附图 5-6　流量计

（a）转子流量计；（b）毛细管流量计；（c）皂膜流量计；（d）湿式流量计

1—压差计；2—水平仪；3—排气管；4—转鼓；5—壳体；6—水位器；7—支脚；8—进气管；9—温度计

体采用密度大的液体，在使用和标定过程中要保持流量计的清洁与干燥。

　　3.皂膜流量计

　　这是实验室常用的构造十分简单的一种流量计，它可用滴定管改制而成，如附图 5-6(c)所示。橡皮头内装有肥皂水，当被测气体经侧管流入后，用手将橡皮头一捏，气体就把肥皂水吹成一圈圈的薄膜，并沿管上升，用停表记录某一皂膜移动一定体积所需的时间，即可求出流量（体积/时间）。这种流量计的测量是间断式的，宜用于尾气流量的测定，标定测量范围较小的流量计（100 mL · min^{-1}以下），而且只限于对气体流量的测定。

　　4.湿式流量计

　　湿式流量计也是实验室常用的一种流量计，它主要由圆鼓形壳体、转鼓及传动计数装置所组成，如附图 5-6(d)所示。转鼓由圆筒及四个叶片所构成。四个叶片构成A、B、C、D四个体积相等的小室。鼓的下半部浸在水中，水位高低由水位器指示。气体从背部中间的进气管依次进入各室，并不断地由顶部排出，迫使转鼓不停地转动。气体流经流量计的体积由盘上的计数装置和指针显示，用停表记录流经某一体积所需的时间，便可求得气体流量。如附图 5-6(d)中所示位置，表示 A 室开始进气，B 室正在进气，C 室正在排气，D 室排气将完毕。湿式流量计的测量是累积式的，它用于测量气体流量和标定流量计。湿式流量计事先应经标准容量瓶进行校准。

　　使用湿式流量计时应注意以下几点。

　　（1）先调整湿式流量计水平，使水平仪内气泡居中。

　　（2）流量计内注入蒸馏水，其水位高低应使水位器中液面与针尖接触。

　　（3）被测气体应不溶于水且不腐蚀流量计。

　　（4）使用时，应记录流量计的温度。

附录六　电学测量

电学测量技术在基础化学实验中占有很重要的地位,常用于测量电导、电动势等参量以及极化曲线的绘制。因此了解电学测量常用仪器的原理和性能及掌握其使用方法是十分必要的。

电导仪和电导率仪

1. DDS-11 型电导仪测量原理

仪器的测量原理是基于"电阻分压"原理的不平衡测量方法。附图 6-1 为其工作原理图。

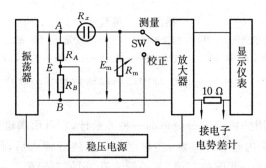

附图 6-1　DDS-11 型电导仪测量原理图

稳压电源输出一个稳定的直流电压,供给振荡器和放大器,使它们工作在稳定状态。为了降低极化作用引起的误差,振荡器输出高频交流电,而且输出电压不随电导池电阻 R_x 的变化而变化,从而为电阻分压回路提供一个稳定的音频(140 Hz、1 100 Hz)标准电压 E。电阻分压回路由电导池(R_x)和测量电阻箱(R_m)组成。E 加在该回路 AB 两端,产生一个测量电流 I_x,根据欧姆定律 $I_x = E/(R_x + R_m)$。由于 E、R_m 是恒定不变的,设定 $R_m \ll R_x$,则可得 $I_x \propto 1/R_x$,从而 $I_x \propto G_x$。电导 G_x 的测量也就变换为电流 I_x 的测量了。调节测量电阻箱使 $R_m \ll R_x$,当有电流 I_x 流过 R_m 时即产生一电势差 $E_m = I_x \cdot R_m$,因 R_m 一经选定后是固定不变的,所以 $E_m \propto I_x$。放大器将 E_m 线性放大后再经桥式检波输入显示仪表,由于 G_x、I_x、E_m 与仪表刻度之间都是正比关系,因此仪表刻度可直接用电导值来表示。放大器输出回路里串有一只 10 Ω 标准电阻,从该电阻两端可输出一个毫伏级的电压信号以配用电子电势差计。

为扩大测量范围,在不同电导值的情况下都能保证 $R_m \ll R_x$,所以 R_m 设计成电阻箱式。本电导仪有 1.5 μS、5 μS、15 μS、50 μS、150 μS、500 μS 及 1.5 mS、5 mS、15 mS、50 mS、150 mS 共 11 挡量程。

为提高测量精度,仪器置有校正器,进行测量时,在读取被测值前,先行校正。当 SW 拨至"校正"时,从 R_A、R_B 组成的分压器中取出 E_B 直接送入放大器而由电表指示。调节振荡器的输出,使表针指在倒立三角形处,这样便完成了"校正"目的。仪器面板如附图 6-2(a)、(b)所示。

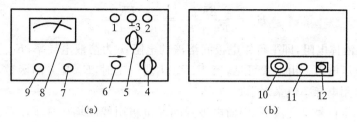

附图 6-2　仪器面板

(a)仪器正面;(b)仪器背面

1、2、3—电极接线柱;4—校正、测量开关;5—范围选择器;6—校正调节器;

7—电源开关;8—指示表;9—电源指示灯;10—三芯话筒;11—熔丝;12—电源插孔

2. DDS-11 型电导仪使用方法

(1) 接通电源前,先观察电表 8 的指针是否指零。如不指零可调表头上的螺丝,使指针指零。

(2) 接通电源,打开电源开关 7,指示灯 9 亮,预热 10 min。

(3) 将测量选择范围旋钮 5 拨到所需的范围挡。如不知被测液体电导的大小范围,则应将旋钮置于最大量程挡,然后逐挡减小,以保护仪表不被损坏。

(4) 电导电极的选择。电导仪附带三支电导电极,分别适用于下列电导范围。

①被测液体电导低于 5 μS 时,使用光亮 260 型电极。

②被测液体电导在 5 μS~150 mS 之间时,使用镀铂黑 260 型电极。

③被测液体电导高于 150 mS 时,使用 U 形电极。

(5) 使用 260 型电极时,电极上同颜色的两根引线分别接在电导仪的接线柱 1、2 上,另一引线接在接线柱 3 上。使用 U 形电极时,两引线分别接在接线柱 1、2 上。

(6) 测量时,先将开关 4 扳向"校正",并调节校正调节器 6 使指针指在电表上红色倒三角标记处。注意必须在电导池接妥的情况下方可进行校正。

(7) 将开关 4 扳向"测量",这时指针指示的读数即为被测液体的电导值。注意当开关 4 扳向"测量"时,切勿使接线柱 1、2 产生短路,当被测液体电导很高时,每次测量都应在校正后方可读数,以提高测量精度。

(8) 当欲配接记录仪进行自动记录时,则利用三芯话筒插孔与记录仪连接起来,当指示满度时,便有 10 mV 的电压输出。

3. DDS-11A 型电导率仪的测量原理

电导率仪的测量原理也是基于"电阻分压"原理的不平衡测量方法。DDS-11A 型电导率仪的工作原理如附图 6-1 所示。

为了降低极化作用引起的误差,测量信号 E 采用交流电。本机振荡产生低周(约 140 Hz)及高周(约 1 100 Hz)两个频率,分别作为低电导率测量及高电导率测量的信号源频率。振荡器用变压器耦合输出,因而使信号 E 不随 R_x 变化而变化。

由附图 6-1 可知

$$E_m = \frac{ER_m}{R_m + R_x} = \frac{ER_m}{R_m + K_{cell}/\kappa}$$

式中:R_x 为液体电阻,即平行铂电极间溶液的电阻;κ 为溶液电导率;K_{cell} 为电导池常数;R_m 为分压电阻。由上式可见,当 E、R_m、K_{cell} 一定时,E_m 是 κ 的函数,所以,仪表刻度可直接用电导率值来表示。

因为测量信号是交流电,因而电极片间及电极引线间均出现了不可忽视的分布电容 C_0(大约 60 pF),电导池则有电抗存在,这样,将电导池视为纯电阻来测量,则存在比较大的误差,特别在 $0 \sim 10^{-5}$ S·m^{-1} 低电导率范围里,此项影响较显著,需采用电容补偿消除之,其原理见附图 6-3。

信号源输出变压器的次级有两个输出信号 E_1 及 E_2,E_1 作为电容的补偿电源。E_1 与 E_2 的相位相反,所以,由 E_1 引起的电流 i_1 流经 R_m 的方向与测量信号 i 流过 R_m 的方向相反。测量信号 i 包括通过纯电阻 R_x 的电流和流过分布电容 C_0 的电流。调节 K_6 可以使 i_1 与流过 C_0 的电流振幅相等,使它们在 R_m 上的影响大体抵消。

4. DDS-11A 型电导率仪使用方法

仪器面板布置图如附图 6-4 所示。

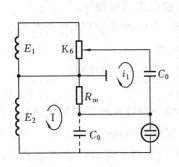

附图 6-3　电容补偿原理图

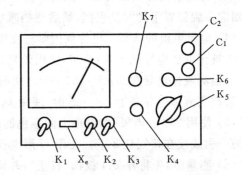

附图 6-4　DDS-11A 型电导率仪面板图

K$_1$—电源开关; K$_2$—高周、低周开关; K$_3$—校正、测量开关;
K$_4$—校正调节; K$_5$—量程选择开关; K$_6$—电容补偿调节;
K$_7$—电极常数调节; C$_1$—电极插口;
C$_2$—10 mV 输出插口; X$_e$—氖泡

使用方法如下。

(1) 接通电源前,先观察电表指针是否指零。如不指零,可调节表头上的螺丝,使指针指零。

(2) 将 K$_3$ 扳在"校正"位置。

(3) 接通电源,打开电源开关 K$_1$,指示灯亮,预热数分钟(待指针完全稳定下来为止),将 K$_7$ 调到所用电极常数相应的位置上,然后调节 K$_4$ 使电表指示满度。

（4）为尽可能减小极化作用，使用 3×10^{-2} S·m^{-1} 以下量程时，选用低周，将 K$_2$ 扳向"低周"；当测量电导率在 $3 \times 10^{-2} \sim 10$ S·m^{-1} 范围时，将 K$_2$ 扳向"高周"。

（5）将量程选择开关 K$_5$ 扳到所需要的测量范围，如预先不知被测液体电导率的大小，应先将其扳在最大测量挡，然后逐挡下降，以保护仪表不被损坏。

（6）电极的使用。

① 当被测液体的电导率低于 1×10^{-3} S·m^{-1} 时，使用 DJS-1 型光亮电极。这时应把 K$_7$ 调到与此电极的电极常数相应的位置上。

② 当被测液体的电导率在 $1 \times 10^{-3} \sim 1$ S·m^{-1} 范围时，使用 DJS-1 型铂黑电极。把 K$_7$ 调到与此电极常数相应的位置上。

③ 当被测液体的电导率大于 1 S·m^{-1} 时，使用 DJS-10 型铂黑电极。这时，K$_7$ 调到与此电极常数的 1/10 相应的位置上，测得的读数应乘以 10 才为被测液体的电导率。

（7）将电极插头插入电极插口内，旋紧插口上的紧固螺丝，再将电极浸入被测液体中。

（8）校正。选好信号频率后，将 K$_3$ 扳向校正，调 K$_4$ 使指示满度。注意，为了提高测量精度，当使用"×0.1 S·m^{-1}"、"×1 S·m^{-1}"这两挡时，校正必须在电导池接妥（即电极头插入插口，电极浸入被测液体中）的情况下进行。

（9）将 K$_3$ 扳向"测量"，这时指示数乘以量程开关的倍率即为被测液体的实验电导率。

（10）当用 1×10^{-5} S·m^{-1} 或 3×10^{-5} S·m^{-1} 这两挡测高纯水时，先把电极引线插入电极插口，在电极未浸入液体之前，调节 K$_6$ 使电表指示为最小值（此最小值即电极铂片间的漏电阻，由于此漏电阻的存在，使得调节 K$_6$ 时电表指针不能达到零点），然后开始测量。

（11）当量程开关拨在红点位置时，读表上红线刻度读数，否则应读表上黑线刻度读数。

（12）如果要了解在测量过程中电导率的变化情况，把 10 mV 输出接到自动平衡记录仪即可。

标准电池

在测定电池的电动势时，需要有一个电动势为已知的并且稳定不变的辅助电池，此电池称为标准电池，它分为饱和式与不饱和式两种。前者可逆性好，因而电动势的重现性和稳定性均好，但电动势的温度系数较大，要做温度校正，一般用于精密测量中。后者的可逆性差，但温度系数小，在精度要求不高的测量中，可免除烦琐的温度校正。下面重点介绍饱和式标准电池，其结构如附图 6-5 所示。

电池的负极为镉汞齐（含 Cd 5%～14%），正极是 Hg 与 Hg$_2$SO$_4$ 的糊状体，在糊状体和镉汞齐上面均放有 CdSO$_4$·8H$_2$O 晶体及其饱和溶液。为了使引入的导线与

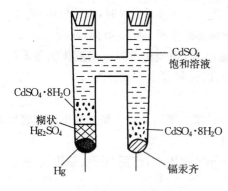

附图 6-5 标准电池结构图

正极糊状体接触得更紧密，在糊状体的下面放进少许水银。电极和电池反应如下。

负极：$Cd(汞齐) \longrightarrow Cd^{2+} + 2e^-$

正极：$Hg_2SO_4(s) + 2e^- \longrightarrow 2Hg(l) + SO_4^{2-}$

电池反应：$Cd(汞齐) + Hg_2SO_4(s) + 8H_2O \Longrightarrow CdSO_4 \cdot 8H_2O(s) + 2Hg(l)$

电池内的反应完全是可逆的，而且电动势很稳定。在 293.15 K 时，$E = 1.018\ 45$ V；在 298.15 K时，$E = 1.018\ 32$ V。在其他温度时，电动势可由下式求得

$$E_T/V = 1.018\ 45 - 4.05 \times 10^{-5}(T - 293.15) - 9.5 \times 10^{-7}(T - 293.15)^2 + 10^{-8}(T - 293.15)^3$$

我国在 1975 年提出的公式为

$$E_T/V = E(293.15\ K)/V - [39.94(T - 293.15) + 0.929(T - 293.15)^2 - 0.009(T - 293.15)^3 + 0.000\ 06(T - 293.15)^4] \times 10^6/V$$

式中：T 为热力学温度。

使用标准电池时应该注意以下几点。

（1）温度不能低于 4 ℃，不能高于 40 ℃。

（2）正、负极不能接错。

（3）要平衡携取，水平放置，绝不能倒置、摇动；受摇动后电动势会改变，应静置 5 h 以上再用。

（4）标准电池不能作为电源使用，若电池短路，电流过大，则会损坏标准电池，一般不允许放电电流大于 0.000 1 A。所以使用时要极短暂地、间隙地使用。

（5）电池若未加套直接暴露于日光下，会使去极剂变质，电动势下降。

（6）不得用万用电表等直接测量标准电池的电动势。

电势差测量

1. 电势差计原理及标准化

电势差计是根据补偿法原理而设计的一种平衡式电压测量仪器。因为它能直接给出待测电池的电动势值（以"V"表示），故设计电势差计时，就规定了流过测量回路中的工作电流 I_w 为某一定值 I_0。实验时必须将流过电势差计的工作电流调整至 I_0，此调整操作称标准化。电势差计电路原理如附图 6-6 所示。

从图可知，它分为工作回路与 $ABCD$ 测量回路（包括标准化回路与测量待测电池回路）。I_w 流经 R_n、R_x 及 R 而返回 E_w。为了保证工作回路流过电流 I_w 为设计时规定的 I_0，故需用标准电池 E_n，通过补偿法来调整。将电键 K 置于"标准"的位置，

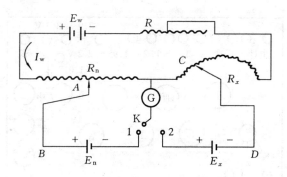

附图 6-6　电势差计原理图

E_w—工作电池；E_n—标准电池；E_x—待测电池；R—调节电阻（标准化用）；

R_x—"测量"电阻；R_n—配合标准电池电动势用电阻；K—转换电键

根据标准电池温度调整电阻 R_n，使其与标准电池电动势值相符，而后可调整调节电阻 R，当检流计上无电流通过时，工作回路上的 $I_w = I_0$，有下式成立：

$$E_n = I_0 \cdot R_n$$

此过程称为标准化。然后将电键 K 转到"待测"的位置，接通待测回路，调整电阻 R_x，使检流计无电流通过，这时电阻 R_{AC} 上电压降正好与待测电池电动势相等。因工作电流在标准化过程中已被标定，而电阻 R_x 是均匀电阻线，所以从电阻 R_x 刻度盘上直接读出的数值就是待测电池电动势的数值。其值为

$$E_x = I_0 R_{AC}$$

应用对消法测量电动势有下列优点。

（1）由电势差计测电动势原理可以看出，在测量过程中并不是直接精确测量工作电流 I_w，而是通过标准化操作，使工作电流保持为 I_0，故只需测 R_{AC} 值就可以了。

（2）当完全补偿时，测量回路与待测回路之间无电流通过，所以测量回路不消耗被测回路的能量，故待测回路的电动势不因为接入电势差计而变化。

（3）测量结果的准确性依赖于标准电池电动势 E_n 及待测电池电动势的补偿电阻 R_x 和标准电池电动势补偿电阻 R_n 的准确性。由于标准电池及 R_x、R_n 电阻的制造精度都高，所以可以应用高灵敏度检流计，使测量结果极为准确。

2. UJ-25 型电势差计使用方法

电势差计分为高电阻电势差计和低电阻电势差计两种类型，分别用于高电阻和低电阻体系的测量。UJ-25 型电势差计是低电阻电势差计，其仪器面板布置如附图 6-7 所示。

在 UJ-25 型电势差计面板上方有 13 个端钮，分别接"电池"、"标准电池"、"电计"、"未知"、"泄漏屏蔽"、"静电屏蔽"。左下方有"标准"、"未知"、"断"转换开关和"粗"、"细"、"短路"三个电计按钮。右下方有"粗"、"中"、"细"、"微"四个工作电流调节旋钮。在其上方是两个标准电池电动势温度补偿旋钮。面板上面有六个大旋钮，其下都有一个小窗孔，待测电池电动势值由此示出。

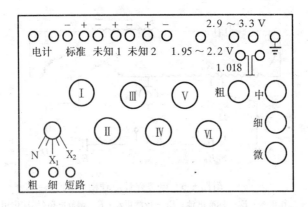

附图 6-7　UJ-25 型电势差计面板图

使用 UJ-25 型电势差计测定电动势，可按附图 6-7 线路连接，电势差计使用时都配用灵敏检流计和标准电池以及工作电源（低压稳压直流电源或两节一号干电池，亦可用蓄电池）。

具体测量如下。

（1）先将"标准"、"未知"、"断"转换开关放在"断"位置，将左下方的三个电计按钮全部松开，然后将工作电池、待测电池和标准电池按正、负极性接在相应的端钮上（接检流计时没有极性要求）。

（2）将现场温度时的标准电池电动势算出，调节标准电池电动势温度补偿旋钮，使其读数值与标准电池电动势一致。

将转换开关放在"N"位置，按下电键"粗"，调节"工作电流旋钮"。要按"粗"、"中"、"细"、"微"的顺序调节，使检流计示零。然后，再按下"细"按钮重复以上工作使检流计示零。此时工作电流标定完毕（在调节过程，若发现检流计受到冲击时，应迅速按下"短路"按钮，以保护灵敏检流计）。

（3）松开全部按钮，将转换开关放在"X₁"位置（当待测电池接在"未知 1"接线柱时）按下电键"粗"，由左向右依次调节六个大旋钮使检流计示零。然后再按下"细"按钮重复以上工作使检流计示零。这时六个大旋钮下方小孔示数的总和即是待测电池的电动势。

3. 数字电压表

测量电池电动势除了前述的补偿法外，另一种更有效、更方便的方法是使用高输入阻抗的电子测量仪器，如数字电压表。它主要是由高阻抗输入器、电子放大器、A/D转换器和数码显示器等部分组成。其工作原理如下：

$$V_x \rightarrow 高阻抗输入器 \rightarrow 电子放大器 \rightarrow A/D 转换器 \rightarrow 数码显示器$$

高阻抗输入器的输入阻抗越高，其测量的灵敏度、精确度也越高，且对待测信号的影响也越小。目前使用 MOS 场效应管式或特制的极高输入阻抗的集成运算放大器，很容易就将输入阻抗提高到 10^{12} Ω 以上，另一方面，此输入器与待测电池连接并实现阻抗转换,将电信号转换为低阻信号输入到放大器中。

电子放大器将微弱的待测信号进行放大。

A/D 转换器即模数转换器,它将模拟量转变为其相应的数字量。A/D 转换器大体上可分为直接型与间接型两类。直接型又称为比较型,它将模拟电压与基准电压进行比较后直接得到数字输出;间接型又称为分型,它先将模拟电压转换成时间间隔式频率信号,然后再把时间 T 或频率 f 转换成数字量输出。

数码显示器显示读数。

检流计工作原理和使用方法

检流计可供电桥、电势差计作为指零仪器或测量小电流及小电压。

1. 检流计构造及工作原理

目前实验室中常用的磁电式多次反射光点检流计的机械结构如附图 6-8 所示。

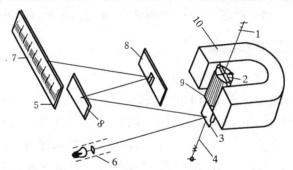

附图 6-8　磁电式多次反射光点检流计结构图

1—弹簧片；2—活动线圈；3—平面镜；4—张丝；
5—标尺；6—光源；7、8—反射镜；9—铁心；10—永久磁铁

接通电源后,由灯泡、透镜和光阑构成的光源发射出的一束光线投射到平面镜上,再反射到反射镜上,最后成像在标尺上,光像中有根准线,它在标准尺上的位置反映了线圈的偏转角度。

当被测电流经悬丝通过动圈时,使线圈发生偏转,其偏转的角度与电流的强弱有关。因平面镜随线圈而转动,所以在标尺上光点移动距离的大小与电流的大小成正比。

电流通过动圈时,产生的磁场与永久磁铁的磁场相互作用,产生转动力矩 M,使动圈偏转。但动圈的偏转又使悬丝的扭力产生反作用矩 M_a,当 $M=M_a$ 时,动圈停在某一偏转角度 α 上。

2. AC15 型检流计使用方法和注意事项

AC15 型检流计的仪器面板布置如附图 6-9 所示。

使用方法如下。

(1) 首先检查电源开关所指示的电压是否与所使用的电源电压一致,然后接通电源。

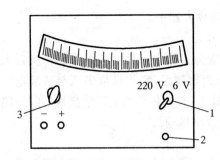

附图 6-9　AC15 型检流计主机正面图

1—电源开关；2—零调；3—分流器开关

(2) 用零点调节器，将光点准线调至零位。

(3) 用导线将测量电路接线柱与电势差计"电计"接线柱接通。

(4) 测量时先将分流器开关旋至最低灵敏度挡(0.01 挡)。当按电势差计电键"细"而光点偏转不大时，再依次转到高灵敏度挡("直接"挡灵敏度最高)测量。

(5) 在测量中，如光点摇晃不停时，可按电势差计"短路"键，使其受到阻尼作用而停止。

(6) 实验结束时，或移动检流计时，应将分流器开关置"短路"，因为此时整个动圈成为一个闭合回路，这样的动圈在外磁场中运动时，将因切割磁力线而产生感应电流，感应电流所产生的反磁场，能阻止动圈转动，从而保护检流计不被损坏。

几种电极的性质和制备

1. 甘汞电极

甘汞电极是实验中最常用的参比电极之一，其结构如下：

$$Hg \mid Hg_2Cl_2(固体) \mid KCl 溶液(被 Hg_2Cl_2 所饱和)$$

KCl 溶液的浓度通常为 $0.1 \ mol \cdot L^{-1}$、$1 \ mol \cdot L^{-1}$ 和饱和溶液($4.1 \ mol \cdot L^{-1}$)三种，分别称为 $0.1 \ mol \cdot L^{-1}$ 甘汞电极、$1 \ mol \cdot L^{-1}$ 甘汞电极及饱和甘汞电极。它的电极反应为

$$Hg + Cl^- \longrightarrow \frac{1}{2}Hg_2Cl_2 + e^-$$

这种电极具有稳定的电势，随温度的变化率小。甘汞是难溶的化合物，在溶液内汞离子浓度的变化和氯离子浓度的变化有关，所以甘汞电极的电势随氯离子浓度不同而改变。

$$E = E^{\ominus} - \frac{RT}{nF}\lg a(Cl^-)$$

式中：$E^{\ominus}$ 为甘汞电极的标准电极电势，25 ℃时，$E^{\ominus} = 0.268 \ 0 \ V$；$a(Cl^-)$ 为溶液中 Cl^- 的活度。

虽然饱和甘汞电极有着较大温度系数，但 KCl 溶液的浓度在温度固定时是一常数，而且浓的 KCl 溶液是很好的盐桥溶液，能较好地减少液接电势，故我们常用饱和甘汞电极。三种电极在 25 ℃时的电势如下。

(1) $0.1 \ mol \cdot L^{-3}$ 甘汞电极：

$$0.333 \ 7 - 8.75 \times 10^{-5}(t-25) - 3 \times 10^{-6}(t-25)^3$$

(2) $1.0 \ mol \cdot L^{-3}$ 甘汞电极：

0.280 1−2.75×10^{-4}(t−25)−2.50×10^{-6}(t−25)^2−4×10^{-9}(t−25)^3

（3）饱和甘汞电极：

0.241−6.61×10^{-4}(t−25)− 1.75×10^{-6}(t−25)^2−9.0×10^{-10}(t−25)^3

各文献上列出的甘汞电极的电势数据，常不相符合。这是因为接界电势的变化对甘汞电极电势有影响，由于所用盐桥内的介质不同，因而影响甘汞电极电势的数值。

使用甘汞电极时应注意以下几点。

（1）由于甘汞在高温时不稳定，故甘汞电极一般适用于 70 ℃以下的测量。

（2）甘汞电极不宜用在强酸强碱性溶液中，因为此时的液体接界电势较大，而且甘汞可能被氧化。

（3）如果被测溶液中不允许含有 Cl^-，则应避免直接插入甘汞电极。若非用不可，可用盐桥和中间容器隔开。

（4）应注意甘汞电极的清洁，不得使灰尘或杂质离子进入该电极内部。

（5）当电极内溶液太少时应及时补充。

2. 铂黑电极

为了增大铂电极的面积，通常在铂电极上镀铂黑，即在铂片上镀一层颗粒较小的黑色金属铂。铂片电极制备时，可将待镀铂电极引出导线，必须用铂丝，不得用铜丝或其他导线。导线在酒精喷灯上烧红后，用钳子使劲夹住即可焊牢。

电镀前一般需进行铂表面处理。对新制作的铂电极，可放在热稀 NaOH 乙醇溶液中浸洗 5 min 除油。然后，再在热浓 HNO_3 中浸洗 5 min，取出后用蒸馏水充分冲洗。长时间用过的老化的铂黑电极可浸入 40～50 ℃的混酸（HNO_3、HCl、H_2O 的体积比为 1∶3∶4）中，经常摇动电极，洗去铂黑（注意，不能任其腐蚀），然后经过浓 HNO_3 煮 3～5 min 以去氯，再用水冲洗。接着以处理过的铂电极为阴极，另一铂电极为阳极，在 0.5 mol·L^{-1} 的 H_2SO_4 中电解 10～20 min，以消除氧化膜；观察电极表面出氢是否均匀，若有大气泡产生则表明表面有油污，应重新处理。

在处理过的铂片上镀铂黑，一般采用电解法，镀铂黑的溶液为 3 g 氢铂氯酸（H_2PtCl_6·$6H_2O$）和 0.02～0.03 g 乙酸铅（$Pb(CH_3COO)_2$）溶解于 100 mL 蒸馏水中。

电镀时，将处理过的铂电极作为阴极，另一铂电极作为阳极。阴极电流密度 15 mA·cm^{-2} 左右，电镀 20 min 左右。

由于电池中的两个铂电极通常是固定的，所以电镀时可采用附图 6-10 所示电路。图中 E 为直流电源（3 V 左右），R 为可变电阻，mA 为毫安表。电镀槽 C

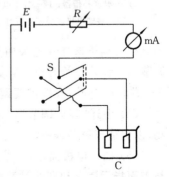

附图 6-10　镀铂黑电路图

中为两片待镀电极。接通电路后，每两分钟换向一次，目的是增加铂黑的疏松程度。电流密度大小应控制在使电极表面镀上铂黑为好。如已看到一层浓黑疏松的表面即可，一般大约 10 min。如果镀出来的铂黑呈灰色，则应重新配电解液，重新镀；如果镀出的铂黑一洗即落，则应将铂电极用混酸浸洗干净，并用较小的电流密度重镀。

上述镀好铂黑的电极往往吸附镀液和电解时所放出的氯气，所以镀好之后应立即用蒸馏水仔细冲洗，然后在 0.5 mol·L^{-1} 稀硫酸中作阴极电解 10～20 min，电流密度 20～50 mA·cm^{-2}。电解的作用是吸附在铂黑上的氯还原为 HCl 而溶去，电解后应再用水洗涤两次。最后保存在蒸馏水中，不得干燥。

pHS-2 型酸度计的使用方法

pHS-2 型酸度计是采用参量放大电路的高阻抗直流毫伏计。pHS-2 型酸度计既可用于测量溶液 pH 值，也可用于测量直流电压。仪器面板布置图如附图 6-11 所示。

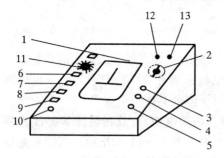

附图 6-11　pHS-2 型酸度计面板图
1—指示表；2—pH-mV 分挡开关；
3—校正调节器；4—定位调节器；
5—读数开关；6—电源按键；7—pH 按键；
8—+mV 按键；9——mV 按键；10—零点调节器；
11—温度补偿器；12—甘汞电极接线柱；
13—玻璃电极或离子选择性电极插口

下面介绍 pHS-2 型酸度计测量直流电压的使用方法。

（1）接通电源预热半小时以上。

（2）将待测电池两极分别接到仪器相应的接线柱上。

（3）仪器校正。

① 按下＋mV 或－mV 键（视测量要求而定），将分挡开关 2 置于"0"，调节零点调节器 10，使指针指于"1.00"处。

② 将分挡开关 2 置于校正位置，调节校正调节器 3 使指针在满度（"＋mV"时在＋200 mV 处，"－mV"时在－200 mV 处）位置。

③ 将分挡开关 2 置于"0"处，拔出玻璃电极或离子选择性电极插头，使仪器输入电势为零。按下读数开关 5。调节定位调节器 4 使指针恰在 0 mV 处（使用"＋mV"键时为左端 0 mV 处；使用"－mV"键时为右端 0 mV 处），或按需要调节在指定数值处。

（4）上述"零点调节器"、"校正调节器"、"定位调节器"旋钮在一次测量中不能变动，以免造成读数误差。

（5）插入电极插头，调节分挡开关 2 使表针能读出指示值，则分挡开关 2 指示值与表面指示值之和即为被测电动势。

附录七　光学测量

光与物质作用时可以观察到各种光学现象（如光的折射、反射、散射、透射、吸收、旋光以及物质受激辐射等），分析研究这些光学现象，可以提供原子、分子以及晶体结构等方面的大量信息。所以，不论在物质的成分分析、结构测定以及光化学反应等方面，都离不开光学测量技术。下面介绍基础化学实验中最常用的几种光学测量仪器。

阿贝折射仪

1. 折射率测定的基本原理

光从一种介质进入另一种介质时，会改变原来的传播方向，这种现象称为折射，如附图 7-1 所示。

折射现象的基本规律可用折射定律来描述。设折射光线和入射光线分居于法线的两侧，并且处于同一平面中，则入射角的正弦与折射角的正弦之比值，对于给定的两种介质来说，总是一个常数，即

$$\frac{\sin\alpha}{\sin\beta} = 常数 \qquad (1)$$

此常数称为光从介质 N 射入介质 M 时的折射率。由此可见，折射率的大小与入射角的大小无关，而取决于两种介质的光学性质。如果光线从真空射入某一介质 M 中，则有

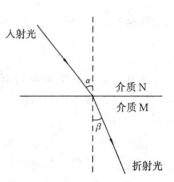

附图 7-1　光的折射

$$\frac{\sin\alpha(真空)}{\sin\beta(M)} = n(M) \qquad (2)$$

式中：$n(M)$ 称为该介质 M 的绝对折射率，即我们通常情况下所说的折射率；$\alpha(真空)$ 为光线在真空中的入射角；$\beta(M)$ 为光线进入介质 M 后的折射角。根据折射定律，光线从介质 N 射入介质 M 时应有关系

$$\frac{\sin\alpha(N)}{\sin\beta(M)} = \frac{n(M)}{n(N)} \qquad (3)$$

式中：$n(M)$、$n(N)$ 分别代表介质 M 和 N 的折射率，如果光线从空气射入某一介质 M 中，则 $n(空气) = 1.000\ 27$（空气的绝对折射率）。

$$\frac{\sin\alpha(空气)}{\sin\beta(M)} = \frac{n(M)}{n(空气)} = \frac{n(M)}{1.000\ 27} = n'(M) \qquad (4)$$

$n'(M)$ 称为介质 M 对空气的相对折射率。因 n 与 n' 相差很小，所以在通常情况下，就以 n' 值作为介质绝对折射率。

折射率（n）的大小与所用单色光的波长和介质温度有关，表示测定结果时，应将测定介质温度标在 n 的右上角，将所使用单色光波长标在右下角。例如，20 ℃时，介质对钠光 D 线的折射率表示为 n_D^{20}。

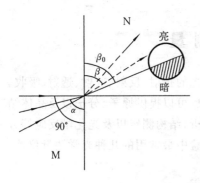

附图 7-2　光在不同介质中的折射

从式(3)可知,当光线从一种折射率小的介质射入折射率大的介质时($n(M) > n(N)$),入射角一定大于折射角($\beta(M) < \alpha(N)$)。当入射角增大时,折射角也增大,设当入射角 $\alpha = 90°$ 时,折射角为 β_0,通常把此折射角称为临界角。因此,当在两种介质的界面上以不同角度射入光线时(入射角 α 从 $0 \sim 90°$),光线经过折射率大的介质后,其折射角 $\beta \leqslant \beta_0$。其结果是大于临界角的不会有光,成为黑暗部分,小于临界角的有光,成为明亮部分,如附图 7-2 所示。

根据式(3)可得

$$n(N) = n(M) \frac{\sin\beta_0(M)}{\sin\alpha(N)} = n(M) \cdot \sin\beta_0(M) \tag{5}$$

这样,当光线从一种介质进入另一种介质时,如果已知一种介质的折射率($n(M)$),只要测出折射时的临界角 $\beta_0(M)$ 就可以方便地求出另一种物质的折射率 $n(N)$。

基础化学实验中经常用来测定折射率的仪器为阿贝折射仪。这种仪器就是根据上述原理而设计的。当光线从各个方向经被测液体射入棱镜时,由于棱镜的折射率 $n(M)$ 值固定不变,因此,就可以把临界角和 $n(M)$ 直接联系起来,通过测出临界角而读出被测液体的折射率数值。

2. 阿贝折射仪的结构

附图 7-3(a)是一种典型的阿贝折射仪的结构示意图,附图 7-3(b)是它的外形(辅助棱镜呈开启状态),其中心部件由两块直角棱镜组成,下面一块是可以启闭的辅助棱镜 Q,且斜面是磨砂的,液体试样夹在辅助棱镜与测量棱镜 P 之间,展开一薄层。光由光源经反射镜 M 反射至辅助棱镜 Q,在磨砂的斜面发生漫射,因此,从液体试样层进入测量棱镜 P 的光线各个方向都有,从 P 直角边上方可观察到临界折射现象,转动棱镜组转轴 A 的手柄 R,调整棱镜组的角度,使临界线正好落在测量望远镜视野 V 的"×"形准丝交点上。由于刻度盘 S_c 与棱镜组的角度使临界线正好落在测量望远镜视野 V 的"×"形准丝交点上,又由于刻度盘 S_c 与棱镜组的转轴 A 是同轴的,因此与试样折射率相对应的临界角位置能通过刻度盘反映出来。刻度盘上的示值有两行,一行是以日光为光源的条件下将 $\beta(M)$ 值和 $n(M)$ 值直接换成相当于钠光 D 线的折射率 n_D(1.300 0 $\sim$ 1.700 0);另一行为 0% $\sim$ 95%,它是工业上用折射仪测量固体物质在水溶液中的浓度的标度。

为了方便,阿贝折射仪光源是日光而不是单色光,日光通过棱镜时,因其不同波长的光的折射率不同而产生色散,在目镜中看到一条彩色的光带,而没有清晰的明暗界线,为此,在测量望远镜的筒下面安置了一套消色散棱镜,又叫补偿棱镜,旋转消色

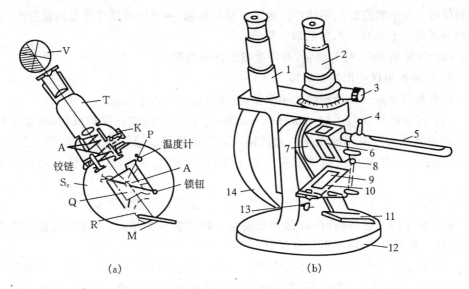

附图 7-3　阿贝折射仪的构造及外形

(a) 结构示意图；(b)外形示意图

1—读数望远镜；2—测量望远镜；3—消色散手柄；4—恒温水入口；5—温度计；6—测量棱镜；

7—转轴；8—铰链；9—辅助棱镜；10—加液槽；11—反射镜；12—底座；13—锁钮；14—刻度盘罩

散手柄 3(附图 7-3)，就可以使色散现象消除。

为使测试液体恒温，可由恒温水入口向棱镜的夹套内导入恒温水，并在插于夹套中的温度计上读出温度。

3. 阿贝折射仪使用方法

(1) 仪器安装。将阿贝折射仪安放在明亮处，但应避免阳光的直接照射，以免液体试样受热迅速蒸发。用橡皮管将超级恒温槽与阿贝折射仪串联起来，使超级恒温槽中的恒温水通入棱镜夹套内，检查插入棱镜夹套中的温度计的读数是否符合要求（一般选用$(20.0\pm0.1)℃$或$(25.0\pm0.1)℃$）。

(2) 加样。松开锁钮，开启辅助棱镜，使其磨砂的斜面处于水平位置，用滴管加入少量丙酮清洗镜面，并用擦镜纸将镜面擦干净。待镜面洗净干燥后，滴加数滴试样于辅助棱镜的毛镜面上，迅速闭合辅助棱镜，旋紧锁钮。挥发性很大的样品则可在合上辅助棱镜后再由棱镜的加液槽滴入试样，然后闭合两棱镜，旋紧锁钮。

(3) 对光。转动手柄 R，使刻度盘标尺上的示值最小，调节反射镜，使入射光进入棱镜组。同时，从测量望远镜中观察，使视场最亮。调节目镜，使视场准丝最清晰。

(4) 粗调。转动手柄 R，使刻度标尺上的示值逐渐增大，直至观察至视场中出现彩色光带或黑白分界线为止。

(5) 消色散。转动消色散手柄，使视场内呈现一清晰的明暗分界线。

(6) 精调。再仔细转动手柄 R，使分界线正好处于"×"形准丝交点上。

(7) 读数。从读数望远镜中读出刻度盘上的折射率数值。目前通常使用的阿贝折射仪可读至小数点后的第四位。为了使读数准确,一般应将试样重复测量三次,每次相差不得大于 0.000 2,然后取平均值。

(8) 测量完毕后,打开棱镜,并用擦镜纸擦净镜面。

4. 阿贝折射仪使用注意事项

阿贝折射仪是一种精密的光学仪器,使用时应注意以下几点。

(1) 阿贝折射仪最关键的部件是一对棱镜,使用时应注意保护棱镜,擦镜面时只能用擦镜纸而不可用滤纸等。加试样时切勿将滴管口触及镜面。滴管口要烧光滑,以免不小心碰至镜面造成刻痕。对于酸、碱等腐蚀性液体不得使用阿贝折射仪。

(2) 试样不宜加得太多,一般只需滴入 2~3 滴即可铺满一薄层。

(3) 要保持仪器清洁,注意保护刻度盘。每次实验完毕,要用柔软的擦镜纸擦净,干燥后放入箱中,镜上不准有灰尘。

(4) 读数时,有时在目镜中看不到半明半暗界线而是畸形的,这是由于棱镜间未充满液体;若出现弧形光环,则可能是有光线未经过棱镜而直接照射在聚光透镜上。

(5) 若液体折射率不在 1.3~1.7 范围内,则阿贝折射仪不能测定,也看不到明暗界线。

(6) 长期使用,刻度盘的标尺零点可能会移动,须加以校正。校正的方法是,用一已知折射率的标准液体,一般是用纯水,按上述方法进行测定,其标准值与测定值之差即为校正值。亦可使用专用调节器直接调节目镜前面凹槽中的调节螺丝。只要先将刻度盘读数与标准液体的折射率对准,再转动调节螺丝,直至临界线与×标准线的交叉点相交,仪器就校正完毕(水在 15 ℃时的折射率为 1.333 9)。

5. 折射率测定的应用

(1) 一般液体的折射率可以很方便地测准到 1×10^{-4} 以上,并且测定方法简便,使用样品量很小。所以,通过折射率的测定可用来鉴定液体有机物的纯度。

(2) 可用来测定二元体系的组成。对于双液系的组成测定,一般可预先测定标准溶液的折射率,作出双液系组成和折射率的关系曲线,即标准工作曲线,未知组成体系的折射率测出后,就可以通过内插法在标准工作曲线上查得其组成。这种方法测得的结果有很好的重现性。

(3) 由于折射率与物质内部的电子运动状态有关,所以可以通过折射率的测定来判断物质的某些结构特征。

旋光仪

1. 旋光现象和比旋光度

当一束单一的平面偏振光通过某些物质时,偏振光的振动方向会发生改变,此时光的振动会旋转一定的角度,这种现象称为物质的旋光现象。物质的这种使偏振光的振动面旋转的性质叫做旋光性。凡是具有旋光性的物质叫做旋光物质。由于旋光物质使偏振光振动面旋转时可以右旋(顺时针方向),也可左旋(逆时针方向),所以旋光物质又可分为右旋物质和左旋物质。

物质使偏振光振动面旋转的角度称为旋光度,常以 α 表示。旋光度是旋光物质的一种物理性质,它的大小除了取决于被测分子的立体结构外,还受到测定溶液的浓度、偏振光通过溶液的厚度(样品的长度)以及温度、偏振光的波长等因素的影响。实验中把在钠光 D 线(589.3 nm)光源下,以偏振光通过浓度为每毫升含 1 g 旋光物质、厚度为 1 dm 溶液时所表现的旋光度称为比旋光度,用符号 $[\alpha]_D^t$ 表示。比旋光度与实际测得的旋光度、样品溶液的浓度以及样品管长度之间存在如下关系:

$$[\alpha]_D^t = \frac{\alpha}{l \cdot c}$$

式中:比旋光度 $[\alpha]$ 的上标 t 为测定时溶液的温度;下标 D 表示光源为钠光 D 线;α 为实际测得的旋光度;l 为样品管长度(dm);c 为被测物质溶液的浓度(g·mL^{-1})。

比旋光度可以用来度量物质的旋光能力,为了区别右旋和左旋,常在左旋光度前加一负号。如蔗糖的比旋光度为 $[\alpha]_D^{20} = 66.55°$,葡萄糖的比旋光度为 $[\alpha]_D^{20} = 52.5°$,它们都是右旋物质,而果糖的比旋光度 $[\alpha]_D^{20} = -91.90°$,表示果糖是左旋物质。

2. 旋光度测量的基本原理

要测出物质的旋光度,首先必须具有一束平面偏振光。实验中的偏振光常用尼科尔棱镜来获得。尼科尔棱镜是将方解石适当剖成两个直角棱镜,再用加拿大树胶沿剖面黏合而成的,如附图 7-4 所示。棱镜的两锐角为 69°和 22°。当自然光以一定的入射角投射到棱镜时,双折射产生的 o 光线在第一块直角棱镜与树胶交界面上全反射,为棱镜框子上的涂黑层全部吸收,e 光线则透过树胶层和第二块棱镜而射出,从而在尼科尔棱镜的出射方向获得了一束单一的平面偏振光。这个尼科尔棱镜称为起偏镜,它被用来产生偏振光。

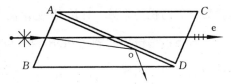

附图 7-4　尼科尔棱镜示意图

由于天然方解石晶体的尺寸不可能很大,成本又很贵,所以目前多数应用人造偏振片。它是用对光线具有很强选择吸收性能的某些细微晶体(如硫化碘-金鸡纳霜或硫酸金鸡纳碱晶体等)涂在透明薄片上制成的。这种偏振片面积大,成本低,而且很轻便。

偏振光振动平面在空间轴向角度位置的测量也是借助于一块尼科尔棱镜,此处称为检偏镜,并与刻度盘等机械零件组成一可同轴转动的系统,由于尼科尔棱镜只允许按某一方向振动的平面偏振光通过,因此如果检偏镜光轴的轴向角度与入射的平面偏振光的轴向角度不一致,则透过检偏镜的偏振光将发生衰减甚至不透过。由于刻度盘随检偏镜一起同轴转动,因此,就可直接从刻度盘上读出被测平面偏振光的轴向角度——旋光度。

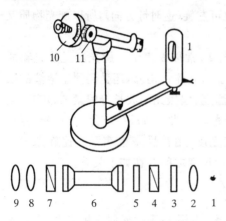

附图 7-5　旋光仪的外形及光学部件

1—钠光灯；2—透镜；3—滤光片；4—起偏振器；

5—石英片；6—旋光管；7—检偏振器；

8、9—望远镜透镜；10—刻度圆盘；11—传动轮

3. 旋光仪的构造

实验室所用旋光仪的外形及主要光学部件如附图 7-5 所示。它就是利用检偏镜来测定旋光度。如果调节检偏镜 7，使其透过光的轴向角度与起偏镜 4 的透光轴向角度互相垂直，则在检偏镜前观察到的视场呈黑暗，再在起偏镜与检偏镜之间放入一个盛满旋光物质的样品管 6，则由于物质的旋光作用，使原来由起偏镜出来的偏振光转过一个 α 角度，所以视野不呈黑暗，必须将检偏镜也相应地转过一个 α 角度，这样视野才能又恢复黑暗。因此，检偏镜由第一次黑暗到第二次黑暗的角度差，即为被测物质的旋光度。由于肉眼对视场明暗程度的判断不甚灵敏，所以在旋光仪中设计了一种三分视场(也有的采用二分视场)的装置，就是在起偏片后中部装一狭长的石英片，见附图 7-5 中 5，其宽度约为视野的 1/3，由于石英片具有旋光性，所以从石英片中通过的那部分偏振光被旋转了一个角度 φ，见附图 7-6(a)。因为 $\angle AOB = 90°$，$\angle COB \neq 90°$，所以在望远镜中透过石英片的部分稍亮，两旁是黑暗的，即出现三分视场。当检偏镜旋转 φ 角而使 $\angle COB = 90°$，则由于 $\angle AOB \neq 90°$ 而在望远镜后看到的视场为另一种情况，见附图 7-6(b)，此时，石英片部分全暗而两旁又稍亮。只有当检偏镜旋转到 $\angle POB = 90°$ 位置，此时 $\angle AOP = \angle COP = \frac{1}{2}\varphi$，视场中三个区内明暗程度相等，三分视场消失，见附图 7-6(c)。在旋光仪中将三分视场消失时的位置作为零刻度。当样品管中加入旋光物质后，OA、OC 都偏转一定的角度 α，那么只有使检偏镜也旋转 α 角度，方能使三分视场再次消失，这个 α 角就是被测物质的旋光度，它可以从刻度上读出来。由于人们在视场中进行比较时可以判断得很清楚，所以，通过这种方法可以精确测量旋光度。必须注意的是，当检偏镜转动到与 OP 夹角 180° 的位置时，在望远镜后又可观察到三分视场消失的现象，见附图 7-6(d)，此时整个视场很明亮，不利于三分视场的精确判断。因此，不能以此角度作为标准来测量旋光度。

旋光仪以钠光灯为光源，所测旋光度表示物质在钠光 D 线波长下的旋光能力。

4. 旋光仪的使用方法

(1) 调节望远镜焦距。打开钠光灯，稍等几分钟，待钠光灯稳定后，在目镜中观察并调节望远镜焦距至视场清晰。

(2) 仪器零点校正。洗净旋光管，装入蒸馏水，将螺丝帽盖和橡皮垫圈拧紧，检

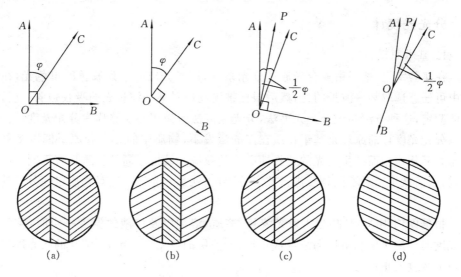

附图 7-6　旋光仪三分视场图

查旋光管光路中有无气泡(若管中有小气泡时,可将此小气泡调至旋光管空出部分)。将此旋光管放入旋光仪中,调节检偏镜使三分视场消失,读出刻度盘上的刻度并将此角度作为零点。

(3)旋光度测定。倒出旋光管中的蒸馏水,用待测样品溶液洗几次,按上法装满待测溶液,放入旋光仪槽中,转动检查传动旋钮,调节至三分视场消失,读出刻度盘上的读数,此读数与零点读数之差即为该样品的旋光度。

5. 旋光仪使用注意事项

(1)仪器通电 10 min 预热方可进行旋光度测定,但钠光灯使用时间不宜过长。

(2)使用时,仪器金属部分切忌玷污酸、碱,以防止腐蚀。

(3)在观察管中装好溶液后,管的周围及两端玻璃片均应保持洁净,观察后要用水洗净晾干。

(4)不要随便拆卸仪器,以免影响精确度。

(5)旋光仪是比较精密的光学仪器,使用时必须特别注意保护光学镜片,镜片不能与硬物接触。

(6)实验完毕用擦镜纸擦净镜头,用清洁软布擦净仪器,然后盖好防尘罩。

6. 旋光度测定的应用

(1)旋光度是旋光物质的一种重要物理性质,通过对某些分子的旋光性研究,可以测定有机物的结构,这是判断有机物分子立体构型的重要依据。

(2)在一定条件下,旋光度是浓度的函数,因此,旋光仪常用来测定旋光物质的浓度。如制糖工业中常用以测定糖溶液中的含糖量。基础化学实验中可通过旋光度的变化来描述反应体系中旋光物质浓度的变化,并依此测定其反应速率等。

分光光度计

1. 基本原理

在实验室里,把一束复合光通过分光系统,使光分成一系列波长的单色光,在使用中可任意选取某一波长的光,然后根据被测物质对某一波长光的吸收强弱,进行物质的测定,这种方法叫做分光光度法,分光光度法所使用的仪器称为分光光度计。

分光光度计的原理是基于物质在光的激发下,物质中的分子和原子能以多种方式与光互相作用而产生对光的选择性吸收的效应。结构不同的物质具有不同的吸收光谱,因而就可以对不同物质进行鉴定分析,这就是分光光度法对物质定性分析的基础。

根据朗伯-比耳定律:当入射光波长、溶质、溶剂以及溶液的温度一定时,溶液的吸光度与液层厚度和溶液的浓度成正比,若液层的厚度也一定,则溶液的吸光度只与溶液的浓度成正比。即

$$T = \frac{I}{I_0}, \quad A = -\lg T = \lg \frac{1}{T} = \varepsilon c l$$

式中:c 为溶液浓度,通常采用的单位是 $mol \cdot L^{-1}$;A 为某一单色光波长下的吸光度或消光度;I_0 为入射光强度;I 为透射光强度;T 为透光率,$T = I/I_0$;ε 为摩尔吸光系数(或摩尔消光系数);l 为液层厚度。

在被测物质的液层厚度(l)一定时,吸光度与被测物质的浓度成正比,这就是分光光度法定量分析的基本依据。

(1) 分光光度计的基本原理简介。

各种型号的分光光度计基本上都是由五个部分组成的:①光源(钨灯、卤钨灯、氢弧灯、氘灯、汞灯、氙灯、激光光源);②单色器(滤光片、棱镜、光栅、全息栅);③样品吸收池;④检测系统(光电池、光电管、光电倍增管);⑤信号指示系统(检流计、微安表、数字电压表、X-Y 记录仪、示波器、微处理显像管)。工作原理如下:

光源→单色器→样品吸收池→检测系统→信号指示系统

其中单色器是分光光度计的心脏。单色器是将来自光源的混合光分解为单色光,并能提供所需波长的装置。单色器是由入口、出口狭缝、色散元件和准直镜等组成,其中色散元件是关键性元件,主要有棱镜和光栅两类。

(2) 棱镜单色器。

光通过一个顶角为 θ 的棱镜时,如附图 7-7 所示,从 AC 方向射向棱镜,在 C 点发生折射。光经折射后在棱镜中沿 CD 方向到达棱镜的另一个界面上,在 D 点又一次发生折射。最后光在空气中以 DB 方向进行传播,这样,光线经过棱镜后,其传播方向从 AA' 改变为 BB',这两个方向之间的夹角 δ 称为偏向角。偏向角和棱镜的顶角 θ、棱镜的折射率 n 以及入射角 j 有关。若一束平行的入射光由波长为 λ_1、λ_2、λ_3 的三色光组成,且 $\lambda_1 < \lambda_2 < \lambda_3$,通过棱镜后,就分成三束不同方向的光,并且有不同的偏

向角。波长越短,偏向角越大,如附图 7-8 所示的 $\delta_1 > \delta_2 > \delta_3$,这就是棱镜的分光作用,又叫做光的色散。棱镜单色器(附图 7-9)就是依此设计的。

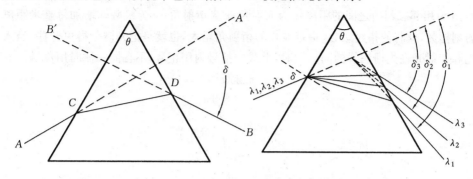

附图 7-7 棱镜的折射   附图 7-8 不同波长的光在棱镜中的色散

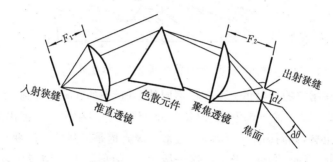

附图 7-9 棱镜单色器示意图

棱镜是分光的主要元件之一,一般是三角柱体。由于组成棱镜的光学材料不同,透光范围也不同(附表 7-1)。比如,用玻璃棱镜可得到可见光谱,用石英棱镜可得到可见及紫外光谱,用溴化钾(或氯化钠)棱镜可得到红外光谱等等。

附表 7-1 几种光学材料的透光范围

材　料	透光范围	材　料	透光范围
玻璃	2.5 μm 以下	氯化银	25 μm 以下
石英	3.0 μm 以下	溴化钾	28 μm 以下
氟化锂	6 μm 以下	溴化铯	38 μm 以下
氟化钙	9 μm 以下	碘化铊	40 μm 以下
氟化钠	15.5 μm 以下	碘化铯	50 μm 以下
氟化钾	21 μm 以下		

(3) 光栅单色器。

单色器也可以用光栅作为色散元件,附图 7-10 是平面反射光栅截面的高倍放大示意图。反射光栅是由在磨平的金属表面上刻画许多平行的、等距离的槽构成的。辐射由每一刻槽反射,反射光之间的干涉造成色散,根据光栅公式在某些方向上存在

相长干涉,有

$$b(\sin i \pm \sin r) = m\lambda$$

式中:b 为相邻二刻槽之间的距离;i 为入射角;r 为衍射角;m 为级数。增加每毫米距离内的刻槽数,就将使指定级数、指定波长的衍射角增大,也就是把光谱分得更开些,当入射光和衍射光在光栅法线的同一侧时,上式的括号内用正号,不在同一侧时用负号。

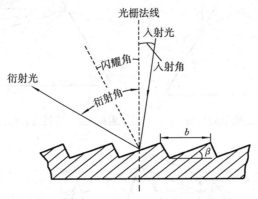

附图 7-10　光栅截面高倍放大示意图

上式表明在指定的衍射角 r 下存在不同的 λ 值,例如在 r 处得到 800 nm 的一级谱线($m=1$),则二级(400 nm)和三级(267 nm)谱线也能在这一角度出现,造成了不同级数光谱的重叠,如附图 7-11 所示。通常一级光谱是最强的。改变刻槽的几何形状,可以将入射光能量的 90% 集中在这一级上,高衍射级数的谱线可以用适当的滤光器除去。

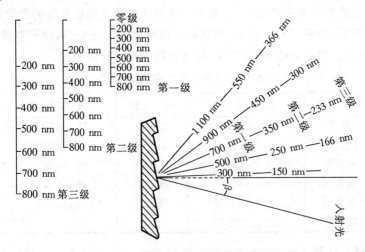

附图 7-11　反射光栅不同级数光谱的重叠

附图 7-12 是一个 Ebert 配置方式的光栅单色器。一个球形凹面镜用来准直从入射狭缝来的辐射,同时将衍射辐射聚焦在出射狭缝上,转动光栅可以使所需的波长从单色器射出。

2. 几种类型的分光光度计简介

(1) 72 型分光光度计。

① 仪器构造。

72 型分光光度计适用于可见光区的吸收光谱的测量,波长范围为 420～700 nm,其光学系统示意图见附图 7-13。

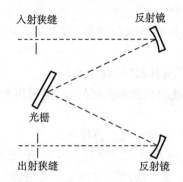

附图 7-12　一个简单的光栅单色器

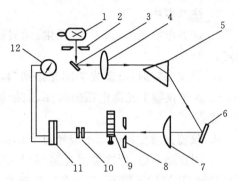

附图 7-13　72 型分光光度计光学系统示意图

1—钨丝灯泡;2—进光狭缝;3、6—反光镜;4、7—透镜;
5—玻璃棱镜;8—出光狭缝;9—比色皿;10—光量调节器;
11—硒光电池;12—微电计

由钨丝灯泡 1 发出的光通过进光狭缝 2 由反射镜 3 反射,通过透镜 4 成平行光,进入棱镜 5,经棱镜色散成各种波长的单色光,由可转动的镀铝反光镜 6 反射,其中一束光通过透镜 7 聚光于出光狭缝 8,转动镀铝反光镜即可得到所需要波长的单色光。此单色光经比色皿 9 与光量调节器 10 达到光电池 11,产生的光电流由微电计 12 读数,读数的大小即表示光的强弱,从而可以测得溶液中吸光物质的光密度。

本仪器由单色光器、微电计和稳压器三部分组成,另附一盒不同尺寸的比色皿。

仪器各部分之间的连接是用低压连接线。由单色光器接至稳压器的输出接线柱上,微电计连接线的一端按导电片上套管的颜色接于单色光器接线柱上;红色套管导电片接"+",绿色套管导电片接"－",黄色套管导电片接"地",另一端接到微电计上;红线接"+",绿线接"－"。

② 使用方法。

a. 把光路闸门拨到"黑"光位置,打开微电计电源开关,用零位调节器把光点准确调到透光率标尺"0"位上。

b. 打开稳压器电源开关和单色光器电源开关。光路闸门拨到"红"点上,再按顺时针方向调节光量调节器,使微电计光点达到标尺右边上限附近,约 10 min,待硒光电池趋于稳定后再使用仪器。

c. 将光路闸门重新拨至"黑"点,校正微电计"0"位,再打开光路闸门。

d. 在四只比色皿中,一只装有空白溶液或蒸馏水,其余三只装未知溶液。先使空白溶液正对于光路上，用波长调节器调节所需波长，旋动光量调节器把光点调到透光率"100"的读数上。

e. 然后将比色皿拉杆拉出一格，使第二个比色皿的未知溶液进入光路，此时微电计标尺上的读数即为溶液中溶质的光密度或透光率。然后测定另两个未知液。

为了选择合适的波长，也可使待测溶液置于光路中，逐渐转动波长调节器，所得与光密度最大值相对应的波长即为最佳波长。

③ 注意事项。

a. 仪器应放在清洁、干燥、无尘、无腐蚀性气体和不太亮的室内，工作台应牢固稳定。

b. 每次测定时，应首先关闭光路闸门，检查微电计的"0"点位置。

c. 关于仪器中光源电压的选择，如果被测溶液的色度不太强时，尽量采用 5.5 V 的电压。

d. 仪器连续使用时间不应超过 2 h，必要时间歇半小时后再使用。

e. 测定结束后，依次关闭光路闸门、光源、磁饱和稳压器及检流计电源，取出比色皿洗净，用擦镜纸揩干，存放在比色皿的盒子内，尤其应注意保护光学玻璃面，每台仪器所配套的比色皿只能专用，不能与另台仪器配套的比色皿混用或调换使用。

f. 平时要注意单色光器的防潮，应及时检查硅胶是否受潮，若变红色，可取出烘干或调换。

g. 搬动仪器时，检流计＋、一两端必须接上短路片，以免损坏。

（2）721 型分光光度计。

721 型分光光度计是在 72 型分光光度计的基础上改进而成的，是一种比较精密的可见光区分光光度计，适用波长范围为 368～800 nm，主要用作物质定量分析。

① 构造。

721 型分光光度计内部分成光源灯部件、单色光器部件、入射光与出射光光量调节部件、比色皿座部件、光电管暗盒部件、稳压装置部件及电源变压器部件等几部分，全部装成一体，如附图 7-14 所示。

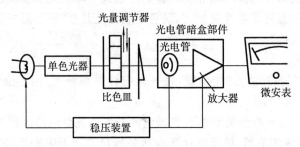

附图 7-14　721 型分光光度计内部结构框图

它的光路结构如附图 7-15 所示。它采用立特鲁棱镜的自准式光路，单光束非记

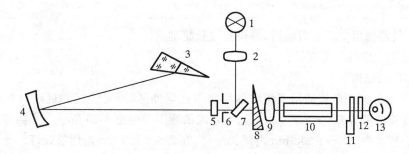

附图 7-15　721 型分光光度计光学系统示意图

1—光源；2—透镜；3—棱镜；4—准直镜；5—保护玻璃；6—狭缝；7—反射镜；8—光阑；
9—聚光透镜；10—比色皿；11—光门；12—保护玻璃；13—光电管

录型。用钨丝白炽灯作光源。由光源灯发出的连续辐射光线，射到聚光透镜上，会聚后再经过平面镜转角 90°，反射至入射狭缝，由此入射到单色器内，狭缝正好位于球面准直物镜的焦面上，当入射光线经过准直镜反射后就以一束平行光射向棱镜（该棱镜的背面镀铝），光线进入棱镜后，就在其中色散，入射角为最小偏向角，入射光在铝面上反射后依原路反射回来，这样从棱镜色散后出来的光线再经准直物镜反射后，就会聚在出射狭缝上。

② 使用方法。

a. 仪器使用前，应首先了解仪器的构造和工作原理以及各个旋钮的功能。在接通电源之前，应对仪器的安全性进行检查，各个调节旋钮的起始位置应正确。电表的指针必须位于"0"刻线上，若不是在"0"刻线上，可用电表上的校正螺丝进行调节。

b. 接通电源，打开电源开关和比色皿室的箱盖，预热 15 min 以上。

c. 选择需要用的单色波长和相应的放大灵敏度挡，用调零电势器校正电表"0"位，以消除暗电流。

d. 将参比溶液和待测溶液分别盛入比色皿中，置于比色皿架上，放比色皿室中，将拉杆推向里面，使参比溶液置于光路中，盖上比色皿室箱盖。使光电管受光，调节光量调节旋钮，使电表指针指在 100% 处。

e. 按照 c、d 方法反复几次调整"0"位和电表指针 100%，仪器即可进行测定工作。

f. 将拉杆拉出来，使待测溶液置于光路中，此时电表指针上的位置即为待测溶液的 T% 或 A 值。

g. 测量完毕，关闭开关，拔下电源插头，将比色皿洗净。盖好比色皿室箱盖和仪器。

③ 注意事项。

a. 仪器应放在稳固的工作平台上，室内应干燥，无腐蚀性气体且光线不宜太强。

b. 所使用的电压必须稳定在 220 V，电压波动较大的地方，应使用稳压器。

c. 仪器要接地良好，停止使用时，电源应切断，开关放在"关"处。

d. 应保持仪器清洁无污；仪器中的干燥剂若发现变色，应立即更换或加以烘干再用。

e. 仪器使用半年或搬动后,要检查波长精确性。

(3) 751 型分光光度计。

① 仪器结构。

751 型分光光度计适用于测定各种物质在紫外区、可见光区和近红外区的吸收光谱,波长范围为 200~1 000 nm,光学系统示意图如附图 7-16 所示。光源室装有两个电源,波长在 320~1 000 nm 内用钨丝灯,在 200~320 nm 内用氢弧灯。光源室后面有一光源选择杆带动凹面反射镜 3,向左移动,钨丝灯进入光路;向右移动,氢弧灯进入光路。光线照射到反射镜 4 上,然后反射到入射狭缝 5,光线正好位于球面准直镜 6 的焦面上,反射后以一束平行光射向棱镜 7(该棱镜背面镀铝)。入射光穿过棱镜经底面反射,又穿出棱镜,经过棱镜的色散作用,分成光谱带。色散后的光线经球面准直镜 6 反射后,经出射狭缝 8、滤光片 9 进入试样 10,透过试样的光照射到光电管上。

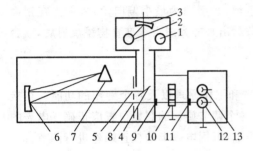

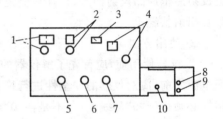

附图 7-16　751 型分光光度计示意图

1—钨丝灯;2—氢弧灯;3—凹面反射镜;

4—平面反射镜;5—入射狭缝;6—球面准直镜;

7—石英棱镜;8—出射狭缝;9—滤光片;

10—比色皿架;11—光路闸门;

12—紫敏光电管;13—红敏光电管

附图 7-17　751 型分光光度计的面板图

1—波长选择;2—读数电势器;3—微电计;

4—狭缝选择;5—选择开关;6—灵敏度旋钮;

7—暗电流旋钮;8—暗电流闸门;

9—光电管选择;10—比色皿拉杆

② 使用方法。

751 型分光光度计的面板图如附图 7-17 所示。

a. 仪器通电后预热 20 min,确保仪器稳定工作。

b. 将暗电流闸门 8 放在"关"的位置,选择开关 5 旋到"校正"位置,波长选择 1 旋在所需的波长上。

c. 选定与所测波长范围相匹配的光电管和光源灯,手柄推入为紫敏光电管(200~625 nm);手柄拉出为红敏光电管(625~1 000 nm)。

d. 根据波长选择比色皿。波长在 350 nm 以上,用玻璃比色皿;波长在 350 nm 以下用石英比色皿。将比色皿放入托架内,其中一个为空白溶液,三个为被测溶液,然后把盖板盖好。

e. 调节暗电流闸门使微电计 3 指针回到零。

f. 灵敏度旋钮位置是从左面停止位置顺时针方向转动三圈左右。

g. 移动比色皿拉杆 10，将空白溶液移到光路中，把读数电势器 2 放在透光率 100％处。

h. 把选择开关 5 扳到"×1"上，拉开暗电流闸门 8，使单色光进入光电管，调节狭缝使微电计指针接近零。再用灵敏度旋钮 6 细致调节使微电计准确指零。

i. 将被测溶液置于光路中，这时微电计指针偏离"0"位，旋转读数电势器度盘重新使指针回零，从度盘上即可读取透光率或相应的吸光度。

j. 当透光率小于 10％时，选择开关放置"×0.1"挡，读数也相应乘 0.1。

k. 测量完毕后及时将暗电流闸门推入，以保护光电管。

③ 注意事项。

a. 为确保仪器稳定工作，电压必须稳定在 220 V。

b. 仪器要接地良好。当仪器工作不正常时，如无输出，光源不亮，电表指针不动，应首先检查保险丝有无损坏，然后检查电路。

c. 当仪器停止使用时，必须切断电源，选择开关在"关"，将狭缝旋钮转到 0.01 的刻度左右，波长旋钮放在 625 nm，透光率旋钮放在 100％。

d. 仪器干燥器盒有两个，一个装在放大器暗盒上，另一个装在单色器暗盒上，打开主机后盖即可看到。对干燥剂应经常注意，若发现变色立即更换或加以烘干。当仪器停止使用后，也应定期烘干。

e. 为了避免仪器积灰和沾污，不使用时，用塑料套子罩住整个仪器，在套子内放数袋防潮硅胶。

f. 仪器使用半年或搬动后，要检查波长精确性。

附录八　实验的误差和数据处理基本要求

在化学实验中,由于仪器和感觉器官的限制、实验条件的变化,实验测得的数据只能达到一定的准确程度,测量值与真实值的差叫做误差。在实验前了解测量所能达到的准确度,实验后科学地分析实验误差,对提高实验的质量可起一定的指导作用。

误差的种类及其起因

一般测量误差可分为系统误差和偶然误差两类。

系统误差产生于测量仪器的不准确性(如玻璃容器的刻度不准确、砝码未经校正等)、测量方法本身存在缺点(如所依据的理论或所用公式的近似性)及观察者本身的特点(如有人对颜色感觉不灵敏,滴定终点总是偏高等)。系统误差的特点在于重复测量多次时,其误差的大小总是差不多,所以一般可以找出原因,设法消除或减少系统误差。

偶然误差主要产生于观察者感官的灵敏度的限制或技巧不够熟练、实验条件的变化(如实验时温度、压力都不是绝对不变的)。因此偶然误差是实验中无意引入的,无法完全避免。但在相同实验条件下进行多次测量,绝对值相同的正、负误差出现的可能性是相等的。因此,在无系统误差存在时,重复测量,取多次测量的算术平均值,就可消除误差,使结果更接近于真实值,且测量的次数愈多,也就愈接近真实值。

除上述两类误差外,有时还提出所谓"过失误差",这是由于实验中犯了某种不应犯的错误所引起的,如标度看错、记录写错,这种错误应完全避免。

由上可见,实验时的系统误差可以设法消除,错误可以避免,但在任何测量中偶然误差总是存在的。所以我们不能以任何一次的观察值作为测量的结果,为了使测量的结果具有较大的可靠性,常取多次测量的算术平均值。设 $N_1, N_2, \cdots, N_K$ 是各次的测量值,测量次数是 K,则其算术平均值 N 为

$$N = \frac{N_1 + N_2 + \cdots + N_K}{K}$$

N 最接近于真实值。

每次测量值与平均值的差 ΔN_i 称为第 i 次测量的绝对偏差(也常与绝对误差通用):

$$\Delta N_1 = |N - N_1|, \quad \Delta N_2 = |N - N_2|, \cdots, \Delta N_K = |N - N_K|$$

各次测量值的绝对偏差的算术平均值,称为平均绝对偏差:

$$\Delta N = \frac{\Delta N_1 + \Delta N_2 + \cdots + \Delta N_K}{K}$$

平均相对偏差为平均绝对偏差与算术平均值之比:

$$\rho = \frac{\Delta N}{N}$$

化学实验中要求计算测量结果的平均相对偏差(以百分数表示),以衡量实验的精密度(即测量的数据的重现性如何),同时尽可能计算结果的平均相对误差(已知真实值的情况下)以衡量实验的准确度(即测量数据的准确性如何)。一个精密的测量不一定是准确的测量,而一个准确的测量则必须是精密的测量。

测量值计算结果的误差

在大多数情况下,要对几个物理量进行测量,将所得测量数据加以计算,才能得到所需要的结果,比如,由凝固点下降法测定溶质的摩尔质量 M,就是通过溶质质量 m 及溶剂质量 m_A 和凝固点下降值 ΔT,由公式 $M = 1\ 000\ K_f m/(m_A \cdot \Delta T)$ 计算而求得 M。由于这些直接测量的物理量本身都有一定的误差,所以计算得到的 M 也会有一定的误差。下面我们讨论如何由测量值的误差计算结果的误差。

设直接测量的数据为 x、y,其绝对误差为 dx、dy,最后结果为 $u = f(x,y)$,则

$$du = \left(\frac{\partial f}{\partial x}\right)_y dx + \left(\frac{\partial f}{\partial y}\right)_x dy$$

因此运算过程中,误差 dx、dy 会影响结果 u 的误差 du,下面将常见的几种运算情况和结果的误差列于附表 8-1,以供参考。

附表 8-1　运算法与误差

运　算　法	最大绝对误差 du	最大相对误差 $\dfrac{du}{u}$
$u = x + y$(和)	$\lvert dx \rvert + \lvert dy \rvert$	$\dfrac{\lvert dx \rvert + \lvert dy \rvert}{x + y}$
$u = x - y$(差)	$\lvert dx \rvert + \lvert dy \rvert$	$\dfrac{\lvert dx \rvert + \lvert dy \rvert}{x - y}$
$u = x \cdot y$(积)	$x\lvert dy \rvert + y\lvert dx \rvert$	$\dfrac{\lvert dx \rvert}{x} + \dfrac{\lvert dy \rvert}{y}$
$u = \dfrac{x}{y}$(商)	$\dfrac{y\lvert dx \rvert + x\lvert dy \rvert}{y^2}$	$\dfrac{\lvert dx \rvert}{x} + \dfrac{\lvert dy \rvert}{y}$
$u = x^n$(幂)	$nx^{n-1}\lvert dx \rvert$	$n\dfrac{dx}{x}$
$u = \ln x$(对数)	$\dfrac{\lvert dx \rvert}{x}$	$\dfrac{dx}{x\ln x}$

例如,用凝固点下降法测溶质的摩尔质量,有

$$M = \frac{1\ 000\ K_f m}{m_A \cdot \Delta T}$$

这里直接测量的数值是 m、m_A、ΔT。溶质质量 m 约 0.2 g,在分析天平上称量,其绝对误差 $\Delta m = 0.000\ 2$ g;溶剂质量 m_A 约 20 g,在粗天平上称量,$\Delta m_A = 0.05$ g;溶液的凝固点下降值 ΔT 约 0.2 ℃,用贝克曼温度计测定 $\Delta(\Delta T) = 0.005$。所以

$$\rho_M = \frac{\Delta M}{M} = \frac{\Delta m}{m} + \frac{\Delta m_A}{m_A} + \frac{\Delta(\Delta T)}{\Delta T} = \frac{0.000\ 2}{0.2} + \frac{0.05}{20} + \frac{0.005}{0.2}$$

$$= 0.001 + 0.002\ 5 + 0.025 = 0.025(即\ 2.5\%)$$

可见三个测量数值中主要决定结果误差的是温度,因此测温就是该实验的关键,必须正确地选择测温的仪器并确定正确的实验方法,以提高实验质量。

测量结果的正确记录和有效数字

测量的误差问题紧密地与正确地记录测量结果联系在一起,由于测得的物理量或多或少都有误差,所以测量值与数学上的数值有不同的意义。

例如,数学上 $1.35 = 1.350\ 0$;物理上 $(1.35 \pm 0.01)m \neq (1.350\ 0 \pm 0.000\ 1)m$。

因为物理量的数值不仅能反映物理量的大小,而且还反映了观测仪器的精确度(即数据的可靠程度),如 $(1.35 \pm 0.01)m$ 是用普通米尺测得的数据,而 $(1.350\ 0 \pm 0.000\ 1)m$ 则是用螺旋测径器测得的,因此物理量的每一位都是有实际意义的,有效数字就指明了该测量值的准确度,测量值的准确度取决于测量仪器的最小测量单位(最小分刻度)。比如用分析天平可称至 $0.1\ mg$,所以称 $10\ g$ 样品其准确度可达 1×10^{-5}。有效数字的位数包括测量中可靠的几位和最后估计的一位(可疑数字)。现将实验数据的表示及有效数字的运算规则分述如下。

(1) 误差只有一位有效数字,最多写两位。

(2) 任一物理量数据,其有效数字的最后一位,在位数上应与绝对误差的最后一位一致。例如

1.35 ± 0.01　　　　正确。

1.351 ± 0.01　　　　扩大了结果的准确度。

1.3 ± 0.01　　　　缩小了结果的准确度。

(3) 有效数字的位数与十进制单位的变换无关,与小数点的位置无关,如 $(1.35 \pm 0.01)m$ 与 $(135 \pm 1)cm$ 完全一样,都有 0.7% 的误差。但在另一种情况下,如 153 000这个数值后面三个零,究竟是用来表示有效数字的还是用以标志小数的位置的呢? 我们无法判断,为了避免这种困难,常采用指数表示法,如有三位有效数字,则可写成 1.53×10^5。

(4) 任何一个直接测量值都要记到仪器刻度的最小估计读数,即记到第一位可疑数字,如滴定管的最小估计读数是 $0.01\ mL$,测得溶液体积的误差是 $0.02\ mL$,故记录的数字都必须包括这一位的数字。

(5) 加减运算中,运算前各数中所应保留的小数点以下的有效数字可与各数中小数点以下有效数字位数最少的相同(其余按四舍五入凑整)。例如,四个电阻串联:$R_1 = (100.12 \pm 0.01)\ \Omega$,$R_2 = (249.61 \pm 0.02)\ \Omega$,$R_3 = (1\ 001.2 \pm 0.1)\Omega$,$R_4 = (10\ 003 \pm 1)\ \Omega$。总电阻值的绝对误差 $\Delta R = (0.01 + 0.02 + 0.1 + 1)\Omega = 1.13\ \Omega$,可见个位数都是不准确的,结果最多保留一位可疑数字,即 $R = (100 + 250 + 1\ 001 + 10\ 003)\Omega = 11\ 354\ \Omega$,$\Delta R = \pm 1\ \Omega$。

(6) 乘除运算中,各数所保留的有效数字只需和其中有效数字位数最少的相同,

所得结果的有效数字也与原数中有效数字位数最少者相同。例如

$$I = (32.8 \pm 0.1)\ \text{mA}, R = (210.2 \pm 0.1)\ \Omega$$

$$\rho_I = \frac{0.1}{32.8} = 0.3\%, \quad \rho_R = \frac{0.1}{210.2} \approx 0.05\%$$

若计算 $E = IR$，则　　　　$\rho_E = 0.3\% + 0.05\% = 0.35\%$

故 E 的有效数字只有三位，即

$$E = 32.8 \times 210\ \text{mV} = 6.89 \times 10^3\ \text{mV}$$

（7）测量值与常数相乘所得结果与测量值的有效数字相同。

在计算过程中应严格遵守有效数字运算规则，如果乘除数中最少的有效数字是四位，则可用四位对数表运算。

实验结果的表示法

化学实验结果的表示法常用的有两种方式：列表法、作图法。

1. 列表法

做完实验后，所得的大量数据，应该尽可能地列表整齐地、有规律地表达出来，使得全部数据能一目了然，便于处理运算，便于检查而减少差错。

利用列表法表达实验数据时，最常见的是列出自变量和因变量间的相应数值，每一表格都应有简明完备的名称，在表的每一栏上，都应详细地写上名称、数量单位。自变量的选择可以是时间、温度、浓度等变量。选择时最好能使其数值依次等量地递增。在每一行中，数字的排列要整齐，位数和小数点要对齐，有效数字和位数应特别注意。

2. 作图法

利用图形来表达化学实验结果时，有许多优点。首先能直接显示出各变量之间的相互关系，如极大、极小、转折点等；其次能够利用图形作切线，求面积，将数据进行进一步的处理。因此，作图法的用处极为广泛，作图的步骤及一般规则如下。

（1）选择坐标。以自变量为横坐标，因变量为纵坐标。横、纵坐标的读数一般不一定从 0 开始，视其具体情况进行选定，以保证图形落于图纸中央。

（2）选择比例尺。要能表示出测量值的全部有效数字，以使从作图法求得的量的准确度与测量的准确度相当，坐标的最小分格应与测量值的最后一位可靠数字相当。比如用 1/10 ℃温度计测量温度，则最小分格应表示 0.1 ℃；用有毫米刻度的米尺测压力，则最小分格应表示 0.1 cm。某些情况由于图纸的限制或其他原因，作图时降低了测量准确度的，应注明清楚。若作直线，则比例尺的选择应使其斜率接近 1。

（3）画出坐标轴。选定比例尺后，画出坐标轴，在轴旁注明该轴所代表变量的名称及单位。在纵轴的左面及横轴的下面每隔一定距离写下该处变量的数值，以便作图和读数（注意不应将实验值写于坐标轴旁）。读数横轴自左至右，纵轴自下而上。

　　(4) 作代表点。将相当于测得数量的各点绘于图上，在点的周围画上圆圈、方块或其他符号，其大小应与测量值的准确度相当（注意：不应将实验数据写于代表点旁）。在一张图纸上如有数组不同的测量值时，各组测量值的代表点应用不同符号表示，并须在图上注明。

　　(5) 连曲线。作出各代表点后，用曲线板或曲线尺作出尽可能接近于诸实验点的曲线，曲线应光滑均匀、细而清晰，曲线不必通过所有各点，但各点在曲线两旁的分布在数量上应近似相等，且曲线两侧各代表点与曲线间距离亦应近似相等。

　　(6) 写图名。写上清楚而完备的图名及标比例尺，图上除图名、比例尺、曲线、坐标轴及读数外，一般不再写其他的字及其他的辅助线，以免使主要部分反而不清楚。数据也不要写在图上，但在实验报告上应附有完整的数据表。

线性方程各常数的测定

　　直线是曲线中最易作的线，用起来也很方便，因此，在处理数据，根据变量间的关系作图时，常将变量加以变换，使所得图形尽可能为一直线。在实验中作图时常采用 y 对 x 作图、$\ln y$ 对 x 作图或 $\ln y$ 对 $1/x$ 作图，从而得到二变量间的线性关系。

　　确定线性方程各常数的方法有多种，最常用的是图解法，首先作出准确的直线，设其方程为

$$y = mx + b$$

式中：m 是直线斜率，$m = (y_2 - y_1)/(x_2 - x_1)$，$(x_1, y_1)$ 及 (x_2, y_2) 为从直线上取的两点，两点间距离值应大些为好；b 为截距，即 $x = 0$ 时，直线在 y 轴上的截距，但在实际作图时，坐标原点的 x 并不一定等于 0，此时可由直线的斜率 m 及线上任一点的坐标 (x', y') 求出，即 $b = y' - mx'$。

附录九　基础化学实验常用数据表

附表 9-1　国际单位制基本单位

量 的 名 称	单位名称	符　号	
		中　文	国　际
长度	米	米	m
质量	千克	千克	kg
时间	秒	秒	s
电流	安培	安	A
热力学温度	开尔文	开	K
发光强度	坎德拉	坎	cd
物质的量	摩尔	摩	mol

附表 9-2　国际单位制的一些导出单位

量 的 名 称	单位名称	符　号		其他表示示例
		中　文	国　际	
频率	赫兹	赫	Hz	s^{-1}
力、重力	牛顿	牛	N	$kg \cdot m \cdot s^{-2}$
压力、压强、应力	帕斯卡	帕	Pa	$N \cdot m^{-2}$
能、功、热量	焦耳	焦	J	$N \cdot m$
功率、辐射通量	瓦特	瓦	W	$J \cdot s^{-1}$
电荷量	库仑	库	C	$A \cdot s$
电势、电压、电动势	伏特	伏	V	$W \cdot A^{-1}$
电容	法拉	法	F	$C \cdot V^{-1}$
电阻	欧姆	欧	Ω	$V \cdot A^{-1}$
电导	西门子	西	S	$A \cdot V^{-1}$
电感	亨利	亨	H	$Wb \cdot A^{-1}$
磁通量密度、磁感应强度	特斯拉	特	T	$Wb \cdot m^{-2}$
磁通量	韦伯	韦	Wb	$V \cdot s$
光通量	流明	流	lm	$cd \cdot sr$
光照度	勒克斯	勒	lx	$lm \cdot m^{-2}$

附表 9-3　其他单位制单位与国际单位制单位换算表

单 位 名 称		国 际 符 号	折合国际单位制
力	吨力	tf	9 806.65 N
	千克力	kgf,kp	9.806 65 N
	达因	dyn	10^{-5} N
黏度	泊	P	0.1 Pa·s
	厘泊	cP	10^{-3} Pa·s
压力	巴	Bar	10^5 Pa
	达因每平方厘米	dyn/cm²	0.1 Pa
	千克力每平方厘米	kgf/cm²,kp/cm²	98 066.5 Pa
	工程大气压	at	98 066.5 Pa
	毫米水柱	mmH$_2$O	9.806 65 Pa
	毫米汞柱	mmHg	133.322 Pa
	标准大气压	atm	101 325 Pa
功、能	千克力米	kgf·m	9.806 65 J
	尔格	erg	10^{-7} J
	马力·小时	hp·h	$2.647\,8\times10^6$ J
	升·大气压	L·atm	101.325 J
	国际蒸汽表卡	cal$_{ft}$	4.186 8 J
	热化学卡	cal$_{th}$	4.184 0 J
功率	千克力米每秒	kgf·m/s	9.806 65 W
	马力	PS	735.499 W
	尔格每秒	erg/s	10^{-7} W
	千卡每小时	kcal/h	1.163 W
	卡每秒	cal/s	4.186 8 W

附表 9-4　水在不同温度下的折射率、黏度和介电常数

温度/℃	折射率 n_D	黏　度 $\eta \times 10^3/(\mathrm{Pa \cdot s})$	介电常数 ε
0	1.333 95	1.770 2	87.74
5	1.333 88	1.510 8	85.76
10	1.333 69	1.303 9	83.83
15	1.333 39	1.137 4	81.95
20	1.333 00	1.001 9	80.10
21	1.332 90	0.976 4	79.73
22	1.332 80	0.953 2	79.38
23	1.332 71	0.931 0	79.02
24	1.332 61	0.910 0	78.65
25	1.332 50	0.890 3	78.30
26	1.332 40	0.870 3	77.94
27	1.332 29	0.851 2	77.60
28	1.332 17	0.832 8	77.24
29	1.332 06	0.814 5	76.90
30	1.331 94	0.797 3	76.55
35	1.331 31	0.719 0	74.83
40	1.330 61	0.652 6	73.15
45	1.329 85	0.597 2	71.51
50	1.329 04	0.546 8	69.91
55	1.328 17	0.504 2	68.35
60	1.327 25	0.466 9	66.82
65		0.434 1	65.32
70		0.405 0	63.86
75		0.379 2	62.43
80		0.356 0	61.03
85		0.335 2	59.66
90		0.316 5	58.32
95		0.299 5	57.01
100		0.284 0	55.72

附表 9-5　液体的折射率(25℃)

名　称	n_D^{25}	名　称	n_D^{25}
甲醇	1.326	氯仿	1.444
水	1.333	四氯化碳	1.459
乙醚	1.352	乙苯	1.493
丙酮	1.357	甲苯	1.494
乙醇	1.359	苯	1.498
乙酸	1.370	苯乙烯	1.545
乙酸乙酯	1.370	溴苯	1.557
正己烷	1.372	苯胺	1.583
1-丁醇	1.397	溴仿	1.587

附表 9-6　不同温度下水的表面张力 $\sigma(\times 10^3 N \cdot m^{-1})$

$t/℃$	σ	$t/℃$	σ	$t/℃$	σ	$t/℃$	σ
0	75.64	17	73.19	26	71.82	60	66.18
5	74.92	18	73.05	27	71.66	70	64.42
10	74.22	19	72.90	28	71.50	80	62.61
11	74.07	20	72.75	29	71.35	90	60.75
12	73.93	21	72.59	30	71.18	100	58.85
13	73.78	22	72.44	35	70.38	110	56.89
14	73.64	23	72.28	40	69.56	120	54.89
15	73.59	24	72.13	45	68.74	130	52.84
16	73.34	25	71.97	50	67.91		

附表 9-7　基本常数和换算因子

名 称 符 号	数 值
电磁波在真空中传播速率 c, c_0	$2.997\ 924\ 58\ m \cdot s^{-1}$(准确)
普朗克常数 h	$(6.626\ 176 \pm 0.000\ 036) \times 10^{-34}\ J \cdot s$
阿伏伽德罗常数 L, N_A	$(6.022\ 04 \pm 50.000\ 031) \times 10^{23}\ mol^{-1}$
法拉第常数 F	$(9.648\ 456 \pm 0.000\ 027) \times 10^4\ C \cdot mol^{-1}$
水的三相点温度 T_0	$273.16\ K = 0.01℃(4.58\ mmHg)$
1 mol 理想气体($p=1$ atm)	$22.409\ 982\ 7 \times 10^{-3}\ m^3 \cdot atm \cdot mol^{-1}$
pV乘积($T=273.15$ K)	$2\ 271.15\ J \cdot mol^{-1}$
元电荷 e	$(1.602\ 189\ 2 \pm 0.000\ 004\ 6) \times 10^{-19}\ C$
摩尔气体常数 R	$(8.314\ 41 \pm 0.000\ 26)\ J \cdot mol^{-1} \cdot K^{-1}$
一电子伏	$(1.602\ 189\ 17 \pm 0.000\ 007\ 0) \times 10^{-19}\ J$
玻耳兹曼常数 k	$(1.380\ 662 \pm 0.000\ 044) \times 10^{-23}\ J \cdot K^{-1}$
自然对数 $\log_e$ 或 ln	$2.303 \times \lg 10$

附录十　有机化学实验的一般知识

化学实验目的

（1）知识的获得。可以巩固和加深理解书本上的理论知识。了解和掌握化学实验的基本知识,包括实验的安全、实验的预习、实验报告的书写、常用实验仪器的认识、实验装置、实验技术和基本操作等。

（2）能力的培养。能力包括实验动手能力、分析问题和解决问题的能力。

（3）素质的提高。通过实验可以锻炼大家严谨细致的作风,实事求是的科学态度。

实验室的基本要求

（1）保持实验室的安静,整个实验过程都要保持安静,只有这样,才能静下心来,专注实验,认真观察和思考。

（2）要节约水电、试剂、玻璃仪器,特别是玻璃仪器,损坏、丢失都要赔偿。

（3）要爱护公物,如实验台的桌面、公用的仪器,损坏要赔偿。不要随便移动公用仪器,一些小的公用品,如剪刀、镊子、打孔器等,用后立即放回原处。

（4）应自始至终注意实验室的整洁,做到桌面、地面、水槽和仪器的干净。同学轮流做值日,值日职责为整理公用仪器、打扫实验室、倒清废液缸、检查水电、关好门窗。

实验的基本要求

（1）实验前必须认真预习有关实验的全部内容,并做好预习笔记和实验安排。通过预习,明确实验的目的和要求及实验的基本原理、步骤和有关操作技术,熟悉实验所需的试剂、仪器、装置,了解实验中的注意事项。做好一切准备工作后方能开始实验。

（2）实验进行中必须严格按操作规程进行操作,养成及时记录的良好习惯,凡是观察到的现象和结果以及有关的质量、体积、温度或其他数据,都应立即如实写在记录本上。

（3）实验完毕必须及时做好处理工作（包括清洗仪器、处理废物、检查安全等）,将记录（合成实验要上交产品）交教师审阅,待教师签字后方可离开实验室。

（4）注意安全,听从教师和实验室工作人员的指导,若有疑难问题或发生意外事故,必须立即报请教师及时解决和处理。

实验室的安全

进行有机化学实验经常要使用易燃溶剂,如乙醚、乙醇、丙酮和苯等;易燃易爆的气体和试剂,如氢气、乙炔和干燥的苦味酸(2,4,6-三硝基苯酚)等;有毒试剂,如氰化钠、硝基苯和某些有机磷化物等;有腐蚀性的试剂,如氯磺酸、浓硫酸、浓硝酸、浓盐酸、溴和烧碱等。这些试剂使用不当,就有可能产生着火、爆炸、烧伤、中毒等事故。此外,碎的玻璃器皿、电器设备使用不当也会产生事故。只要实验者集中注意力,严格执行操作规程,加强安全措施,就可以杜绝事故的发生。

实验的一般注意事项

(1) 实验开始前,应检查仪器有无破损,装置是否正确、稳妥。

(2) 实验进行时,不准随便离开工作岗位,要经常注意反应进行的情况和装置有无漏气、破裂等现象。

(3) 估计可能发生危险的实验,在操作时,应使用防护眼镜、手套等防护设备。

(4) 实验中所用试剂不得随意散失、遗弃。对反应中产生有害气体的实验,应按规定处理,以免污染环境,影响身体健康。

(5) 实验结束后,要细心洗手,严禁在实验室内吸烟或吃食品。

(6) 将玻璃管(棒)或温度计插入塞中时,应先检查塞孔大小是否合适,玻璃管(棒)两头是否平滑,然后用布条裹住或涂些甘油等润滑剂后旋转入内。握玻璃管(棒)的手应该靠近塞子,防止因玻璃管(棒)折断而戳伤。

实验室事故的预防

1. 火灾的预防

(1) 在操作易燃的溶剂时,要特别注意以下几点。

a. 应该远离火源。

b. 切勿将易燃溶剂放在广口容器或烧杯内加热。

c. 加热必须在水浴中进行,切勿使容器密闭,否则会造成爆炸事故,当附近有露置的易燃溶剂时,切勿点火。

(2) 在进行易燃物质实验时,应养成先将乙醇一类易燃物质搬开的习惯。

(3) 蒸馏易燃的有机物时,装置不能漏气,如发现漏气时,应立即停止加热并检查原因,若因塞子被腐蚀,则待冷却后才能换掉塞子。从蒸馏装置接收瓶出来的尾气出口应远离火源,最好用橡皮管引入下水槽。

(4) 回流或蒸馏易燃低沸点液体时,要注意以下几点。

a. 应放入几粒沸石或者用一端封口的毛细管,以防止液体爆沸,若在加热后才发觉未放沸石时,绝不能立即揭开瓶塞后补放,而应停止加热,等被蒸馏的液体冷却后才能加入,否则,会因液体暴沸而发生事故。

b. 严禁直接加热。

c. 瓶内液体量最多只能装至 2/3。

d. 加热速率宜慢不宜快，避免局部过热。

e. 用油浴加热蒸馏或回流时，必须十分注意，以避免因冷凝水溅入热油浴内，使油外溅到热源上而引起火灾。通常发生危险的原因，主要是橡皮管套到冷凝管的侧管时不严密，开动水龙头过快，水流过猛把橡皮管冲出来，或者由于套不紧而漏水，所以要求橡皮管套到侧管时要很紧密，开动水龙头也要慢动作，使水慢慢流入冷凝管中。

f. 当处理大量的可燃性液体时，应在通风橱中进行，室内应无火源。

g. 不得把燃着或者带火星的火柴或纸条等乱扔，也不得丢入废液缸中，否则，极易发生危险事故。

2. 爆炸的预防

(1) 易燃有机溶剂(特别是低沸点易燃溶剂)在室温时即具有较大的蒸气压。空气中混杂有机溶剂的蒸气达到某一极限时(附表 10-1)，遇明火即发生燃烧爆炸。而且有机溶剂蒸气的密度都比空气的密度大，会沿着桌面或地面飘移至远处。因此，切勿将易燃溶剂倒入废液缸中，更不能用开口容器盛放易燃溶剂。

(2) 使用易燃气体(如氢气、乙炔等(附表 10-2))时，要保持室内空气畅通，严禁明火，防止一切火星的发生，如由于敲击、鞋钉摩擦、马达炭刷或电器开关等所产生的火花。

(3) 卤代物与金属钠接触，因反应太猛会发生爆炸。

附表 10-1　常用易燃溶剂蒸气爆炸极限

名　称	沸点/℃	闪点/℃	爆炸范围(体积分数)/(%)
甲醇	64.96	11	6.72～36.50
乙醇	78.5	12	3.28～18.95
乙醚	34.51	− 45	1.85～36.50
丙酮	56.2	−17.5	2.55～12.80
苯	80.1	−11	1.41～7.10

附表 10-2　易燃气体爆炸极限

气　体	空气中的含量(体积分数)/(%)	气　体	空气中的含量(体积分数)/(%)
氢气 H_2	4～74	甲烷 CH_4	4.5～13.1
一氧化碳 CO	12.50～74.20	乙炔 C_2H_4	2.5～80
氨 NH_3	15～27		

3．中毒预防

（1）有毒物品必须认真操作。实验后的有毒残渣必须妥善而有效地处理，不准乱丢。

（2）开启储有挥发性液体的瓶塞，必须先冷却后开启。开启时，瓶口必须指向无人处，以免由于液体喷溅而招致伤害。如遇瓶塞不易开启时，必须注意瓶内物体的性质，切不可贸然用火加热或乱敲瓶塞等。

（3）某些有毒物质会渗入皮肤，因此，接触这些物质时必须戴橡皮手套，操作后立即洗手，切勿让其沾到五官或伤口。

（4）在量取有毒或腐蚀性液体时，应在通风橱中进行，使用后的量具应及时清洗。在使用通风橱时，不得把头伸入橱内。

4．触电的预防

使用电器时，应防止人体与电器导电部分直接接触，不能用湿手或手握湿的物体接触电插头。实验后应切断电源，再将连接电源的插头拔下。特别注意不要将电插头扔在水槽内。

事故的处理

1．火灾的处理

实验室如发生火灾事故，室内全体人员应积极而有秩序地参加灭火。一般采用如下措施：一方面为了防止火势扩展，应立即熄灭附近所有火源（酒精灯等），切断电源，并且移开附近的易燃物质；另一方面灭火，有机实验室灭火常采用使燃着的物质隔绝空气的方法，通常不能用水，否则反而引起更大火灾。在着火初期，不能用嘴吹，必须使用灭火器、黄沙、石棉布等。如果火势小，可用抹布把着火的仪器包裹起来。如在小容器内着火（烧杯、烧瓶内），可盖上石棉布使其隔绝空气而熄灭。

如果油类物质着火，要用黄沙或灭火器灭火，撒上干燥的固体碳酸钠或碳酸氢钠粉末也能扑灭。

如果电器着火，必须先切断电源，然后再用二氧化碳或四氯化碳灭火器灭火（注意四氯化碳有毒，在空气不流通的地方使用有危险！）。因为这些灭火剂不导电，不会使人触电。绝不能用水或泡沫灭火器去灭火。

如果衣服着火，应立即在地上打滚，盖上石棉布，使之隔绝空气而灭火。

总之，一旦火灾发生，应根据起火原因和火场周围的情况，采取不同的方法扑灭火焰。无论使用哪一种灭火器材，都应从火的四周开始向中心扑灭。

2．玻璃割伤

玻璃割伤是常见的事故，受伤后要仔细观察伤口有没有玻璃碎片，若伤势不重，让血液流出片刻，再用消毒棉花和硼酸水（或双氧水）洗净伤口，涂上碘酒后包扎好；若伤口深，流血不止时，可在伤口上下 10 cm 处用纱布扎紧，使流血减慢进而凝固，并随即到医院就诊。

3. 试剂灼伤

酸灼伤皮肤时，应立即用大量水冲洗，再用 5％碳酸氢钠溶液洗涤后，涂上油膏，并将伤口扎好。灼伤眼睛时，应抹去溅在眼睛外面的酸液，立即打开水龙头，用大量的水冲洗，再用稀碳酸氢钠溶液洗涤眼睛，最后滴入少许蓖麻油。酸溅在衣服上时，先用水冲洗，再用稀氨水洗，最后用水冲洗。

碱灼伤皮肤时，先用水冲洗，再用饱和硼酸溶液或 1％乙酸溶液洗涤后，涂上油膏，并包扎好。灼伤眼睛时，应抹去溅在眼睛外面的碱，再用水冲洗，然后用饱和硼酸溶液洗涤，滴入蓖麻油。碱溅在衣服上时，先用水冲洗，然后用 10％乙酸溶液洗涤，再用氨水中和多余的乙酸，最后用水冲洗。

溴灼伤时，应立即用酒精洗涤，涂上甘油，用力按摩，将受伤处包扎好。如眼睛受到溴蒸气刺激，暂时不能睁开时，可对着盛有卤仿或酒精的瓶内注视片刻。

4. 烫伤

轻伤者涂以玉树油或烫伤油膏。重伤者涂以烫伤油膏后，立即送医院治疗。

上述各种急救法，仅为暂时减轻疼痛的措施。若伤势较重，在急救之后，应迅速送到医院诊治。

实验的预习、记录和实验报告

1. 实验预习

每个学生都应准备一本实验记录本，在每次实验前必须认真预习，做好充分准备。预习的具体要求如下。

（1）要将实验的目的要求、反应式（主要反应、主要副反应）、主要试剂和产物的物理常数（查阅手册或辞典）以及主要试剂的用量（克、毫升、摩尔）和规格，摘录于记录本中。

（2）列出相关的过程及原理，明确各步操作目的和要求。

（3）写出简单步骤。每个学生应根据实验内容上的文字，写成简单明了的实验步骤（不要照抄实验内容）。各个步骤中的文字可用符号简化，例如写分子式、克用 g、毫升用 mL、加热用△、加用＋、沉淀用↓、气体逸出用↑等。仪器以示意图代之。学生在实验初期可画装置简图，步骤写得详细些，以后逐步简化。

2. 实验记录

进行实验时要做到操作认真、观察仔细、思考积极，并将观察到的现象和测得的各种数据及时地如实记录于记录本中。记录要做到简要明确、字迹整洁。实验完毕后，学生应将实验记录本交给教师检查，产物回收于实验室已准备好的试剂瓶中。

计算产率并根据实验情况讨论观察到的现象及结果（也可由教师指定回答部分思考题），或提出对本实验的改进意见。

在进行实验操作后，总结进行的工作，分析出现的问题。整理归纳结果是完成实验不可缺少的一步，同时也是把直接的感性认识提高到理性思维的必要一步。实验报告就是进行这项培养和训练的。因此,务必认真对待。

3. 实验报告举例

正溴丁烷的合成

1. 目的要求

(1) 了解从醇制备溴代烷的原理及方法。

(2) 初步掌握回流及气体吸收装置和分液漏斗的应用。

2. 反应式

$$NaBr + H_2SO_4 \longrightarrow HBr + NaHSO_4$$

$$n\text{-}C_4H_9OH + HBr \longrightarrow n\text{-}C_4H_9Br + H_2O$$

副反应

$$n\text{-}C_4H_9OH \xrightarrow{H_2SO_4} CH_3CH_2CH{=}CH_2 + H_2O$$

$$2n\text{-}C_4H_9OH \xrightarrow{H_2SO_4} (n\text{-}C_4H_9)_2O + H_2O$$

$$2NaBr + 3H_2SO_4 \longrightarrow Br_2 + SO_2 \uparrow + 2H_2O + 2NaHSO_4$$

3. 主要试剂及产物的物理常数

名　称	相对分子质量	性状	折光率	密度/$(g \cdot mL^{-1})$	熔点/℃	沸点/℃	溶解度 (g/100 mL 溶剂)		
							水	醇	醚
正丁醇	74.12	无色透明液体	1.399 3	0.809 78	−89.2～−89.8	117.71	7.920	∞	
正溴丁烷	137.03	无色透明液体	1.439 8	1.299	−112.4	101.6	不溶	∞	

4. 主要试剂用量及规格

　　正丁醇:实验试剂,15 g(18.50 mL、0.20 mol)

　　浓硫酸:工业品,29 mL(53.40 g、0.54 mol)

　　溴化钠:实验试剂,25 g(0.24 mol)

5. 实验步骤及现象记录

步　骤	现　象
(1)在 150 mL 烧瓶中放 20 mL 水＋29 mL 浓 H_2SO_4,振摇冷却	放热,烧瓶烫手
(2)＋18.5 mL n-C_4H_9OH 及 25 g NaBr,振摇＋沸石	不分层,有许多 NaBr 未溶。瓶中已出现白雾状 HBr
(3)装冷凝管、HBr 吸收装置,烧瓶在石棉网上小火△半小时	沸腾,瓶中白雾状 HBr 增多,并从冷凝管上升,为气体吸收装置吸收,瓶中液体由一层变成三层。上层开始极薄。中层为橙黄色。上层越来越厚,中层越来越薄,最后消失。上层颜色由黄到橙黄色

续表

步　　骤	现　　象
(4)稍冷,改成蒸馏装置,+沸石。蒸出 n-C_4H_9Br	出液混浊,分层,瓶中上层越来越少,最后消失,片刻后停止蒸馏。蒸馏瓶冷却析出无色透明结晶($NaHSO_4$),产物在下层
(5)粗产物用 15 mL 水洗。在干燥分液漏斗中用 10 mL H_2SO_4 洗,15 mL 水洗,15 mL 饱和 $NaHCO_3$ 洗,15 mL 水洗	加一滴浓 H_2SO_4 沉至下层,证明产物在上层
(6)粗产物置于 50 mL 烧瓶中,+2 g $CaCl_2$ 干燥	粗产物有些混浊,稍摇后透明
(7)产物滤入 30 mL 烧瓶中,+沸石,蒸馏收集 99~103 ℃的馏分	90 ℃以前,出液很少。长时间稳定于101~102 ℃,后升至 103 ℃。当温度下降,瓶中液体很少时停止蒸馏。产物为无色液体。瓶重 15.5 g,共重 33.5 g,产物重 18.0 g

6. 粗产物纯化过程及原理

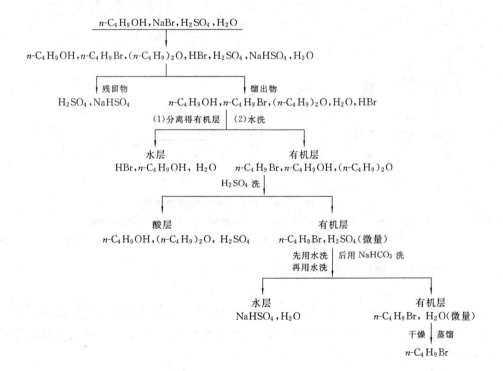

7. 产率计算

因其他试剂过量,理论产量应按正丁醇计算。0.2 mol 正丁醇能产生 0.2 mol(即 0.2×137 g =27.4 g)正溴丁烷。

$$产率=(18.0\div27.4)\times100\% = 66\%$$

8. 讨论

(1) 醇可以与硫酸生成锌盐,而卤代烷不溶于硫酸,故随着正丁醇转化为正溴丁烷,烧瓶中分成三层。上层为正溴丁烷,中层可能为硫酸氢正丁酯,中层消失即表示大部分正丁醇已转化为正溴丁烷。上、中两层液体呈橙黄色是由于副反应产生的溴所致。从实验可知溴在正溴丁烷中的溶解度较硫酸中的溶解度大。

(2) 蒸去正溴丁烷后,烧瓶冷却析出的结晶是硫酸氢钠。

(3) 由于操作时疏忽大意,反应开始前忘记加沸石,使回流不正常。停止加热,稍后再加沸石继续回流。这点今后要引起注意。

常用仪器及装置

1. 普通玻璃仪器介绍(附图 10-1)

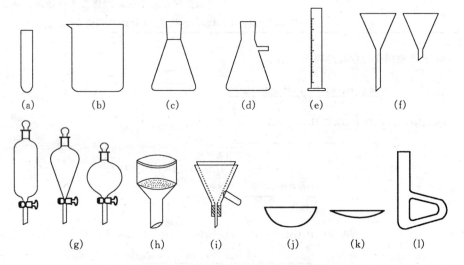

附图 10-1　常用普通有机实验玻璃仪器

(a) 试管;(b) 烧杯;(c) 锥形瓶;(d) 抽滤瓶;(e) 量筒;(f) 三角玻璃漏斗;
(g) 分液漏斗;(h) 布氏漏斗;(i) 保温漏斗;(j) 蒸发皿;(k) 表面皿;(l) b 形管

2. 标准磨口玻璃仪器介绍(附图 10-2)

3. 仪器装置方法

化学实验中常用玻璃仪器装置,一般都用铁夹将仪器依次固定在铁架上。铁夹的双钳应该贴有橡皮、绒布等软性物质,或缠上石棉绳、布条等。若铁夹直接夹住玻璃仪器,则容易将仪器夹破。

用铁夹固定玻璃器皿时,先用左手手指将双钳夹紧,再拧紧铁夹螺丝,待手指感到螺丝触到双钳时,可停止旋转,做到夹物不松。以蒸馏装置为例,仪器装置时,应先根据热源高低(以升降台上升 10 cm 为准),用铁夹夹住圆底烧瓶颈部,垂直固定在铁架上。铁架应该正对实验台外面,不要歪斜。若铁架歪斜,则重心不一致,装置不稳。

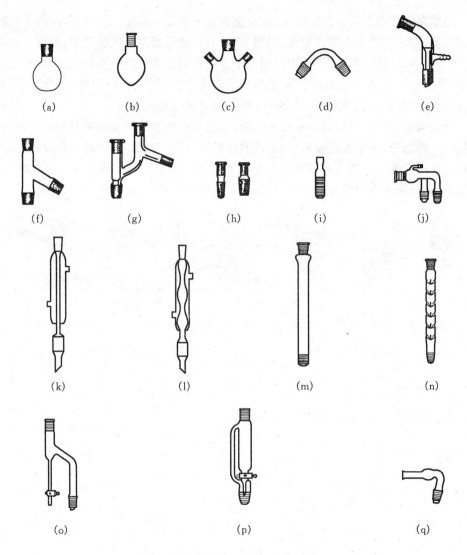

附图 10-2　常用磨口有机实验玻璃仪器

(a) 圆底烧瓶；(b) 梨形烧瓶；(c) 三口烧瓶；(d) 接头弯管；(e) 真空尾接管；(f) 蒸馏头；
(g) 克氏蒸馏头；(h) 接头；(i) 温度计套管；(j) 二叉尾接管；(k) 直形冷凝管；(l) 球形冷凝管；
(m) 空气冷凝管；(n) 刺形分馏柱；(o) 油水分离器；(p) 恒压滴液漏斗；(q) 干燥管

然后将蒸馏头装在圆底烧瓶上，再在蒸馏头上安装温度计套管和温度计，最后装上直形冷凝管、尾接管、接收瓶，用铁夹夹紧冷凝管中上部。整个装置要求横看、竖看都在一个平面内。总之，仪器安装应先下后上，从左到右，做到正确、整齐、稳妥。

　　其次，在装配实验仪器和装置时，时常要用到橡皮塞。在使用橡皮塞时，主要应注意：选择大小合适的塞子；掌握正确的打孔和组装方法。选择塞子时，应以橡皮塞可塞入瓶口或管口的部分为塞子高度的 $1/2 \sim 2/3$ 为宜(附图 10-3)。

　　当要在橡皮塞上钻一个孔时,把橡皮塞放在桌面上,小的一端向上,先用手指转动钻孔器,在塞子的中心刻出印痕(附图 10-4(a)),然后用左手扶住塞子,用右手握住(或用几个手指捏住)钻孔器,一边按同一个方向均匀地旋转钻孔器,一边略微用力向下压(附图 10-4 (b)、(c)),这时,钻孔器应始终与桌面保持垂直,如果发现两者不垂直,应及时加以纠正。当塞子被钻穿时,即可拔出钻孔器。

　　将玻璃管(或温度计)插入橡皮塞孔时,可先用水或甘油润湿玻璃管插入的一端,然后一手持塞子,一手捏着玻璃管,逐渐旋转插入。应当注意:插入或拔出玻璃管时,手指捏住玻璃管的位置与塞子的距离不可太远,应当保持 2～3 cm,以防止玻璃管折断而割伤手;插入或拔出弯玻璃管时,手指不要捏在弯曲处,因为该处容易折断。

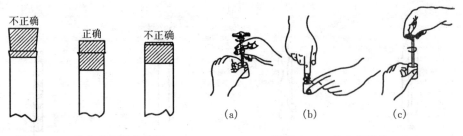

附图 10-3　橡皮塞大小的选择　　　　　　附图 10-4　橡皮塞钻孔

附录十一　　有机化学实验技术

加热

在室温下,某些反应难于进行或反应速率很慢,为了增加反应速率,需要在加热下进行反应。有机物质的蒸馏、升华等也都需加热。下面介绍几种最常用的加热方法。

1. 直接加热

物料盛在金属容器或坩埚中时,可用火直接加热容器。玻璃仪器则要在石棉网上加热,如果直接用火加热,仪器容易因受热不均匀而破裂,其中的部分物料也可能由于局部过热而分解。

2. 水浴加热

附图 11-1　普通水浴

加热温度不超过 100 ℃时,最好用水浴(附图 11-1)加热。加热温度在 90 ℃以下时,可将盛物料的容器部分浸在水中(注意勿使容器接触水浴底部),调节火焰的大小,把水温控制在需要的范围以内。如果需加热到 100 ℃时,可用沸水浴;也可把容器放在水浴的环上,利用水蒸气来加热。如欲停止加热,只要把浴底的火焰移开,水即停止沸腾,容器的温度就会很快地下降。

3. 油浴加热

加热温度在 100~250 ℃时,可以用油浴。油浴的优点在于温度容易控制在一定范围内,容器内的反应物受热均匀。容器内反应物的温度一般要比油浴温度低 20 ℃左右。

用油浴加热时,要特别当心,防止着火。当油的冒烟情况严重时,应立即停止加热。万一着火,也不要慌张,可首先关闭电源或煤气灯,再移去周围易燃物,然后用石棉布盖住油浴口,火即可熄灭。油浴中应悬挂温度计,以便随时调节电压或灯焰,控制温度。

加热完毕后,把容器提离油浴液面,仍用铁夹夹住,放置在油浴上面。待附着在容器外壁上的油流完后,用纸或干布把容器擦净。

4. 沙浴加热

附图 11-2　电热套

沙浴使用方便,可加热到 350 ℃。一般用铁盘装沙,将容器半埋在沙中加热。沙浴的缺点是沙对热的传导能力较差,沙浴温度分布不均,且不易控制。因此,容器底部的沙层要薄些,使容器易受热;而容器周围的沙层要厚些,使热不易散失。沙浴中应插温度计,以控制温度;温度计的水银球应紧靠容器。使用沙浴时,桌面要铺石棉布,以防辐射热烤焦桌面。

此外，目前在化学实验室中，电热套（附图 11-2）是较常用的加热工具之一，通过调压器来调节电压，就可控制加热的温度。

冷却

放热反应进行时，常产生大量的热，它使反应温度迅速升高。如果控制不当，往往会引起反应物的蒸发，逸出反应器，也可能引起副反应，有时甚至会引起爆炸。为了把温度控制在一定范围内，就需要适当进行冷却。最简便的冷却方法是将盛有反应物的容器适时地浸入冷水浴中。

某些反应需在低于室温的条件下进行，则可用水和碎冰的混合物作冷却剂，它的冷却效果要比单用冰块好，因为它能和容器更好地接触。如果水的存在并不妨碍反应的进行，则可以把碎冰直接投入反应物中，这样能更有效地保持低温。

如果需要把反应混合物保持在 0 ℃ 以下，常用碎冰（或雪）和无机盐的混合物作冷却剂。制冰盐时，应把盐研细，然后和碎冰（或雪）按一定比例均匀混合（混合比例参见附表 11-1）。

附表 11-1　常用冷却剂

盐　类	100 份碎冰（或雪）中加入盐的质量份数	混合物能达到的最低温度/℃
NH_4Cl	25	−15
$NaNO_3$	50	−18
$NaCl$	33	−21
$CaCl_2 \cdot 6H_2O$	100	−29
$CaCl_2 \cdot 6H_2O$	143	−55

在实验室中，最常用的冷却剂是碎冰和食盐的混合物，它实际上能冷却到 −5～−18 ℃。用固体的二氧化碳（干冰）和乙醇、乙醚或丙酮的混合物作冷却剂，可达到更低的温度（−50～−78 ℃）。

许多有机化学反应需要使反应物在较长的时间内保持沸腾才能完成。为了防止蒸气逸出，常用回流冷凝装置（附图 11-3(a)），使蒸气不断地在冷凝管内冷凝，再返回反应器中。为了防止空气中的湿气进入反应器或反应中产生的有毒气体进入空气，可在冷凝管上口连接氯化钙干燥管或气体吸收装置（附图 11-3(b)、(c)）。为了使冷凝管的套管内充满冷却水，应从下面的入口通入冷却水。水流速率能保持蒸气充分冷凝即可。进行回流操作时，也要控制加热，蒸气上升的高度一般以不超过冷凝管的 1/3 为宜。

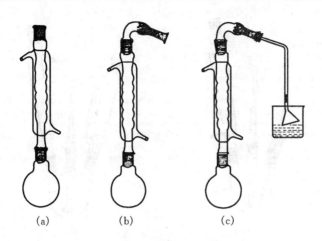

(a)　　　　　　　(b)　　　　　　　(c)

附图 11-3　回流冷凝装置

搅拌和振荡

在固体和液体或互不相溶的液体进行反应时,为了使反应混合物能充分接触,应该进行强烈的搅拌或振荡。此外,在反应过程中,当把一种反应物料滴加或分批、小量地加入另一种物料时,也应该使两者尽快地均匀接触,这也需要进行强烈的搅拌或振荡,否则,由于浓度局部增大或温度局部升高,可能发生更多的副反应。

1. 人工搅拌和振荡

在反应物的量小,反应时间短,而且不需要加热或温度不太高的反应操作中,用手摇动容器就可达到充分混合的目的。也可用两端烧光滑的玻璃棒沿着器壁均匀地搅动,但必须避免玻璃棒碰撞器壁。若在搅拌的同时还需要控制反应温度(例如在苯胺的重氮化反应中),则可用橡皮圈把玻璃棒和温度计套在一起,为了避免温度计水银球触及反应器的底部而损坏,玻璃棒的下端应稍伸出一些。

在反应过程中,回流冷凝装置往往需作间歇的振荡。振荡时,把固定烧瓶和冷凝管的铁夹暂时松开,一只手靠在铁夹上并扶住冷凝管,另一只手拿住瓶颈做圆周运动。每次振荡后,应把仪器重新夹好。也可以用振荡整个铁架台的方法,使容器内的反应物充分混合。

2. 机械搅拌

在那些需要用较长的时间进行搅拌的实验中,最好用电动搅拌器。在反应过程中,若在搅拌的同时还需要进行回流,则最好用三口烧瓶。中间瓶口装配搅拌棒,一个侧口安装回流冷凝管,另一个侧口安装温度计(附图 11-4(a))或滴液漏斗(附图 11-4(b))。

搅拌装置的装配方法如下。首先选定三口烧瓶和电动搅拌器的位置。然后,将搅拌棒插入搅拌器套管(或聚四氟乙烯搅拌头)。搅拌器套管的内径应比搅拌棒稍大一些,使搅拌棒可以在套管内自由地转动。搅拌棒与套管间用一节短乳胶管连接和

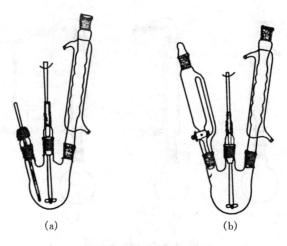

(a)　　　　　　　　　　　(b)

附图 11-4　机械搅拌装置

密封。为使搅拌棒能转动自如,可在乳胶管和搅拌棒间涂一点凡士林进行润滑。把搅拌棒和搅拌器连接起来,然后把配有搅拌棒的搅拌套管插入三口烧瓶的中间瓶口内,并塞紧。调整三口烧瓶的位置(最好不要调整搅拌器的位置,若必须调整搅拌器的位置,应先拆除三口烧瓶,以免搅拌棒戳破瓶底),使搅拌棒的下端距离瓶底约5 mm,中间瓶颈用铁夹夹紧。从仪器装置的正面和侧面仔细检查,进行调整,使整套仪器竖直。开动搅拌器,试验运转情况。当搅拌棒和玻璃管间不发出摩擦的响声时,才能认为仪器装配合格,否则,需要再进行调整。装上冷凝管和滴液漏斗(或温度计),用铁夹夹紧。上述仪器要安装在同一个铁架台上。再次开动搅拌器,如果运转情况正常,才能装入物料进行实验。

　　搅拌的速率可根据实验需要来调节。搅拌所用的搅拌棒通常用玻璃棒制成,样式很多,常用的如附图 11-5 所示。

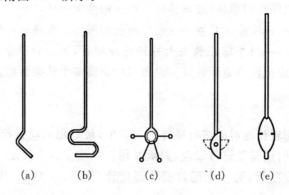

(a)　　　　(b)　　　　(c)　　　　(d)　　　　(e)

附图 11-5　常用搅拌棒

蒸馏

蒸馏是分离和提纯液态有机化合物的最常用的方法之一。应用这一方法,不仅可以把挥发性物质分离,还可以把不同的物质以及有色的杂质等分离。

液体的分子由于分子运动有从表面逸出的倾向,这种倾向随着温度的升高而增大。实验证明,液体在一定的温度下具有一定的蒸气压,这个蒸气压被称为液体的饱和蒸气压(附图 11-6)。随着温度的升高,液体的饱和蒸气压也不断增大,当液体的蒸气压增大到与外界施于液面的总压力(通常是大气压力)相等时,就有大量的气泡从液体内部逸出,即液体沸腾。这时的温度称为液体的沸点。显然,沸点与所受外界压力的大小有关。蒸气压的度量一般是以 MPa 表示。通常所说的沸点是指 0.1 MPa(760 mmHg,一个标准大气压)下液体的沸腾温度。将液体加热至沸腾,使液体成为蒸气,然后使蒸气冷却再凝结为液体,这两个过程的联合操作称为蒸馏。

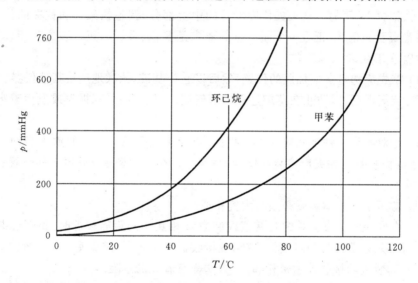

附图 11-6　液体的蒸气压与温度曲线

在通常情况下,纯的液态物质在标准大气压下有一定的沸点。如果在蒸馏过程中,沸点发生变动,那就说明物质不纯。因此可借蒸馏的方法来测定物质的沸点和定性地检验物质的纯度。某些有机化合物往往能和其他组分形成二元或三元恒沸混合物,它们也有一定的沸点。因此,不能认为沸点一定的物质都是纯物质。

1. 蒸馏装置

蒸馏装置主要包括蒸馏烧瓶、冷凝管和接收器三部分。蒸馏烧瓶是蒸馏时最常用的容器,选用什么样大小的蒸馏烧瓶,应由所蒸馏的体积来决定。通常所蒸馏的原料液体的体积应占蒸馏烧瓶容量的1/3~2/3。如果装入的液体量过多,当加热到沸腾时,液体可能冲出,或者液体飞沫被蒸气带出,混入馏出液体中。如果装入的液体

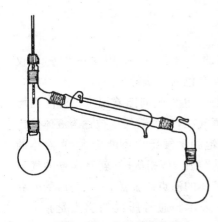

附图 11-7　普通蒸馏装置

量太少,在蒸馏结束时,相对地会有较多的液体残留在瓶内,蒸不出来。

蒸馏装置的装配方法如下。将温度计插入温度计套管,把配有温度计的套管塞入蒸馏头中。调整温度计的位置,务必使在蒸馏时它的水银球能完全为蒸气所包围。这样才能正确地测量出蒸气的温度。通常水银球的上端应恰好位于蒸馏烧瓶支管的底边所在的水平线上(附图11-7)。再选一个合适的圆底烧瓶以及冷凝管、尾接管、接收瓶等。首先固定好蒸馏烧瓶的位置,然后如附图11-7所示装配其他仪器。在装配其他仪器时,不宜再调整蒸馏烧瓶的位置。

在铁架台上,用另一铁夹夹住冷凝管的中上部分,调整铁架台和铁夹的位置,使整个装置横看一条线,正看一个面。总的要求是要稳、妥、端、正。装配蒸馏装置时,应注意以下几点。

(1) 首先应选定蒸馏烧瓶的位置,然后以它为基准,依次地连接其他仪器。

(2) 装配严密,以防止在蒸馏过程中蒸气漏出,使产品受到损失或发生着火等事故。

(3) 绝对不允许铁器和玻璃直接接触,以免夹破仪器。所用的铁夹必须用石棉布、橡皮等做衬垫。铁夹应该装在仪器的背面,夹在蒸馏烧瓶支管以上的位置和冷凝管的中央部分。

(4) 常压下的蒸馏装置必须与大气相通。

(5) 在同一实验桌上装配几套蒸馏装置且相互间的距离较近时,每两套装置的相对位置必须是蒸馏烧瓶对蒸馏烧瓶,或接收器对接收器,避免使一套装置的蒸馏烧瓶与另一套装置的接收器紧密相邻,因为这样有着火的危险。

(6) 如果蒸馏出的物质易受潮分解,可在尾接管上连接一个氯化钙干燥管,以防止湿气的侵入。如果蒸馏的同时还放出有毒气体,则尚需装配气体吸收装置。

(7) 如果蒸馏出的物质易挥发、易燃或有毒,则可在接收器上连接一长橡皮管,通入水槽的下水管内或引出室外。

(8) 当蒸馏沸点高于 140 ℃的物质时,应该换用空气冷凝管。

2. 蒸馏操作

蒸馏装置装好后,把要蒸馏的液体经长颈三角漏斗倒入蒸馏烧瓶里。漏斗的下端须到蒸馏头支管的下面。若液体里有干燥剂或其他固体物质,则应在漏斗上放滤纸,或一小撮松软的棉花或毛玻璃等,以滤去固体。也可把蒸馏烧瓶取下来,把液体小心地沿器壁倒入瓶里,然后往蒸馏烧瓶里放入几根毛细管沸石,也可投入 2～3 粒沸石以代替毛细管沸石,沸石是把未上釉的瓷片敲碎成米粒大小而成。沸石的作用是防止液体暴沸,使沸腾保持平稳。当液体加热到沸点时,沸石能产生细小的气泡,成为沸腾中心。在持续沸腾时,沸石可以继续有效,但一旦停止沸腾或中途停止蒸馏,则原来的沸石即失效。再次加热蒸馏前,应补加新的沸石。如果事先忘记加入沸石,则绝不能在液体加热到近沸腾时补加,因为这样往往会引起剧烈的暴沸,使部分液体冲出瓶外,有时还易发生着火事故。应该待液体冷却一段时间后,再行补加。如果蒸馏液体很黏稠或含有较多的固体物质,加热时很容易发生局部过热和暴沸现象,加入的沸石也往往失效。在这种情况下,可以选用适当的热浴(如油浴)加热。是选用合适的热浴加热,还是在石棉网上加热(烧瓶底部一般应紧贴在石棉网上),要根据蒸馏液体的沸点、黏度和易燃程度等情况来决定。

　　加热前,应再次检查仪器是否装配严密,必要时,应作最后调整。开始加热时,可以让温度上升稍快些。开始沸腾时,应密切注意蒸馏烧瓶中发生的现象。当温度计的水银柱很快地上升时,调节火焰或浴温,使从冷凝管流出液滴的速率为每秒钟1～2滴。应当在实验记录本上记录下第一滴馏出液滴入接收器时的温度。当温度计的读数稳定时,另换接收器收集。如果温度变化较大,须多用几个接收器收集。所用的接收器都必须洁净,且事先都须称量过。记录下每个接收器内馏分的温度范围和质量。若要收集馏分的温度范围已有规定,则可按规定收集。馏分的沸点范围越窄,则馏分的纯度越高。

　　蒸馏的速率不应太慢,否则易使水银球周围的蒸气短时间中断,致使温度计中的读数有不规则的变动。蒸馏速率也不能太快,否则易使温度计上的读数不准确。在蒸馏过程中,温度计的水银球上应始终附有冷凝的液滴,以保持气、液两相的平衡。

　　蒸馏低沸点易燃液体(如乙醚)时,附近应禁止有明火,绝不能用灯火直接加热,也不能用正在灯火上加热的水浴加热,而应该用预先热好的水浴。为了保持必需的温度,可以适时地向水浴中添加热水。

　　当烧瓶中残留少量液体时(常量0.5～1 mL,小量约0.3 mL),应停止蒸馏。

分馏

　　液体混合物中的各组分,若其沸点相差很大,可用普通蒸馏分离,若其沸点相差不太大,则用普通蒸馏法就难以精确分离,而应当用分馏的方法分离。

　　如果将两种具有不同沸点(T_A、T_B)且能混溶的液体(A、B)混合物进行蒸馏(附图11-8(a)),那么组成为C_1的A-B混合物在沸腾温度下,其气相与液相达成平衡,出来的蒸气中含的较多易挥发组分A。将此蒸气冷凝成液体,其组成与气相组成等同,即不是纯A,而是一种主要含A但有些B的组成为C_2的混合物,残留物中却含有较多量的高沸点组分B,这就是进行了一次简单的蒸馏。如果将蒸气凝成的液体重新蒸馏,即又进行一次气液平衡,再度产生的蒸气中所含的易挥发组分A又有所增加,同样,将此蒸气再经过冷凝而得到的液体中易挥发物质A的组成当然也高。这样,我们可以利用一连串的有系统的重复蒸馏,最后能得到接近纯组分的两种液体A和

B。

应用这样反复多次的简单蒸馏,虽然可以得到接近纯组分的两种液体,但是这样做既费时间,且重复多次蒸馏操作的损失又很大,所以通常利用分馏来进行分离。分馏的原理如附图 11-8(b)所示。

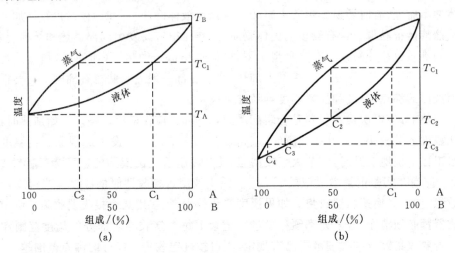

(a)　　　　　　　　　　　　　(b)

附图 11-8　理想液体两组分相图

利用分馏柱进行分馏,实际上就是在分馏柱内,使混合物进行多次气化和冷凝。当上升的蒸气与下降的冷凝液互相接触时,上升的蒸气部分冷凝放出热量使下降的冷凝液部分气化,两者之间发生了热量交换。其结果是上升蒸气中易挥发组分增加,而下降的冷凝液中高沸点组分增加。如果继续多次,就等于进行了多次的气液平衡,即达到了多次蒸馏的效果。这样,靠近分馏柱顶部易挥发物质的组分的比率就高,而在烧瓶里高沸点组分的比率就高。当分馏柱的效率足够高时,开始从分馏柱顶部出来的几乎是纯净的易挥发组分,而最后在烧瓶里残留的则几乎是纯净的高沸点的组分。

实验室最常用的分馏柱如附图 11-9(a)所示。分馏装置(简单)如附图 11-9(b)所示。

分馏装置的装配原则及操作与蒸馏相似。分馏操作更应细心,柱身通常应保温。这种简单分馏,效率虽略优于蒸馏,但总的说来还是很差的,如果要分离沸点相近的液体混合物,还必须用精密分馏装置。

精密分馏的原理与简单分馏的原理完全相同。为了提高分馏效率,在操作上采取了两项措施,一是柱身装有保温套,保证柱身温度与待分馏的物质的沸点相近,以利于建立平衡;二是控制一定的回流比(上升的蒸气在柱头经冷凝后,回入柱中的量和出料的量之比)。

精密分馏装置如附图 11-9(c)所示,在烧瓶中加入待分馏物料和几粒沸石。柱头的回流冷凝器中通水,关闭出料旋塞(不得密闭加热)。对保温套及电炉通电加热,控

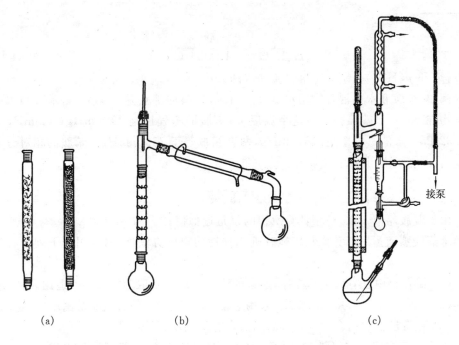

(a)　　　　　　　(b)　　　　　　　(c)

附图 11-9　分馏装置

制保温套温度略低于待分馏物料组分中最低的沸点温度。调节温度使物料沸腾,蒸气升至柱中,冷凝、回流形成液泛(柱中保持着较多的液体,使上升的蒸气受到阻塞,整个柱子失去平衡)。降低电炉温度,待液体回流烧瓶,液泛现象消失后,提高炉温,重复液泛 1~2 次,充分润湿填料。经过上述操作后,调节柱温,使之与物料组分中最低沸点相同或稍低。控制电炉温度,使蒸气缓慢地上升至柱顶,冷凝而全回流(不出料)。经一定时间后柱及柱顶温度均达到恒定,表示平衡已建立。此后逐渐旋开出料旋塞,在稳定的情况下(不泛液),按一定回流比连续出料。收集一定沸点范围的每个馏分,记下每一馏分的沸点范围及质量。

水蒸气蒸馏

水蒸气蒸馏操作是将水蒸气通入不溶或难溶于水但有一定挥发性的有机物质(近 100 ℃时其蒸气压至少为 0.001 3 MPa(10 mmHg)中,使该有机物质在低于 100 ℃的温度下,随着水蒸气一起蒸馏出来。

两种互不相溶的液体混合物的蒸气压,等于两液体单独存在时的蒸气压之和。当组成混合物的两液体的蒸气压之和等于大气压力时,混合物就开始沸腾。互不相溶的液体混合物的沸点,要比任意单一物质的沸点低。因此,在不溶于水的有机物质中,通入水蒸气进行水蒸气蒸馏时,在比该有机物质的沸点低得多的温度(比 100 ℃还要低的温度),就可使该物质蒸馏出来。

在馏出物中,随水蒸气一起蒸馏出的有机物质同水的质量(m_A 和 $m(H_2O)$)之

比,可按下式计算:

$$\frac{m_A}{m(H_2O)} = \frac{M_A p_A}{18 p(H_2O)}$$

式中:p_A 和 $p(H_2O)$ 分别为有机物质和水的分压。

例如,苯胺和水的混合物用水蒸气蒸馏时,苯胺的沸点是 184.4 ℃,苯胺和水的混合物在 98.4 ℃就沸腾。在这个温度下,苯胺的蒸气压是 42 mmHg(1 mmHg＝133.32 Pa),水的蒸气压是718 mmHg,两者相加等于 760 mmHg。苯胺的相对分子质量为 93,所以馏出液中苯胺与水的质量比等于

$$\frac{93 \times 42}{18 \times 718} = \frac{1}{3.3}$$

由于苯胺略溶于水,这个计算所得的仅是近似值。

水蒸气蒸馏是用以分离和提纯有机化合物的重要方法之一,常用于下列各种情况。

(1) 混合物中含有大量的固体,通常的蒸馏、过滤、萃取等方法都不适用。

(2) 混合物中含有焦油状物质,采用通常的蒸馏、萃取等方法非常困难。

(3) 在常压下蒸馏会发生分解的高沸点有机物质。

水蒸气蒸馏装置如附图 11-10 所示,主要由水蒸气发生器(附图 11-10(a))和水蒸气蒸馏装置(附图 11-10(b))组成。水蒸气发生器通常是铁质的,也可用圆底烧瓶代替。器内盛水约占其容量的 1/2,可从其侧面的玻璃水位管察看器内水平面。长玻璃管为安全管,管的下端接近器底,根据管中水柱的高低,可以估计水蒸气压力的大小。三口圆底烧瓶应当用铁夹夹紧,一侧口插入水蒸气导管,另一侧口用玻璃塞塞

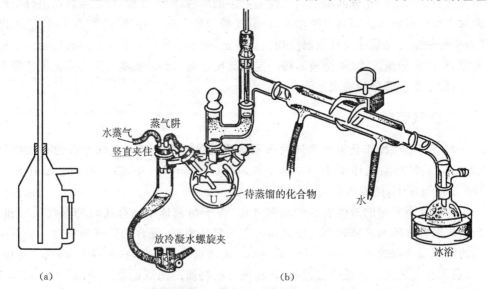

(a)　　　　　　　　　　　　　　　　(b)

附图 11-10　水蒸气蒸馏

住,中间口装上克氏蒸馏头,以免飞溅起的液沫被蒸气带进冷凝管中。导管的外径一般不小于 7 mm,以保证水蒸气畅通,其末端应接近烧瓶底部,以便水蒸气和蒸馏物质充分接触并起搅动作用。用长的直形冷凝管可以使馏出液充分冷却。由于水的蒸发潜热(约 40.67 kJ·mol^{-1})较大,所以冷却水的流速也应稍大一些。发生器的支管和水蒸气导管之间用一个 T 形管相连接,在 T 形管的支管上套一段短橡皮管,用螺旋夹旋紧,它可用来除去水蒸气中冷凝下来的水分。在操作中,如果发生不正常现象,应立刻打开夹子,使与大气相通。

　　把要蒸馏的物质倒入烧瓶中,其量约为烧瓶容量的 1/3。操作前,水蒸气蒸馏装置应经过检查,必须严密不漏气。开始蒸馏时,先把 T 形管上的夹子打开,直接把发生器的水加热到沸腾。当有水蒸气从 T 形管冲出时,再旋紧夹子,让水蒸气通入烧瓶中,这时可以看到瓶中的混合物翻腾不息,不久在冷凝管中就出现有机物质和水的混合物。调节火焰,使瓶内的混合物不至于飞溅得太厉害,并控制馏出液的速率为每秒钟 2～3 滴。为了使水蒸气不致在烧瓶内过多地冷凝,在蒸馏时通常也可用小火将烧瓶加热。在操作时,要随时注意安全管中的水柱是否发生不正常的上升现象,以及烧瓶中的液体是否发生倒吸现象。一旦发生这种现象应立刻打开夹子,移去火焰,找出发生故障的原因,必须把故障排除后才可继续蒸馏。

　　当馏出液澄清透明,不再含有有机物质的油滴时,一般即可停止蒸馏。这时应首先打开夹子,然后移去火焰。

　　由于使用水蒸气发生器较麻烦,在实验室中也常用简易水蒸气蒸馏装置来进行

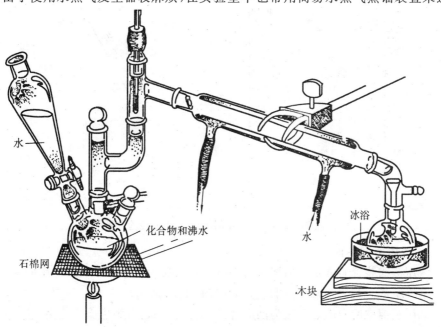

水

化合物和沸水

石棉网

水

冰浴

木块

附图 11-11　简易水蒸气蒸馏装置

水蒸气蒸馏。简易水蒸气蒸馏装置如附图 11-11 所示。采用滴液漏斗代替水蒸气发生器,实验时直接加热三口烧瓶,并从滴液漏斗中不断滴加水,以补充水的损失。

减压蒸馏

很多有机化合物,特别是高沸点的有机化合物,在常压下蒸馏往往发生部分或全部分解。在这种情况下,采用减压蒸馏方法最为有效。一般的高沸点有机化合物,当压力降低到 0.002 7 MPa(20 mmHg)时,其沸点要比常压下的沸点低 100~120 ℃。

由蒸馏的原理知道,物质的沸点与压力有关,液体沸腾的温度是随外界压力的降低而降低的。根据热力学原理,在给定压力下的沸点可近似地从下列公式求出:

$$\lg p = A + B/T$$

式中: p 为蒸气压; T 为沸点(热力学温度); A 、 B 为常数。

如以 $\lg p$ 为纵坐标, $1/T$ 为横坐标作图,可以近似得一直线。因此可从两组已知的压力和温度算出 A 和 B 的数值。再将所选择的压力代入上式,算出液体的沸点。另外,还可从附图 11-12 所示的沸点-压力经验关系图(根据国家标准,压力的单位应为 Pa,1 mmHg=0.133 kPa)上近似地推算出高沸点物质在不同压力下的沸点。

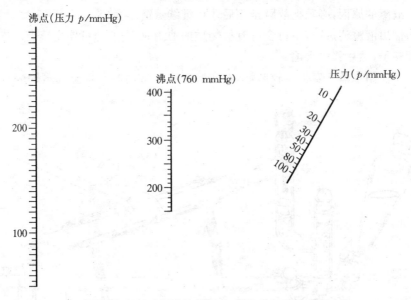

附图 11-12　有机液体的沸点-压力的经验关系图

1. 减压蒸馏装置

减压蒸馏装置通常由蒸馏烧瓶、接收器、水银压力计、干燥塔、缓冲用的吸滤瓶和减压泵等组成。简便的减压蒸馏装置如附图 11-13 所示。

减压蒸馏中所用的蒸馏瓶为圆底烧瓶,而蒸馏头通常为克氏蒸馏头,它有两个瓶颈,带支管的瓶口插温度计,另一瓶口则插一根末端拉成毛细管的厚壁玻璃管,毛细管的下端要伸到离瓶底 1~2 mm 处。在减压蒸馏时,空气由毛细管进入烧瓶,冒出

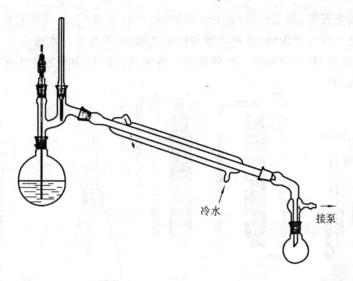

冷水

接泵

附图 11-13　减压蒸馏装置部分

小气泡,成为沸腾中心,同时又起一定的搅动作用。这样可以防止液体暴沸,使沸腾保持平稳,这对减压蒸馏是非常重要的。

　　毛细管有两种,一种是粗孔的,一种是细孔的。使用粗孔的毛细管时,在烧瓶外面的玻璃管的一端必须套一段短橡皮管,并用螺旋夹夹住,以调节进入烧瓶的空气量,使液体保持适当程度的沸腾。为了便于调节,最好在橡皮管中插入一根直径约为1 mm 的金属丝。使用细孔的毛细管时,不用特别调节,但在使用前需要进行检验:把毛细管伸入盛有少量乙醚或丙酮的试管里,从另一端向管内吹气,若能从毛细管的管端冒出一串很小的气泡,就说明这根毛细管可以使用。

　　减压蒸馏装置中的接收器通常用蒸馏烧瓶、抽滤瓶或厚壁试管等,因为它们能耐外压,但不要用锥形瓶作接收器。蒸馏时,若要收集不同的馏分而又不中断蒸馏,则可用多头(二叉)尾接管(附图 10-2(j));多头尾接管的上部有一个支管,仪器装置由此抽真空。

　　接收器(或带支管的接引管)用耐压的厚橡皮管与作为缓冲用的抽滤瓶连接起来。抽滤瓶的瓶口上装一个二孔橡皮塞,一孔接二通旋塞,一孔接一导管,导管的下端应接近瓶底,上端与冷阱连接(附图 11-14(a)),冷阱与压力计相连接,压力计与吸取酸气、水蒸气和有机物蒸气的干燥塔相连接,最后将干燥塔的抽气口与减压泵相连接。

　　减压泵可用水泵或油泵,在水压力很强时,水泵可以把压力降低到 $1.995\sim2.66$ kPa($15\sim20$ mmHg),这对一般减压蒸馏已经足够了。油泵可以把压力顺利地降低到 $0.266\sim0.532$ kPa($2\sim4$ mmHg)。使用油泵时,需要注意防护保养,不使有机物质、水、酸等的蒸气进入泵内。易挥发有机物质的蒸气可被泵内的油所吸收,把油污染,这会严重地降低泵的效率。水蒸气凝结在泵里,会使油乳化,也会降低泵的效率,酸会腐蚀泵。为了保护油泵,应在泵前面设置干燥塔(附图 11-14(b)),里面放粒状氢氧化钠(或生石灰)和活性炭(或分子筛)等以吸收水蒸气、酸气和有机物蒸气。因此,用油泵进行减压蒸馏时,在接收器和油泵之间,应顺次装上水银压力计、干燥塔和缓冲用的抽滤瓶,其中缓冲瓶的作用是使仪器装置内的压力不发生太突然的变化以及防止泵油倒吸。

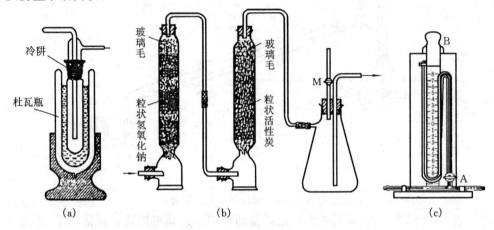

冷阱
杜瓦瓶
玻璃毛
粒状氢氧化钠
玻璃毛
粒状活性炭
M
B
A

(a)　　　　　　　　(b)　　　　　　　　(c)

附图 11-14　吸取蒸气的冷阱、干燥塔、U 形水银压力计

减压蒸馏装置内的压力,可用水银压力计来测定,一般用如附图 11-14(c)中所示的 U 形水银压力计。装置中的压力是这样来测定的:测定压力时,通常把旋塞打开,根据左右臂的水银柱顶端线所指示的刻度,直接相减得出装置内的压力。使用这种水银压力计时,不得让水和其他脏物进入 U 形管中,否则会严重地影响其正确性。为了维护 U 形水银压力计,在蒸馏过程中,待系统内的压力稳定后,可经常关闭压力计上的旋塞,使与减压系统隔绝。当需要观察压力时,再临时开启旋塞,记下压力计的读数。

减压蒸馏装置中的连接处都要塞紧,瓶口连接处应涂以真空脂。在普通实验室中,可设计一小推车(附图 11-15)来安放油泵、保护装置以及测压设备。

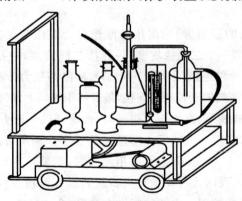

附图 11-15　油泵车

2. 操作方法

在开始蒸馏以前，必须先检查装置的气密性，以及装置能减压到何种程度。在蒸馏烧瓶中放入占其容量 1/3～1/2 的蒸馏物质。先用螺旋夹把套在毛细管上的橡皮管完全夹紧，打开旋塞，然后开动泵。逐渐关闭旋塞，从水银压力计观察仪器装置所能达到的减压程度。

经过检查，如果仪器装置完全合乎要求，可开始蒸馏。加热蒸馏前，尚需调节旋塞，使仪器达到所需要的压力，如果压力超过所需要的真空度，可以小心地旋转旋塞，慢慢地引入空气，把压力调整到所需要的真空度，如果达不到所需要的真空度，可从蒸气压-温度曲线查出在该压力下液体的沸点，以此进行蒸馏。然后加热，浸入热浴中的烧瓶的球形部分，应占其体积的2/3，但注意不要使瓶底和浴底接触。逐渐升温，热浴温度一般要比被蒸馏液体的沸点高出 20 ℃左右。如果需要，调节螺旋夹，使液体保持平稳的沸腾。液体沸腾后，再调节热浴的温度，使馏出液体的速率每秒钟不超过一滴。在蒸馏过程中，应注意水银压力计的读数，记录下时间、压力、液体沸点、热浴温度和馏出液流出的速率等数据。

蒸馏完毕时，停止加热，撤去热浴，慢慢地打开旋塞，使仪器装置与大气相通（注意：这一操作须特别小心，一定要慢慢旋开旋塞，使压力计中的水银柱慢慢地回复到原状，如果引入空气太快，水银柱会很快地上升，有冲破 U 形压力计的可能），然后关闭油泵。待仪器装置内的压力与大气压力相等后，方可拆卸仪器。

干燥及干燥剂

1. 液体的干燥

在有机化学实验中，在蒸掉溶剂和进一步提纯所提取的物质之前，常常需要除掉溶液或液体中所含有的水分，一般可用某种无机盐或无机氧化物作为干燥剂来达到干燥的目的。

（1）干燥剂的分类。

① 和水能结合成水合物的干燥剂，如氯化钙、硫酸镁和硫酸钠等。

② 和水起化学反应，形成另一化合物的干燥剂，如五氧化二磷、氧化钙等。

（2）干燥剂的选择。

选择干燥剂时，首先必须考虑干燥剂和被干燥物质的化学性质。能和被干燥物质起化学反应的干燥剂，通常是不能使用的，干燥剂也不应该溶解在被干燥液体里。其次还要考虑干燥剂的干燥能力、干燥速率和价格等。下面介绍几种最常用的干燥剂。

① 无水氯化钙。由于它吸水能力大（在 30 ℃以下形成 $CaCl_2 \cdot 6H_2O$），价格便宜，所以它在实验室中被广泛地使用。但它的吸水速率不快，因而用于干燥的时间较长。工业上生产的氯化钙往往还含有少量的氢氧化钙，因此这一干燥剂不能用于酸或酸性物质的干燥。同时氢氧化钙还能和醇、酚、酰胺、胺以及某些醛和酯等形成配

合物,所以也不能用于这些化合物的干燥。

② 无水硫酸镁。它是很好的中性干燥剂,价格不太贵,干燥速率快,可以干燥不能用无水氯化钙来干燥的许多化合物(如某些醛、酯等)。

③ 无水硫酸钠。它是中性干燥剂,吸水能力很大(在32.4 ℃以下,形成$Na_2SO_4 \cdot 10H_2O$),使用范围也很广。但它吸水速率较慢,且最后残留的少量水分不易被它吸收。因此,这一干燥剂常适用于含水量较多的溶液的初步干燥,残留水分再用强有力的干燥剂来进一步干燥。硫酸钠的水合物($Na_2SO_4 \cdot 10H_2O$)在 32.4 ℃就要分解而失水,所以温度在 32.4 ℃以上时不宜用它作干燥剂。

④ 碳酸钾。碳酸钾的吸水能力一般(形成 $K_2CO_3 \cdot 2H_2O$),可用于腈、酮、酯等的干燥,但不能用于酸、酚和其他酸性物质的干燥。

⑤ 氢氧化钠和氢氧化钾。它们用于胺类的干燥比较有效。因为氢氧化钠(或氢氧化钾)能和很多有机化合物起反应(例如酸、酚、酯和酰胺等),也能溶于某些液体的有机化合物中,所以它的使用范围很有限。

⑥ 氧化钙。它适用于低级醇的干燥。氧化钙和氢氧化钙均不溶于醇类,对热都很稳定,又均不挥发,故不必从醇中除去,即可对醇进行蒸馏。由于它具有碱性,所以它不能用于酸性化合物和酯的干燥。

⑦ 金属钠。它用于干燥乙醚、脂肪烃和芳烃等。这些物质在用钠干燥以前,首先要用无水氯化钙等干燥剂把其中的大量水分除掉。使用时,金属钠要用刀切成薄片,最好是用金属钠

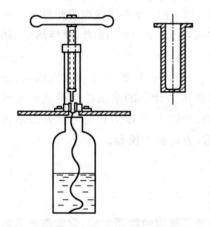

附图 11-16　金属钠压丝机

压丝机(附图 11-16),把钠压成细丝后投入溶液,以增大钠和液体的接触面。

现将各类有机化合物常用的干燥剂列于附表 11-2 中。

附表 11-2　各类有机化合物常用的干燥剂

有机化合物	干　燥　剂	有机化合物	干　燥　剂
烃	氯化钙、金属钠	酮	碳酸钾、氯化钙(高级酮干燥用)
卤烃	氯化钙、硫酸镁、硫酸钠	酯	硫酸镁、硫酸钠、氯化钙、碳酸钾
醇	碳酸钾、硫酸镁、硫酸钠、氧化钙	硝基化合物	氯化钙、硫酸镁、硫酸钠
醚	氯化钙、金属钠	有机酸、酚	硫酸镁、硫酸钠
醛	硫酸镁、硫酸钠	胺	氢氧化钠、氢氧化钾、碳酸钾

(3) 操作方法。

把干燥剂放入溶液里,一起振荡,放置一定时间,然后将溶液和干燥剂分离。干

燥剂的用量不能过多,否则由于固体干燥剂的表面吸附,被干燥物质会有较多的损失。如果干燥剂用量太少,则加入的干燥剂便会溶解在所吸附的水中,在此情况下,可用吸管除去水层,再加入新的干燥剂。所用的干燥剂颗粒不要太大,粉状干燥剂在干燥过程中容易成泥浆状,分离困难。温度越低,干燥剂的干燥效果越大,所以干燥应在室温下进行。在蒸馏之后,必须把干燥剂和溶液分离。

2. 固体的干燥

固体在空气中自然晾干是最简便、最经济的干燥方法。把要干燥的物质先放在滤纸上面或多孔性的瓷板上面压干,再在一张滤纸上薄薄地摊开并覆盖起来,然后放在空气中慢慢地晾干。

烘干可以很快地使物质干燥。把要烘干的物质放在表面皿或蒸发皿中,放在水浴上、沙浴上或两层隔开的石棉网的上层烘干,也可放在恒温烘箱中或用红外线灯烘干。在烘干过程中,要注意防止过热。容易分解或升华的物质,最好放在干燥器中干燥。常用的干燥器如下。

(1) 普通干燥器(附图 11-17(a))。盖与缸身之间的平面经过磨砂,在磨砂处涂以真空脂,使之密闭。缸中有多孔瓷板,瓷板下面放置干燥剂,上面放置盛有待干燥样品的表面皿等。

(2) 真空干燥器(附图 11-17(b))。它的干燥效率较普通干燥器好。真空干燥器上有玻璃活塞,用以抽真空,活塞下端呈弯钩状,口向上,防止在通向大气时,因空气流入太快将固体冲散。最好用另一表面皿覆盖盛有样品的表面皿。在用泵抽气的过程中,干燥器的外围最好能以金属丝(或用布)围住,以保安全。

(3) 真空恒温干燥器(附图 11-17(c))。此设备适用于少量物质的干燥(若所需干燥的物质数量较大,可用真空恒温干燥箱)。如图所示,在 2 中放置五氧化二磷。将待干燥的样品置于 3 中,烧瓶 A 中放置有机液体,其沸点须与欲干燥温度接近,通过活塞 1 将仪器抽真空,加热回流烧瓶 A 中的液体,利用蒸气加热外套 4,从而使样品在恒定的温度下得到干燥。

使用的干燥剂应按样品所含的溶剂来选择。例如,五氧化二磷吸收水,生石灰吸收水和酸,无水氯化钙吸收水和醇,氢氧化钠吸收水和酸,石蜡片吸收乙醚、氯仿、四氯化碳、苯等。

过滤

1. 普通过滤

普通过滤通常用 60°角的圆锥形玻璃漏斗。放进漏斗的滤纸,其边缘应该比漏斗的边缘低。先把滤纸润湿,然后过滤(附图 11-18(a))。倾入漏斗的液体,其液面应比滤纸的边缘低 1 cm。

过滤有机液体中的大颗粒干燥剂时,可在漏斗颈部的上口轻轻地放入少量疏松的棉花或玻璃毛,以代替滤纸。如果过滤的沉淀物粒子细小或具有黏性,应该首先使

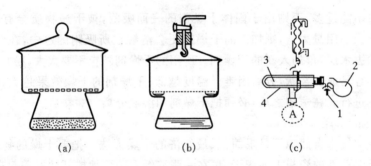

附图 11-17　干燥器

溶液静置,再过滤上层的澄清部分,最后把沉淀移到滤纸上,这样可以使过滤速率加快。

2. 减压过滤(抽气过滤)

减压过滤通常使用瓷质的布氏漏斗,漏斗配以橡皮塞,装在玻璃的抽滤瓶上(附图 11-18(b)),抽滤瓶的支管则用橡皮管与抽气装置连接。若用水泵,在抽滤瓶和水泵之间应连接一个缓冲瓶(配有二通旋塞的抽滤瓶,调节旋塞,可以防止水的倒吸);

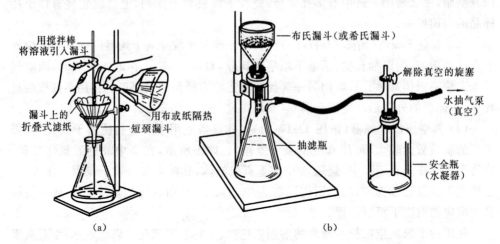

附图 11-18　过滤装置

若用油泵,在抽滤瓶和油泵之间应连接吸收水汽的干燥装置和缓冲瓶。滤纸应剪成比漏斗的内径略小,以能恰好盖住所有的小孔为宜。

过滤时应先用溶剂把平铺在漏斗上的滤纸润湿,然后开动水泵(或油泵),使滤纸紧贴在漏斗上。小心地把要过滤的混合物倒入漏斗中,使固体均匀地分布在整个滤纸面上,直到几乎没有液体滤出时为止。为了尽量把液体滤净,可用空心玻璃塞压挤过滤的固体。

在漏斗上洗涤滤饼的方法如下。把滤饼尽量地抽干、压干,拔掉抽气的橡皮管,使恢复常压。把少量溶剂均匀地洒在滤饼上,使溶剂恰能盖住滤饼。静置片刻,使溶剂渗透滤饼,待有滤液从漏斗下端滴下时,重新抽气,再把滤饼尽量抽干、压干。这样反复几次,就可把滤饼洗净。在停止抽滤时,应该先拔去抽气的橡皮管,然后关闭抽气泵。

减压过滤的优点为过滤和洗涤的速率快,液体和固体分离得较完全,滤出的固体容易干燥。

强酸或强碱性溶液过滤时,应在布氏漏斗上铺上玻璃布、涤纶布或氯纶布来代替滤纸。

3. 加热过滤

用锥形的玻璃漏斗过滤热的饱和溶液时,常在漏斗中或其颈部析出晶体,使过滤发生困难。这时可以用保温漏斗来过滤,保温漏斗的外壳是铜制的,里面插一个玻璃漏斗,在保温漏斗中间装水,在外壳的支管处加热,即可把夹层中的水烧热而使漏斗保温(附图 10-1(i))。

为了尽量利用滤纸的有效面积以加快过滤速率,过滤热的饱和溶液时,常使用折叠式滤纸,其折叠的方法如附图 11-19 所示。

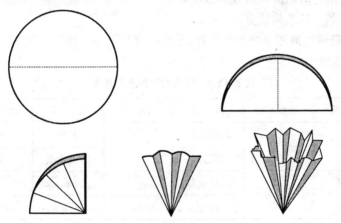

附图 11-19　折叠式滤纸的折法

先把滤纸折成半圆形,再对折成圆形的 1/4,按图中的步骤所示方法折叠,最后做成折叠式滤纸,就可以放入漏斗中使用。在每次折叠时,在折纹近集中点处切勿对折纹重压,否则在过滤时滤纸的中央易破裂。

过滤时,把热的饱和溶液逐渐地倒入漏斗中,在漏斗中的液体仍不宜积得太多,以免析出晶体,堵塞漏斗。

也可用布氏漏斗趁热进行减压过滤。为了避免漏斗破裂或在漏斗中析出结晶,最好先用热水浴、水蒸气浴或在电烘箱中把漏斗预热,然后用来进行减压过滤。

重结晶

从有机化学反应中制得的固体产品,常含有少量杂质。除去这些杂质最有效的方法,就是用适当的溶剂来进行重结晶。重结晶过程,一般是使重结晶物质在较高的温度下溶解于合适的溶剂里,得到过饱和溶液,再在较低的温度下结晶析出,而使杂质遗留在溶液内。

1. 过饱和溶液的制法

过饱和溶液的制法有两种,一种是把溶液的溶剂蒸发掉一部分,一种是将加热下制得的饱和溶液加以冷却。一般用第二种方法。

2. 溶剂的选择

正确地选择溶剂,对重结晶操作有很重要的意义。在选择溶剂时,必须考虑被溶解物质的成分和结构。例如,含羟基的物质一般都能或多或少地溶解在水里;高级醇(由于碳链的增长)在水中的溶解度就显著地减小,而在乙醇和碳氢化合物中的溶解度就增大。溶剂的选择必须符合下列条件。

(1) 不与重结晶的物质发生化学反应。

(2) 在高温时,重结晶物质在溶剂中溶解度较大,而在低温时则很小。

(3) 能使溶解的杂质保留在母液中。

(4) 容易和重结晶物质分离。

此外,也需适当地考虑溶剂的毒性、易燃性和价格等。现将常用的溶剂及其沸点列于附表 11-3 中。

附表 11-3　常用的溶剂及其沸点

溶　剂	沸点/℃	溶　剂	沸点/℃	溶　剂	沸点/℃
水	100	乙酸乙酯	78	氯仿	61
甲醇	65	冰乙酸	118	四氯化碳	76
乙醇	78	二硫化碳	46.5	苯	80
乙醚	34	丙酮	56	粗汽油	90~150

为了选择合适的溶剂,除需要查阅化学手册外,有时还需要采用试验的方法。其方法是:取几个小试管,各放入约 0.2 g 要重结晶的物质,分别加入 0.5~1 mL 不同种类的溶剂,加热至完全溶解,冷却后能析出最多晶体的溶剂,一般可认为是最合适的。如果固体物质在 3 mL 热溶剂中仍不能全部溶解,可以认为该溶剂不适用于重结晶;如果固体在热溶剂中能溶解,而冷却后无晶体析出,这时可用玻璃棒在液面下的试管内壁上摩擦,以促使晶体析出,若还得不到晶体,则说明此固体在该溶剂中的溶解度很大,这样的溶剂也不适用于重结晶。如果物质易溶于某一溶剂而难溶于另一溶剂,而该两溶剂能互溶,那么就可以用两者配成的混合溶剂来进行试验。常用的混合溶剂有乙醇与水、甲醇与乙醚、苯与乙醚等。

3. 操作方法

通常在锥形瓶或烧杯中进行重结晶,因为这样便于取出生成的晶体。使用易挥发或易燃的溶剂时,为了避免溶剂的挥发而发生着火事故,把要重结晶的物质放入锥形瓶中,锥形瓶上应装有回流冷凝管,溶剂可由冷凝管上口加入。先加入少量溶剂,加热到沸腾,然后逐渐地添加溶剂(加入后,再加热煮沸),直到固体全部溶解为止。但应注意,不要因为重结晶的物质中含有不溶解的杂质而加入过量的溶剂。除高沸点溶剂外,一般都在水浴上加热,在加入可燃性溶剂时,要先把灯火熄灭。

所得到的热饱和溶液如果含有不溶的杂质,应趁热把这些杂质过滤除去。溶液中存在的有色杂质,一般可利用活性炭脱色。活性炭的用量,以能完全除去颜色为度。为了避免过量,应分成小量,逐次加入。须在溶液的沸点以下加活性炭,并须不断搅动,以免发生暴沸。每加一次后,都须再把溶液煮沸片刻,然后用保温漏斗或布氏漏斗趁热过滤。过滤时,可用表面皿覆盖漏斗(凸面向下),以减少溶剂的挥发。

静置等待结晶时,必须使过滤的热溶液慢慢地冷却,这样,所得的结晶比较纯净。一般来说,溶液浓度较大、冷却较快时,析出的晶体较细,所得的晶体也不够纯净。热的滤液在碰到冷的抽滤瓶壁时,往往很快析出晶体,但其质量往往不好,常需把滤液重新加热使晶体完全溶解,再让它慢慢冷却下来。有时晶体不易析出则可用玻璃棒摩擦器壁或投入晶种(同一物质的晶体),促使晶体较快地析出;为了使晶体更完全地从母液中分离出来,最后可用冰水浴将盛溶液的容器冷却。晶体全部析出后,可用布氏漏斗于减压下将晶体滤出。

升华

固体物质具有较高的蒸气压时,往往不经过熔融状态就直接变成蒸气,这种过程叫做升华。蒸气遇冷,再直接变成固体,严格来说,升华是指物质自固态不经过液态而直接转变成蒸气的现象。然而,对有机化合物的提纯来说,重要的却是物质蒸气不经过液态而直接转变成固态,因为这样常能得到高纯度的物质。因此,在有机化学实验操作中,不论物质蒸气是由固态直接气化还是由液态蒸发而产生的,只要是物质从蒸气不经过液态而直接转变成固态的过程也都称为升华。一般来说,对称性较高的固态物质,具有较高的熔点,且在熔点以下具有较高的蒸气压,易于用升华来提纯。

要控制升华的条件,就必须了解单组分体系的固、液、气三相平衡。附图 11-20 为单组分体系的三相图,图中 ST 表示固相与气相平衡时固体的蒸气压曲线,TW 是液相与气相平衡时液体的蒸气压曲线,TV 表示固、液两相平衡时的温度和压力关系曲线。三条曲线相交于 T 点,此点即称为三相点。在此点,固、液、气三相可同时并存。

在三相点以下,物质只有固、气两相,若降

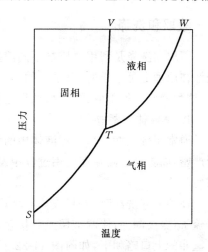

附图 11-20　单组分物质的三相平衡图

低温度，蒸气就不经过液态而直接变成固态，若升高温度，固态也不经过液态而直接变成蒸气，因此，一般的升华操作皆应该在三相点以下进行。若某物质在三相点以下的蒸气压很高，气化速率也很大，就可以容易地从固态直接变成为蒸气，且该物质蒸气压随温度降低而下降非常显著，稍降低温度即能由蒸气直接转变成固态，则此物质可容易地在常压下用升华的方法来纯化。例如，樟脑（三相点温度 179 ℃，压力 49 328.4 Pa）在 160 ℃时蒸气压为 29 170.4 Pa，即未达到熔点前已有相当高的蒸气压。只要缓缓加热，使温度维持在 179 ℃以下，它就可不经熔化而直接蒸发，蒸气遇到冷的表面就凝结成为固体，这就被称为常压升华。

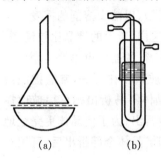

附图 11-21　常用升华装置

常压升华装置如附图 11-21(a)所示，在蒸发皿中放置粗产物，上面覆盖一张刺有许多小孔的滤纸，然后将大小合适的玻璃漏斗倒覆在上面，漏斗的颈部塞有玻璃毛或棉花团，以减少蒸气的逃逸。在石棉网（或电热套）上加热，小心控制和调节好加热温度，控制浴温低于被升华物的熔点，使其慢慢升华。蒸气通过滤纸小孔上升，冷却后凝结在纸上或漏斗壁上，必要时漏斗外壁可用湿布冷却。容易升华的物质含有不挥发性杂质时，可以用升华方法进行精制。用这种方法制得的产品，纯度较高，但损失较大。

然而，有些物质在三相点时的平衡蒸气压比较低，例如，苯甲酸在熔点 122 ℃时，蒸气压为 799.9 Pa，这时若用上述升华樟脑的方法，就不能得到满意的升华产物。因此，应采用减压升华操作来进行升华提纯。减压升华装置如附图 11-21(b)所示，将固体物质放在减压升华器中，然后装好"冷凝指"，利用水泵或油泵减压，接通冷凝水流，将减压升华器在热浴中加热，使之升华。

萃取和洗涤

萃取和洗涤是利用物质在不同溶剂中的溶解度不同来进行分离的操作。萃取和洗涤在原理上是一样的，只是目的不同。从混合物中抽取的物质，如果是我们所需要的，这种操作叫做萃取或提取；如果是我们所不需要的，这种操作叫做洗涤。

1. 从液体中萃取

通常用分液漏斗来进行液体中的萃取。必须事先检查分液漏斗的盖子和旋塞是否严密，以防分液漏斗在使用过程中发生泄漏而造成损失，检查的方法通常是先用水试验。

在萃取或洗涤时，先将液体与萃取用的溶剂（或洗液）由分液漏斗的上口倒入，盖好盖子，振荡漏斗，使两液层充分接触。振荡的操作方法一般是先把分液漏斗倾斜，使漏斗的上口略朝下，如附图 11-22 所示，右手捏住漏斗上口颈部，并用食指根部压紧盖子，以免盖子松开，左手握持旋塞；握持旋塞的方法既要能防止振荡时旋塞转动

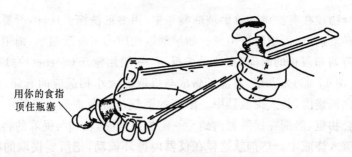

用你的食指顶住瓶塞

附图 11-22　分液漏斗的使用

或脱落,又要便于灵活地旋开旋塞。振荡后,令漏斗仍保持倾斜状态,旋开旋塞,放出蒸气或产生的气体,使内外压力平衡。若在漏斗内盛有易挥发的溶剂(如乙醚、苯等),或用碳酸钠溶液中和酸液时,振荡后,更应注意及时旋开旋塞,放出气体。振荡数次以后,静置,使乳浊液分层。有时有机溶剂和某些物质的溶液一起振荡,会形成较稳定的乳浊液,在这种情况下,应该避免急剧的振荡。如果已形成乳浊液,且一时又不易分层,则可加入食盐,使溶液饱和,以降低乳浊液的稳定性。轻轻地旋转漏斗,也可使其加速分层。在一般情况下,长时间的静置可达到使乳浊液分层的目的。

　　分液漏斗中的液体分成清晰的两层以后,就可以进行分离。分离液层时,下层液体应经旋塞放出,上层液体应从上口倒出。如果上层液体也经旋塞放出,则漏斗旋塞下面颈部所附着的残液就会污染上层液体。

　　先把顶上的盖子打开(或旋转盖子,使盖子上的凹缝或小孔对准漏斗上口颈部的小孔,以便与大气相通),将分液漏斗的下端靠在接收器的壁上,转动旋塞,让液体流下。当液面间的界限接近旋塞时,关闭旋塞,静置片刻,这时下层液体往往会增多一些。再把下层液体仔细地放出,然后把剩下的上层液体从上口倒入另一个容器里。

　　在萃取或洗涤时,上、下两层液体都应该保留到实验完毕。否则,如果中间的操作发生错误,便无法补救和检查。在萃取过程中,将一定量的溶剂分多次萃取,其效果要比一次萃取为好。

　　2. 从固体混合物中萃取

　　从固体混合物中萃取所需要的物质,最简单的方法是把固体混合物先行研细,放在容器里,加入适当溶剂,用力振荡,然后用过滤或倾析的方法把萃取液和残留的固体分开。若被提取的物质特别容易溶解,也可

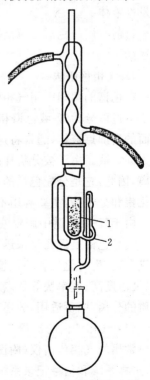

附图 11-23　脂肪提取器
1—套袋;2—虹吸管

以把固体混合物放在有滤纸的锥形玻璃漏斗中,用溶剂洗涤。这样,所要萃取的物质就可以溶解在溶剂里,而被滤取出来。如果萃取物质的溶解度很小,则用洗涤方法要消耗大量的溶剂和很长的时间,在这种情况下,一般用索氏(Sachet)提取器(又称脂肪提取器,附图 11-23)来萃取,将滤纸做成与提取器大小相适应的套袋,然后把固体混合物放置在纸袋内,装入提取器中。溶剂的蒸气从烧瓶进到冷凝管中,冷凝后,回流到固体混合物里,溶剂在提取器内到达一定的高度时,就和所提取的物质一同从侧面的虹吸管流入烧瓶中。溶剂就这样在仪器内循环流动,把所要提取的物质集中到下面的烧瓶里。

色谱分析

色谱分析是以相分配原理为基础的,它基于分析试样各组分在不相混溶并作相对运动的两相(流动相和固定相)中的溶解度的不同,或在固定相上的物理吸附程度的不同等,即在两相中分配的不同而使各组分分离。

分析试样可以是气体、液体或固体(溶于合适的溶剂中);流动相可以是惰性载气、有机溶剂等;固定相则可以是固体吸附剂、水、有机溶剂或涂渍在担体表面上的低挥发性液体。

目前常用的色谱分析法有气相色谱法、液相色谱法、纸色谱法、薄层色谱法。现分述如下。

1. 气相色谱法

在色谱的两相中用气相作为流动相的是气相色谱,根据固定相的状态不同,气相色谱又可以分为气-液色谱和气-固色谱两种。气-液色谱的固相是吸附在小颗粒固体表面的高沸点液体,通常将这种固体称为载体,而把吸附在载体表面上的高沸点液体称为固定液。由于被分析样品中各组分在固定液中溶解度不同,从而将混合物样品分离,因此,它是分配色谱的一种形式。气-固色谱的固定相是固体吸附剂,如硅胶、氧化铝和分子筛,主要利用不同组分在固定相表面吸附能力的差别而达到分离的目的。由于气-液色谱中固定液的种类繁多,因此它的应用范围比气-固色谱要广泛。

气相色谱是近几年来迅速发展起来的一种新技术,它已广泛地应用于石油工业、有机合成、生物化学和环境检测中,特别适用于多组分混合物的分离,具有分离效率高、灵敏度高、速率快等优点,但是对于不易挥发或对热不稳定的化合物以及腐蚀性物质的分离,则不适用,故还有其局限性。

(1)气相色谱的流程。

常用的气相色谱仪(附图 11-24)由色谱柱、检测器、气流控制系统、温度控制系统、进样系统和信号记录系统等设备所组成。

(2)简单原理。

在测量时先将载气调节到所需流速,把进样室、色谱柱和检测器调节到操作温度,待仪器稳定后,用微量注射器进样,气化后的样品被载气带入色谱柱进行分离。分离后

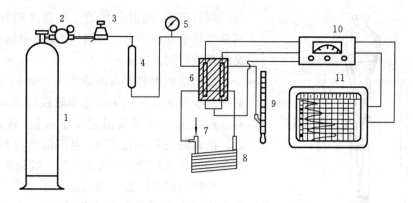

附图 11-24　气相色谱流程

1—高压钢瓶；2—减压阀；3—精密调压阀；4—净化干燥管；5—压力表；6—热导池；

7—进样器；8—色谱柱；9—皂膜流速计；10—测量电桥；11—记录仪

的单组分依次先后进入检测器，检测器的作用是将分离的每个组分按其浓度大小定量地转换成电信号，电信号经放大后，在记录仪上记录下来。记录的色谱图上，纵坐标表示信号大小，横坐标表示时间。在相同的分析条件下，每一个组分从进样到出峰时间都保持不变，因此可以进行定性分析。样品中每一个组分的含量与峰的面积成正比，因此根据峰的面积大小也可以进行定量测定。

色谱柱、检测器和记录仪是气相色谱的主要部分。

2. 柱色谱法

20 世纪初，人们就开始应用柱色谱法来分离复杂的有机物。在分离较大量的有机物质时，柱色谱法在目前仍是有效的方法。

柱色谱法涉及被分离的物质在液相和固相之间的分配，因此可以把它看做是一种固-液吸附色谱法。固定相是固体，液体样品通过固体时，由于固体表面对液体中各组分的吸附能力不同而使各组分分离开。

柱色谱法是通过色谱柱（附图 11-25）来实现分离的，色谱柱内装有固体吸附剂（固定相），如氧化铝或硅胶。液体样品从柱顶加入，在柱的顶部被吸附剂吸附。然后，从柱顶部加入有机溶剂（作洗脱剂），由于吸附剂对各组分的吸附能力不同，各组分以不同的速率下移，被吸附较弱的组分在流动相（洗脱剂）里的质量分数比被吸附较强的组分要高，以较快的速率向下移动，此过程与前述的气相色谱过程相似。

各组分随溶剂以不同的时间从色谱柱下端流出，用容器分别收集之。如各组分为有色物质，则可以直接观察到不同颜色谱带，如为无色物质，则不能直接观察到谱带。有时一些物质在紫外光照射下能发出荧光，则可用紫外光照射。有时则可分段收集一定体积的洗脱液，再分别鉴定。

（1）吸附剂。

选择吸附剂时，需考虑到以下几点：它不溶于所使用的溶剂；与要分离的物质不起化学反应，也不起催化作用等；具有一定的组成；一般要求是无色的；颗粒大小均

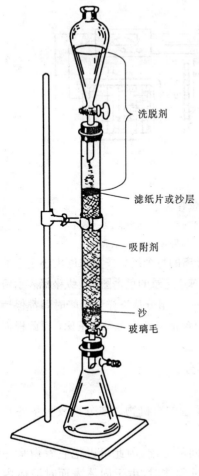

洗脱剂

滤纸片或沙层

吸附剂

沙

玻璃毛

附图 11-25　色谱柱

匀。颗粒越小,则混合物的分离程度越好,但溶剂流经柱子的速率也就越慢,因此要根据具体情况选择吸附剂。

最广泛使用的吸附剂是活性氧化铝,非极性的一些物质通过氧化铝的速率较极性物质为快。有一些物质由于被吸附剂牢牢吸附,将不能通过。活性氧化铝不溶于水,也不溶于有机溶剂,含水的与无水的物质都可使用这种吸附剂。

吸附剂的吸附能力不仅取决于吸附剂本身,也取决于在色谱分离中所用的溶剂,因此,对不同物质,吸附剂按其相对的吸附能力可粗略分类如下。

① 强吸附剂:低水含量的氧化铝、活性炭。
② 中等吸附剂:碳酸钙、磷酸钙、氧化镁。
③ 弱吸附剂:蔗糖、淀粉、滑石。

(2) 溶剂。

上面已讲过,吸附剂的吸附能力大小取决于溶剂和吸附剂的性质。一般来说,非极性的一些化合物,用非极性溶剂。通常先把非极性溶剂的混合物放在柱顶,然后用稍有极性的溶剂使谱带显色,再用更大极性溶剂洗脱被吸附的物质。例如,某一个液相色谱分离中,将混合物放到柱顶,以石油醚作溶剂,用苯使谱带显色。再用乙醇洗脱不同谱带。当然,也可以用混合溶剂,如石油醚-苯、苯-乙醇等洗脱。普通溶剂的极性增加顺序大致如下:石油醚、四氯化碳、环己烷、二硫化碳、乙醚、丙酮、有机酸酯、醇、水、吡啶、有机酸。

(3) 仪器设备及吸附剂的装入方法。

色谱柱的尺寸范围,可根据处理量来决定,柱子的长径比例很重要,一般长径之比为10∶1就比较满意。

为了得到满意的结果,在柱子中吸附剂必须装均匀,空气必须严格排除,一般有两种装填吸附剂的方法。

① 湿法。用溶剂和少量吸附剂充填柱子,装填到合适的高度。在装填之前,应将玻璃毛和沙子用溶剂润湿,否则柱子里会有空气气泡。此外,还可以预先将溶剂和吸附剂调好,倒入柱子里,使它慢慢沉落,如果柱子底部有旋塞,这时可以打开旋塞。溶剂慢慢流过柱子,使吸附剂装填均匀。也可以用铅笔或其他木棒敲打,使吸附剂沿管壁沉落。

② 干法。加入足够装填 1~2 cm 高的吸附剂,用一个带有塞子的玻璃棒做通条来压紧,然后再加另一部分吸附剂,一直到达足够的高度。

更简单的方法是加入少量吸附剂之后,在实验桌上敲打管子底部。重要的是吸附剂的顶部应是水平的。加一小片滤纸来保护这个水平面。

(4) 操作步骤。

取一根玻璃柱子(或用滴定管代替),把玻璃毛装到管的底部,在玻璃毛上覆盖约 5 mm 高的沙子,然后再按上法装入吸附剂,再加一层约 5 mm 高的沙子。不断敲打,使沙子上层成水平面,在沙子上面放一片滤纸,其直径应与管子内径相当。用 95% 乙醇洗柱子,如果速率很慢,可以抽吸,使其流速大约为每 4 秒 1 滴,连续不断地加乙醇,使柱顶不变干。如果速率适宜,当在沙层顶部有一层 1 mm 高的溶剂时,把要分离的物质加入,然后用溶剂洗脱。

3. 纸色谱法

纸色谱法是色谱法的一种。在这里,滤纸可视为惰性载体,吸附在滤纸上的水或其他溶剂作固定相,而有机溶剂(展开剂)作流动相。分析样品内的各组分,由于它们在两相中的分配系数不同而可达到分离的目的。纸色谱法属于液-液分配色谱法。由于纸色谱法所需的样品量少,仪器设备简单,操作简便,故广泛用于有机化合物的分离和鉴定,特别是适用于相对分子质量大和沸点高的化合物的分离和鉴定,其操作步骤如下。

(1) 滤纸的准备。纸色谱法所用的滤纸要求质量均一、平整,有一定机械强度,展开速率合适。可采用国产层析纸或中速滤纸,也可用质量较好的普通滤纸按一定规格剪成纸条备用。

(2) 展开剂。根据被分离物质的不同,选用合适的展开剂。所选用的展开剂应对被分离物质有一定的溶解度,溶解度太大,被分离物质会随着展开剂跑到前沿;溶解度太小,则会留在原点附近,使分离效果不好。选择展开剂的原则大致如下。

① 对能溶于水的物质,以吸附在滤纸上的水作固定相,以与水能混合的有机溶剂(如醇类)作展开剂。

② 对难溶于水的极性物质,以非水极性溶剂(如甲酰胺、二甲基甲酰胺等)作固定相,以不能与固定相混合的非极性溶剂(如环己烷、苯、四氯化碳、氯仿等)作展开剂。

③ 对不溶于水的极性物质,以非极性溶剂(如液体石蜡、α-溴萘等)作固定相,以极性溶剂(如水、含水的乙醇、含水的酸等)作展开剂。

上述原则可供参考,要选择合适的展开剂,一方面需要查阅有关资料,另一方面还需要通过实验。

(3) 点样。取少量试样,用水或易挥发的有机溶剂(如乙醇、丙酮等)将它完全溶解,配制成质量分数约为 1% 的溶液。用毛细管吸取少量试样溶液,在滤纸上距一端 2~3 cm 处点样,控制点样直径在 0.3~0.5 cm。然后将其晾干或在红外灯下烘干。

用铅笔在滤纸边上作记号,标明点样位置。

(4)展开。于层析缸中注入展开剂,将晾干的已点样的滤纸悬挂在层析缸内,并将滤纸下端(有试样斑点这一端)边缘放到展开剂液面下约 1 cm 处,但试样斑点位置必须在展开剂液面之上。将层析缸(附图 11-26)盖上。借毛细作用,展开剂沿着滤纸逐渐向上移动,滤纸上的试样斑点也随着展开剂的移动而逐渐向上移动。于是试样与固定相(如水)和流动相(如有机溶剂)不断接触。由于试样中各组分在两相中的分配系数不同,因此各组分随展开剂移动的速率也不同。分配系数大的组分在滤纸上滞留时间较长,向上移动速率较慢,分配系数小的组分在滤纸上滞留时间较短,向上移动速率较快。这样,随着展开剂的移动,试样各组分在两相中经过反复多次的分配而分离开。当展开剂升到一定高度,各组分明显分开时,将滤纸取出晾干。

(5)显色。有色物质展开后得到有各种颜色的斑点,不需显色。但对于无色物质,展开后还需根据该化合物的特性采用各种方法进行显色。例如,有的化合物在紫外光下产生荧光,可利用紫外光照射来使化合物显色。酚类用三氯化铁的乙醇溶液喷雾显色,芳香伯胺类可用对二甲氨基苯甲醛喷雾显色等。

(6)纸色谱的鉴定。试样斑点经展开及显色(对无色物质)后,在滤纸上出现不同颜色及不同位置的斑点,每一斑点代表试样中的一个组分(附图 11-27)。用 R_f 值表示化合物的移动率,则

$$R_f = a/b$$

式中:a 为化合物移动距离;b 为溶剂移动距离。

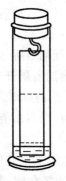
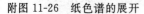
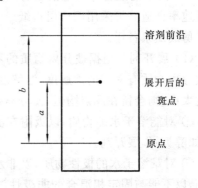

附图 11-26　纸色谱的展开　　　　　　　　　　　附图 11-27　纸色谱的鉴定

R_f 值与化合物及展开剂的性质、温度和滤纸质量等因素有关。若展开剂、温度及滤纸等实验条件相同,R_f 值应是化合物的特性常数。但由于影响 R_f 值的因素很多,难于准确测定,故一般采取在相同实验条件下用标准试样做对比实验来进行化合物的鉴定。

4.薄层色谱法

薄层色谱法是一种微量快速的分离方法。它具有灵敏、快速、准确等优点。薄层色谱法属于固-液吸附色谱的类型。分析样品内所含有的各组分由于在吸附剂(固定

相)及作为展开剂的有机溶剂(流动相)中的分配系数不同而达到分离的目的。

在薄层色谱法中,固体吸附剂是以薄层(厚度约 0.25 mm)均匀地涂在玻璃板、硬质塑料板或金属板上,从而制成薄层板。

薄层板制备的好坏直接影响色谱的结果,薄层应尽量均匀,而且厚度(0.25~1 mm)要固定,否则,在展开时溶剂前沿不齐,色谱结果也不易重复。

通常先将吸附剂调成糊状物(称取 3 g 硅胶 G,加蒸馏水 6 mL,立即调成糊状物,若采用 3 g 氧化铝,则慢慢加蒸馏水 3 mL),然后将调成的糊状物采用下面两种涂布方法制成薄层板。

(1)平铺法。可用自制涂布器(附图 11-28)涂布。将洗净的几块玻璃板摆好在涂布器中间,上下两边各夹一块比前者厚 0.25 mm 的玻璃板,然后用边缘光滑的不锈钢尺自左至右将糊状物刮平。

(2)倾注法。将调好的糊状物倒在玻璃板上,用手摇晃,使其表面光滑均匀。

柱色谱法中采用的固体吸附剂可用于薄层色谱法,而最常用的是氧化铝和硅胶,其颗粒大小以 120~150 目为宜。柱色谱法中的各种溶剂的相对洗脱能力也同样适用于薄层色谱法。

在操作上薄层色谱法和纸色谱法基本上一样。用毛细管吸取样品溶液(附图 11-29),最好不用水溶解,而用易挥发的有机溶剂溶解,以免影响吸附剂活性,在色层板的一端约 2 cm 处点样,晾干后放入层析缸中展开,点样处的位置必须在展开剂液面之上。待溶剂上升到一定高度或各组分已明显分开时,将色层板取出晾干即可。根据 R_f 值的不同对各组分进行鉴定。

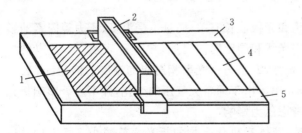
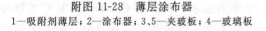
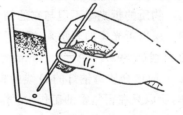

附图 11-28　薄层涂布器　　　　　　　附图 11-29　薄层色谱的点样
1—吸附剂薄层;2—涂布器;3、5—夹玻板;4—玻璃板

薄层色谱法在灵敏度、快速、准确等方面优于纸色谱法。在显色方面,纸色谱法所用的显色剂都可用于薄层色谱法中,此外,薄层色谱法中还可使用一些腐蚀性的显色剂(如硫酸等),而在纸色谱法中却不能使用。但薄层色谱法也有不足之处,如在操作上不如纸色谱法简便,薄层板不易保存等。

液体化合物折光率的测定

一般地说,光在两种不同介质中的传播速率是不同的,所以光线从一种介质进入

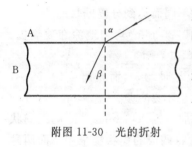

附图 11-30　光的折射

另一种介质,当它的传播方向与两个介质的界面垂直时,在界面处的传播方向发生改变,这种现象称为光的折射现象。根据折射定律,波长一定的单色光线,在确定的外界条件(如温度、压力等)下,从一种介质 A 进入另一种介质 B 时,入射角 α 和折射角 β(附图 11-30)的正弦之比和这两个介质的折光率 N(介质 A 的)与 n(介质 B 的)成反比,即

$$\sin\alpha/\sin\beta = n/N$$

若介质 A 是真空,则其 $N=1$,于是 $n=\sin\alpha/\sin\beta$,所以一个介质的折光率,就是光线从真空进入这个介质时的入射角和折射角的正弦之比,这种折光率称为该介质的绝对折光率。通常测定的折光率,都是以空气作为比较的标准。

折光率是有机化合物最重要的物理常数之一,它能精确而方便地测定出来。作为液体物质纯度的标准,它比沸点更为可靠。利用折光率,可鉴定未知化合物。如果一个化合物是纯的,那么就可以根据所测得的折光率排除考虑中的其他化合物,而识别出这个未知物来。

折光率也用于确定液体混合物的组成。在蒸馏两种或两种以上的液体混合物且当各组分的沸点彼此接近时,就可利用折光率来确定混合物的组成。因为当组分的结构相似且极性都小时,混合物的折光率和摩尔组成之间呈线性关系。例如,由 1 mol 四氯化碳和 1 mol 甲苯组成的混合物,n_D^{20} 为 1.482 2,而纯甲苯和纯四氯化碳在同一温度下 n_D^{20} 分别为1.499 4 和 1.465 1。所以,要分馏此混合物时,就可利用这一线性关系求得馏分的组成。

物质的折光率不但与它的结构和光线波长有关,而且也受温度、压力等因素的影响。所以折光率的表示须注明所用光线和测定时的温度,常用 n_D^T 表示。D 是以钠灯的 D 线(5 893Å,1Å=0.1 nm)作光源,T 是与折光率相对应的温度。例如,n_D^{20} 表示 20 ℃时该介质对钠灯的 D 线的折光率。由于通常大气压的变化,并不显著影响折光率,所以只在很精密的工作中,才考虑压力影响。

一般地说,当温度升高 1 ℃时,液体有机化合物的折光率就减小 $3.5\times10^{-4}\sim 5.5\times10^{-4}$。某些液体,特别是测定折光率的温度与其沸点相近时,其温度系数可达 7×10^{-4}。在实际工作中,往往把某一温度下测定的折光率换算成另一温度下的折光率。为了便于计算,一般采用4×10^{-4}为温度变化常数。这个粗略计算,所得的数值可能略有误差,但却有参考价值。

测定液体折光率的仪器构成原理如附图11-31所示。当光由介质 A 进入介质 B 时,如果介质 A 对于介质 B 是疏物质,即 $n_A<n_B$,则折射角 β 必小于入射角 α,当入射角 $\alpha=90°$时,$\sin\alpha=1$,这时折射角 β 达到最大值,称为临界角,用 β_0 表示。很明显,在一定波长与一定条件下,β_0 也是一个常数,它与折光率的关系是

$$n=1/\sin\beta_0$$

可见通过测定临界角 β_0 就可以得到折光率。这就是通常所用阿贝折射仪的基本光学原理。阿贝折射仪的结构如附图 11-32 所示。

为了测定 β_0 值，阿贝折射仪采用了"半明半暗"的方法，就是让单色光由 $0°\sim90°$ 的所有角度从介质 A 射入介质 B，这时介质 B 中临界角以内整个区域均有光线通过，因而是明亮的；而临界角以外的全部区域没有光线通过，因而是暗的，明暗两区域界线十分清楚。如果在介质 B 的上方用一目镜观测，就可看见一个界线十分清楚的

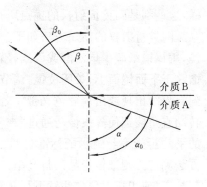

附图 11-31　光的折射现象

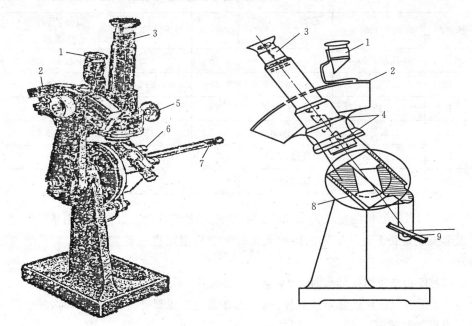

附图 11-32　阿贝折射仪结构图
1—指针连放大镜；2—标尺；3—望远镜；4—消色散镜；
5—消色散镜调节器；6—接恒温槽接口；
7—温度计；8—直角棱镜；9—反射镜

半明半暗的像。

介质不同，临界角也不同，目镜中明暗两区的界线位置也不一样。如果在目镜中刻上一"＋"字交叉线，改变介质 B 与目镜的相对位置，使每次明暗两区的界线总是与"＋"字交叉线的交点重合，则通过测定其相对位置（角度），并经换算，便可得到折光率。而阿贝折射仪的标尺上所刻的读数即是换算后的折光率，故可直接读出。同时阿贝折射仪有消色散装置，故可直接使用日光，其测得的数字与钠光线所测得的一

样,这些都是阿贝折射仪的优点所在。

阿贝折射仪的使用方法如下。先使折射仪与恒温槽相连接,恒温后,分开直角棱镜,用擦镜纸蘸少量乙醇或丙酮轻轻擦洗上下镜面。待乙醇或丙酮挥发后,加一滴蒸馏水于下面镜面上,关闭棱镜,调节反光镜使镜内视场明亮,转动棱镜直到镜内观察到有界线出现或出现彩色光带。若出现彩色光带,则调节色散,使明暗界线清晰,再转动直角棱镜使界线恰巧通过"+"字的交点。记录读数与温度,重复两次测得纯水的平均折光率与纯水的标准(附表 11-6)比较,可求得折射仪的校正值,然后以同样方法测定待测液体样品的折光率。校正值一般很小,若数值太大,则整个仪器必须重新校正,使用折射仪应注意下列几点。

附表 11-6　不同温度下纯水与乙醇的折光率

温度/℃	水的折光率 n_D	乙醇(99.8%)折光率 n_D	温度/℃	水的折光率 n_D	乙醇(99.8%)折光率 n_D
14	1.333 48	—	26	1.332 41	1.358 03
16	1.333 33	1.362 10	28	1.332 19	1.357 21
18	1.333 17	1.361 29	30	1.331 92	1.356 39
20	1.332 99	1.360 48	32	1.331 64	1.355 57
22	1.332 81	1.359 67	34	1.331 36	1.354 74
24	1.332 62	1.358 85			

(1) 阿贝折射仪的量程是 1.300 0~1.700 0,精密度为±0.000 1,测量时应注意保温套温度是否正确。如果欲测准至±0.000 1,则温度应控制在±0.1 ℃的范围内。

(2) 仪器在使用或储藏时,均不应曝于日光中,不用时应用黑布罩住。

(3) 折射仪的棱镜必须注意保护,不能在镜上造成刻痕。滴加液体时,滴管的末端切不可触及棱镜。

(4) 在每次滴加样品前应洗净镜面,在使用完毕后,也应用丙酮或 95％乙醇洗净镜面,待晾干后再闭上棱镜。

(5) 对棱镜玻璃、保温套金属及其间的胶合剂有腐蚀或溶解作用的液体,均应避免使用。

(6) 最后还应当指出,阿贝折射仪不能在较高温度下使用,对于易挥发或易吸水样品测量有些困难,另外对样品的纯度要求也较高。

此外,鉴定从天然产物分离和由合成得到的有机化合物并确定其结构,是有机化学工作者面临的一项重要任务。在 20 世纪 50 年代以前,在有机化学发展的漫长道路上,人们一直借助化学实验的方法来了解有机化合物结构方面的某些信息。这种经典的方法具有样品和试剂的消耗量大、步骤多和周期长等缺点,鉴定一个化合物往往非常困难,有的甚至需要长达几十年的时间。随着现代测试技术的进步,近几十年发展起来的波谱方法已成为非常重要的研究有机化合物结构的手段。目前,在众多的物理方法中,紫外光谱(UV)、红外光谱(IR)、核磁共振(NMR)和质谱(MS)等已被广泛应用。有关内容请参阅本书其他章节。

附录十二　基本有机化学实验

1. 烯烃的制备

烯烃是重要的有机化工原料。石油裂解是工业上制备烯烃的主要方法,有时也利用醇在氧化铝等催化剂存在下,进行高温脱水来制取。实验室中主要由醇的脱水及卤代烃的脱卤化氢来制备,常用的脱水剂主要有硫酸、磷酸、无水氯化锌等。

醇的脱水作用随它们的结构不同而有所不同。一般情况下,脱水的速率是:叔醇>仲醇>伯醇。由于高浓度的硫酸还会导致烯烃的聚合和分子间的脱水,以及碳骨架的重排,故醇的脱水反应中,主要副产物是烯烃的聚合物和醚。

除了醇的脱水外,用卤代烃与碱的醇溶液作用脱去卤化氢,也是制备烯烃的一种方法。例如

$$BrCH_2CH_2CH_3 + NaOH \xrightarrow{78\%C_2H_5OH} CH_3CH=CH_2 + NaBr + H_2O$$

2. 卤代烃的制备

卤代烃是一类重要的有机合成中间体,卤代烃根据烃基的结构不同,可分为卤代烷、卤代烯和卤代芳烃等。通过卤代烃的取代反应,能制备多种有用的化合物,如腈、胺、醚等。在无水乙醚中,卤代烃和镁作用生成 Grignard 试剂 RMgX,Grignard 试剂与羰基化合物如醛、酮及二氧化碳等作用,可制取醇和羧酸。

制备卤代烷的原料,最常用的是与其结构相对应的醇。考虑到合成和使用上的方便,一般实验室中最常用的卤代烷是溴代烷。它的主要合成方法是由醇和氢溴酸(47%)作用,使醇中的羟基被溴原子所取代,即

$$C_2H_5OH + HBr \xrightarrow{H_2SO_4} C_2H_5Br + H_2O$$

为了加速反应和提高产率,操作时常常加入浓硫酸作催化剂,或采用浓硫酸和溴化钠或溴化钾作为溴代试剂。

由于硫酸的存在会使醇脱水成烯或醚,故应控制好反应条件,减少副反应的发生。用以上方法从叔醇制取叔溴代烷时更易产生烯烃,但叔醇与氢卤酸的反应较易进行,故制取叔溴代烷时,只需用 47% 的氢溴酸即可,而不必再加硫酸进行催化。为除去反应后多余的原料(醇)及副产物(烯及醚),可用硫酸来洗涤。

氯代烷可通过醇和氯化亚砜(SOCl₂)或浓盐酸在氯化锌存在下来制取。碘代烷可通过醇和三碘化磷或在红磷存在下和碘作用而制得。

卤代芳烃的制法与卤代烷不同。一般是用卤素(氯或溴)在铁粉或三卤化铁催化下与芳香族化合物作用,通过芳香族的亲电取代反应将卤原子引入苯环。实际上这个芳环卤代反应的真正催化剂是三卤化铁。铁粉先和卤素作用生成三卤化铁,然后再起催化作用。由于三卤化铁很易水解而失效,所以反应时所用仪器和试剂都应该是无水和干燥的。

通常芳环上连有碘原子或氟原子的卤代芳烃都是通过重氮盐来制备的。

3. 醇的制备

醇在有机化学上应用极广,不但可用作溶剂,而且易于转变成卤代烷、烯、醚、醛、酮、羧酸等化合物,所以它是一类重要的有机化工原料。工业上,醇主要是利用水煤气合成、淀粉发酵、羧酸酯或脂肪的高压氢化,以及石油裂解气中烯烃部分的加水催化和烷烃部分卤化后水解等方法来制取。实验室中结构复杂的醇主要是由 Grignard 反应来制备。

卤代烷在无水乙醚中和金属镁作用后生成烷基卤化镁 RMgX。

$$R-X+Mg \xrightarrow{无水乙醚} RMgX \qquad (其中 X = Cl、Br、I)$$

Grignard 试剂实际上是下列结构的平衡:

$$2RMgX \Longrightarrow R_2Mg * MgX_2 \Longrightarrow R_2Mg+MgX_2$$

芳香族氯化物和氯乙烯类型的化合物,在上述乙醚为溶剂的条件下,不生成 Grignard 试剂。但若用碱性比乙醚稍强、沸点较高的四氢呋喃(66℃)作溶剂,则它们也能生成 Grignard 试剂,且操作时比较安全。

Grignard 试剂能与环氧乙烷、醛、酮、羧酸酯等化合物进行加成,将此加成物进行水解,便可分别得到伯、仲、叔醇。

Grignard 反应必须在无水和无氧条件下进行。因为微量水分的存在,不但会阻碍卤代烷与镁之间的反应;同时会破坏 Grignard 试剂而影响产率。Grignard 试剂遇水后按下式分解:

$$RMgX+H_2O \longrightarrow RH+Mg(OH)X$$

Grignard 试剂遇氧后,发生如下反应:

$$RMgX+[O] \longrightarrow ROMX \xrightarrow{H_2O,H^+} ROH+Mg(OH)X$$

因此,反应时最好用氮气赶走反应瓶中的空气。用乙醚作溶剂时,由于乙醚的挥发性大,也可借此赶走反应瓶中空气。此外,其他有活性氢的化合物也会使 Grignard 试剂分解,所以也应设法除去。

在 Grignard 反应进行的过程中,有热量放出,因而滴加速率不宜太快。必要时反应瓶需用冷水冷却。在制备 Grignard 试剂时,必须先加入少量的卤代烷和镁作用,待反应引发后,再将其余的卤代烷逐滴加入。调节滴加速率使乙醚保持微沸为宜。对于活性较差的卤代烷或反应不易发生时,可采取加热或加入少量碘粒来引发反应。

Grignard 试剂与醛、酮等形成的加成产物,在酸性条件下进行水解,一般常用稀盐酸或稀硫酸以使产生的碱式卤化镁转变为易溶于水的镁盐,便于乙醚溶液和水溶液的分层。由于水解时放热,故要在冷却下进行。对于遇酸极易脱水的醇,最好用氯化铵溶液进行水解。

4. 醚的制备

大多数有机化合物在醚中都有良好的溶解度,有些反应(如 Grignard 反应)也必须在醚中进行,因此醚是有机合成中常用的溶剂。

醚的制法主要有两种,一种是醇的脱水:

$$R—OH + H—OR \underset{\triangle}{\overset{\text{催化剂}}{\rightleftharpoons}} ROR + H_2O$$

另一种是醇(酚)钠与卤代烃作用:

$$RO—Na + X—R \rightleftharpoons ROR + NaX$$

前一种方法是由醇制取单纯醚的方法,所用的催化剂可以是硫酸、磷酸以及氧化铝等。醇和酸的作用随温度的不同,生成不同的产物。乙醇在 100 ℃时反应,产物是硫酸氢乙酯;在 140 ℃时反应产物是乙醚;在大于 160 ℃时反应产物是乙烯。因此,由醇脱水制醚时,必须严格控制好反应温度。同时,该反应是可逆的,故可采用蒸出产物(水或醚)的方法,使反应向生成醚的方向进行。

醇(酚)钠和卤代烃作用,是合成不对称醚的主要方法,特别是在制备芳基烷基醚时产率较高。

5. 酮的制备

酮是一类重要的化工原料。根据分子结构不同,酮可分为脂肪酮和芳香酮。仲醇的氧化和脱氢是制备脂肪酮的主要方法,工业上大多用催化氧化法或催化脱氢法,及用相应的醇在较高的温度(250～350 ℃)和有银、铜、铜-铬合金等金属催化的情况下来制取。实验室一般都用试剂氧化,酸性重铬酸钠(钾)是最常用的氧化剂之一。此外,Grignard试剂和腈、酯的加成反应,乙酰乙酯合成法等也是实验室制备酮的常用方法。

芳香酮的制备通常利用 Friedel-Crafts 反应。Friedel-Crafts 反应是指芳香烃在无水三氯化铝等催化剂存在下,与卤代烷、酰氯或酸酐作用,在苯环上发生亲电取代引入烷基或酰基的反应。前者称为烷基化反应,后者称为酰基化反应。

Friedel-Crafts 烷基化反应的试剂除卤代烷外,亦可以用醇或烯。使用的催化剂除常用的三氯化铝外,还有无水氯化锌、氯化锡、三氟化硼、氟化氢、硫酸等。若用三氟化硼作催化剂,则只能使醇和烯进行烷基化反应,卤代烷则不行。

由于烷基化反应时常产生基团重排或多元取代的副反应,所以在实验室制备中不常用。然而用 Friedel-Crafts 反应进行酰基化时,反应可停止在一酰基化阶段,故可用来制取芳香酮。

烷基化和酰基化反应对于三氯化铝的用量有所不同。在烷基化时三氯化铝的用量是催化量,但在酰基化时因有一部分三氯化铝与酰氯或芳香酮生成配合物,所以 1 mol 的酰氯,需用多于 1 mol 的三氯化铝。

当用酸酐作酰基化试剂时,因为有一部分三氯化铝与酸酐作用,所以三氯化铝的用量要更多,1 mol 的酸酐一般需要 2 mol 的三氯化铝,在实际操作中尚需过量 10%～20%。

　　由于三氯化铝遇水或潮气会分解失效,故在操作时必须注意,且反应中所用仪器和试剂都应是干燥和无水的。

　　Friedel-Crafts 反应是一放热反应,但它有一个诱导期,所以操作时要注意温度的变化。反应一般都在溶剂中进行,常用的溶剂有作为反应原料的芳香烃或二硫化碳、硝基苯等。

　　6. 羧酸的制备

　　制备羧酸最常用的方法是氧化法,可以通过烯烃、醇、醛等的氧化来制取羧酸。芳香烃的苯环比较稳定,较难氧化,而苯环上含有 α-氢的烷基则不论长短,用强氧化剂氧化时,最后都变成羧基,这是通常制备芳香族羧酸的方法。

　　氧化时所用的氧化剂有硝酸、重铬酸钠(钾)-硫酸、高锰酸钾、过氧化氢及过氧乙酸等。或用催化氧化的方法,即在催化剂存在下,通入空气进行氧化。

　　由于硫酸是酯化反应的催化剂,故当用重铬酸钠-硫酸氧化醇类化合物成羧酸时,往往会有酯生成。用高锰酸钾进行氧化时,根据需要可以在中性、酸性或碱性介质中进行。催化氧化法是在催化剂存在下用空气作氧化剂的,因此,不仅成本低廉,而且可大规模连续进行,适用于现代化工业生产。

　　此外,羧酸还可以通过腈的水解、Grignard 试剂和二氧化碳作用或甲基酮的卤仿反应等来制取。

　　7. 羧酸酯的制备

　　羧酸酯一般都是由羧酸和醇在少量浓硫酸催化下制得,即

$$\underset{\substack{|| \\ O}}{R-C-OH} + R'OH \underset{}{\overset{H_2SO_4}{\rightleftharpoons}} \underset{\substack{|| \\ O}}{R-C-OR'} + H_2O$$

　　这里的浓硫酸是催化剂,它能促使上述可逆反应较快地达到平衡。除了浓硫酸外,还可采用干燥的氯化氢、有机强酸或阳离子交换树脂等进行催化。

　　在制备甲酸酯时,由于甲酸本身是一个强酸,所以不需要用硫酸等其他催化剂。因为羧酸酯很容易水解成羧酸和醇,因此在平衡时一般只有 2/3 的酸和醇转变为酯。为了获得较高产率的酯,通常都用增加酸或醇的用量及不断地移去产物酯或水的方法来进行酯化反应。至于是使用过量酸还是使用过量醇,则取决于原料来源的难易和操作是否方便等因素。例如制备乙酸乙酯时,是使用过量的乙醇与乙酸作用,因为乙醇比较便宜;制备乙酸正丁酯时,则用过量乙酸与正丁醇反应,因为乙酸比正丁醇更易得到。

　　除去酯化反应中的产物酯和水,一般都是借形成低沸点共沸物来进行的。例如制备苯甲酸乙酯时,由于酯的沸点较高(213 ℃),很难蒸出,所以采用加入苯的方法,使苯、乙醇和水组成一个三元共沸物(沸点 64.6 ℃),以除去反应中生成的水,使产率提高。

　　8. 芳香胺及其衍生物

　　通过芳香族硝基化合物在酸性介质中还原,可以制得芳香族伯胺 ArNH$_2$。常用

的还原剂有铁-盐酸、铁-乙酸、锡-盐酸、氯化亚锡-盐酸等。其中尤以铁-盐酸为最常用,因为成本低,但需要较长的反应时间,且残渣铁泥也难以处理。

在用铁-盐酸还原硝基苯制备苯胺时,盐酸的用量仅为理论量的 1/40。这是因为除产生初生态氢外,主要由生成的氯化亚铁来还原。

$$Fe + 2HCl \longrightarrow FeCl_2 + 2[H]$$

还原用的盐酸也可以用弱碱盐酸盐来代替,例如在还原对硝基甲苯时,就可采用氯化铵溶液来提供盐酸。此外,利用催化加氢的方法,也可以使硝基化合物还原成伯胺。

芳香族伯胺与相应的脂肪胺一样,能发生许多反应,在有机合成中有时为了保护氨基常用到它的乙酰化反应。例如在制备对氨基苯磺酰胺(一种最简单的磺胺药,俗称 SN 或"苯磺酰胺")时,应先将苯胺乙酰化,然后再氯磺化和氨解,最后在酸性介质中水解除去乙酰基。乙酰化的试剂很多,有乙酸、乙酰氯和乙酸酐等。

9. 重氮盐的制备及其反应

芳香族伯胺在酸性介质中和亚硝酸钠作用生成重氮盐的反应叫做重氮化反应。

$$ArNH_2 + HX + NaNO_2 \longrightarrow ArN_2X + NaX + 2H_2O$$

这个反应是芳香族伯胺所特有的,生成的化合物(ArN_2X)称为重氮盐。它是制取芳香族卤代物、酚、芳腈及偶氮染料的中间体,无论在工业上或是实验室中都具有很重要的价值。

重氮盐的制法通常是把 1 mol 的胺溶于 2.5~3 mol 的盐酸水溶液中,把溶液冷至 0~5 ℃,然后加入亚硝酸钠溶液,直至反应液用淀粉-碘化钾试纸检测时变蓝为止。由于大多数重氮盐很不稳定,温度高时容易分解,所以必须严格控制反应温度。同时,重氮盐也不宜长期保存,制好后最好立即使用,而且通常都不把它分离出来,而是直接用于下一步合成。

酸的用量比理论量多 0.5~1 mol,过量的酸是为了维持溶液一定的酸度,防止重氮盐和未起反应的胺进行偶联。

重氮盐具有很强的化学活性,若以适当的试剂处理,重氮基可以被 —H、—OH、 —F、—Cl、—I、—CN、—NO₂、—SH 及一些金属基团取代,因此重氮盐广泛应用于芳香族化合物的合成中。重氮盐的盐酸溶液,在卤化亚铜的作用下,其重氮基被卤素取代,这个反应称为 Sandmeyer 反应,这是在芳环上引入卤素或氰基的一个很重要的方法。Sandmeyer 反应的关键在于相应的重氮盐与卤化亚铜能否形成良好的复合物。实验中重氮盐与卤化亚铜以等摩尔混合。由于卤化亚铜在空气中易被氧化,所以卤化亚铜以新鲜制备为宜。

重氮盐的另一类重要反应是与芳香族叔胺或酚起偶联反应,生成偶氮染料。偶联反应一般尽可能用浓的反应物的水溶液。介质的酸碱性对反应的影响颇大,酚类的偶联反应宜在中性或弱碱性介质中进行,有时也可在弱酸性介质(pH=5~9)中进行;胺类的偶联反应宜在中性或弱酸性介质(pH=3.5~7)中进行,并根据偶联的难易程度及重氮盐的稳定性而保持一定的温度。

参考文献

[1] 北京大学化学学院物理化学实验教学组. 物理化学实验[M]. 第 4 版. 北京：北京大学出版社,2002.

[2] 傅献彩,沈文霞,姚天扬. 物理化学[M]. 第 4 版. 北京：高等教育出版社,1990.

[3] 黄子卿. 电解质溶液理论导论[M]. 北京：科学出版社,1964.

[4] 克罗克福特 H D. 物理化学实验[M]. 郝润蓉,译. 北京：人民教育出版社,1980.

[5] 复旦大学. 物理化学实验[M]. 北京：人民教育出版社,1979.

[6] 李德忠,王宏伟,陈泽宪,等. 液体饱和蒸气压测定实验的改进[J]. 大学化学,2003,18 (2):47.

[7] 顾菡珍,叶于浦. 相平衡和相图基础[M]. 北京：北京大学出版社,1991.

[8] 叶大陆. 物理化学实验[M]. 北京：冶金工业出版社,1986.

[9] 罗澄源. 物理化学实验[M]. 北京：高等教育出版社,1984.

[10] Wells A F. Structural inorganic chemistry[M]. 4th ed. Oxford：Clarendon Press,1975.

[11] 李余增. 热分析[M]. 北京：清华大学出版社,1987.

[12] 陈镜泓,李传儒. 热分析及其应用[M]. 北京：科学出版社,1985.

[13] 波普 M J,尤德 M D. 差热分析-DTA 技术及其应用指导[M]. 王世华,杨红征,译. 北京：北京大学出版社,1982.

[14] 大连化学物理研究所. 气相色谱法[M]. 北京：科学出版社,1972.

[15] 大学化学实验改革课题组. 大学化学新实验[M]. 杭州：浙江大学出版社,1990.

[16] 张承忠. 金属的腐蚀与保护[M]. 北京：冶金工业出版社,1985.

[17] 杨文治. 电化学基础[M]. 北京：北京大学出版社,1982.

[18] 王苏文,袁立新. 化学实验中的微机辅助测量及数据处理系统[J]. 计算机与应用化学,1995,(4):294-298.

[19] 复旦大学. 物理化学实验[M]. 第 2 版. 北京：高等教育出版社,1993.

[20] 孙尔康,徐维清,邱金恒. 物理化学实验[M]. 南京：南京大学出版社,1998.

[21] 清华大学化学系物理化学实验编写组. 物理化学实验[M]. 北京：清华大学出版社,1992.

[22] 黄振炎,王舜,林宏卢,等. 蔗糖水解反应体系的非线性动力学行为[J]. 应用化学,2001,18(4):342-343.

[23] 陈国珍. 荧光分析法[M]. 北京：科学出版社,1986.

[24] 程江,杨卓如,梅慈云,等. 臭氧在水中的吸收和自分解[J]. 华南理工大学学报,1997,25(5):77.

[25] 周社康,顾惕人,马季铭. 胶体化学基础[M]. 北京:北京大学出版社,1992.

[26] 胡立江. 工科大学化学实验[M]. 哈尔滨:哈尔滨工业大学出版社,1999.

[27] 何福成,朱正和. 结构化学[M]. 北京:人民教育出版社,1979.

[28] 朱贵云,杨景和. 激光光谱分析法[M]. 北京:科学出版社,1989.

[29] 郭尧君. 荧光实验技术及其在分子生物学中的应用[M]. 北京:科学出版社,1983.

[30] 祝大昌. 分子发光分析法[M]. 上海:复旦大学出版社,1985.

[31] 许顺生. 金属 X 射线学[M]. 上海:上海科学技术出版社,1996.

[32] 周公度. 结构化学基础[M]. 北京:北京大学出版杜,1989.

[33] 华东师范大学化学系. 高等物理化学实验[M]. 上海:华东师范大学出版社,1987.

[34] 王宗明,何欣翔,孙殿卿. 实用红外光谱学[M]. 北京:石油化学工业出版社,1978.

[35] 怀特. 物理化学实验[M]. 钱三鸿,吕臣康,译. 北京:人民教育出版社,1982.

[36] 河南大学. 配位化学[M]. 郑州:河南大学出版社,1989.

[37] 钟山,朱绮琴. 高等无机化学实验[M]. 上海:华东师范大学出版社,1994.

[38] 项斯芬. 无机化学新兴领域[M]. 北京:北京大学出版社,1988.

[39] 黄福志,李彦,张庆敏,等. CH_3CSNH_2 和 $CdCl_2$ 水溶液均相体系制备 CdS 纳米粒子[J]. 北京大学学报,2000,36(6):748-752.

[40] 刘辉,李文友,尹洪宗,等. CdS 纳米粒子与半胱氨酸相互作用的研究[J]. 高等学校化学学报,2005,26(9):1618-1622.

[41] 吴庆生,郑能武,丁亚平,等. 活体生物膜控制合成纳米半导体硫化镉[J]. 高等学校化学学报,2000,21(10):1471-1475.

[42] 王键吉,刘文彬,卓克垒,等. 杯芳烃应用研究的新进展[J]. 化学通报,1996,2:11-16.

[43] 施宪法,丁时超,杨宇翔,等. 杯芳烃的配位化学Ⅳ:对叔丁基杯[8]芳烃与钙、镉配合物的合成与表征[J]. 无机化学学报,1993,4:423.

[44] 郭稚弧. 缓蚀剂及其应用[M]. 武汉:华中理工大学出版社,1987.

[45] 魏宝明. 金属腐蚀理论及应用[M]. 北京:化学工业出版社,1984.

[46] 吴继勋. 金属防腐蚀技术[M]. 北京:冶金工业出版社,1998.

[47] 涂湘缃. 实用防腐蚀工程施工手册[M]. 北京:化学工业出版社,2000.

[48] 殷敬华,莫志深. 现代高分子物理学[M]. 北京:科学出版社,2001.

[49] SinhaRay S, Biswas M. Research progress in conductive polypyrrole nanocomposite materials[J]. Materials Research Bulletin, 1999, 34 (8):

1187-1194.

[50] Somani P, Mandale A B, Radhakrishnan S. Study and development of conducting polymer-based electrochromic display devices [J]. Acta Materialia,2000,48:2859-2871.

[51] 郭兴蓬,薛晓康,李胜. 聚吡咯 H^+ 选择电极的性能研究[J]. 华中科技大学学报(自然科学版),2005,33(5):122-124.

[52] 薛晓康,郭兴蓬,余成平. 电位型聚吡咯 pH 传感器的制备[J]. 应用化学,2005,22(4):91-95.

[53] 高濂,郑珊,张青红. 纳米氧化钛光催化剂及应用[M]. 北京:化学工业出版社,2002.

[54] 张元广,陈友存. 纳米 TiO_2 微球的制备及光催化性能研究[J]. 材料科学与工程学报,2003,21(1):60-63.

[55] 浙江大学. 综合化学实验[M]. 北京:高等教育出版社,2001.

[56] 黄贤智,许金钩,蔡挺. 同步荧光分析法同时测定叶绿素 a 和叶绿素 b[J]. 高等学校化学学报,1987,8(5):418-420.

[57] Abbas- Alli G S, Swaminathan S. Organic carbonates [J]. Chemical Reviews,1996,96(3):951-976.

[58] 莫婉玲,熊辉,李光兴. Schiff 碱助剂对 CuCl 催化反应性能的影响[J]. 华中科技大学学报,2002,30(7):101-103.

[59] Mo W L, Xiong H, Li T, etal. The catalytic performance and corrosion inhibition of CuCl/ Schiff base system in homogeneous oxidative carbonylation of methanol[J]. Journal of Molecular Catalysis A:Chemical,2006,247:227.

[60] 复旦大学高分子科学系,高分子科学研究所. 高分子实验技术[M]. 上海:复旦大学出版社,1996.

[61] 北京大学化学系高分子教研室. 高分子实验与专论[M]. 北京:北京大学出版社,1990.

[62] 韩哲文. 高分子科学实验[M]. 上海:华东理工大学出版社,2005.

[63] 朱伟平,姜春贤,韩强,等. ABS 流变性能研究[J]. 塑料加工应用,2001,23(3):6-11.

[64] Williamson K L. Macroscale and microscale organic experiments[M]. 2nd. Lexington:D.C. Heath and Company,1994.

[65] 黄涛. 有机化学实验[M]. 北京:高等教育出版社,1998.

[66] 兰州大学,复旦大学化学系有机教研室. 有机化学实验[M]. 北京:高等教育出版社,1994.

[67] 高占先. 有机化学实验[M]. 北京:高等教育出版社,2004.

图书在版编目(CIP)数据

基础化学实验(第二版)下册/周井炎　主编.—武汉:华中科技大学出版社,2008 年 8 月
　　ISBN 978-7-5609-3217-0

　　Ⅰ.基…　　Ⅱ.周…　　Ⅲ.化学实验-高等学校-教材　　Ⅳ.O6-3

中国版本图书馆 CIP 数据核字(2008)第 096503 号

基础化学实验(第二版)下册　　　　　　　　　　　　　　　周井炎　主编

策划编辑:周芬娜
责任编辑:胡　芬　　　　　　　　　　　　　　　　　封面设计:潘　群
责任校对:李　琴　　　　　　　　　　　　　　　　　责任监印:周治超

出版发行:华中科技大学出版社(中国·武汉)
　　　　　武昌喻家山　　邮编:430074　　电话:(027)87557437

录　　排:华中科技大学惠友文印中心
印　　刷:湖北恒泰印务有限公司

开本:710mm×1000mm　1/16　　　印张:25　　　　　　　　字数:510 000
版次:2008 年 8 月第 2 版　　　　　印次:2008 年 8 月第 2 次印刷　　定价:39.80 元
ISBN 978-7-5609-3217-0/O·323

(本书若有印装质量问题,请向出版社发行部调换)